Der `Groß-Familie´ gewidmet.

Holger Mohrmann

GLEICHZEITIGKEIT

Ein fiktiver Dialog zur Deutung und Kritik
der Speziellen Relativitätstheorie Einsteins

Mit 32 Abbildungen des Autors

SzNph I

Bibliographische Information der Deutschen Nationalbibliothek
Die Deutsche Nationalbibliothek verzeichnet diese Publikation in der Deutschen Nationalbibliographie; detaillierte bibliographische Daten sind im Internet unter http://dnb.ddb.de abrufbar.

Das Werk ist in allen seinen Teilen urheberrechtlich geschützt. Jede Verwertung ist ohne Zustimmung des Autors bzw. Verlages unzulässig.

© 2011 Holger Mohrmann

Satz und Umschlaggestaltung: Holger Mohrmann
Herstellung und Verlag: Books on Demand GmbH, Norderstedt

3. (überarbeitete) Auflage 2018

ISBN 978-3-7431-9391-8

PROLOG

[„ ₁]Als ich aus meiner Heimat... nach... gekommen war, traf ich dort auf dem Markte vier Gestalten¹ ʻ¹¹, über die ich mich einigermaßen verwunderte, denn vor allem nach dem, was sie späterhin sagten, schien es mir, als ob in ihnen einerseits die beiden klassischen Naturphilosophen Newton und Leibniz, andererseits die beiden modernen Naturwissenschaftler Einstein und Born lebendig umherwandelten. Dabei schien es, als hätten sie sich schon eine zeitlang mit dem Treiben in unseren irdischen Gefilden wieder vertraut gemacht und als hätten sich manche ihrer Denkpositionen daher etwas gewandelt - auch ihre naturwissenschaftlichen Kenntnisse schienen auf einen neueren Stand gebracht. Ich überraschte mich jedenfalls selbst, [„]da ich sie bei der Hand fassend sprach: `Seien Sie gegrüßt, meine Herren, und wenn ich Ihnen hier mit etwas dienen kann, was in meinen Kräften steht, so sagen Sie es!´ `Ei´, erwiderten sie da, `gerade zu dem Zweck sind wir ja hierher gekommen, Sie um etwas zu bitten´. `So sprechen Sie mir Ihre Bitte denn aus´, versetzte ich¹ ʻ¹ (noch verwunderter), und sie antworteten: `Wir sind in einem recht unseligen Streit über verschiedene Raum- und Zeitkonzepte befangen und... nun ja, die Wahrheit ist, wir wurden hierhergeschickt, um diesen endlich beizulegen - eben in die Welt, da Raum und Zeit noch etwas bedeuten...´ Und als ich fragte, was ihre Bitte an mich denn nun sei, sprachen sie: `Wir wären schon zufrieden, wenn Sie uns beherbergten und bewirteten, so dass wir uns in aller Ruhe aussprechen könnten!´ Schien mir auch ihr Ansinnen, wie allein schon ihr Dasein, befremdlich (oder träumte ich das alles nur?), versprach ich mir doch ein interessantes Gespräch, so dass ich einwilligte...

Solch´ fortgesponnene Paraphrase, nicht von ungefähr über den Beginn von Platons Dialog *Parmenides*, die vielleicht gar mündet in...

Später befleißigte ich mich, den Wortlaut ihres Gespräches so gut ich es vermochte, aufzuschreiben, dass es auch anderen von Nutzen sein könnte...

...kann uns auf gleichsam dichterischer Ebene plausibel machen, wie es angehen kann, dass Isaac *N.*, Gottfried Wilhelm *L.*, Albert *E.* und Max *B.* - fürderhin mit solchen *Kürzeln* benannt - hier aufeinandertreffen und sich miteinander unterhalten können. Da wir die Erzählebene nun gewechselt haben, mag dies auch von der *Intention* her erklärt sein: Die vier Sprecher sind nur mit Kürzeln benannt, um *realen* historischen Personen nicht durchweg direkt etwas in den Mund zu legen (wenn diese wohl selbst *Klügeres* zu sagen hätten); aber so war es doch möglich, gewisse Argumentationsschwerpunkte gleichsam in diese Personen *hineinzufigurieren* - und *könnten* sie aufeinandertreffen, hätten sie sich bestimmt *Einiges* zu sagen: Zu überlegen, was das *wäre*, was Isaac N. und Gottfried Wilhelm L.

zum 'Raum-Zeit-Konzept' der Speziellen Relativitätstheorie gesagt hätten, hat sich nahegelegt, weil man so zeigen kann, dass für dessen Deutung und Kritik die gewöhnliche Gegenüberstellung *speziell* mit der *Newton'- schen absoluten* Raum-Zeit-Theorie *unwesentlich* ist - und zwar gleichsam in *beiden* Kritik-Richtungen. Natürlich aber soll dies nicht eine Studie sein, *wer* nun genau *welches* Argument in *welchem* Stil vortragen würde - im Gegenteil ist die in dieser Hinsicht 'freiere' Gestaltung dem Primat der *Sache* geschuldet, eben der *Deutung und Kritik der Speziellen Relativitäts- theorie Einsteins*...

Vornehmlich aus der Literatur zur Relativitätstheorie, aber auch aus den Schriften Newtons und Leibniz' sind punktuell *wörtliche Zitate* in den Text eingewoben, um die Herkunft der vertretenen Standpunkte nachvollziehbar zu machen - die *Quellen* sind in Endnoten und im Literaturverzeichnis im Anhang aufgeführt. Sie sollen markante Stellen anzeigen, die gleichsam die 'Kristallisationskeime' darstellten, um die herum sich die Gedanken des Autors gesammelt haben - den einen oder anderen (vor allem kritischen) Gedanken dürfte ja auch der *Autor* beigetragen haben...

Eine elementare Kenntnis der Speziellen Relativitätstheorie wird grund- sätzlich vorausgesetzt - dies ist ein Buch für Kenner und ambitionierte Liebhaber. Im Text wurden einige 'sperrige' Begriffe abgekürzt - *wie* ist bei der ersten Verwendung in Klammern angegeben; im Anhang sind diese aufgelistet.

Letzthin mischt sich für den Autoren unter das Bemühen, dem Text seine abschließende Gestalt zu geben, der eher schale Beigeschmack, mit diesem nicht *'positiv'* etwas in die Welt zu stellen - aber auch *hier* „musste man sich der undankbaren, weil durchaus *negativen* Mühe [...][der] Destruktion [eines *Irrtums*] einmal unterziehen²" - nämlich, dass die Relativitätstheorie Einsteins uns einen tiefen Einblick in das wahre Wesen von 'Raum' und 'Zeit' gewährt: Mit der angenommenen 'Relativität der Gleichzeitigkeit' müsste man Einstein nämlich darin *folgen*, die Welt nicht im Sinne eines präsentistischen 'WERDENs' zu deuten, sondern eines statischen 'SEINs' als vierdimensionales parmenidisches Blockuniversum, in welchem auch Zukünftiges 'schon' existiert und Vergangenes 'noch'. *Dieser* Weltdeutung entgegenzutreten, ist Ansinnen des Dialoges. So übergebe ich den Text in der jetzigen Gestalt dem geneigten Leser - und wechsle abermals die Erzählebene...

*Dieses Gespräch zu durchdenken und aufzuschreiben, hat mich wohl das Wichtigste gelehrt: „Der vernünftige Mensch hat gewisse Zweifel nicht..."*³ *- das nachzuvollziehen lese man nun, was mir von diesem Gespräch fest- zuhalten möglich war...*

Isaac N. - Gottfried Wilhelm L. - Albert E. - Max B.

N: Um es ganz unverblümt auszusprechen - uns lässt gelinde gesagt ein großes *Unbehagen* ob Ihrer Relativitätstheorie (RT) nicht los - sie mag eine Theorie sein, die sich mit der *pragmatischen Beschreibung* physikalischer Systeme in Raum und Zeit befasst[4] - man kann aber nicht einmal sagen 'mit Raum- und Zeit*messungen*'... Und dennoch erhebt sie den Anspruch, Raum und Zeit einer angeblich *fundamentalen Analyse* zu unterziehen und gewisse Naturphänomene mit dem neuen Konzept eines Raumzeit-Kontinuums (RZK) zu *erklären*...

I a

B: ...wobei sie sich empirisch doch auch glänzend *bestätigt*, oder nicht? Sie gehört zu den am besten bestätigten naturwissenschaftlichen Theorien überhaupt - und *doch* sagen immer noch manche, sie sei *Unsinn*...

L: Gut, sie mag sich - erkenntnistheoretisch gesprochen - 'bewährt' haben, und doch ergibt sich damit schon das erste *Missverständnis:* Wir zweifeln *nicht* daran, dass sich bei der Berechnung bestimmter Naturphänomene der *mathematische Formalismus* der RT bewährt, sich eine gewisse Viabilität zeigt - die Lorentz-Transformationen (LT) erfassen wohl in der Tat irgendetwas richtig. Wir zweifeln daran, dass man die RT als *Raum-Zeit-Konzept* begreifen kann, an das man weiterreichende *Schlüsse* binden kann...

N: ...und die LT sind doch wohl *an sich selbst* ebensowenig wie die *Galilei-*Transformationen (GT) schon ein *Raum-Zeit-Konzept*...

E: Nein...

L: ...und sie heißen ja nur *deshalb LT*, weil Lorentz sie für *seine* Theorie (*vor Ihrer*) entwickelt hatte - *die* aber legt einen *Äther* und ein *klassisches* Raum-Zeit-Konzept zugrunde. Daher ist es auch ebenso unsinnig, für die *Maxwell'schen Gleichungen* zu behaupten, diese enthielten an sich selbst implizit schon die Konstanz der Lichtgeschwindigkeit c in *Ihrem* Sinne, also für *alle* Beobachter für *ein-und-denselben* Lichtstrahl[5]...

N: Wir wollen eingangs jedoch nachdrücklich betonen, dass es uns *weder* darum geht, die RT als bewährten, pragmatisch sinnvollen mathematischen Formalismus anzugreifen, *noch* darum, die empirischen Befunde, die zu ihr geführt haben und sie zu untermauern scheinen, an sich anzuzweifeln - es geht vielmehr um deren *Deutung*. Am *Wichtigsten* ist aber wohl noch, dass es in keinster Weise darum geht, notwendigerweise mit unserer Kritik zu einem *bestimmten*, etwa 'meinem' absoluten Raum-Zeit-Konzept, dass der RT ja oft gegenübergestellt wird, zurückzuführen. *Herr L.* nämlich, der diesem schon dazumalen sein eigenes *relationales* (relatives) Raum-Zeit-Konzept kritisch gegenübergestellt hatte, gelangt von seinem Standpunkt aus zu genau *derselben* Kritik; unerachtet weiterführender Betrachtungen gehen wir hier *beide* von der Relativität aller inertialen Bewegung aus, so dass jede Gegenüberstellung 'relativ' versus 'absolut' *irreführend* wäre...

L: ...und in *diesem* Zusammenhang zu einem reinen `Scheingefecht´ führen würde, derer es ja so *einige* gibt... Werden wir etwas konkreter: Wenn man empirisch für die Lichtgeschwindigkeit den Wert $c \approx 300.000$ *km/s* (auf geschlossenen Wegen im Vakuum) findet, stellt sich ja klassisch gedacht die Grundfrage, relativ zu welchem Bezugskörper oder Bezugssystem (BS) dieser Wert überhaupt *gilt* oder gelten *soll*[6] - für Maxwell war ja der *Äther* das mutmaßliche BS. Insofern gibt es *zwei Klassen* von Beobachtungen und Experimenten, die das Dilemma umgreifen, in das die Elektrodynamik Anfang des letzten Jahrhunderts geraten war - ich meine jene, für die man stellvertretend etwa das *Michelson-Morley-* und das *Babcock-Bergmann-*Experiment (MME/BBE) nennen kann; diese beiden Klassen haben ja zusammen eine Stellung, wie es etwa das Doppelspalt-Experiment (mit einzelnen Quantenobjekten) in der Quantentheorie (QT) hat...
E: Könnte man sagen... Es gibt zwei Experimenteklassen, die jeweils *für sich* genommen mit dem Wellen- bzw. dem Korpuskelmodell des Lichtes *erklärbar* wären, die *zusammengenommen* aber zunächst - nämlich ohne die Spezielle RT (SRT) - *unerklärlich* sind...
N: Was es mit diesen Experimenten *genauer* auf sich hat, wie sie zur *RT* geführt haben, soll *später* rekonstruiert werden - sehen wir zunächst einmal darauf, was sich mit der RT *ergeben* hat...
E: Nun, zweifelsohne wurden wir durch diese doch zu einem tieferen *Nachdenken* über die Natur des Lichtes, mithin über Raum und Zeit gleichsam *gezwungen*...
N: Ja, aber das Ergebnis, zu dem die RT kommt, ist völlig *inakzeptabel* - im besonderen die (angebliche) Relativität der Gleichzeitigkeit (RdG), die daher rühren soll, dass für *alle* Beobachter für *ein-und-denselben* Lichtstrahl der Wert *c* gelten soll, *unabhängig* von einer möglichen Bewegung der Quelle oder des Beobachters selbst; zumal (oder weil) um die bereits vorhandenen LT oder die Formel $E=mc^2$ das relativistische `Raum-Zeit-Konzept´ eigentlich *nur herumgeschrieben* wurde. Die Genese der RT wird uns insofern zwar beschäftigen, andererseits sind heutigentags viele der anfänglich noch bestehenden *Unklarheiten* der RT, die ja auch eine *Entwicklung* durchlaufen hat, behoben - man denke auch etwa an *Minkowskis* Beitrag. Jedenfalls erfuhren die Begriffe `Raum´, `Zeit´, `Masse´ oder jener der `Messung´ dabei aber eine so *nachhaltige*, gleichwohl eher `kryptische´ *Neudefinition*, dass sie ihres *ursprünglichen* Sinnes eigentlich vollständig *entkleidet* sind...
E: Nun, „von Tatsachen gezwungen [mussten die Begriffe `Raum´ und `Zeit´] aus dem Olymp des Apriori [...][heruntergeholt werden], um sie *reparieren* und wieder in einen brauchbaren *Zustand* setzen zu können"[7]...
N: Sie machen aber doch genau das *Gegenteil*, etwa, wenn Realkategorien als Anschauungskategorien nur eine Ebene *weitergeschoben* werden, was

sozusagen *a priori sinnlos* ist - unsere Kritik betrifft aber zumindest ebenso das *Aposteriori* (die Empirie). Wenn *überhaupt* von mehr die Rede ist, als von einem verständnislosen reinen ´Zurechtrechnen´, gelangt man doch einerseits nur zu einer neuen ´Nacktheit´ der Begriffe, wenn die Rede von *Uhren* und *Maßstäben* und deren mutmaßlichem Verhalten ist, während andererseits eine ´Hypostasierung´ der Begriffe stattfindet, wenn ´Raum´ und ´Zeit´ Gestaltetes, also Gestalt*bares* werden oder wenn sie geometrodynamisch *Substanzaspekte* erhalten...

L: Mittlerweile wird derlei ja als Erkenntnis*fortschritt* gehandelt, obgleich das gerade für *mich* ein Rückschritt um *Jahrhunderte* ist; aber so nimmt es weniger Wunder, dass heute die absurdesten ontologisch-metaphysischen Spekulationen bis hin zu ´Zeitreisen´ noch als bedenkens*wert* betrachtet werden, statt als bedenk*lich*...

E: Die RT fußt doch wohl auf rein *empirischen Befunden*...

L: Nun, sie nimmt dort ihren *Ausgang*, bei deren *Deutung* - dann allerdings führt sie direkt zu dem *positivistischen Fehlschluss* auf eine *ontologischrealiter* anzunehmende RdG; die *Nähe* unserer Konzepte ist uns übrigens gerade *hier* aufgegangen, nicht wahr, Isaac?

N: Indeed, Gottfried...

E: Also, dass ich derlei auch aus *Ihrem* Munde höre, Herr L. - Ihre traute Eintracht wundert mich denn *doch* etwas...

N: ...weil Sie nicht zur Kenntnis nehmen, dass auch *ich* angemahnt hatte, „dass man gewöhnlich [...][Zeit, Raum, Ort und Bewegung] nicht anders als in der Beziehung auf *sinnlich Wahrnehmbares* auffasst; [...] daraus entstehen gewisse *Vorurteile*, zu deren Aufhebung man sie zweckmäßig in absolute und relative, wirkliche und scheinbare, mathematische und landläufige Größen unterscheidet"[8] - wohlgemerkt: *unterscheidet*... Damit wir nicht völlig aneinander vorbeireden, sei nur einmal ganz kurz mein Standpunkt zur ´Zeit´ eingeflochten: „Die *absolute* Zeit wird [etwa] in der Astronomie von der *relativen* durch eine Verstetigung des landläufigen Zeitbegriffs *unterschieden*. Die natürlichen Tage [...] [etwa, mit denen wir die Zeit messen] sind nämlich *ungleich*. [...] Es ist möglich, dass es keine gleichförmige Bewegung *gibt*, durch die die Zeit genau *gemessen* werden kann. Alle Bewegungen können *beschleunigt* oder *verzögert* sein; aber der Fluss der *absoluten* Zeit kann sich nicht *ändern*. [Er ist nämlich nur eine *Abstraktion* aus der *Gesamtheit* des Naturgeschehens, und deshalb ist auch] die Dauer oder die Beständigkeit des Daseins aller Dinge [...] *gleich*, ob Bewegungen nun *schnell* [oder] *langsam* [...] sind"[9] - oder ob Uhren nun diesen oder jenen *Gang* haben. Ähnlich habe ich bezüglich der *anderen* Begriffe eine Unterscheidung angemahnt, wie sich im Einzelnen vielleicht noch *entfalten* wird...

L: ...*wir* stritten dazumalen vornehmlich um den *ontologischen Status* von

Raum und Zeit...

N: Unseren alten Streit haben wir aber schon seit einer *Ewigkeit* beigelegt - unsere Kritik lässt sich ebensogut vor dem Hintergrund von Herrn L.'s relationalem Konzept darstellen; dieses kann gewissermaßen sogar als ein *Minimalkonsens* fungieren, insofern man schwerlich *weniger* annehmen kann. So kann ich ihm etwa zugestehen, dass Raum und Zeit uns *zunächst* nur als reine `Ordnungen´ der Weltdinge phänomenal-empirisch *entgegentreten*...

L: ...und derer kann man zwei unterscheiden: Den Raum als jene des *Nebeneinanders* der Weltdinge („*ordo coexistendi*"), die Zeit als jene des *Nacheinanders* („*ordo successionis*")[10]. Diese beiden Ordnungen werden dann nur ontologisch verschieden *ausgedeutet* und `aufgefüllt´; im Grunde geschieht das auf zwei (zunächst) verschiedenen *Ebenen:* Sie bezeichnen zum einen *ideelle* Ordnungen, die *wir* in unserem Wahrnehmungs- und Erkenntnisprozess in die Gesamtheit der Weltdinge *hineinlegen*, und zum anderen - jedenfalls in einem kritischen *Realismus* - reale Ordnungen, die wir der Gesamtheit der Weltdinge *selbst* (`an sich´) zuschreiben...

N: Verbunden werden diese beiden Ebenen dann in der (evolutionären) Erkenntnistheorie. Jedenfalls kommt es erst *dann* zum Dissens, auf *beiden* Ebenen oder transzendental betrachtet *zwischen* beiden - bei Herrn L. und mir eben bei der Frage, welchen *ontologischen Status* man Raum und Zeit zuweisen sollte, zugespitzt mithin: Was sie *neben* den Weltdingen oder gar *ohne sie* wären...

L: ...dass nur *relative* Bewegungen von Körpern ohne absoluten Bezugspunkt der Beschreibung physikalischer Systeme zugrundegelegt werden, ist ja gar nichts *Neues* - mein Konzept verfährt bereits so, ja, Herrn N.'s Theorie *selbst*, da der gedachte *absolute* Rahmen schlicht nicht *greifbar* ist. Mir sind `Raum´ und `Zeit´ *nur* ideelle *und* reale Ordnungen der *Weltdinge* und nur *mit* diesen `etwas´ (Seiendes) - so wie etwa menschliche Verwandtschaftsbeziehungen ein relationales Netzwerk bilden, aber nur etwas *mit* den Menschen sind und nichts `an sich´ *ohne* sie[11]. Den Begriff `Weltdinge´ müssen wir hier *cum grano salis* und so auffassen, dass er auch etwa *Felder* umfasst; neben dem Erklärungsmodell `Feld´ gibt es zwar noch andere, äquivalente und in dieses transformierbare Modelle - etwa alles Naturgeschehen in das Verhalten reeller und virtueller *Teilchen* aufzulösen oder die *Geometrisierung* von Kräften - in unserer Diskussion geht es aber nie um diese *Modelle:* Man kann sich bei einem Raum-Zeit-Konzept auf die Betrachtung materieller Körper *beschränken* - nicht nur, weil es prinzipiell keinen Unterschied macht, ob man materiellen Körpern oder immateriellen Feldern einen Ort im Wandel der Zeit zuweist, sondern, weil uns empirisch-phänomenal nur Körper und deren Verhalten *gegeben* sind und wir nur auf mehr *schließen*. Man könnte rein deskriptiv nur bei *Körpern* und deren

mutmaßlichem und tatsächlichem Verhalten bleiben, denn nur *das* erfassen Felder ja. Das hat nichts mit einem *mechani(zi)stisch-reduzierten* Weltbild zu tun, sondern damit, dass man insofern mit den räumlichen und zeitlichen Urteilen über *Körper* und deren Verhalten bereits alles `gewonnen' haben muss, als dass `Raum' und `Zeit' per definitionem klassisch jene elementarsten Anschauungs- und Realkategorien sind, bei denen von allem *anderen* konkreten `Sosein' der Dinge *abgesehen* wird - ein Raum-Zeit-Konzept ist also (klassisch) immer *jenseits* dieser Frage anzusiedeln (und betrifft nur die *Kinematik*). Natürlich ist damit *nicht* alles Seiende berücksichtigt und es gibt *mehr* in der Welt, das uns nur *mittelbar* gegeben ist - im Gegenteil könnten umgekehrt sogar Körper Zustände eines Zugrundeliegenden sein, etwa des Äthers, Quantenvakuums...
E: ...der *Raumzeit?*
L: In einem klassischen, substanziellen Sinne vielleicht - wenn man wieder einen logischen Möglichkeits- und Definitionsraum *unterlegt*... Ich betrachte Herrn N.´s absolute Begriffe als nur *konstruktive Elemente* seiner Theorie und die *GT* gründen in keinem Falle auf einem *absoluten* Konzept und *absoluten* Koordinaten - wir streiten ja letztlich um die Geltung der *GT* oder der *LT*...
N: ...und eine Welt, die uns nur *getrennt* in Raum und Zeit phänomenalempirisch *gegeben* ist, sollte uns auch *rein deskriptiv* so *erfassbar* sein - nur *das* soll ja eigentlich ein *Raum-Zeit-Konzept* leisten...
E: ...`Raum' und `Zeit' als reine *Beschreibungs*kategorien begriffen...
N: ...denen ontologisch-realiter *Real*kategorien entsprechen...
L: Das ist einer *unserer* Streitpunkte! Mir jedenfalls sind die Weltdinge nicht `im' Raum, sondern mit ihrer Existenz und in ihren wechselseitigen Relationen zueinander *konstituieren* sie den Raum erst als Ordnung des Nebeneinanders. Ähnlich muss man auch die Ordnung des Nacheinanders begreifen: Die Weltdinge und ihre Relationen verändern sich - offenbar nach bestimmten Naturgesetzen - und diese Veränderungen *nennen* wir `Zeit' - mir ist der sogenannte `Fluss der Zeit' nur eine *Metapher:* Es gibt keinen solchen `Fluss' `an sich', in dem die Weltdinge gleichsam *schwimmen* und *fortgerissen* werden, sondern die sich-wandelnden Dinge selbst und wie sich ihre Relationen untereinander ändern *sind* das, was man den `Fluss der Zeit' nennt...
N: Wie du weißt, Gottfried, hätte ich einige *Einwendungen* zu machen, die sind allerdings für unsere Kritik der RT (als Raum-Zeit-Konzept) *irrelevant;* wir müssen ja gar nicht tiefer in die Diskussion von Raum und Zeit einsteigen: *Allen* klassischen Raum-Zeit-Konzepten - gleichgültig, wie man das Verhältnis von Raum, Zeit und Materie bestimmt[12] - müssen die relativistischen Vorstellungen *unsinnig* anmuten...
E: Nun, die RT interpretiert Raum und Zeit doch einfach nur nicht als *zwei*

getrennte Ordnungen, wie es *Minkowskis* berühmtes Diktum fasst: „Von Stund' an sollen Raum für sich und Zeit *für sich* völlig zu *Schatten* herabsinken"...
N: Ja, ja... „...und nur noch eine Art *Union* der beiden soll Selbständigkeit bewahren."[13] Es fragt sich nur, was das über das schlichte Faktum *hinaus*, dass uns die Welt immer nur in Raum und Zeit *zusammen* phänomenal-empirisch *gegeben* ist - was wir nicht abstreiten, was aber eben nichts Neues ist - *wirklich bedeuten* mag; da liegt denn wohl *unser* Dissens, zumal sich ja recht absurde *Folgerungen* aus der RT ergeben...
L: Unsere Kritik sehen wir insofern auch bereits als *fruchtbar* an, wenn sie die naive `Unentwegtheit', mit welcher die Naturphilosophie heute Ihre Vorstellungen unkritisch übernimmt (ein zugegebenermaßen recht pauschales Urteil), *aufzuheben* vermöchte und zur Unentschiedenheit zwischen den `klassischen' Konzepten - wenngleich um einige neue Aspekte *bereichert* - *zurückführte*...
E: Wie jetzt?!
N: Nun, manche Kritik, wie jene aus der Irritation bei der ersten Begegnung mit der RT herrührende, die zumeist einem rein sachlichen *Unverständnis* entspringt, geht am eigentlichen *Kern* der Sache *vorbei* und wird natürlich zu Recht *zurückgewiesen* - aber: [„]Herr E., verzeihen Sie uns, Sie fanden zwar eine Theorie, welche eine in ihrer speziellen Art bewundernswerte *Konsistenz* aufweist. Die Begriffe, die Sie schufen, scheinen sich auch in der modernen Physik zu *bewähren*, obwohl *offensichtlich* sein sollte, dass es nicht solche einer *Raum-Zeit-Theorie* sind, und dass mit ihr die überkommenen `klassischen' Konzepte in keiner Weise *obsolet* werden, jedenfalls wenn wir ein *tieferes Begreifen* der Zusammenhänge anstreben["]...
E: Das kommt mir doch irgendwie *bekannt* vor...
L: Ja... Ähnlich sprachen Sie im Geiste einmal *Herrn N.* beschwichtigend an[14]; und tiefer nachzudenken bedeutet hier, zu manchem Schluss gerade *nicht* zu kommen; einer der Gründe, die RT - wohlgemerkt *als* Raum-Zeit-Konzept - überhaupt zu kritisieren, ist übrigens, dass sie ein offensichtlich recht tiefsitzendes Bedürfnis nach *Irrationalität* zu offenbaren und auch zu befriedigen scheint...
N: ...wenn man dies nicht positiv gewendet als fehlgeleitete Suche nach *Transzendentalität* betrachten will... Unsere Kritik möchte insofern auf die geradezu *esoterische* Sichtweise von `Raum' und `Zeit' hinweisen, dass man sich diesen beiden Begriffen wieder *vernünftig* nähern kann[15]...
E: Also, *bitte*...
B: Nun, in den Neudefinitionen dieser Begriffe liegt wohl *tatsächlich* eine unversiegliche Quelle für viele *Missverständnisse* und *Paradoxien*: Man muss ja für ein Verständnis der RT den *neuen* Sinn (scheinbar) *vertrauter* Begriffe sogleich, gewissermaßen `im gedanklichen Sprung' in den neuen

axiomatischen Zusammenhang erfassen, man kann nicht mit den `alten´ Begriffen `im Hinterkopf´ zur RT *fortschreiten*...

L: Richtig, sonst ergibt sich ein wahres `*Dickicht*´ von Paradoxien, durch das man sich mühsam kämpft, um doch (*bestenfalls*) schlussendlich zu sehen, dass die meisten von ihnen sich - jedenfalls *innerhalb* des Gedankengebäudes der RT - *auflösen* lassen; so etwa, wenn man die zugrundegelegte (angebliche) `*RdG*´ nicht auch schon stets `im Hinterkopf´ behält...

E: Gut, wenn Sie *das* schon erkannt haben...

L: Nur *gibt* es diese gar nicht, sie ist eine reine *Phantasmagorie* - doppelt verneint formuliert; in der ontologischen Realität gibt es nur eine *absolute* Gleichzeitigkeit. *Viele*, aber nicht *alle* alt-ehrwürdigen naturphilosophischen Fragen lassen sich heute im Rahmen einer `*experimentellen* Philosophie´ beantworten - bei *manchen* geht es um *apriorische* Denk*konventionen*...

E: Nun, ganz langsam und werden wir *noch konkreter* - es geht doch wohl letztlich um folgende schlichte Frage: „Sind kartesische Koordinaten x_v und Zeit t eines Ereignisses in bezug auf ein Inertialsystem K gegeben, wie berechnet man Koordinaten x_v' und Zeit t' *desselben* Ereignisses in bezug auf ein relativ zu K [...][*bewegtes*] Inertialsystem K'? Die vorrelativistische Physik löste diese Frage auf Grund zweier unbewusst zugrunde gelegter *Hypothesen*, nämlich: *1*. Die *Zeit* ist *absolut;* die Zeit t' eines Ereignisses in bezug auf K' ist gleich der Zeit t desselben Ereignisses in bezug auf K. Gäbe es *Momentansignale* in die Ferne, so würde diese Voraussetzung physikalisch *begründet* sein, ebenso wenn man wüsste, dass der *Bewegungszustand* einer Uhr ohne Einfluss auf ihren *Gang* sei [- dann ließen sich synchrone Uhren nämlich einfach über die beiden Systeme *verteilen*][...][*und*] *2*. Die *Strecke* ist *absolut;* hat eine relativ zu K ruhende Strecke die Länge s, so hat sie auch relativ zu dem in bezug auf K bewegten System K' dieselbe Länge s."[16] Diese beiden Hypothesen sind nun allerdings *falsch*...

N: So *behaupten* Sie jedenfalls - einhergehen kann man damit aber nur, wenn man wie Sie Raum und Zeit implizit *nur* als „freie Schöpfungen des menschlichen Geistes"[17] betrachtet - für die Natur selbst (`an sich´) gibt es nur eine *absolute* Gleichzeitigkeit, wobei das Prädikat `absolut´ direkt gar nichts mit meinem Raum-Zeit-Konzept zu *tun* hat, eher `*spezifisch*´ meint...

E: Nun, Raum und Zeit werden in der RT ja zur sogenannten `*Raumzeit*´ verquickt; verschieden inertial-bewegte Beobachter zerlegen in ihrem BS diese Raumzeit-*Einheit* in *unterschiedliche* Raum- und Zeitmaße, sie sind sich weder darüber einig, was räumliche und zeitliche *Abstände*, noch was *Zeitabläufe* (nicht kausal zusammenhängender Ereignisse) betrifft, weil die Raum- und Zeitkoordinaten mit den relativistischen *LT* nunmehr *anders ineinander transformieren* als mit den klassischen *GT* - ich schreibe hier beide einmal nebeneinander:

Galilei-Transformationen	*Lorentz-Transformationen*	
$x' = x - vt$	$x' = (x - vt) \cdot 1/\sqrt{1-v^2/c^2}$	
$y' = y$	$y' = y$	
$z' = z$	$z' = z$	(I.1a-h)
$t' = t$	$t' = (t - vx/c^2) \cdot 1/\sqrt{1-v^2/c^2}$	

L: Ersparen wir uns hier insgesamt *Prioritätsdiskussionen* - die LT tauchen ja - was analog von *einigem anderen* zu sagen wäre - schon in einer Schrift Voigts von *1877* auf; dann folgten die Arbeiten von Poincare und Lorenz[18]...
E: Ist mir recht... Die Zeitkoordinate etwa ist nicht mehr *absolut (t'=t)*, sondern hängt im neuen BS außer von der *Relativ*geschwindigkeit von der jeweiligen *Orts*koordinate x ab. Gleichzeitigkeit wird damit *relativ* und kann nurmehr für jeweils *ein* BS definiert werden. Daher spricht man in der RT ja auch nur noch von *Ereignissen*, für die man Raum- *und* Zeitkoordinaten als $x/y/z/[i]ct$ angeben muss...
B: ...und alle weiteren Effekte *resultieren* hieraus: Relativ zueinander bewegte Uhren gehen nicht mehr *synchron;* misst man in einem BS für einen Vorgang an *einem Ort* die sogenannte `Eigenzeit´, so wird in einem relativ dazu *bewegten* BS, da man dort *zwei* Uhren braucht, um an *zwei verschiedenen Orten* zu messen, eine um den Faktor $\sqrt{1-v^2/c^2}$ *größere* (*gedehnte*) Zeit gemessen, was man als *Zeitdilatation* (ZD) bezeichnet. Die sogenannte `Eigenlänge´ eines Körpers, die in einem BS gemessen wird, in dem dieser *ruht*, wird in einem relativ dazu *bewegten* BS, da dort der Anfangs- und Endpunkt (vom ersten BS aus betrachtet) zu *zwei verschiedenen Zeiten* bestimmt wird, der Körper dort jedoch *bewegt* ist, in der Bewegungsrichtung um den Faktor $\sqrt{1-v^2/c^2}$ *kleiner* (*kontrahiert*) gemessen, was man als *Längenkontraktion* (LK) bezeichnet. ZD und LK sind komplementäre Effekte, die sich untereinander streng symmetrisch hinsichtlich zweier BS verhalten; nur die *y*- und *z*-Koordinaten (*senkrecht* zur Bewegungsrichtung) bleiben klassisch wie bei den GT *identisch*...
N: Nur gelangt man damit in eine `Grauzone´, ob derlei als *Sein* oder *Schein* zu betrachten ist - *wenn* man es denn so *messen* würde...
E: Das würde ich *nicht* sagen... Weiter ist das klassische *Additionstheorem der Geschwindigkeiten* zu modifizieren, es bleibt nur *näherungsweise* für gegenüber der Lichtgeschwindigkeit *c kleine* Geschwindigkeiten gültig und *c* wird zur unüberschreitbaren oberen *Grenze* für die Bewegung von Körpern oder Signalen...
N: Nun, dies *ergibt* sich zunächst nicht einfach, sondern man muss es *fordern*, damit das (makroskopische) *Kausalprinzip* nicht verletzt wird: Die Zeit*ordnung* zwischen zwei kausal zusammenhängenden Ereignissen muss unabhängig vom gewählten *BS* bleiben...
E: Richtig, es ergibt sich allerdings später, insofern in der relativistischen

Dynamik die neue Raumzeit-Geometrie eine relativistische *Massezunahme* (rMZ) mit sich bringt: Die sogenannte `dynamische´ Masse eines Körpers - im Unterschied zu seiner *Ruh*masse - *wächst* mit seiner Geschwindigkeit, wobei diese dynamische Masse dem *Gesamtenergiegehalt* des Körpers - der Summe aus Ruheenergie und kinetischer Energie - *äquivalent* ist; insofern zeigen sich die Energie- und Impulserhaltungssätze *ebenso* in einem neuem Gewande und man kommt schlussendlich zur Äquivalenz von *Masse* und *Energie* und der Formel $E=mc^2$. Überdies ergeben sich nicht nur ein spezieller relativistischer *Dopplereffekt*, sondern die RT mit ihren LT ist in (fast) alle physikalischen Teildisziplinen *eingearbeitet* worden - bishin zur Thermodynamik...

N (leise): Eine naturphilosophische *Katastrophe*...

E: Letztlich rührt das alles daher, dass sich die *GT* für die Elektrodynamik als *unbrauchbar* erwiesen haben: Wendet man nämlich auf die Maxwell´schen Gleichungen in einem `ruhenden´ BS die *GT* an, um das Geschehen in einem (relativ dazu) `bewegten´ BS zu betrachten, treten in jenen ja *zusätzliche Terme* erster (v/c) und höherer (v^2/c^2,...) Ordnung auf; wendet man allerdings die *LT* an, ist dies *nicht* der Fall und die *transformierten* Gleichungen behalten dieselbe Form wie die *Ausgangs*gleichungen (ohne die Zusatzterme), die LT gewährleisten die *Kovarianz*[19]...

N: Aber gerade diese Terme *müssten* auftreten - alles andere bedeutet eine völlige *Verkehrung* des Relativitätsprinzips (RP), *vergewaltigt* den Sinn der Maxwell´schen Gleichungen und...

E: Unsinn... Elektromagnetische Phänomene können mit der RT jetzt doch viel *einfacher* behandelt werden: Für eine elektrische Ladung etwa, die in einem BS *ruht*, nimmt man nur ein *elektrisches* Feld an, in einem relativ zu diesem *bewegten* BS aber zusätzlich ein *magnetisches* Feld - die *Verknüpfung* dieser beiden Phänomene erfolgt einfach über die *Relativbewegung* der beiden BS und die LT bzw. über den elektromagnetischen Feldstärketensor[20]...

N: Und das alles entwickeln Sie aus *zwei Postulaten*...

E: ...*Naturprinzipien!*

N: ...nämlich erstens dem *RP*: Alle Inertialsysteme (IS) seien *äquivalent*, d.h. die Naturgesetze seien hier *dieselben;* und zweitens dem Prinzip der *Konstanz der Lichtgeschwindigkeit (KdL):* Die Lichtgeschwindigkeit soll in *allen* IS den Wert c haben - in Nuancen kann man es auch anders fassen; wie gesagt behaupten Sie sogar, dass „das [...] Prinzip der Konstanz der Lichtgeschwindigkeit [...] *natürlich[!]* in den Maxwell´schen Gleichungen *enthalten* [sei]"[21] - bemerkenswert ist ja, mit welcher *Selbstsicherheit* Sie derlei letztlich unhaltbare Uminterpretationen vorbringen...

B: Nun, bevor wir müßig in Streit geraten, sollten Sie wohl Ihr *Unbehagen* einmal etwa *genauer* umreißen...

I b *L:* Gerne! Der Dreh- und Angelpunkt nicht nur der RT, sondern auch jener unseres Unbehagens und unserer Kritik ist die angenommene *RdG*...
B: Nun, bekanntlich gelangt man zu dieser doch über eine Reihe *sinnvoller Gedankengänge:* Wir sind aufgrund dieser beiden Postulate und da wir die KdL ja auch *empirisch bestätigt* finden mittelbar gezwungen, alleine um den Begriff `Gleichzeitigkeit' wieder *brauchbar* zu machen, irgendeine (nicht-widersprüchliche) *Übereinkunft* zu treffen, was wir eigentlich darunter *verstehen* wollen - so kommt man zur `Einstein'schen Synchronisationskonvention'...
L: ...und die könnte sogar noch als *pragmatisch sinnvoll* durchgehen und möglicherweise *praktisch alternativlos* sein - die beiden Postulate sind allerdings überhaupt nur *akzeptabel*, wenn man Raum und Zeit schon als `verändert' betrachtet...
B: Richtig, jedenfalls besagt diese: `Zwei Ereignisse sind *gleichzeitig* (in einem BS), wenn sie von einem *Lichtkegel* ausgelöst wurden, der in ihrer geometrischen *Mitte* ausgesandt wurde - die zwei Ereignisse können mithin das In-Gang-setzen zweier Uhren betreffen, die dann als *synchronisiert* gelten.' Daraus *folgt*, dass Gleichzeitigkeit nurmehr *relativ definierbar* ist - diese Zeichnungen können das noch einmal in Erinnerung rufen *(B. zeichnet die Abbildungen 1a und 1b)*...

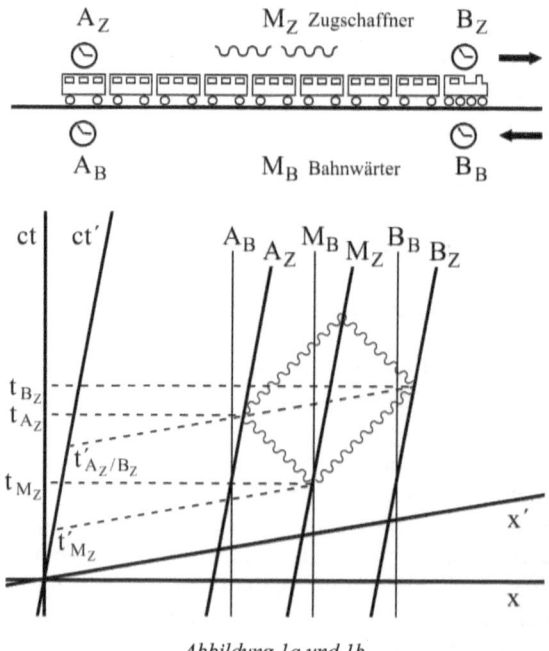

Abbildung 1a und 1b

In einem Minkowskidiagramm (MD) werden ja mehrere (hier zwei) KS `übereinander` gezeichnet: Dem klassischen Raum-Zeit-Diagramm entspricht dabei das rechtwinklige KS, in dem ein (inertial) *bewegter* Körper durch eine *geneigte* Linie dargestellt wird - sie gibt an, wie der Körper im (hier eindimensionalen) Raum (*x*-Achse) im Laufe der Zeit (*ct*-Achse) seinen Ort ändert. Auch die mit *ct'* bezeichnete Linie stellt einen solchen Körper dar - in diesem Falle den Bezugskörper eines relativ zum ersten *bewegten* KS mit *x'*-Raum-Achse und *ct'*-Zeit-Achse; diese sind relativistisch im selben Winkel zueinander geneigt (wenn man *ct* als `Zeit´-Einheit wählt), so dass ein Lichtkegel mit der KdL immer die *Winkelhalbierenden* bildet (darüberhinaus sind die Achsen*einheiten* dem Lorentz-Faktor gemäß *gestreckt*)...

N: Man betrachtet also ein Naturgeschehen in einem MD in *zwei* relativistischen BS *zugleich*...

B: Ja. Ein *Zugschaffner* (im `fahrenden´ Zug) setzt zwei in den Punkten A_Z und B_Z befindliche zu synchronisierende Uhren in seinem BS *gleichzeitig* in Gang (t'_{A_Z/B_Z}), indem er dafür zwei in deren geometrischer Mitte M_Z zugleich ausgesandte Lichtsignale (bzw. einen Lichtkegel) verwendet - die beiden Ereignisse des Ingangsetzens der beiden Uhren finden im BS eines *Bahnwärters* jedoch *nicht-gleichzeitig* statt (t_{A_Z} und t_{B_Z}), denn die Lichtsignale breiten sich auch in *dessen* BS *isotrop* und *konstant mit c* aus, die beiden Uhren in A_Z und B_Z eilen jedoch in *seiner* Sicht dem Lichtsignal *entgegen* bzw. *entfliehen* ihm (A_B, B_B und M_B geben hier zunächst an, wie der Bahnwärter die Raumorte der Uhren zum Zeitpunkt der Lichtemission und seinen eigenen Raumort in seinem BS *ruhend denkt*)...

L: Schon hier sollte uns auffallen, dass Gleichzeitigkeit an *einem* Ort stets für *alle* Beobachter `absolut´ ist; auch mit der RT muss für die ontologische Realität für das Emissionsereignis $t'_{M_Z} = t_{M_Z}$ gelten, also deren *Identität*; dem Diagramm und den LT zufolge ergeben sich aber *verschiedene* Werte: t'_{M_Z} soll *ungleich* t_{M_Z} sein (benannt werden)...

E: Nun, da es sich nur um zeitliche *Etiketten* handelt, die *wir* den Dingen beilegen, kann man den Ursprung des KS ja auf diesen Emissionspunkt *verschieben*...

L: Ja, *eben!* Man kann ihn auf *jeden* Weltpunkt des MD verschieben und zu *identischen* Etiketten kommen - was *sagt* Ihre Theorie so betrachtet dann eigentlich über die *ontologische Realität*, wenn wir das `nur´ zugestehen? Doch nur, dass hier eine nominale `relativistische´ Differenz *künstlich erzeugt* wird...

N: Ach, Gottfried, das müssen wir wohl etwas *langsamer* entfalten...

B: Ich *bitte* darum! Jedenfalls sind für den Bahnwärter Ereignisse auf der *x*-Achse (und deren Parallelen) gleichzeitig, für den Zugschaffner jene auf der *x'*-Achse (und deren Parallelen); die Frage ist dann nur noch, ob man mit einer `nur` `*relativen* Gleichzeitigkeit´ widerspruchsfrei *arbeiten* kann...

E: ...und das ist ja offensichtlich der *Fall*. Und daher müssen wir unsere *überkommenen* und eher *primitiven* Urteile über Raum und Zeit doch wohl *überdenken* und am Ende gar *abstreifen*[22]...

N: Ersteinmal: `Danke für die Blumen!´ Jeder `sieht´ hier, dass sich die RdG höchstens ergibt, wenn Licht sich *nicht* `tatsächlich´ für beide isotrop in beiden Raumrichtungen mit c ausbreitet - der *eine bleibt* eben in der Mitte der Lichtausbreitung, der andere *nicht*, er eilt dem Licht *entgegen* oder *entflieht* ihm - nur können wir das *realiter* offenbar nicht *feststellen*, die Zeichnung aber und a fortiori die ganze *Logik* Ihrer Argumentation *basiert* darauf, dass nur *eine* Lichtausbreitung *angenommen* und ins MD *gezeichnet* wird, gegen welche die Körperbewegungen *kontrastieren* - dennoch aber *existiert* für die RT keine relative Bewegung gegenüber dem Licht, auch keine *verborgene*, weil damit die KdL schlicht *unvereinbar* ist. *Quasi deus ex machina* steht so dann mit der RdG die ganze *RT* vor uns - und mit ihr die Effekte, die Sie vorhin aufgezählt haben: *ZD*, *LK*, *rMZ*...

B: So ist es; *invariant* bleibt nurmehr der *raumzeitliche* Abstand, denn die Raumzeit-*Einheit* wird in jedem BS in *verschiedene* Raum- und Zeitmaße zerlegt...

E: Man kommt also gar nicht umhin, seine überko... äh, seine Vorstellungen von Raum und Zeit zu *revidieren*...

B: Sehen Sie, will man einen *logischen Zirkel* vermeiden, wenn man Gleichzeitigkeit an verschiedenen Orten herstellen oder feststellen will, läuft das Ganze doch auf *folgende Frage* hinaus: „Kann man ein *Mittel* angeben, um den gleichen Gang [und die gleiche Zeigerstellung] zweier an verschiedenen Orten befindlicher Uhren zu *prüfen?*"[23]

N: Eigentlich *nicht!* Die Antwort lautet `nein´ - man kann offenbar *kein* solches Mittel angeben und `nein´ - darauf läuft es *nicht* hinaus. *Diese* Frage zielt nämlich darauf, ob man eine absolute Gleichzeitigkeit *herstellen* oder *feststellen* kann - unsere Frage aber und implizit jene der RT, darauf, ob man eine absolute Gleichzeitigkeit für die ontologische Realität *annehmen* muss. Als Naturphilosophen sollte uns vornehmlich - bei allen Schwierigkeiten eines kritischen Realismus (die wir hier nicht diskutieren können) - *diese* Frage interessieren; *dass* das so ist und *warum* das so ist, müssen wir nun entwickeln...

L: Und - *gemacht!* Die beiden der RT zugrundeliegenden Postulate, das RP und die KdL (strenggenommen werden implizit natürlich noch einige *weitere* grundlegende Annahmen gemacht) sind ja zunächst nur unserem *Nachdenken anheimgestellte reine Annahmen*, die nur dann akzeptabel und widerspruchsfrei sind, *wenn* man - Sie sagen es selbst - seine Vorstellungen von Raum, Zeit, Masse usw. *revidiert;* das muss natürlich *ebenso* wider-

spruchsfrei möglich sein...
E: Natürlich...
N: ...die Frage lautet also: *Ist* dem so? Sehen wir doch einmal darauf, wie sich nun mit der RT der Begriff `Ding´ wandelt - nehmen wir an, die *Länge* eines bestimmten Körpers soll ermittelt werden...
E: Da sage ich Ihnen gleich, dass man ohne eine *absolute* Gleichzeitigkeit nicht mehr von so etwas wie `*der*´ geometrischen (räumlichen) Form und mithin Länge `an sich´ eines Körpers sprechen kann, sondern nurmehr von einer *relativen, bezugssystem-abhängigen* - dem einen mag ein Körper als *Kugel* erscheinen, dem anderen als *Rotationsellipsoid*[24]...
L: Richtig, und dass man sich hier von einer Ontologie der `Dinge´ (im allerweitesten Sinne) verabschieden soll, da ein Körper jedem Beobachter nurmehr ein spezifisches, aber jeweils *unterschiedliches* `Bündel´ von Ereignissen sei, lassen wir als ein weiteres Scheingefecht *beiseite*, denn auch *klassisch* kann man - wenn auch in anderem Sinne als in der RT - ein `Ding´ als ein *raum-zeitliches* Gebilde begreifen und fragen, was dies eigentlich `ist´, wenn wir gedacht unserem Welterleben etwa ein anderes subjektives Wahrnehmungs-Zeitquant zugrundelegen und ein scheinbar `beständiges´ Ding betrachten...
N: Wenngleich man *grundsätzlich* fragen kann, warum man mit dem RP in Ihrer speziellen Interpretation eine Forminvarianz von (zunächst nur) *gedachten Naturgesetzen fordern*, deshalb jedoch auf eine Forminvarianz von *realen Körpern verzichten* soll - das sollte alles andere als *selbstverständlich* sein und schon *hier* könnte man auf `Konventionalität´ plädieren, wenn die RT nicht auch *ansonsten* unhaltbar wäre...
E: Das müssten Sie schon *begründen*...
N: Sogleich. Ebenso können unsere Überlegungen noch unabhängig davon bleiben, ob einerseits `Raum´ und `Zeit´ und andererseits `Dinge´ (im allerweitesten Sinne) als ontologisch *Verschiedenes* anzusehen sind, oder aber, ob die ersteren beiden auf letztere oder umgekehrt *zurückgeführt* werden können (auch etwa in einer *Ereignis*ontologie; geometrodynamisch werden Raum und Zeit aber ja substantielle Aspekte zugeschrieben, da man nicht nur von `nackten´ Ereignissen $x/y/z/ct$ sprechen kann, sondern angeben muss, *was* dort dann der *Fall* sein soll) - jedenfalls können wir hier Raum und Zeit zunächst schlicht als neutralen `Rahmen´ behandeln, `in´ dem eine irgendwie geartete gestaltbare *Substanz* (etwa im Sinne des Aristotelischen `Hylemorphismus´) vorhanden ist, ohne dieses `in´ zu hinterfragen, was Herrn *L.'*s Vorliebe ist[25], oder auch den *Begriff* `Substanz´ zu problematisieren, wie ich es selbst einmal tat, als ich - wie schon Descartes - solch´ eine Reduktion erwogen hatte[26]. Man *kann*, *muss* aber nicht die Problemfelder `Ding´, `Feld´, `Ereignis´, `Kontinuum´, `Atom´, `Leere´, `Quantenobjekt´... involvieren, denn die verschiedenen Konzepte bleiben *stets* (auch

nachträglich) ineinander 'transformierbar'[27]...

B: Wir wählen also *pragmatisch* zunächst die *einfachere* Sprechweise...

L: Ja; und insofern müssen wir den 'Raum' pragmatisch so fassen, dass wir 'ihm' als einem *Konstrukt* die Eigenschaft der 'Rezeptivität' (Dinge, die (zirkulär) selbst ausgedehnt sind, gleich einem Behältnis aufnehmen zu können), mithin der 'Extensionalität' und der 'Relationalität' (dass Dinge 'im' Raum eine bestimmte Relation zueinander haben) zuschreiben. Für die 'Zeit' wäre dies *ähnlich* zu fassen, was ich uns hier aber *erspare*...

N: Wenn wir für 'Dinge' unsere Vorstellungen von Raum und Zeit klären können, braucht uns um alles *andere* nicht *bange* zu sein (weil es uns nur *mittelbar* über Dinge empirisch *gegeben* ist)...

B: Wohl war...

N: Wenn nun verschieden (inertial) bewegte Beobachter ein 'Ding', einen Körper vermessen, legen sie durch *denselben* Körper - wenn ich hier noch so sagen darf - ob der (angeblichen) RdG, mithin ob ihrer *verschiedenen* Gleichzeitigkeits-Definitionen ja auch gleichsam *verschiedene* 'Existenz-Schnitte'...

B: ...was manche in das Bild fassen, dass *ein* (jeder) Beobachter in der Sicht eines *anderen* Beobachters *nicht gleichzeitig* seine Maßstäbe an den Körper anlegt...

N: ...richtig - im *Bilde* gesprochen. Hier *(N. zeichnet Abbildung 2)* kann man sich etwa vorstellen, dass die graue Fläche die gerade eindimensionale Kante eines Körpers - diese *Tischkante* etwa - im Verlauf der Zeit darstellt (*klassisch* gedacht)...

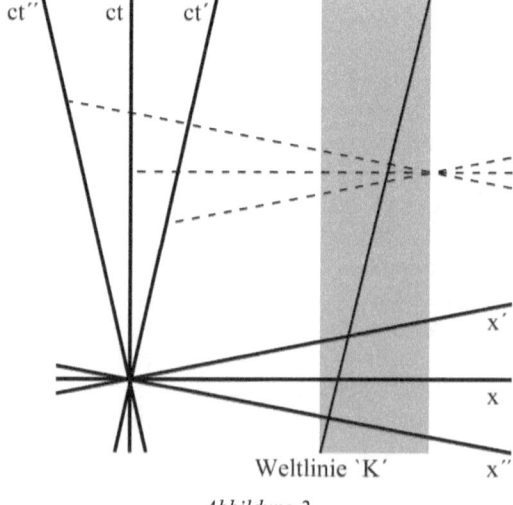

Abbildung 2

Der Körper und die Kante ruht im BS x/ct, bewegt sich aber in den BS x'/ct' und x''/ct'' in unterschiedliche Richtungen. Im BS x/ct wird nun mit der RT die sogenannte 'Eigenlänge' des Körpers bestimmt - diese können die beiden anderen Beobachter auch *errechnen;* in *ihren* BS legen sie der Länge des (für sie bewegten) Körpers jedoch *andere* Ereignisse *anderer* 'Existenzschichten' des Körpers zugrunde, nämlich *dort* (in den BS x'/ct' und x''/ct'') *gleichzeitige* Ereignisse, jene, die auf den gestrichelten Linien liegen - dies folgt aus der (angeblichen) RdG...
E: So ist es - aber die Frage, ob die LK als 'real' anzusehen sind, geht ja bekanntlich am Kern der Sache *vorbei*, denn nachdem auch in der RT der unmittelbare Augenschein *korrigiert* wurde[28], fordert jede Messkonvention wie Sie wohl zugeben werden nur *sinnvollerweise*, dass bei einer korrekten Längenbestimmung der Anfangs- und Endpunkt eines Körpers *gleichzeitig* bestimmt wird, wodurch eben die *RdG* ins Spiel kommt...
B: ...ansonsten würde man ja einen *bei* der Messung *bewegten* Körper vermessen, was natürlich zu ganz *absonderlichen* Längen führen muss...
N: ...wenn man mit der RdG nicht genau *dazu* kommt...
L: Ganz recht, denn bisher meinte 'gleichzeitig' etwas *Absolutes*. Hier nun aber wird in den meisten Darstellungen der RT insofern *marginalisiert*, als dass die LK *vollständig* auf die RdG zurückgeführt wird, was aber nur die *halbe* Wahrheit ist, wie wir später zeigen wollen - auch hübsch der Reihe nach ist die Sache aber kompliziert *genug* und wir wollen zunächst auf etwas *anderes* hinaus...
B: Gerne, ich resümiere aber einmal, woher das *rührt:* „Die alte Trennung von Raum und Zeit beruhte auf dem Glauben, dass in der Aussage, zwei Ereignisse an entfernten Punkten seien gleichzeitig, keine *Mehrdeutigkeit* enthalten sei [und dass es möglich sei], die Topologie des Universums zu einem bestimmten Zeitpunkt durch *rein räumliche* Angaben zu beschreiben." Mit der RdG der RT aber ist das, „was für *einen* Beobachter eine Beschreibung der Welt zu einem gegebenen *Zeitpunkt* ist, [...] für einen *anderen* Beobachter eine *Folge* von Ereignissen zu allen möglichen *verschiedenen* Zeiten, die nicht [mehr] nur *räumlich*, sondern auch *zeitlich* voneinander entfernt sind." „Es *gibt* so etwas wie die 'gleiche' Zeit für verschiedene Beobachter nicht [mehr], außer wenn sie relativ zueinander in *Ruhe* sind"[29] - und auch dann nur im *speziellen Sinne* der *RT...*
L: Gut, mag diese kleine 'Anamnese' genügen - folgen wir nun einmal einer interessanten, allerdings *fehlschlüssigen* Argumentation, die in vieler Munde ist, ja, letztlich auch *Ihrem* entstammt, und die zeigt, zu welch' einem *phantastisch-esoterischen* Weltbild die RT führt... Wenn die Rede von der RdG und die erwähnten divergierenden Aussagen verschiedener Beobachter nicht nur müßiges Spiel oder reine *'facon de parler'* sein sollen, darf man ja wohl keine der Messungen irgendwie *bevorzugen*...

I c

E: Richtig, weil Ruhe oder Bewegung *relativ* sind, liefern alle gerade erwähnten Messungen für die RT ein *äquivalentes* Bild der Wirklichkeit - welchen Beobachter, welches Bild sollte oder könnte man *bevorzugen?*

L: Zunächst *d'accord* - Sie werden sich beim Zwillingsparadoxon (ZwP) wohl noch selbst *widersprechen*... Jedenfalls kommt man zu dem Gedanken, dass in der Sicht eines jeden `ruhenden' Beobachters ein `bewegter' Beobachter - beides ist natürlich *relativ* - den Messungen eines Körpers Ereignisse zugrundelegt, die für ihn *nicht-gleichzeitige* und somit auch in seiner Sicht überhaupt nicht *gemeinsam gegenwärtige* Ereignisse sind, sondern vielmehr solche, die er hinsichtlich des Messzeitpunktes als *zukünftige* oder *vergangene* Ereignisse betrachtet - mit der *RdG* ergibt sich mithin also eine `Relativität der Gegenwart'...

B: So muss man wohl sagen...

N: Solcherlei Vergleiche setzen natürlich wiederum einen verbindenden *absoluten* Hintergrund voraus, wenngleich mit der RT die zeitlichen und räumlichen Zuordnungen nicht ohne weiteres von *einem* IS in ein *anderes* übertragen oder miteinander *kombiniert* werden dürfen - sie sind letztlich *inkommensurabel*, weil schlicht `Messen' mit der RT etwas *anderes* als *ehedem* bedeutet; diesen Punkt werden wir *später* noch aufgreifen...

E: Dennoch muss man sagen, dass es ohne eine absolute oder universelle *Gleichzeitigkeit* auch keine absolute oder universelle *Gegenwart* gibt - das heißt dieser Begriff wird *relativ*, also *bezugssystem-abhängig*...

L: Ganz recht, damit stehen sich nun aber die Begriffe `Äquivalenz' der Messungen und `Existenz' der zugrundegelegten Ereignisse einander im *Widerstreit* gegenüber...

E: Soll *heißen?*

L: ...dass `Äquivalenz' hier doch *zumindest* einschließen sollte, dass es sich gleichermaßen um *existente* Ereignisse handeln sollte, die den Messungen jeweils zugrundegelegt werden. Man kann hier streiten, welches *Prädikat* für Ereignisse eigentlich *angebracht* ist - gemeint ist `existent' im Sinne von `statthabend' (`sein'), was erfassen soll `*etwas ist (dort dann) der Fall'*. *Ansonsten* müsste man doch der provokanten Formulierung, ein bewegter Beobachter lege hier zu ganz `*unsinnigen'* Zeiten seine Maßstäbe an, in ganz spezieller Weise *recht* geben und fragen, warum er `nicht-existente' Ereignisse, nämlich *vergangene* und *zukünftige*, die *nicht mehr* oder *noch nicht* `sind', seiner Messung zugrundelegt - es ist *unsinnig*, einen *bewegten* Körper zu vermessen, *unsinniger* aber noch, einer Messung *nicht-existente* `Seins-Schichten' zugrundelegen zu wollen...

E: Verstehe, was Sie meinen...

L: Prägnanter könnte man sagen, aus der `Relativität der Gegenwart' darf keine `*Relativität der Existenz'* werden - ein seitens der RT `hausgemachtes' Problem, da sie gar nicht zu erfassen *trachtet*, wann ein distantes Ereignis

'an sich' *tatsächlich* stattfindet...
E: Solcherlei absolutes 'an-sich' und 'tatsächlich' *gibt* es für die RT nicht...
N: ...eben darum 'durchschlägt' die RT diesen 'Gedankenknoten' martial und behauptet, dass *alle* inertialen Beobachter und ihre jeweiligen Zerlegungen des RZK, *alle* ihre 'Existenzschnitte' *äquivalent* seien...
E: Ganz recht...
L: Für *uns* sind sie nicht *äquivalent*, sondern *nonvalent* - aber immerhin ist Ihre Position *konsequent*, denn die RdG und mithin die ganze RT würde im Prinzip (als Raum-Zeit-Konzept) *sinnlos*, wenn man annähme, dass irgendeine *bevorzugte objektive* 'Seinsschicht' der Weltdinge existiert, die sich hier *(L. zeichnet Abbildung 3a)* - der Darstellbarkeit halber um eine Dimension *reduziert* - als absolute *x/y*-Ebene einer zweidimensionalen Welt im Laufe der Zeit gleichsam sukzessive *nach oben* schöbe, mithin also eine Seins-Schicht, die *sukzessive* zur Existenz *gelangte* und wieder *verginge*, wie dies *klassische* Raum-Zeit-Konzepte für die ontologische Realität annehmen, wenn im Sinne eines *Präsentismus* die Gegenwart (t_G) der *x/y*-Welt als *existent* angenommen wird, deren Vergangenheit (t_V) und Zukunft (t_Z) jedoch als *nicht-existent*...

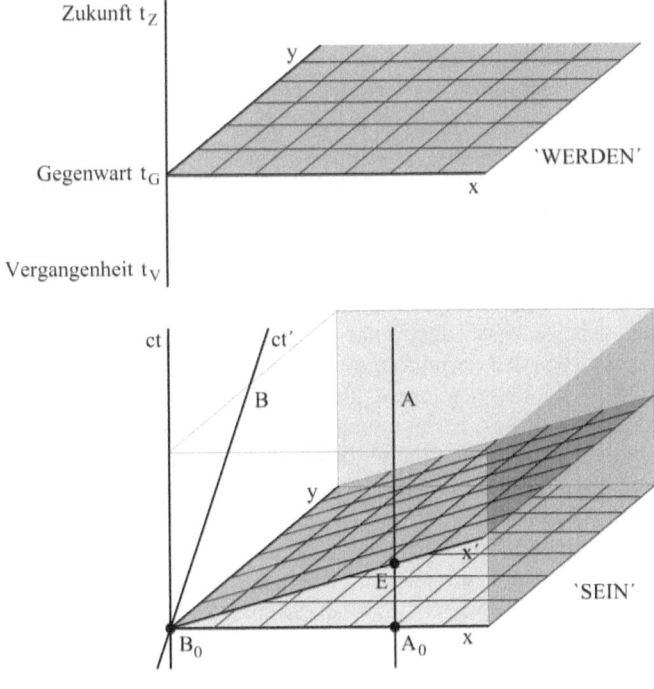

Abbildung 3a und 3b

N: Die RT hingegen sieht es so *(N. zeichnet Abbildung 3b)*... Unabhängig von den kausalen Zusammenhängen - um die geht es hier nicht - kann man (mit der RT) das Ereignis *E*, das in der Zukunft eines hier ruhend gedachten Beobachters *A* in A_0 (*x/y*-Gegenwarts-Ebene) liegt, nicht erst als *zukünftig*, also noch *nicht-existent* betrachten, denn in der Sichtweise eines anderen, hier des bewegt gedachten Beobachters *B* in B_0 (*x'/y*-Gegenwarts-Ebene), die als *äquivalent* und *ebenso* objektiv betrachtet werden soll, ist *E* bereits ein *gegenwärtiges* Ereignis (und für andere Beobachter wäre dies etwa auf ein vergangenes, *noch-existentes* Ereignis zu beziehen)...

E: So *rekonstruiert B* jedenfalls, wenn er von *E* Kenntnis erlangt...

N: Man könnte also versucht sein, folgendermaßen zu argumentieren: Ich schreibe *mir (A)* und einem relativ zu mir bewegten *Beobachter (B)* (wie auch manchen anderen Weltdingen umher) für gewöhnlich zu, gleichsam jeweils `jetzt´ zu *existieren*, wohingegen ich *Vergangenes* und *Zukünftiges* als *nicht-existent* betrachte. Natürlich ist meine *Wahrnehmung* ganz anders strukturiert - ich berechne *im Nachhinein* ein, dass ich prinzipiell nur *zeitverzögert* von distanten Ereignissen Kenntnis erlange (und zwar klassisch anders als relativistisch). *Wenn* ich aber dieses `jetzt - sind - wir´ ansetze (etwa in $A_0$: `Jetzt sind ich (A) und er (B in B_0)´), kann der *andere (B* in B_0) *dann* ein anderes, hier für mich *zukünftiges* Ereignis als *existent* ansetzen (und andere Beobachter ein *vergangenes*) - etwa das für mich *zukünftige* Ereignis *E*, d.h.: er sagt *dann* (in meiner Sicht mit mir gleichzeitig) `Jetzt sind ich (B in B_0) und das-und-das Ereignis (E)´ - insofern legt man hier, wie wir noch entfalten werden, implizit mit der RT eine *Transitivitätsrelation*[30] auch für die ontologische Realität zugrunde - in *seiner* Sicht habe ich *meine* Aussage allerdings in der *Vergangenheit* gemacht...

B: Nun ja, auch die Begriffe `Vergangenheit´, `Gegenwart´ und `Zukunft´ werden aber doch in der RT ganz anders *definiert*, wie man etwa auch am relativistischen *Lichtkegel* zeigen kann...

L: Das ist uns sehr bewusst, der *Punkt* ist aber doch, dass man nun auch den Begriff `*Existenz*´ neu definieren müsste, nämlich als *relativ* zu einem bestimmten *BS*.[31] Man könnte nicht mehr - auch nicht näherungsweise, weil im Alltäglichen diese Überlegungen ja nahezu *irrelevant* sind - von zu uns räumlich distanten Ereignissen einfach sagen, sie existierten zu einem bestimmten Zeitpunkt mit uns als gleichzeitig-gegenwärtige und ansonsten *nicht*. `Existenz´ wäre also kein universell-eindeutig (`absolut´) zuschreibbares *Attribut* mehr, sondern wäre prinzipiell nur *so* definierbar, dass man *objektive* Existenz nurmehr *solipsistisch* oder *idealistisch* unserem eigenen ausdehnungslosen `Hier-und-Jetzt´-*Punkt* zuschreiben dürfte, womit wir den Begriff allerdings völlig *sinnentleeren* würden. Erkenntnistheoretisch mag das sogar *erwägenswert* sein, man würde es aber auch *ontologisch* so festschreiben und jeden kritischen *Realismus* untergraben, da man sagen

müsste: 'Für den *einen* ist etwas *existent*, das für den *anderen* (gleichzeitig) *nicht*-existent ist' - der einzig denkbare Ausweg wäre, pseudo-aristotelisch eine *weitere Kategorisierung* des Begriffes 'Existenz' vorzunehmen und zu sagen: 'Ein für den *einen* 'noch nicht' existentes, zukünftiges Ereignis, hat für diesen *potentielle* Existenz, für den *anderen* hat es aber 'schon' *aktuale* Existenz' - und Analoges müsste man für *vergangene* 'noch' existente Ereignisse formulieren...
E: Darüber mögen sich die *Philosophen* streiten...
L: Das ist wohl etwas *zu* einfach... Denn selbst wenn dies *gelänge* (und man dem Sinn und Bedeutung zuschreiben *könnte*), könnte man dann doch die verschiedenen Sichtweisen der Beobachter gar nicht mehr als *äquivalent* betrachten...
E: Nun, ich sehe die Sache *ohnehin* anders...
L: Wie gesagt: *Sie* sind *konsequent* - denn *a fortiori* müsste man fragen, mit welchem *Berechtigungsgrund* man *dann* überhaupt noch mit den LT (oder sogar *irgendwelchen*) diese 'potentiellen' und 'aktualen' Ereignisse in den verschiedenen BS verknüpfen *sollte* - denn welchen *anderen* Sinn könnte man 'potentieller' Existenz als 'aktualer' Existenz zuschreiben, als dass *ebenso irgendetwas* in E der *Fall* wäre? Manche Philosophen ersinnen zwar 'Ereignis-Ontologien', stellen also (verkürzt gesagt) Betrachtungen darüber an, dass nur *wir* als erkennende Subjekte bestimmte Gruppen von Ereignissen zu einem 'Individuum' oder 'Ding' bündeln und die Weltlinien dieses Dinges wiederum zu dessen 'Existenz' und anderes mehr, so dass man also sagen könnte, dass verschiedene Beobachter jeweils *andere* Gruppen von Ereignissen zu einem 'Ding' und dessen 'Existenz' bündeln - hier kommt man aber auf die Überlegungen der beiden Vorsokratiker *Heraklit* und *Parmenides*, die einander ja oft als Vertreter eines zeitlichen 'WERDENs' ('panta rhei' [alles fließt]) und eines zeitlosen 'SEINs' gegenübergestellt werden (letzterer auch vertreten durch seinen Schüler Zenon von Elea und *dessen* berühmte Paradoxien)[32]: Diese ontologischen Konzepte begreifen Ereignisse nämlich entweder zeitlich-'heraklitisch', dass sie erst zur Existenz *gelangen* und dann wieder *vergehen*, dann *widersprechen* sie darin der RT oder aber sie begreifen Ereignisse nicht-zeitlich- 'parmenidisch', dann müssen sie auf der RT *basieren*, sofern sie nicht als reine metaphysische *Spekulationen* (wie eben schon jene des Parmenides selbst) 'in der Luft hängen' wollen - denn *welches empirische Datum* ließe sich für sie *anführen*? Dass Ereignis-Ontologien mit *weniger* Annahmen auskommen, also 'ärmer' sind, ist als Argument *inakzeptabel*, da man nicht 'nackte' Ereignisse denken darf (es muss 'etwas' der Fall sein *über* die Angabe *x/y/z/ct hinaus*). Allemalen würde man hier das Untere zu oberst kehren...
N: Manche Ihrer Anhänger[?] sagen zwar richtigerweise: „Die Welt, in

der wir leben, ist kein *vier*dimensionaler Raum (im eigentlichen Sinne des Wortes), sondern eine *veränderliche drei*dimensionale"[33] - das ist jedoch ganz und gar nicht in *Ihrem Sinne*...

E: Ja... Die Messungen der 'bewegten' Beobachter stellen eine *äquivalente, ebenso objektive* Sicht der Wirklichkeit dar, weil die Punkte der Weltlinien des Körpers gleichsam als `SEIN´ existieren...

L: ...und die RT *kann* sich eigentlich gar nicht auf andere Überlegungen einlassen, da eine - wenn auch uns verborgene - *entstehende* Seinsschicht, die sukzessive zur Existenz gelangte, mit ihrer (so nennen wir es einmal) *präsentistischen* `Frontwelle des zur-Existenz-Gelangens´ an sich selbst eine *universelle absolute* Gleichzeitigkeit *definiert*, was die RT als Raum-Zeit-Konzept *sinnlos* macht. Die RT mit ihrer `RdG´ muss die Welt insofern *zwingend* (wohlgemerkt als *Raum-Zeit-Konzept*) als ein `*Parmenidisches Blockuniversum*´ (PBU), als `*SEIN*´ deuten - sie widerspricht *per se* einer `Heraklit'schen´ Welt des `*WERDENs*´. Das bedeutet, ein `Ding´ (Körper) muss im vierdimensionalen RZK `schon´ und `noch´ vollständig `an sich´ als Ereigniskomplex *existieren*. Das muss man sich ja etwa *so* vorstellen: Diese graue Fläche *(L. deutet auf Abbildung 2)* stellt nicht dar, wie die Kante des Körpers sukzessive im Laufe der Zeit zur Existenz *gelangt*, wie dies in einem *klassischen* Diagramm der Fall wäre, sondern sie stellt die Weltlinien der verschiedenen materiellen Punkte der Kante dar, die an einem spezifischen Ort im RZK `*SIND*´ - für die RT sind diese (sich aus Ereignissen gleichsam zusammensetzenden) Weltlinien etwas, das - salopp formuliert - `schon´ und `noch´ `*da*´ ist; die vergangenen und zukünftigen *Zustände* der Weltdinge sind `schon´ und `noch´ `da´ - dabei stellt man sich am besten etwas offensichtlicher *dynamisch Veränderliches* und nicht die scheinbar immer gleiche Tischkante vor, sagen wir: zusätzlich einen *Käfer*, der diese *entlangkrabbelt*, mit seiner Weltlinie `*K*´...

N: Betonen wir, dass das nicht *unsere* Interpretation ist, die wir der RT nur `überstülpen´...

E: Nein, ganz genauso sehe ich die Welt... Für das Phänomen, welches wir mit dem Begriff `Bewegung eines Körpers´ belegen, gibt es ja *zwei Auffassungen:* „Die *eine* Auffassung ist die [...] bekannte, wonach [...] [ein Körper seine] Position im [...] Raum im Laufe der Zeit *ändert*. Die Bewegung ist hier als Abfolge von Ereignissen im [...][dreidimensionalen] Raumkontinuum gedacht. Raum und Zeit werden nicht miteinander verquickt, und das Ergebnis ist eine *dynamische* Vorstellung von Positionen, die sich in der Zeit *ändern*. Wir können die gleiche Bewegung aber auch *anders*, nämlich *statisch*, auffassen, wenn wir dabei von der [...][Bahnkurve eines Körpers] in ihrem [vierdimensionalen] Raum-Zeit-Kontinuum ausgehen. Hier wird die Bewegung als etwas *Seiendes* dargestellt, etwas, was [...][hier] *effektiv existiert*, und nicht bloß als etwas Veränderliches im [...]

[dreidimensionalen] Raum."[34] Zunächst scheinen zwar beide Auffassungen *gleichwertig* zu sein, „die statische Darstellung [...][ist jedoch] entschieden *vorzuziehen*, weil die Auffassung, Bewegung sei etwas im Räumlich-Zeitlichen effektiv Vorhandenes, ein zweckmäßigeres und *objektiveres* Bild der Wirklichkeit abgibt"[35] - „Das physikalische Weltgeschehen bildet dann ein *vierdimensionales Kontinuum*." „[Wir können], wenn wir wollen, auch im Rahmen der Relativitätstheorie nach wie vor mit der *dynamischen* Darstellungsweise arbeiten, nur müssen wir dann immer bedenken, dass der Zerlegung in Zeit und Raum *keine objektive Bedeutung* zukommt, da die Zeit ja für uns nicht mehr *absolut* ist"[36]...

L: ...und zu diesem *(Fehl-)Schluss* kommen auch Gauss, Cassirer, Russell, Reichenbach, Weyl und andere[37] - wenn auch über andere *Herleitungen*...

B: Manche von diesen meinen sogar, noch *weitergehen* zu müssen, es heißt dann etwa: „Der anschauliche Unterschied, den wir zwischen einer *räumlichen Strecke* und einer *zeitlichen Dauer* unmittelbar zu erfassen glauben, spielt in [der][...] rein mathematischen Bestimmung [der vierdimensionalen Minkowski-Welt] *keine Rolle* mehr."[38] „Die klassische Mechanik und Physik suchte [wie schon die Pythagoreer] [...][das] immanente Ziel, [...] [alle Qualitäten (auch Raum und Zeit) in reine *Zahlwerte* umzusetzen und so alle sinnliche und anschauliche *Ungleichartigkeit* in reine *Gleichartigkeit* zu verwandeln] dadurch zu erreichen, dass sie die Mannigfaltigkeit des sinnlich Gegebenen auf den *homogenen Raum* der *euklidischen Geometrie* und auf die *homogene, absolut gleichförmige Zeit* bezog." „Aber das Ideal [...] ist hier *insofern* nicht erreicht, als es noch immer *zwei* Grundformen des Homogenen selbst sind, die sich als *reine Raumform* und als *reine Zeitform* einander gegenüberstehen. Die Relativitätstheorie drängt in ihrer Entwicklung auch über diesen Gegensatz *hinweg;* sie sucht [...] [auch die Differenz] der räumlichen und zeitlichen Bestimmung in die Einheit der Zahlbestimmung *aufzuheben*." Ereignisse werden nunmehr durch die vier Zahlen x_1, x_2, x_3, x_4 *(ict)* erfasst, „wobei diese Zahlen selbst gegeneinander keine inneren *Unterschiede* mehr aufweisen, also auch die einen von ihnen, x_1, x_2, x_3, nicht zu einer besonderen Gruppe der ʾ*räumlichen*ʾ Koordinaten *vereinigt* und der ʾ*Zeit*koordinateʾ x_4 *gegenübergestellt* werden können. Damit erscheinen folgerecht alle *Unterschiede*, die der räumlichen und zeitlichen Unterscheidung im subjektiven Bewusstsein anhaften, [...] *beseitigt* und *ausgeschaltet* [indem Subjektives und Physikalisches *getrennt* wird][...]. Jetzt werden nicht nur die räumlichen und zeitlichen Bestimmungen gegeneinander *vertauschbar*, sondern es scheinen sich auch alle inneren, für das subjektive Bewusstsein unaufheblichen Unterschiede des Zeitlichen selbst, alle Differenzen der *Richtung*, die wir durch die Worte ʾVergangenheitʾ und ʾZukunftʾ bezeichnen, zu *nivellieren*. [...] Es bleibt nur die ʾ*absolute Welt*ʾ Minkowskis zurück: Die Physik wird aus einem

Geschehen im drei-dimensionalen Raum gewissermaßen ein *Sein* in dieser vierdimensionalen Welt, in welcher die Zeit als veränderliche Größe durch den imaginären `Lichtweg' ($x_4 = \sqrt{-1}\ ct$) ersetzt ist. [...] Aber so *paradox* [das Ergebnis, dass alle subjektiv erlebte zeitliche `Wirklichkeit' in der Starrheit einer mathematischen Weltformel *zunichte* wird][...] auch vom Standpunkt ebendieses Erlebens *erscheint*, so drückt sich doch in ihm andererseits nur der Gang der mathematisch-physikalischen *Objektivierung selbst* aus."[39]
„Ein deterministisches System wie die Einstein´sche Feldtheorie kann [...] als eine vierdimensionale Version des unveränderlichen dreidimensionalen Universums des *Parmenides* dargestellt werden. Denn in einem gewissen Sinn gibt es auch in Einsteins vierdimensionalem Blockuniversum *keine Veränderung*. Alles ist da, so wie es eben ist, an seinem *vierdimensionalen Ort;* jede Veränderung wird zu einer Art von `scheinbarer' Veränderung; es ist eben `nur' der *Beobachter*, der sozusagen seine Weltlinie entlang gleitet und sich nacheinander der verschiedenen Orte entlang seiner Weltlinie *bewusst* wird; das heißt seiner raumzeitlichen Umgebung"[40]...
L: Nun einmal ganz *langsam* - man kann diese Minkowski´sche Welt offensichtlich *mathematisch* `erschaffen', nur was soll das eigentlich - für eine tiefere Erkenntnis der Natur - *nützen* und *besagen?* Mit der `wirklichen' ontologisch-realen Welt hat das doch überhaupt nichts zu *tun*, es vollzieht sich alles nur in Ihrem *Kopf.* Die RT *nivelliert* ganz unnötig *ontologische Differenzen* (mehr noch die *Allgemeine* RT, etwa bei ihrem Äquivalenzprinzip) - wie *kann* das überhaupt erkenntnistheoretisch *sinnvoll* sein? Hier wird etwa der Unterschied von Raum und Zeit *nivelliert*, nur weil das mathematisch *möglich* ist; was Sie hier als heroische *Geistestat* anpreisen, scheint mir eher - mit Verlaub - eine sinnlose `*Vergewaltigung*´ der Natur und ihrer Ordnungen durch das relativistische Erkenntnisbemühen...
E: Also, *bitte* - diese Sichtweise ist heute doch längst ernsthafter Teil des philosophischen *Diskurses*, man *anerkennt* diese Sichtweise: „Gemäß der SRT gibt es [...] nicht *eine* objektive zeitliche Ordnung, die *alle* Ereignisse in der Welt umfasst. [...][Sie] spricht infolgedessen *gegen* eine Philosophie der Zeit, derzufolge Vergangenheit, Gegenwart und Zukunft *objektive Modi* der Zeit sind. Für jeden Punkt der Raumzeit gibt es [zwar] eine objektive Vergangenheit und eine objektive Zukunft [dies definiert der Kausalitäts-Doppelkegel]; aber es gibt nicht eine objektive Vergangenheit, Gegenwart und Zukunft *global* für die *gesamte* Raumzeit. Mithin spricht die SRT *gegen* jede philosophische Position, welche Existenz auf Modi der Zeit *relativiert* - wie zum Beispiel [...] die als *Präsentismus* bekannte Position, der zufolge nur das existiert, was *gegenwärtig* ist. [...] Vielmehr *existiert alles*, was in der Zeit ist, *schlicht* und *einfach*. [...] Das Universum ist gleichsam ein einziger `*Block*´, nämlich die gesamte vierdimensionale Raumzeit mit all ihrem Inhalt"[41]...

N: Eigentlich recht *erstaunlich*, mit welch' unbedachtem *Gleichmut* diese Weltsicht *akzeptiert* wird...
L: Zunächst mag es gleichsam positivistisch-*bescheiden* erscheinen, wenn dem jeweiligen 'Hier-und-Jetzt-Punkt' nurmehr eine *subjektive* Bedeutung zugeschrieben wird - es gehört aber offenbar zur 'ature*Dialektik*' des Positivismus, dass die *Lauterkeit* seiner *Absichten* am Ende in *anthropozentrische Hybris* umschlagen kann...

II a *L:* Machen wir es bei der `Nivellierung´ der Unterschiede von Raum und Zeit *kurz*, da wir uns *dringender* noch dem PBU zuwenden müssen und es - wenn wir auch unser Raum- und Zeit*empfinden* (das *mit Grund* ein anderes ist) überschreiten wollen - keiner *tiefschürfenden* Analyse bedarf: Denken wir uns einfach alle vier Dimensionen des PBU wären nicht nur mathematisch (wie von der RT erstrebt), sondern *insofern tatsächlich* ontologisch-realiter *gleichwertig*, als dass wir das parmenidische `SEIN´ nach beliebiger Wahl in einer der vier Dimensionen `durchreisen´ könnten - welche Erfahrungen würden wir dabei machen? In *dreien* der vier Dimensionen würde die Erlebensqualität, die wir `Materie´ nennen, an bestimmten Punkten des Kontinuums (als solches wollen wir es hier begreifen) - gleichgültig wie wir uns innerhalb dieser Dimensionsrichtungen bewegen würden - einfach auftauchen und an anderen wieder verschwinden, nämlich wenn wir *ausgedehnten Körpern* begegnen: das sind die drei *räumlichen* Dimensionen. Aber *nur* in der *anderen* der vier Dimensionen wäre es uns möglich, einen Weg zu finden, wo die Erlebensqualität `Materie´ *nicht* endet (hier muss man Anfang und Ende der Welt ausklammern und bestimmte Fälle der quantenphysikalischen Materialisation und Annihilation), wenn man der *dauernden* Seinssubstanz eines Weltdinges folgt: das ist die *zeitliche* Dimension, in der wir zeitlich-andauerndes Sein finden. Ein Kristallgitter etwa fänden wir in *drei* Dimensionen gerastert, in *einer* jedoch könnten wir das Gitter so `durchreisen´, dass wir ein durchgehendes (dann) `Ding´, etwa ein Atom in seiner zeitlichen *Dauer* erführen. Unsere Welt ist eben schlicht *nicht* ein Ereigniskomplex-Gebilde mit vier *gleichwertigen* Dimensionen - nur in *einer* Dimension findet man Bleibendes, Substanzhaftes und Erhaltungssätze... *Alle* Naturgesetze basieren auf dieser *A*symmetrie...
N: Hier *degeneriert* ja gewissermaßen das, was ein `Ding´ ausmacht, von `*fortdauernder Substanz´* zur zufällig und zusammenhangslos aneinander gereihten `*Ereignisfolge´* - muss die nicht *Gott* dann *eingerichtet* haben?
B: Im ganzen `Spiel des Seins´ - wie bei Eigen oder Conway[42] - gibt es einfach Ereignisse, die *vereinzelt* sind, im chaotischen nicht-Zusammenhang, aber auch solche die zeitlich hintereinander hängend `*Dinge´* bilden - wir *benennen* eben die einen nur anders, weil sie als Bleibendes für uns *hervortreten*, während die anderen Ereignisse im Chaos-Gewimmel sozusagen unsichtbar, uns *unerkennbar* bleiben. Das zeitlich `Aufgereihte´ ist uns bleibendes Verharrendes, fällt uns insofern ins *Auge* und wird `Ding´ *benannt*...
L: Schon richtig, die eigentliche Frage *folgt* dann aber erst: *Warum* hängen *manche* Gruppen von Ereignissen dergestalt zusammen, *dass* wir diese zu einem `Individuum´ oder `Ding´ bündeln *können* und die Weltlinien dieses Dinges wiederum zu dessen `Existenz´ (zeitlicher *Dauer*). Naheliegend wäre doch der *heraklit´sche* Gedanke, dass ein Ereignis mit dem anderen

zusammenhängt, es *kausal bedingt, hervorbringt, wahrscheinlich* macht - gleichsam als `einander-Fortschreibendes´...
B: Interessant, damit plädieren Sie für eine *nicht*-prästabilierte Harmonie...
L: Nein, nein, dabei ging es ja um die Frage des Zusammenhangs von *Leib* und *Seele*[43] - um diese recht komplizierte Frage *geht* es hier (noch) gar nicht... Hier landet man wiederum bei der `*Substanz*´ - und was soll das neue Bild `Bündel `nicht-nackter´ Ereignisse´ überhaupt vom alten Bild `*Substanz*´ unterscheiden? Diese Frage ist eigentlich schon vor über *2000* Jahren gelöst worden: Einer Dingsubstanz kann man - etwa damals in der Gestalt der Demokrit´schen Atome - das *zeitlos-parmenidische* Element zuschreiben, während sich die Form, das Muster selbst *zeitlich-heraklitisch* wandelt - die heraklit´sche Denkweise *verbietet* sich aber mit der RT...
N: ...wie wir gleich sehen werden; jedenfalls hat das PBU *nicht* die Gestalt etwa eines einfachen regelmäßigen platonisch-euklidischen `Hyperkörpers´ aus `nackten´ Ereignissen - *der* würde in allen vier Richtungen `durchreist´ in der Tat *gleich* erscheinen. Auch `Werden´ und `Vergehen´ sind strukturell unterscheidbar; die Gestalt des PBU ist eine solche, dass sich nur in *einer* Dimension bzw. Richtung Dinge und Energie *erhalten*. So interessant uns *Ereignis-Ontologien* auch scheinen: Man *findet* faktisch in einer Richtung `sich-erhaltendes Substanzhaftes´, wie auch gestalt-wahrende Komplexe, die wir gewöhnlich `Dinge´ nennen; einige solcher Komplexe finden sich evolvierend etwa auch zu `Leben´ zusammen - nur eben ausschließlich in der `zeitlichen´ Dimension des Wandels und der Veränderungen, *nur* in der *Zeitrichtung* finden wir derlei...
B: Auch den sogenannten `*Zeitpfeil*´ findet man *nur* in *dieser* Richtung...
L: Eben. Und ein gleiches gilt im Prinzip für die `*Kausalität*´...
B: Nun, selbst mit der *RT* können „Kausalrelationen im Sinne physikalischer Wechselwirkungen [...] nur zwischen Ereignissen bestehen, die durch einen raumzeitlichen Abstand voneinander getrennt sind, der *zeitartig* oder *lichtartig* ist. Wenn es Wechselwirkungen zwischen Ereignissen gäbe, die *raumartig* voneinander getrennt sind, ergäben sich zeitliche Paradoxien"[44]...
L: Diese Frage wird bei den `nicht-lokalen´ bzw. `nicht-separablen´ Relationen der *QT* wieder interessant...
N: ...wenn es auch schon einmal zeigt, dass die RT zwar Raum und Zeit in gewissem *Sinne* vereinigt, deren Unterschied aber nicht *vollständig* zu nivellieren vermag... Auch hier nivelliert die RT aber vollkommen *unnötig ontologische Differenzen* und auch hier soll uns das als Erkenntnis*fortschritt* gelten...
L: Heraklitisch betrachtet ist `Zeit´ übrigens nicht irgendwie `*irreal*´, etwa, weil physikalisch uns nur ein ständiges `Jetzt´ gegeben ist und unser Geist vergangene Zustände dem Grade ihres Verblassens nach als Folge aneinanderreiht und aufbewahrt - `Zeit´ *ist* an sich selbst realiter, *dass* sich die

räumlich-ausgebreiteten Weltdinge (in ihrer Struktur) *verändern* bzw. nur verändern *können*. ´Zeit´ ist die Ordnung, in der Ereignisse an Weltdingen *kausal verknüpft* sein *können*, ´Raum´ ist die Ordnung, in der die Weltdinge als *verschiedene unverbunden nebeneinander* stehen...

N: Dass von dem qualitativen Unterschied von ´Raum´ und ´Zeit´, den wir *subjektiv* erleben, in der physikalischen Welt *objektiv* nichts zu finden sei[45], ist also *blanker Unsinn* - das sehen wir sogleich noch genauer, wie auch, dass das einzig objektiv Gegebene das Subjektive *ist*...

E: Nun, wie dem auch immer sei - „die Scheidung zwischen Vergangenheit, Gegenwart und Zukunft [hat jedenfalls] nur die Bedeutung einer wenn auch hartnäckigen *Illusion*"[46] - ich betrachte die Welt trotz alledem als „ein vierdimensionales Parmenidisches Blockuniversum, in dem Veränderungen zumindest näherungsweise eine menschliche Illusion sind"[47]...

N: Damit ist schon einmal für eine - belegen wir es *vorerst* mit diesem (eigentlich falschen) Begriff - *deterministische* Deutung des ganzen Natur- und Weltgeschehens vorentschieden, was etwa mit einem *freien Willen* des Menschen *unvereinbar* ist...

E: Ja, aber dieser Determinismus - man mag einfügen ´makroskopische´, ich bleibe bei meinem „Gott würfelt nicht" - schälte sich doch bereits seit langem im Gefolge des klassischen mechan(iz)istisch-deterministischen Weltbildes heraus...

N: ...als dessen (Mit-)Urheber ich in *dieser* Hinsicht allerdings zu *Unrecht* herhalten muss[48] - führen Sie sich nur einmal das ganze *Spektrum* menschlichen Handelns - vom Massenmörder bis zum Heiligen - vor Augen; aber ich weiß, wie schwierig es heute ist, sich dieser Sichtweise zu *entziehen*[49]...

E: Nun, das ist ein *generelles* naturphilosophisches Problem, um das es hier ja nur *mittelbar* geht...

L: Verbindet man mit dem Begriff ´*Determinismus*´ etwas wie ´*festgelegt sein*´, charakterisiert man diese Weltsicht offenbar *richtig*. Interessant ist nun, dass man ebenso sagen kann, für das PBU sei ein Determinismus *nicht zwangsläufig* anzunehmen, denn es *falle* gar nicht unter die Definition von ´Determinismus´, wenn man diesen so fasst, dass mögliche Welten mit denselben Naturgesetzen nur *dann* deterministisch sind, wenn - gewissermaßen zum Vergleich nebeneinander gelegt - gilt: ´stimmen sie zu einem Zeitpunkt überein, so stimmen sie zu allen Zeiten überein´. Das PBU fällt zwar *tatsächlich* nicht unter diese Definition - *das* aber ist eben der *kritische Punkt:* Wir sprechen hier nämlich von einem ´*Hyper-Determinismus*´[50], bei dem das eine das andere gerade *nicht* determiniert, da es schlicht so ´*IST*´ wie es ist. Man könnte dem also *zustimmen*, weil Determinismus - verbindet man mit dem Begriff auch so etwas wie ´bestimmen´ - bedeuten sollte, dass eines auf das andere *einwirkt* und es *verändert*. Das aber kann hier überhaupt nicht der *Fall* sein, weil alles bereits ´*da*´ ist (existiert)...

E: So muss man sagen...

L: Sehen wir einmal dies an *(L. zeichnet Abbildung 4)*: Ich, im Punkt A_0, werde in meiner Zukunft, nämlich im Punkt A_1, einen Lichtstrahl aussenden, der den Körper C im Punkt C_1 trifft; gleichzeitig - in meiner Sicht (x-Achse) - rast jemand in einem Raumschiff im distanten Punkt B_0 an mir vorbei. In diesem Moment, wenn B_0 in meiner Sicht mit mir in A_0 gleichzeitig existiert (natürlich konstruieren und deuten wir dies mit der RT beide erst im Nachhinein, wenn wir jeweils Kenntnis von den Ereignissen erlangt haben), *habe* ich bereits in der Sicht von B im Punkt A_1 den Lichtstrahl ausgesandt und das Ereignis C_1 existiert in *seiner* Sicht bereits gleichzeitig mit ihm in B_0, das heißt, der Körper C wird in C_1 in *seiner* Sicht getroffen (x'- Achse), bevor ich in *meiner* Sicht den Lichtstrahl überhaupt *aussende*, denn A_0 und A_1 liegen für B_0 in der *Vergangenheit*...

E: ...und schon sind wir im Dickicht der Meinungen...

B: ...das (makroskopische) *Kausalitätsprinzip* ist jedenfalls *nicht* verletzt - und Sie können auch zwischen den Sichtweisen nicht ohne weiteres *hin- und her*wechseln...

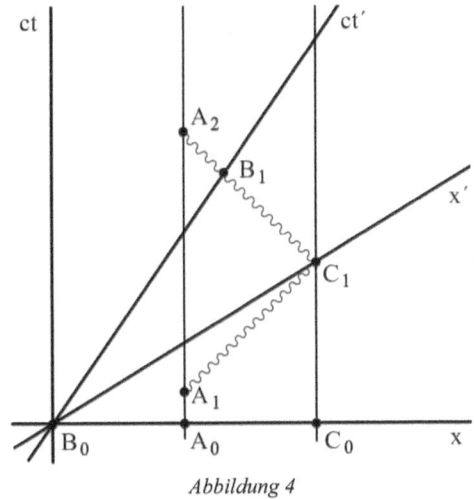

Abbildung 4

L: So *ist* es, das werden wir später zwar noch *genauer* betrachten: wenn A_0 nämlich B_0 Existenz zuschreibt als 'wahr', schreibt er ihm *als erkennendem Subjekt* (oder dem Zustand seines Erkenntnisorgans 'Gehirn' als einem Weltlinienkomplex) *dann* auch zu, diesen *Gedanken* zu haben als 'wahr' (oder haben zu können) - hier können wir aber festhalten: *Gegeben* sind uns empirisch-phänomenal jeweils prinzipiell nur zum einen das jeweilige 'Hier-und-Jetzt' selbst und zum anderen eine Mannigfaltigkeit von uns durch Signale und Wirkungen zugetragenen '*Abbildern*' von Ereignissen innerhalb des Vergangenheits-Lichtkegels oder auf ihm, die mit uns *zeit-* oder *lichtartig* verbunden sind (weil sie ja, *um* uns gegeben zu sein, auf uns *einwirken* müssen)...

N: Für unsere Frage nach dem PBU sind *eigentlich* von Belang nur die in unserem jeweiligen 'Jetzt' *nicht-gegebenen raumartigen* Ereignisse, die im Sinne der RT *'gegenwärtigen'* außerhalb des Lichtkegels, welche andere Beobachter mit der RT als 'schon' oder 'noch' statthabend annehmen - so könnte man argumentieren, dass, „da Begriffe wie [']gleichzeitig['], [']vergangen['] und [']zukünftig['] in der [...][RT] nur für Ereignisse mit *zeitartigem* Abstand eindeutig *definiert* sind, [...] man aus den theoretisch möglichen, weitgehend beliebigen Anwendungen dieser Begriffe im Falle von Ereignissen mit *raumartigem* Abstand nichts philosophisch *Gehaltvolles folgern* [kann]"[51]...

B: Das könnte man vielleicht... Der Beobachter in A_0 kann aber doch (als zeitartig von C_1 getrennt) noch die Möglichkeit haben, zu *beeinflussen*, was in C_1 *geschieht*, was ja für jenen in B_0 nicht gilt, da dieser *raumartig* von C_1 getrennt ist[52]...

L: Das ist realiter wohl ebenso *richtig*, aber für die RT - abgesehen davon, dass es in einer Parmenidischen Welt überhaupt keine Beeinflussung *gibt* - ein ganz *fatales* Argument, denn es würde bedeuten, dass, *wenn A* (in A_0) sich selbst und *B* Existenz zuschreibt, für jenen in B_0 das, was in C_1 der Fall ist, zwar schon gleichzeitig-gegenwärtig *existent* sein soll (in *dessen* objektiver und äquivalenter Sichtweise), aber noch *veränderlich* (nämlich von *A*) wäre...

B: ...könnte man nicht, um diesen 'Hyper-Determinismus' zu vermeiden, auch annehmen, dass in C_1 für den *einen* Beobachter etwas *anderes* der Fall ist, als für den *anderen*?[53]

L: ...aber in *beiden* Fällen müsste man dann doch für diese Parmenidische Welt, mithin für alle MD, noch eine *weitere fünfte* Dimension einführen, die erfasst, was an einem raumzeitlichen Punkt für den *einen* und was für den *anderen* Beobachter der Fall sein soll - und damit würde sich abermals die Frage stellen (wie bei der Unterscheidung von 'potentieller' und 'aktualer' Existenz), welchen *Berechtigungsgrund* wir überhaupt noch für die von uns vorgenommenen Transformationen hätten - es ist dann ja gar nicht mehr von *demselben* Ereignis die Rede. Es hätte also keinen Sinn mehr, dass die beiden Beobachter das Ereignis C_1 mit den LT (bzw. mit *irgendwelchen* Transformationen) *überhaupt* miteinander verknüpfen, denn der zugrundeliegende Berechtigungsgrund *jeder* Transformation muss doch sein, dass sie 'an sich' *identische* Ereignisse verknüpft - nicht wie dann ein Ereignis C_1 (für Beobachter *A*) mit einem völlig *anderen* (für Beobachter *B*), das man dann eigentlich C_1^* nennen müsste, weil eben etwas ganz *anderes* (dort dann) der Fall ist...

B: Nicht ganz unwahr...
N: Das alles ist natürlich *spekulative Metaphysik* `reinsten Wassers´, aber diese Deutung *scheint zwingend* für die RT zu sein. Die parmenidische Sicht der Welt als zeitloses `SEIN´ steht der gewöhnlichen präsentistischen Heraklit'schen Sicht als eines `zeitlichen WERDENs´ natürlich *diametral* gegenüber...
E: Vielleicht sind Sie *doch* einfach zu sehr alten Vorstellungen verhaftet, überkommenen, auf relativ primitive...
N: Nun, vielleicht liegt *tatsächlich* der Vorwurf nahe, wir seien zu sehr dem `gesunden Menschenverstand´ verhaftet - heute fast immer in *negativem* Sinne verstanden (und in Anführungszeichen gesetzt), was schon alleine *deshalb* absonderlich ist, da doch offenbar niemand von uns über *anderes* verfügt...
L: ...oder aber wir seien unseren angeborenen, evolutionär entstandenen *Anschauungsformen* verhaftet und empfänden nun dieses neue Raumzeit-Konzept gleichsam als `vierte anthropische Kränkung´ (Kopernikus - Darwin - Freud - Einstein), der wir uns *widerwillig* oder gar aus *geistiger Trägheit* zu *entziehen* suchen. In der Tat scheint heute mehr denn je evident, dass die Welt `an sich´ offenbar ganz `anders´ ist, als sie unserem mesokosmisch angepassten Erkenntnisvermögen *erscheint* (wobei auch *das* in einem PBU gar kein *sinnvoller* Satz mehr ist) - die Frage ist nur, ob wir uns *dieser* Weltsicht anschließen müssen; nicht im Sinne einer *Meinung*, sondern: *Ist es so?* Allemalen sollte schon hier manchen - ebenso wie uns - ein unversöhnliches *Unbehagen* ob des Raum-Zeit-Konzeptes der RT erfassen; und bevor wir uns anheischig machen - mag es auch auf Geheiß eines Genies hin sein -, gleichsam diesen `Kelch´ in einem Zuge zu *leeren*, sollten wir von seiner *Bitternis* zunächst vorsichtig *kosten*...
B: Ich weiß gar nicht, was Sie wollen - „die objektive Welt *ist* schlechthin, sie *geschieht* nicht. Nur vor dem Blick des in der Weltlinie meines Leibes emporkriechenden Bewusstseins `lebt´ ein Ausschnitt dieser Welt `auf´ und zieht an ihm vorüber als räumliches, in zeitlicher Wandlung begriffenes Bild"[54]...
N: Nun, mancher findet wohl *Gefallen* daran, dergleichen exotisch-zotische Sichtweisen einzunehmen, dass ein Abglanz des Genies auch auf *ihn* fallen möge, Gottfried...
L: Muss wohl, Isaac; zwar wird sich der Schluss auf ein PBU *ohnedies* als unhaltbar erweisen, bringen wir aber zumindest unter zwei Aspekten Argumente *wider* diese Sichtweise der Welt vor, allein, da sie manchem *zu leicht* und man kann nur hoffen *unbedacht* über die Lippen kommt: In einem `vierdimensionalen PBU, in dem alles `SEIENDES´ darstellt, das `schon´ oder `noch´ `da´ ist und effektiv und objektiv *existiert*, also nicht im Sinne eines Präsentismus entsteht und wieder vergeht, in dem vielmehr

II b

jegliche Veränderung nur *Illusion* ist´, würde Naturwissenschaft nicht mehr Naturgesetze finden, die ein Naturgeschehen *hervorbringen* (man könnte - um diese Front hier zu meiden - der QT zuliebe auch sagen `wahrscheinlich machen´, müsste aber dennoch fortfahren `...und *dadurch* hervorbringen´ - überdies geht es um *makroskopische* Kausalität), sondern gleichsam nur wie in einem `*Bilderbuch*´ lesen, in dem jedes Natur*geschehen* nur phänomenaler *Schein* wäre...

B: Nun ja, man könnte immerhin als denkbar geltend machen, dass nur unser *Erleben* dergestalt sein könnte, dass also unser Gehirn, unsere Sinne und unser Bewusstsein eben so *strukturiert* sind...

N: Ganz recht, man kann erwägen, dass wir vielleicht nur ein evolutionär bewährtes *Überlebenswerkzeug* mit auf unseren Erkenntnisweg bekommen haben und nunmehr *mit diesem* gleichsam an unsere Erkenntnisgrenzen stoßen...

B: Eben!

N: ...dies kann in der Tat Legitimation für eine Theorie sein, die unserem Alltagserleben völlig *widerspricht*. Im Umkehrschluss müssen wir aber bedenken, dass dieses Überlebenswerkzeug im Vergleich zu unseren Theorien bereits eine schier unerreichbare *Bewährungszeit* hinter sich hat und dass sich die RT *ebenso* als nur zeitweise viable Anschauung erweisen könnte - sonst *taugt* das Argument nichts...

B: ...`bewährt´ allerdings nicht an *den* Phänomenen oder vielmehr bei *den Geschwindigkeiten*, um die es in der RT geht - überdies gibt es eben auch eine Evolution unseres *Wissens*...

N: ...das aber - und hier kann man nur auf die beispiellose *Hybris* der RT hinweisen - fürderhin *ausnahmslos* durch die `enge Pforte´ RT, die nun die *fundamentale* Rahmentheorie der Naturwissenschaften ist, gelangen muss; *alle* Theorien müssen der *Lorentzinvarianz* genügen... Weiter stoßen wir gleichsam in zweierlei Hinsicht auf das Hume´sche Problem - im engeren Sinne umfasst dies ja, dass uns nur das *post hoc* und nicht das *propter hoc* eines Naturgeschehens gegeben ist, das `*dass* (des danach)´ und nicht das `*weil*´. In weiterem Sinne verstanden jedoch, insofern wir die Welt nicht „von Angesicht zu Angesicht" sehen, sondern „nur undeutlich, wie in einem trüben Spiegel"[55] - dem unseres *Bewusstseins* - führt es uns direkten Weges zum *Leib-Seele-Problem*...

L: ...denn das würde, *an sich* schon schwer traktabel, nicht nur *rätselhafter* als je zuvor, sondern *jede* bisher vorgetragene Deutung des Bewusstseins-Phänomens wäre als *falsch auszuschließen*. *Wir* bewegten uns nämlich - *so* müssten wir dann sagen - mit unserem Bewusstsein durch dieses vierdimensionale PBU gleichsam hindurch wie `Seelenfunken´, die das bereits `SEIENDE´ *völlig ohnmächtig* als zeitliches Nacheinander erlebten - die von uns erlebte Welt wäre in ganz anderem Sinne Platons „*bewegtes* Abbild der göttlichen Ewigkeit". Wir könnten den ganzen Konzepte-Reigen durchgehen - vom ʻInteraktionismusʼ bis zum ʻIdentismusʼ: Warum ist uns *nicht alles*, was als ʻSEIENDESʼ noch und schon existiert, *bewusst?* Warum erscheint es uns phänomenal im *Nacheinander*, zumal wir selbst ʻ*als*ʼ unser Körper und unser Gehirn doch *Teil* dieses ʻSEIENDENʼ wären? Warum ist unser Bewusstsein überhaupt an unseren Leib *gebunden* und durchschweift nicht *frei* das ʻSEIENDEʼ, warum *folgt* unser Bewusstsein stattdessen in einer parmenidischen Welt stets einem *spezifischen* Weltlinienkomplex, nämlich *unserem Körper?*

L: ...in jedem Falle würde nicht *innerhalb* des (materiell) ʻSEIENDENʼ, sondern zusätzlich *neben* diesem unser Bewusstsein existieren, dessen (mit Kant) innerem Anschauungsvermögen dieses ʻSEIENDEʼ (unsere ʻWeltʼ) gleichsam als ʻ*Bilder-Serie*ʼ gegeben wäre...

E: ...was ja nicht *undenkbar* ist; du-Bois-Reymond würde eben mit seinem ʻIgnoramus et Ignorabimusʼ - ʻwir *wissen* es nicht und wir *werden* es nicht wissenʼ - einfach *recht* behalten...

N: Finden Sie es denn nicht *widersinnig*, mit unserer Naturdeutung hier eine Lösung schier *denkunmöglich* zu machen, da sie doch mit der Frage nach dem ʻ*ob*ʼ oder ʻ*wie*ʼ einer Wechselwirkung von Leib und Seele oder mit der menschlichen *Willensfreiheit* gar nichts zu *tun* hat, sondern nur damit, *dass* wir die Welt erleben - was einige Narren heute allerdings auch bestreiten...

E: ...soweit würde ich nicht gehen...

N: Und *wenn* schon ʻPositivismusʼ: Ein *idealistischer Positivismus* als die *konsequenteste* erkenntnistheoretische Position sagt, dass uns phänomenal-empirisch *nur* die Phänomene unseres Bewusstseins gegeben sind, und *schreitet* zu einem *realistischen Positivismus* erst *fort*...

E: Mag sein...

L: ...wir müssen doch bedenken, dass uns die Welt gerade *nicht* irgendwie ʻan sichʼ gegeben ist, sondern *prinzipiell* nur unserer ʻ*Innenwelt*ʼ, also *nur* unserem *Bewusstsein* - eine wohlgegründete Naturwissenschaft muss sich also im *ersten* Gedankenschritt zu einem hypothetischen, kritischen Realismus *durchringen, weil* dies so ist. Berkeleys Immaterialismus ist alles andere als einfach widerlegbar (schon gar nicht durch einen Fußtritt gegen einen Stein), ich würde sogar sagen, er sei *logisch unwiderlegbar* - nur eben eine *wenig fruchtbare* Annahme. Sie tun fast so, als wäre das PBU *gegeben* und *wir* stellten metaphysische Spekulationen über ʻSeelenfunkenʼ an - es ist genau *umgekehrt*: Nur unser *Bewusstseinsfluss* ist uns *gegeben* und das *PBU* ist reine metaphysische Spekulation. Wir können doch nicht das pure Faktum, *dass* wir die Welt erleben, im *Vorhinein* gänzlich *unerklärlich* machen...

E: Natürlich nicht...

N: ...und aller Naturwissenschaft das *Fundament* entziehen: Eine andere dieser exotisch-zotischen Sichtweisen, ist eben der *widersinnige* Gedanke, unser Bewusstsein sei eine Art `Illusion´ - gänzlich ignorierend, dass uns die Welt nur *mit* dieser `Illusion´ gegeben ist, womit sie also eine `Illusion-*erzeugende*-Illusion´ wäre; was immer auch von Berkeleys und Descartes´ Denken fürderhin Bestand haben mag (um nur diese beiden Philosophen anzuführen), ihr `*esse est percipii*´ und `*cogito ergo sum*´ macht zumindest *das* für uns unhintergehbar, dass uns *zuerst* diese `Illusion´ (unsere `Innenwelt´) und *dann* die (sinnvollerweise, kritisch-realistisch angenommene) `Außenwelt´ (also das `Außen´ *im* `Innen´) gegeben ist, jedenfalls doch nicht *umgekehrt* - es ist doch geradezu irrwitzig, mit einer Welterklärung gerade *das* unerklärbar zu machen, *durch das* uns die Welt erst *gegeben* ist. Sind wir ein spezifisches Ereignisbündel (als `Leib´), das sich seiner selbst bewusst selbst `bündelt´ (als `Seele´)? Oder folgt unser Bewusstsein ohnmächtig, als `zauberisch´ wider den Energieerhaltungssatz Erzeugtes einem *spezifischen* Weltlinienkomplex als eine *neben* dem parmenidischen `SEIN´ *zusätzliche* `Seelenfunken´-Entität mit einem *weiteren* `Zeitfluss´? Und wie soll man - ohne wiederum eine prästabilierte Harmonie zu bemühen - eine *Wechselwirkung* zwischen dem PBU und unserem Bewusstsein denken (oder gar eine *Relativgeschwindigkeit* zwischen beiden)?

L: Zweierlei gibt es abschließend zu diesem Aspekt zu sagen - erstens: Das *Zentrum* aller naturphilosophischen Bemühungen kann nur das *Leib-Seele-Problem* sein, weil es den *reichsten* ontologischen Befund ins Auge fasst. Zweitens: *Jedenfalls* ergäbe sich, dass *wir selbst* (unser Bewusstsein, unser Gehirn) eine *weitere Entität neben* dem PBU wären und dass wir überdies einen *weiteren dynamischen Zeitfluss neben* dem geometrisierten statischen des PBU annehmen müssten, nämlich den `Zeitfluss unseres Hindurchgehens durch das Seiende´. Man kann `Bewusstsein´ als elementare Erlebnisqualität doch nicht *verleugnen*, man leugnet damit `Welt´ selbst... Worüber *spricht* man dann überhaupt noch? `Zeitfluss´ sei hier natürlich als eine *Metapher* verstanden (auch wenn man Zeit (vielleicht schlüssiger) an der Veränderung der Dinge festmacht, ergibt sich eine *weitere* Kategorie). Für mich sind *dies* bereits `*tödliche*´ Argumente gegen das PBU, mithin gegen die *RT*...

B: Jedenfalls: Ein *Narr*, dem *kein* leises `Dubitemus´ im Ohre klingt...

II c *N:* Aber erwartungsgemäß wird Ihnen das nicht `stichhaltig´ genug sein - schließen wir daher (hier) dieses *beschämende* Kapitel - als Naturwissenschaftlern sollte Ihnen zwar auch unser *Bewusstsein*, also `Subjektivität´ ein *objektives* Datum der Welt sein - jedenfalls aber sollten Sie sich dem *zweiten* Aspekt nicht verschließen: Die parmenidische Welt ist, wenn man so will, *per definitionem keine deterministische* Welt, weil diese Sichtweise den klassischen Determinismus ja noch *übertrifft:* Gäbe es zumindest ein deterministisches `Geschehen´, mag das noch *angehen* (was wohlgemerkt nicht *meine* Sichtweise ist und von quantenphysikalischen Aspekten abgesehen) - `etwas *muss* so *kommen*´; so aber würde der *Künstler* nicht mehr mit seinem *Werk* oder der *Kranke* mit dem *Tode* ringen; alles wäre als `SEIENDES´ bereits `da´; und es stellte sich die Frage, welche Bedeutung unsere *Begriffe* überhaupt noch haben könnten: Es gäbe kein Natur*geschehen* mehr - ein Natur*gesetz* bildete nicht mehr ab (oder nach), was *geschieht*, sondern was zeitlos `WÄRE´...

E: ...zeitlos, wie das Naturgesetz selbst...

N: Wir bräuchten über kausale Zusammenhänge keine Untersuchungen mehr anzustellen und etwa relativistische Lichtkegel zu konstruieren - es *bedeutete* nichts mehr, dass nur ein Ereignis *innerhalb* des Zukunfts-Lichtkegels vom Ereignis in dessen Ursprung *beeinflusst* werden kann, weil dieses Ereignis ja bereits zeitlos *existierte*. Aber was bedeutete `*Kausalität*´ überhaupt noch und was könnte *ohne sie* (zumindest: makroskopische) Naturwissenschaft sein? *Schein!* Ob überlichtschnelle Signale die Vergangenheit *beeinflussen* können, wäre eine *sinnleere* Frage - das ist sie zwar sowieso (weil die Hypostasierung der Zeit unsinnig ist), gemeint ist aber: *sinnleer* für die *RT* - denn es *gibt* keine *Beeinflussung*. Scherzhaft könnte man fragen, ob es nicht sinnvoll wäre, alle sprachlichen *Aktiv*-Formen zu *streichen*. *Jede* naturwissenschaftliche Theorie, die sich nur in *irgendeiner* Weise auf die *zeitliche Entwicklung* eines Systems bezieht...

L: ...also schlicht *alle*...

N: ...wird in ihrem Erklärungswert *wertlos* gemacht: Evolution etwa - im weitesten Sinne verstanden - wäre keine *echte Entwicklung* mehr, sondern nur *Schein*...

E: ...aber Zufall und Notwendigkeit sind doch auch rein *deterministisch* deutbar - es ist doch gleichsam eine `deterministische´ *Definitionsvariante* des Begriffes `*Zufall*´ möglich, als Koinzidenz bestimmter Ereignisse, die zwar aus deterministischen Gesetzen herrühren, uns ob der Komplexität des Geschehens aber als zufällig *erscheinen*...

N: In der Tat, aber darum würde es sich ja eben gerade *nicht* handeln, im Gegenteil reden wir doch von einem *nicht-deterministischen SEIN* - eines *wirkte* ja auf anderes gerade *nicht* ein, ein Zustand `*gebierte*´ nicht den nächsten (oder machte ihn wahrscheinlich). Darum macht es auch mit der Interpretation der Welt als PBU keinen Sinn, dass sich alles als *aufeinander aufbauend* darstellt, als etwas, das sich *sukzessive* - nämlich eben im Laufe der *Zeit* - vom Einfachen zum Komplizierten *entwickelt* hat; *so* erscheint uns die Welt phänomenal, *so* der Grundgedanke der Evolution - alles wäre nur *scheinbar* aufeinander aufbauend... Einigermaßen bei Trost sollte man sich diesem Argument nicht *entziehen* - der *Erklärungswert* der Evolutionstheorie (eigentlich *aller* Theorien) schrumpfte damit auf *Null*...

E: Ach, was...
N: ...wobei wir sogar die Evolution nicht nur auf biologischem Terrain wirksam begreifen müssen, sondern als eine *alles umfassende* (kosmische) Evolution, von einer physikalischen über eine chemische zur biologischen und kulturellen Evolution reichend - wir können doch *heute* nicht mehr wie *Parmenides* denken: Wir könnten ebenso von der Entstehung des *Sonnensystems*, der Phylo- und Ontogenese von *Organismen* oder von Beethovens kompositorischer *Entwicklung* sprechen... Ist es auch nur ein `primitives überkommenes Vorurteil´, dass Beethoven sein Heiligenstädter Testament *1802* schrieb, weil es zeitlos `*IST*´? Es wäre nurmehr ein seltsamer *Zufall*, dass Einfaches und immer-komplizierter-Werdendes sich uns wie auf einer Perlenkette *aufgereiht* darbietet... Warum *ist* die Ordnung des PBU aber gerade *so*, wie sie *ist*? Ein evolutionsgeschichtlicher Stammbaum wäre ja nichts *Gewachsenes*, das sich wirklich in echtem *Nacheinander* verzweigt hätte, das in zeitlichem Geschehen *entstanden* wäre - das PBU *hätte* einfach diese Ordnung; obgleich uns ebenso gut eine *andere* denkbar wäre...
B: Sie meinen wohl gar: in der Prokaryoten auf mehrzellige Organismen folgen...
N: Ganz recht. Sie können natürlich sagen, dass das PBU eben so `*SEI*´ - aber es würde *wieder* völlig *rätselhaft*, woher die von uns vorgefundene Ordnung der Welt rührt, weil sie *nicht* `wurde´ und rätselhaft würde sogar, *dass* diese Ordnung existiert... Im Grunde enthält der *Begriff* `Evolution´ (Entwicklung) bereits die ganze Kritik...
B: Ja, das ist *auch* nicht ganz *unproblematisch*...
N: Die Inkompatibilität der indeterministischen QT mit diesem Weltbild wollen wir einmal außer Acht lassen - aber betrachten wir abschließend, was *genau* den *klassischen* Determinismus vom parmenidischen `Hyper-Determinismus´ unterscheidet: Denken wir uns einen *Fluss*, der durch die Landschaft mäandert und dessen Bett sich in das Felsgestein immer tiefer *eingeschnitten* hat - deterministisch gedeutet haben kleine Unebenheiten des Untergrundes in einem selbstverstärkenden Prozess `im Laufe der *Zeit*´ zu dem *Ergebnis* des tief eingeschnittenen Flussbettes geführt. Nun läge zwar in einer deterministischen Welt für den allwissenden `Laplace´schen´ oder eher `*Leibniz*´schen Dämon´[56] - beide führten ja aus, dass in einer deterministischen Welt (von der menschlichen Willensfreiheit abgesehen) einem `umfassenden Geist´ in einer mathematisch-physikalischen `Weltformel´ (wie wir heute sagen würden) im Prinzip Zukunft und Vergangenheit der Welt vollständig *offenliegen* müssten - also: diesem läge das *Ergebnis*, das Flussbett, auch bereits als *Möglichkeit*, die sich realisieren *muss*, vollständig zutage - man könnte auch hier *fast* sagen, dass diese Möglichkeit insofern als `Seiendes´ bereits `da´ ist...
E: Eben! Und selbst wenn Sie einwenden, dass irgendetwas die faktische

'Aktualisierung des Möglichen' *verhindern* könnte, dass eine geologische Verwerfung etwa den Weg des Flusses *ändern könnte*, wäre dies in einem umfassenden Determinismus natürlich *ebenso* als 'Seiendes' bereits 'da'...
L: Richtig, aber der Unterschied liegt *darin*, dass man im Determinismus *nicht* - natürlich im *Bilde* gesprochen - aus der Entwicklung gewissermaßen ein Stück 'herausnehmen' könnte, dass eine Stufe, Lücke oder ein Sprung entstünde, dass ein Glied der Kette *fehlte* - denn im parmenidischen '*Hyper*-Determinismus' *wäre* dies möglich...
E: Was alles freilich nur ein reines *Gedankenkonstrukt* ist...
L: Sie meinen: wie das PBU *selbst*... Jedenfalls zeigt das doch, dass beim Determinismus (und selbst bei einem auf *indeterministischen* Prozessen basierenden nur *makroskopischen* Determinismus) jede *weitere* Stufe der *vorhergehenden bedarf*. Die *Evidenz* der Erklärungen und ihr eigentlicher *Wert* liegt doch darin, dass das Folgende *ohne* das Vorhergehende nicht *möglich* wäre - was uns überzeugt, ist dabei doch die *Lückenlosigkeit* des 'So-muss-es-gewesen-sein', die Glied an Glied *zusammenfügt* - aber eben *diesen* Erklärungsmechanismus *zerstört* das parmenidische Weltbild, denn in diesem *muss nicht* die Struktur logisch zwingend so sein, wie wir sie vorfinden...
N: Erklärungsmodelle etwa, die eine Teleo*logie* heute zu einer Teleo*nomie* abwandeln, die gleichsam von 'unten' die Wirkung einer '*causa materialis*', wie von 'oben' einer '*causa formalis*' annehmen, wobei bereits Gewordenes den Rahmen der Notwendigkeit für den Zufall absteckt[57], so dass etwa die evolutionäre Entstehung unseres Auges eben *nicht* als quasi-Fulguration *unerklärt* und *rätselhaft* bleibt, sondern sich Zwischenschritte auftürmen, so dass eines aus dem anderen (sogar: späteres aus früherem) *entsteht* und man die jeweiligen Zwischenstadien als Ergebnisse von Verzweigungen des Möglichem begreifen kann (als Bifurkationen des Aktualisierten), wischen Sie mit Ihrer esoterischen Phantasmagorie '*PBU*' im Wahne *beiseite*... Kann ein Naturwissenschaftler, der sich *nicht* gerade speziell mit Relativitätsphysik beschäftigt, Ihre RT eigentlich *ernst* nehmen - oder ist er dann schon auf halbem Wege zu einer Variante des Kreationismus? Ist dort die Welt von Gott für zweiflerische Ketzer '*speziell hergerichtet*', ist sie hier beim PBU einfach so, wie sie *ist* und unser Fragen enden ähnlich in einem '*basta*'...
E: Die *letzten* Fragen enden *immer* dort...
N: Ganz abgesehen davon, dass man mit einem *Determinismus* - dessen Anhänger ich im Übrigen *nicht* bin - *nicht* wie beim PBU die *Existenz* von Vergangenem und Zukünftigen annimmt - uns ist doch *nur* die Gegenwart empirisch-phänomenal gegeben und mit ihr eine „Gegenwart des Vergangenen" und eine „Gegenwart des Zukünftigen"[58] - das PBU und das RZK sind reine metaphysische *Spekulationen*, etablierte Esoterik...

L: Zu der direkten Übertragung der Relativität etwa auf *ethische* Fragen erübrigt es sich übrigens dann in *zweierlei* Hinsicht etwas zu sagen: Zum einen, weil diese an sich nur *blödsinnig* zu nennen ist, zum anderen aber, weil sie auf *andere* Weise *wahr* zu nennen wäre, denn die Sklaverei oder Kriege etwa wären im PBU ja schlicht fatalistisch bereits `da´...
E: Unsinn!
N: Eben! Und dies beträfe praktisch *alles* um uns herum - *jedes* Wachstum, *jede* Entwicklung, *jede* Entstehung: Die Bodenunebenheit, die zum Canyon wird... den Kristallisationskeim, der die Schneeflocke wachsen lässt... die ostafrikanische Savannenbildung, die vielleicht die Hominisation vorangetrieben hat... die Ertaubung Beethovens, die vielleicht zur Harschheit der Harmonik von op. *133* geführt hat... Natürlich kann man derlei in Wahrheit *nicht* streng *mono-kausal* erklären. Es tut sich vor uns aber doch die ganze evolvierende Welt des autopoietischen Wachstums, der Selbstorganisation, der Geschichte auf - es kann ein deterministisches, probabilistisches oder aus Willensakten herrührendes `WERDEN´ sein - alle drei sind `causa´ - nur kein *hyper*deterministisches `SEIN´ *ohne Kausalzusammenhang*, denn *ohne* die *zeitliche, kausale* Komponente, *ohne* das *geschichtliche* Element sind diese Ordnungen eigentlich völlig *unerklärlich*. Die Ordnung, die wir vorfinden, erklärt sich uns *nicht*, wenn alles bereits als `*SEIENDES*´ da ist, sondern nur als *zeitlicher, kausaler Prozess* des `*WERDENs*´ - durch die gesamte Naturwissenschaft zöge sich, dass zeitliche Entwicklungsprozesse zu *unerklärlichem Schein* würden. Sehen Sie nur als Illustration der vier angeführten Beispiele einmal dies *(N. zeichnet Abbildung 5)*...

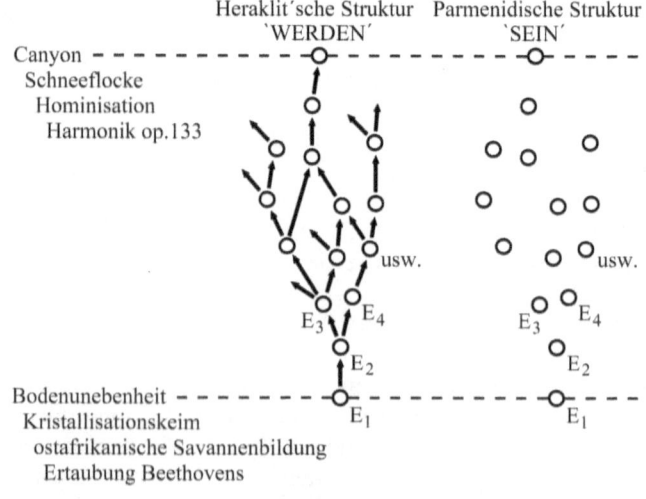

Abbildung 5

Am einfachsten kann man sich das vielleicht *so* klarmachen: Wir könnten einen *Kinofilm* davon sehen, wie eine Reihe von Dominosteinen umkippt; in der *ontologischen Realität* - natürlich *heraklitisch* gedacht - bringt *ein* Stein den *anderen* zu Fall, jeder *vorhergehende* Stein ist die *Ursache* für das Umfallen des *nächsten* Steins; hier ist `Kausalität´ (mag mancher sie auch sonst *skeptisch-kritisch* beäugen) gleichsam `mit Händen greifbar´...
E: So muss man sagen...
L: Nun allerdings: Beim *Kinofilm* wäre es möglich, dass, wenn *einige der 16* oder *24* Einzelbilder pro Sekunde *beschädigt* wären oder ganz *fehlen* würden, wir dies gar nicht *bemerken* würden - ich will nicht auf die Natur unserer Sinneswahrnehmung hinaus, sondern *darauf*, dass natürlich das Umkippen der *nachfolgenden* Dominosteine *dadurch* nicht *aufgehalten* wird, weil es gar keinen *kausalen Zusammenhang* gibt, sondern bewusst nur die *Illusion* einer naturgemäßen Geschehensfolge erzeugt wird; sollen wir nun ernsthaft wider besseres Wissen analog unsere *Welt* im Sinne solch einer `parmenidischen akausalen Bilderfolge´ deuten?
L: Das Hume'sche Problem begegnet uns also *abermals*, wobei es nicht mehr (wie ehedem) um eine vorrangig *epistemologische* Fragestellung geht - wie wir zu Erkenntnis gelangen oder wie `sicher´ diese sein mag -, sondern darum, dass das uns phänomenal-empirisch gegebene gleichsam `nackte´ `post hoc´ zum angenommenen *ontologischen Faktum* gekrönt würde. Alle Naturwissenschaft kann diesem Problem zwar nur mit einem stolzen und unbeirrten `trotzdem´ entgegentreten, es aber nicht *lösen* - Naturwissenschaft *ist* aber der `Glaube´, *dass* hinter dem `post hoc´ ein `propter hoc´ steht, *dass* es *wirkende Kräfte* oder *dass* es *Ursachen* gibt... Die Scheibe zerbirst, *weil* der geworfene Stein seinen Impuls auf sie überträgt - daher *bemüht* sich die Naturphilosophie auch etwa, Kausalität vereindeutigend am *Energieübertrag* festzumachen[59] (was freilich nur eine aufschiebende *Schein*lösung ist, weil das Problem gar nicht *lösbar*, sondern gleichsam nur *akzeptierbar* ist)...
E: Wir versuchen allerdings dahin zu kommen, *alle* Kräfte - nicht nur die Gravitation - zu *geometrisieren*...
L: Diesen Versuch darf man als *gescheitert* ansehen - überdies: Selbst die *Allgemeine* RT (ART) mit ihrer angeblichen Geometrisierung der Kraft ändert nichts daran, solange es eine *sich-wandelnde* Geometrie sein soll; die *Abschaffung* der *Kraft* ist ebenso eine Illusion, wie die Abschaffung des *Äthers* - der Begriff wird ja gleichsam nur eine Ebene *weitergeschoben:* Materie etwa muss dann auf das Gefüge von Raum und Zeit *einwirken* bzw. wenn man Materie auf Raum und Zeit zurückführt und sie gleichsam nur als einen `Knotenpunkt´ *in* Raum und Zeit oder in der `Raumzeit´ begreift (womit diese jedoch wie erwähnt *Substanz*aspekte zugesprochen bekommen, die sie ehedem nicht hatten und Substanz braucht wiederum

sein 'wo' und 'wann'), muss man *entweder* sagen, dass diese 'Knotenpunkte' das Gefüge umher *beeinflussen* und die von der euklidischen Geometrie abweichenden Raumzeit-Krümmungen *erzeugen* (so es sie *überhaupt* gibt, was wir hier nicht diskutieren wollen) *oder* aber (wenn dieser Schritt 'übersprungen' wird), dass das ganze Gefüge eben als *dynamisches* Gefüge zu begreifen ist, in dem die 'Knotenpunkte' wechselseitig im Laufe der Zeit zueinander *hinstreben*. Das ist zwar eine *anthropomorphe* Formulierung dafür, *dass* diese dies einfach tun - was wir klassisch als gravitative Anziehung bezeichnen und einer Gravitations*kraft* zuschreiben -, das Geheimnisvolle des Konzeptes 'Kraft' lässt sich aber nicht *umgehen*, nur in ein *ebensolches anders* fassen, etwa über 'kräftetragende Teilchen' oder *dynamische* Geometrisierung. Überdies ist ja das RZK uns ebensowenig direkt empirisch-phänomenal *gegeben* wie Kräfte. Sonst müsste man von einem *statischen* parmenidischen Gebilde ausgehen, das - wir diskutieren dies ja gerade - ganz *unbegreiflich* bleibt: Ein Heraklit'sches Gebilde, das (räumlich) *reine Geometrie ohne Kräfte* sein soll, würde ja etwa, könnte man es gewissermaßen 'anhalten', einfach 'stehenbleiben', weil die Geometrie nur festlegt, 'wohin' sich ein Ding bewegt, aber nicht, *dass* es sich bewegt...

E: Wie jetzt?!

L: Nehmen wir das populärwissenschaftliche Veranschaulichungsmodell der durch eine massive Kugel verformten Oberfläche eines gespannten *Gummituches*, welches die Krümmung des (dabei nur zweidimensionalen) Raumes darstellen soll (ob man damit auch realiter eine *weitere* räumliche Dimension *setzen* muss, wollen wir ebenfalls nicht diskutieren) - zunächst setzt schon dieses Modell voraus, dass die Kugel eine gravitative *Kraft* erfährt, damit überhaupt die *Mulde entsteht*, in der Schwerelosigkeit wäre dem ja schlicht *nicht* so. Da Sie geometrodynamisch die Kugel aber als einen speziellen Bereich der Mulde *begreifen* (*können*)(die Mulde *ist* die Kugel), sehen wir davon ab. Es ergibt sich aber, wenn auch ein *bewegter* Körper der Mulde folgen mag, dass ein zu dieser Kugel (relativ) ruhender Körper *ohne Kraft* - gravitative in diesem Modell oder realiter irgendeine - *liegenbliebe* und *nicht angezogen* würde. Das führt nicht nur kosmogonisch dazu, dass man neben einem niedrigen Entropie-Anfangszustand einen 'ersten Beweger' annehmen muss - würde ein Körper zufällig in solch' eine Ruhelage kommen, *verharrte* er dort; man muss also entweder eine *dynamisch-drängende* Geometrie annehmen - man landet dann *wieder* bei der *Kraft* - oder man kommt bei einer *statischen* Geometrie wieder zum *PBU*, wobei dann *uns* etwas durch das PBU 'hindurchdrängen' muss - eine *Kraft*. Oder man müsste diesen bereits erwähnten *weiteren* Zeitfluss unseres Hindurchgehens durch das PBU *ebenso* geometrisieren... Am Ende aber wird der Begriff 'Kraft' allenthalben nur *verschoben*, nicht aber *auf-*

gehoben. Überdies leistet man sich mit der Geometrodynamik - erkenntnistheoretisch-methodisch ähnlich aberwitzig, wie Plotin, der 'Zeit' von der 'Ewigkeit' her zu ergründen trachtet, wenngleich uns *nur* und *zuerst* die *'Zeitlichkeit'* gegeben ist, aus der wir das Konstrukt 'Ewigkeit' *'herausdestillieren'* - die Weltdinge als Zustände des *RZK* zu begreifen, obgleich uns nur und zuerst *Dinge* gegeben sind, aus deren Relationen wir als deren 'Inbegriff' die Ordnung und das Konstrukt 'Raum' ebenso erst *'herausdestillieren'*, um mit der RT rückwärts wiederum substanzialisierend oder reifizierend Dinge dann zu 'Verdickungen' oder 'Knotenpunkten' des RZK zu machen...

E: Hm...

L: Die Geometrisierung und Abschaffung der *Kraft* ist ganz ebenso eine *Illusion*, wie die Abschaffung des *Äthers*. Und wie man schon bei der SRT *absolute* Abstände voraussetzen muss, um zu *begreifen*, was mit den LT (angeblich) *veränderte* räumliche und zeitliche Abstände sind, wie man einen *neutralen* Hintergrund (einer *weißen* Leinwand gleich) braucht, *vor* dem sich etwas abzeichnen *kann*, begreift man auch 'gekrümmte' Räume und *Zeiten* nur vor dem gedachten Hintergrund des *Ungekrümmten;* es geht nur darum, wie wir derlei vernünftigerweise *denken* (sollten) - man *kann* sagen, dass ein (in einem Gravitationsfeld) *gekrümmter* Lichtstrahl 'in Wahrheit' gerade sei, Raum und Zeit *selbst* aber gekrümmt seien; nur sind uns Raum und Zeit selbst gar nicht *gegeben*, sondern nur *Dinge*, die sich so oder so *verhalten...*

N: Gottfried! Bleib - bei Gott - friedlich, nicht *noch* ein Schlachtfeld...

L: Ruhig Blut, Isaac - da gibt es doch gar nicht viel zu *sagen:* Es gibt keine empirischen Befunde, die man im Sinne der ART interpretieren *muss* und die theoretische *Herleitung* der ART über die angeblich relativistischen Effekte fällt mit der *SRT* schlicht und ergreifend *weg* - auch die *ART* hat dann nur ihre *Denkbarkeit* und den *esoterischen Kitzel* als Argument für sich vorzuweisen - so dass mehr als fraglich ist, ob sie nicht zu einer reinen Beschreibungs*konvention* herabsinkt oder gar *ganz* ein Fall für Ockhams Messer wird, sofern die *SRT* zu verwerfen ist...

N: Ähnlich ist es übrigens beim Begriff 'Fern*wirkungen*' - es ist wiederum nur eine *Illusion*, dass *viele kleine Nahewirkungen* im (oder *des*) RZK akzeptabler oder verständlicher seien, als *eine große Fernwirkung*[60], als käme es dabei auf die *absolute* räumliche Distanz an...

B: Nun, man kann sich immerhin die Abstände der Wirkungsvermittlung immer *kleiner* vorstellen, so dass man als *Grenzbegriff* zum *Kontinuum* der Felddarstellung kommt[61]...

L: Gerade *ich* würde Ihnen hinsichtlich der *Kontinuumsvorstellung* ja gerne grundsätzlich *beipflichten*, mit *dieser* Argumentation landet man allerdings schlicht bei Kant's Kontinuitäts-Antinomien, dass man Ausdehnung zwar

infinitesimal klein denken kann, dass man aber *ausdehnungslose* Punkte oder *Null*distanzen nicht zu einer *ausgedehnten* Strecke *aneinanderreihen* kann, d.h. auch hier wird das Problem nur eine Ebene weitergeschoben und es bleibt *unerklärt*, wie ohne direktes (mechanisches) 'Stoßen oder Ziehen' ein Ding auch über eine *noch so kleine* Distanz auf ein anderes *wirken* kann. Es geht doch nicht um den *quantitativen* Unterschied, sondern um das '*dass*' der Wirkung... Jedenfalls kann es ohne (makroskopische) *Kausalität* keine *Naturwissenschaft* geben - in einem PBU gibt es jedoch keine *Kausalität* - ergo: Wer Naturwissenschaft *betreiben* will, muss dem PBU und damit auch der RT als Raum-Zeit-Konzept *widersprechen*...
E: Hm...
L: Fügen wir tunlichst an: Wie Descartes meditierend seinen täuschenden Gott erfindet, um ihn sogleich wieder zu *verwerfen*, *verwerfen* wir diese täuschende Sichtweise der Welt...
N: Was wäre überhaupt 'Informationsübertragung', etwa wenn man eine Symphonie, die hier gespielt wird, übers Radio an einen anderen Ort (und damit auch anderen Zeitpunkt) *überträgt?* Ein Muster 'hier' im PBU und *dasselbe* Muster 'später' (im raumzeitlich-geometrischen Sinne) 'dort', das aber nicht heraklitisch dorthin *transportiert* worden wäre - es wäre parmenidisch 'einfach so' hier und dort *ohne Zusammenhang;* alles, was als Zusammenhang *erscheint*, *wäre* nur Erscheinung und von uns gedacht *Hinzugefügtes*. Ergänzen wir noch *diesen* Aspekt - falls jemand einwenden wollte, Naturwissenschaft *sei* das Studium dieses Parmenidischen 'Blocks': Wenn wir uns den vierdimensionalen parmenidischen 'Block' vor unserem geistigen Auge einmal vorstellen, hat er doch dennoch die *Struktur* einer *allumfassenden Evolution* - und besieht man sich diese, erklärt sie sich am besten *durch* oder *als* eine '*Gewordenheit*'. So müsste man eigentlich doch wiederum (obgleich dann auch spekulativ-metaphysisch) annehmen, dass gleichsam Gott (sive natura) diese Struktur 'hat werden lassen' - denn das 'WERDEN' und diese 'Gewordenheit' springt einem ja mit dem *heutigen* Wissen von der Welt geradezu ins Auge. Dann müssten wir zur *Erklärung* dieser Struktur *neben* dem schon anzunehmenden *zusätzlichen* 'Zeitfluss *unseres* Hindurchgehens' durch das PBU ja eigentlich *noch* einen *zusätzlichen*, gleichsam *davorliegenden* 'Zeitfluss des Gewordenseins des PBU' annehmen (und sei es nur in Gottes Geist) - mit der *einen* geometrisierten relativistischen Zeitdimension erhält man also *zwei* neue...
E: Absurd...
N: Allerdings. In jedem Falle würden wir also mit dem PBU 'vom Regen in die Traufe' geraten - die Welt wäre „*a tale told by an idiot, [...] signifying nothing*"[62]...
L: Wir müssen also das Argument *umkehren*, dass die statische Sichtweise der Welt als PBU gegenüber der dynamischen Sichtweise die *sinnvollere*

ist - als ontologisches Konstrukt erscheint sie in höchstem Maße *unsinnig* und auch heuristisch ist sie als völlig *fruchtlose* Annahme anzusehen...
B: Nun, mir klingt das ʻDubitemusʼ im Ohre immer lauter - die RdG der RT scheint mit einem ʻ*WERDEN*ʼ unvereinbar zu sein...
E: Ich bleibe dabei, „die Relativität der Zeit [Gleichzeitigkeit] besagt eine *Willkür* in den *logischen Grundlagen* unseres Messens [...], [mithin] dass die Eigenschaft der Gleichzeitigkeit nicht in den *objektiven* Ereignissen gegeben ist, sondern erst durch die Form unseres *Denkens* in die Naturbeschreibung eintritt...[63]"

II d

N: Für eine *Heraklitʼsche* Welt ist das schlicht *falsch*...
E: So? Kausal-zusammenhängende Ereignisse haben mit der RT natürlich *dieselbe* Ordnung wie klassisch, nur die *nicht* kausal-zusammenhängenden, raumartigen Ereignisse der ʻGegenwartʼ (im Sinne der RT) haben keine weiter-differenzierte Ordnung. Dann *entwickeln* sich eben ʻhierʼ wie ʻdortʼ die Weltdinge jeweils in ihrer *Eigenzeit* - uns kann völlig gleichgültig sein, wie das *zusammenhängt*, weil es eben *nicht kausal* zusammenhängt (so es eine Grenzgeschwindigkeit gibt)...
L: Ja, so könnte man denken - diese Ereignisse bilden für die RT einfach einen *amorphen* Bereich von untereinander hinsichtlich der verschiedenen Gleichzeitigkeitsebenen (scheinbar) äquivalenten Ereignissen. Man muss stattdessen *folgendermaßen* argumentieren: Ob die RT selbst ein PBU nun impliziert oder nicht - sie widerspricht *per se* einer Heraklitʼschen Welt des ʻWERDENsʼ; wie man es auch dreht und wendet - man kann nicht *zwei* Herren dienen und eine Heraklitʼsche Welt des ʻWERDENsʼ ʻan sichʼ und das Raum-Zeit-Konzept der RT mit ihrer RdG *gleichermaßen* für richtig erachten. Denn wenn die Weltlinien von Dingen - sofern wir diesen Begriff hier so verstehen, dass er von einer spezifischen (eigenzeitlichen) Stelle abgesehen (präsentistisch) nur *gedacht Existierendes* umfasst - nicht bereits *Seiendes* darstellen, sondern jeweils *sukzessive zur Existenz gelangen* und wieder *vergehen*, gleichsam sich in ihrer - wie auch immer verstreichenden - ʻEigenzeitʼ entstehend erst *entwickeln*, kann man sagen, dass auch die *Gesamtheit* dieser Weltlinien (unsere Welt) in einer solchen (zeitlichen) Entwicklung begriffen ist, die sukzessive eine ʻ*Jetzt*ʼ-Schicht hervorbringt und gleichsam ʻin die Existenz *eintauchen*ʼ lässt... Dabei hinwiederum würde die ʻFrontwelle dieses zur-Existenz-Gelangensʼ *selbst* eine objektive absolute Gleichzeitigkeit *definieren*, denn die Ereignisse der ʻGegenwartʼ (im Sinne der RT) hängen eben in *einer* Realität zusammen - ʻhierʼ wie ʻdortʼ entwickeln sich die Weltdinge, und zwar *jenseits* der Frage, ob uns dies *erfassbar* ist und ob ʻZeitʼ in *meinem* oder *Herrn N.ʼs* Sinne zu deuten ist. Daher sollte man auch Zeitetiketten *so* verleihen, dass die jeweils in diesem absoluten Sinne (*einer* Realität anzugehören) *gleichzeitig* ins Sein tretenden Zustände der Weltdinge *dasselbe Zeitetikett* erhalten - denn: Eine

Heraklit'sche Welt mit einer *nur relativen* Gleichzeitigkeit ist schlicht ein *Widerspruch in sich*...

N: Wenn die Physik eine Reduktion aller Erklärungen auf physikali(sti)sche Zusammenhänge zu *einer* Basiswissenschaft, die alle anderen letztlich umfasst, anstrebt, muss sie sich dazu auch als *'fähig'* erweisen und kann nicht - ohne auf das *Ganze* der Welt zu schauen - ein derart *widersinniges Weltbild* propagieren... Ich wäre hier geneigt, ein `Argument´ von Feynman zu entlehnen: Stellen Sie sich vor Ihrem geistigen Auge doch einmal eines unserer Beispiele, etwa den *Canyon* oder die embryonale *Ontogenese* eines Menschen, die zudem sichtbar phylogenetische Entwicklungsschritte `nachspielt´, vor (*dergestalt* sind die vergangenen Schritte noch `da´): „Wer nicht erkennt, dass..." solcherlei Naturphänomene das Resultat einer *Heraklitschen* Welt sind, in der ein Zustand den nächsten *gebiert*, „...der hat keine Seele"[64]...

E: Ich denke, es bedarf *besserer, echter* Argumente...

N: Sicherlich, aber dass unsere Kritik des PBU Sie nicht *irgend´* wankend macht, ist *unbegreiflich*...

L: ...eher *unheimlich*...

N: ...für uns stellt sich von diesem Argumentationspunkt an, also bei einer *Gesamtschau*, eigentlich - in anbetracht der Schwierigkeiten, in die man gerät, wenn man die Frage `Ist Gleichzeitigkeit nur *relativ*?´ nicht verneint - nurmehr die konsequente Folgefrage, *was* an der RT (als Raum-Zeit-Konzept) falsch ist und nicht mehr *ob* sie falsch ist; aber der scheinbar erhabene Bau der RT ist *wackeliger*, als Sie uns *glauben* machen wollen...

II e *Schlussendlich* werden wir dazu kommen, dass die *KdL* ein unhaltbares Postulat ist - *sie* zieht ja die RdG und mithin das PBU nach sich. Unsere Argumentation zum PBU ist allerdings ohnehin *fehlschlüssig* bzw. führt in eine *Aporie*...

E: Tatsächlich?!

L: ...denn der Mechanismus, um eine *Relation* zwischen den verschiedenen Sichtweisen der Beobachter herzustellen, die LT, verlangen ja, Raum und Zeit als *variabel* (relativ) zu behandeln, damit *c konstant* (absolut) sein kann - dann muss man aber argumentieren, dass gerade *das* den Schluss auf ein PBU unterminiert...

E: Inwiefern *das*?

L: Nun, versetzen wir uns doch einmal statt in eine Parmenidische in eine *Para-Midas'sche* Welt, in welcher Uhren und Maßstäbe bei Berührung zu *Staub* zerfallen - Beobachter können also zur Messung räumlicher und zeitlicher Abstände nur *Körpermaße* wie etwa ihre Elle und ihren (jeweils isorhythmischen) Herzschlag verwenden. Verschiedene Beobachter, deren Physiognomien einander natürlich *nicht gleich* seien, werden dann ja zu *verschiedenen* (relativen) Beschreibungen dieser Welt kommen...

E: Aber die sind - *idealisiert gedacht* - nicht nur etwas *Subjektives,* denn sie sind *eindeutig ineinander transformierbar;* sie sind etwas *Objektives* und einander *äquivalent,* so wie Maße in *Zoll* und *Meter...*

L: So ist es! Von zwei Beobachtern am selben Ort (zum selben Zeitpunkt) möge nun der *eine* finden, dass sich in *50* Ellen Entfernung, der *andere,* etwa ein Kind, dass sich in *75* Ellen Entfernung ein Apfelbaum befinde. Dann kann es sein - nehmen wir das einmal an - dass dabei von *demselben* Baum die Rede ist, dass die beiden Beobachter aber nun *fehl*schließen, sie hätten *zwei* Bäume vor sich, weil sie argumentieren, sie könnten ja *beide objektive* und *äquivalente* Beschreibungen der Welt für sich in Anspruch nehmen, da es keine *natürlich vorgegebenen* Normale gibt...

E: Guter Witz... Und mit ihren *zeitlichen* Zuordnungen freuen sie sich dann wohl noch, wenn etwa alle *50 und* alle *75* Herzschläge ein Apfel herunterfällt, auf *doppelt* so viele Äpfel, wie tatsächlich vorhanden sind...

L: Ganz genau...

B: Aber die beiden Beobachter sagen dabei doch über die Ordnung der Welt *selbst* (`an sich´) gar nichts Unterschiedliches *aus* - sie nehmen mit ihren *relativen* Normalen beim Messen nur unterschiedliche *Zuordnungen* vor, abhängig von ihrer eigenen *Physiognomie...*

N: Ganz recht - diese aber *untransformiert* zu *kombinieren,* als beruhten sie auf *absoluten* Maßen und Relationen, ist doch offensichtlich *Unsinn...*

E: Natürlich...

N: Was *hier* nun Not täte, ist klar - auch wenn sie ihre Beschreibungen (idealisiert gedacht) jeweils als *objektiv* und *äquivalent* begreifen dürfen, müssen sie diese, um zu *einer realistischen* Sicht ihrer Welt zu kommen, ineinander *transformieren;* das können sie ganz einfach bewerkstelligen, indem sie etwa Elle an Elle halten und aus deren (Maß-)Relation eine *Transformation* herleiten und anwenden, welche die *relativen* Maße und Messergebnisse der ontologisch-realiter *absoluten* Relationen *umrechnen,* so dass sie zu *denselben* zeitlichen und räumlichen Abständen kommen...

E: Womit jäh ihre Freude über die *zwei* Apfelbäume und die *Unmengen* an Äpfeln verblassen werden...

L: Nun kommt der *ernste* Teil: *Umgekehrt* muss man doch sagen, dass sie von *einer* absoluten ontologischen Realität, mithin *einem* `an sich´, mithin von *denselben* ontologisch-realen räumlichen und zeitlichen Abständen *ausgehen,* was ihnen überhaupt *Berechtigungsgrund* ist, ihre verschiedenen Urteile ineinander zu *transformieren...*

E: Natürlich, schließlich könnten sie auch von *tatsächlich* verschiedenen Bäumen reden...

N: Die verschiedenen Beschreibungen, zu denen Beobachter mit der *RT* kommen, müssten analog natürlich *ebenso* transformiert werden - man kann sie nicht einfach, nur weil sie (mit der RT) *objektiv* und *äquivalent* sein sollen, *untransformiert (re)kombinieren:* Hinter dem Schluss auf das PBU steht ja, dass ein Beobachter sagt: `dies alles´ ist *für mich* gleichzeitig, ein anderer aber sagt: `*dies alles*´ *für mich* und damit soll dann *insgesamt alles* als parmenidisches `SEIN´ existieren. `Gleichzeitigkeit´ ist aber heraklitisch betrachtet eine (absolute) *zweistellige* Relation: Wenn `hier´ *dieser* Zustand ins (heraklitische) Sein tritt, dann auch `dort´ genau *ein* Zustand, nicht *mehrere*...

B: Ja, natürlich...

L: Die Sichtweisen der Beobachter müssten hier strenggenommen also ebenso *separat nebeneinander stehenbleiben*, wie jene der Para-Midas´-schen Welt. Die relative (relativistische) Gleichzeitigkeitsdefinition beruht nämlich nicht mehr auf einer *zweistelligen*, mithin gleichsam *absoluten* Relation, so wie man in der klassischen Physik etwa sagen kann: `$E_1$ ist gleichzeitig mit $E_2$´. Sie beruht auf einer nunmehr *dreistelligen*, mithin gleichsam - wenn es auch pleonastisch anmutet - *relativen* Relation - `E_1 ist gleichzeitig mit E_2 relativ zum BS *von B_1* (und *nicht* zu dem *von B_2*)´[65]. Das gilt natürlich *generell* für die räumlichen und zeitlichen Urteile, die gefällt werden, nicht nur für die *Gleichzeitigkeit:* Beobachter haben mit den nunmehr dreistelligen (relativen) Zuordnungen der RT verschiedene - gleichwohl *eine* ontologische Realität (mutmaßlich) abbildende - *relative* Beschreibungen der Ordnungen der Weltdinge. Die kann man nun aber nicht sinnvoll zu einer wiederum *universellen* Sichtweise *untransformiert (re)kombinieren*, ohne dass sich eine vollständige *Analogie* zum unsinnigen Schluss der beiden Beobachter in der *Para-Midas´schen* Welt ergäbe...

B: Verstehe, das ist richtig; wir beide - einander gegenübersitzend - können als *dreistellige* Relationen zwar konstatieren, dieses Glas stehe *für mich rechts* von der Flasche und *für Sie links* von ihr - wir schließen aber nicht auf *zwei* Gläser, weil wir damit `rechts´ und `links´ als *absolute*, mithin *zweistellige* Bindeglieder behandeln würden...

L: So ist es! Was die beiden Beobachter in der Para-Midas´schen Welt also veranstalten, ist im Prinzip analog zu dem, was der Nominalist *Ockham* im Zusammenhang mit dem *Universalien-Streit* kritisierte...

B: Sie meinen den lange Zeit, vor allem im Mittelalter geführter Streit um die Wirklichkeit oder Unwirklichkeit der *Universalien, Allgemeinbegriffe, Ideen* - etwa: *die* Gerechtigkeit, *der* Tisch -, der im Gefolge von Platons Ideenlehre bzw. deren *Deutung* entstanden war; Ockham hatte dabei die Universalien nominalistisch als bloße *Worte* oder *Namen* für die Dinge betrachtet, ihre vom Denken unabhängige *Realität* hingegen - wie schon Aristoteles - platonistisch bzw. realistisch als *unsinnige Verdopplung* der Dinge...

L: Richtig. Sie vermehren grundlos *in* oder *mit* ihrem Denken das Seiende, wenngleich dem ontologisch-realiter - also `in Wirklichkeit´ - gar nichts *entspricht.* Auch die *RT* verfällt gleichsam einem ˋdemiurgischen Rauschˊ, wenn sie auf die ganz unsinnige *parmenidische* Welt schließt, denn auch dabei geht es offenbar um eine fehlschlüssige *(Re-)Kombination* von Sichtweisen, die auf *dreistelligen* Relationen beruhen; Ockhams „*entia non sunt multiplicanda praeter necessitatem*" - „das Seiende ist nicht über das Notwendige hinaus zu vermehren" - passt in beiden Fällen also geradezu *wörtlich...*

B: In beiden Fällen wäre also ˋOckhams Messerˊ anzuwenden...

N: Wir können also zwar - später müssen wir das auch in Frage stellen - die verschiedenen Sichtweisen von Beobachtern mit der RT als *äquivalent* und *objektiv* betrachten, wir dürfen sie allerdings nicht (re-)kombinieren. Nun taucht oftmals die markige Formulierung ˋ*beide* oder *alle* Beobachter haben Rechtˊ auf - mithin jedoch ein Problem mit dem Begriff ˋ*Wahrheit*ˊ: Vorweg sei eingeflochten, dass die Frage nach einem Wahrheits*referenzobjekt*, als welches das PBU *fungieren* könnte, philosophisch durchaus *interessant* sein mag, dass sie hier aber nichts *beiträgt:* Zum *einen* betrifft sie *nur* die *Vergangenheit* eines Parmenidischen ˋSEINsˊ - die wäre zunächst aber noch mit unserer Argumentation vereinbar und *erwägenswert*, da wir dann immer noch von einer Heraklitˊschen Welt des ˋ*WERDENs*ˊ sprächen. Zum *anderen* aber ist hier nur ˋder Wunsch Vater des Gedankensˊ - es *kann* schlicht so sein - und so sieht es hinsichtlich des empirisch-phänomenal Gegebenen aus - dass ein Wahrheitsreferenzobjekt (mit irgendwie *realem* ontologischen Status) *nicht* existiert - die Natur richtet sich nicht nach dem, was uns *genehm* wäre. Anzumerken wäre allerdings, dass eine Welt, die *so* komplex ist, dass in ihr überhaupt Wesen (wie wir) *existieren,* die nach der ˋ*Wahrheit*ˊ *fragen* können, auch eine *so komplexe* Ordnung der Weltdinge aufweisen muss, dass es *extrem unwahrscheinlich* oder *faktisch unmöglich* ist - wenn man das Gesamtgeschehen ins Auge fasst - in ihr irgendwelche gegenwärtigen Zustände zu finden, die aus hypothetischen, *verschiedenen* vergangenen Zuständen herrühren könnten (die QT wäre dabei als *deterministisch* zu nehmen) - dieses Problem tritt also nur *theoretisch* auf. Es ergibt sich zwar kein Problem, insofern philosophische *Wahrheitskonzepte*, etwa beim Satz des Widerspruchs, eine *absolute* Gleichzeitigkeit voraussetzen, denn die Kausalstruktur der Welt ist in der RT ja *im Prinzip dieselbe* wie in der klassischen Physik - aber etwa bezüglich der Lichtausbreitung geht es um angeblich *gleichermaßen* ˋ*wahre*ˊ Urteile darüber, wo sich emittiertes Licht gerade *befindet* - aber dazu später...

L: Jedenfalls können die verschiedenen Beobachter-Sichtweisen der RT mit unserer jetzigen Argumentation *nicht* im Sinne einer *und*-Verknüpfung *gleichzeitig wahr* sein, denn damit ergibt sich der obige Fehlschluss - sie können nur im Sinne einer *oder*-Verknüpfung wahr sein. Das bedeutet, das PBU wäre *als* solchˊ eine *(Re-)Kombination* abzulehnen...

E: Gut, die (Re-)Kombination ist abzulehnen, das sei einmal *zugestanden*. Man kann aber auch *anders* für ein PBU argumentieren: „Die Existenz eines *objektiven Zeitverlaufs*[*] [...] bedeutet (oder ist zumindest *äquivalent* damit), dass die Realität aus unendlich vielen *Schichten* des `jetzt Vorhandenen´ besteht, die nacheinander *zur Existenz* gelangen. Wenn aber [...] Gleichzeitigkeit [...] etwas *Relatives* ist, kann die Realität auf eine objektiv bestimmte Weise nicht in solche Schichten *aufgespalten* werden. Jeder Beobachter hat seine *eigene* Reihe von solchen Schichten des `jetzt Vorhandenen´, und *keines* dieser verschiedenen Schichtensysteme kann das *Vorrecht* beanspruchen, den *objektiven* Zeitverlauf darzustellen[*]"[66]...
N: Dass Sie noch immer ganz `unentwegt´ *für* das PBU argumentieren - unsere kritischen Argumente hinsichtlich des PBU bleiben *voll `in Kraft´*, sie hängen doch nicht an der *Herleitung*...
B: ...aber zwischen den Sichtweisen vermitteln doch die *LT*...
L: Ja, *eben* - und wenn man die *anwendet*, kommen alle Beobachter zu *denselben* Urteilen. In beiden Fällen kommt man also zu *einer* Ordnung der Weltdinge, die nur ob der `*Perspektive*´ der Beobachter verschieden *erscheint*, was bei der Para-Midas´schen Welt die spezifische Beobachter*physiognomie* betrifft, bei der Parmenidischen Welt der RT hingegen die relative *Bewegung* von Beobachtern zueinander...
B: Das ist schon *richtig*, nur sagt die RT eben, Raum und Zeit seien keine *getrennten* Ordnungen - ein etwas anderer *Fall* also...
E: ...und Sie vergessen *eines:* In ihrer Para-Midas´schen Welt der klassischen Physik *gibt* es eben *ontologisch-realiter* getrennt objektive räumliche und zeitliche Abstände, die nur mit relativen Normalen *gemessen* werden - in der RT aber ist nur der *raumzeitliche Abstand* etwas für alle Beobachter Objektives...
N: Gut, darauf kann sich RT zurückziehen; und darin wird sich später die ganz *andere Art* Relativität zeigen, nämlich ein `als ob´, das gleichsam auf nur den *denkenden Beobachter* und nicht auf die *Natur selbst* (`an sich´) gerichtet ist - aber klären wir eines nach dem anderen...
L: Immerhin *werden* beim Schluss auf das PBU doch die Seinsschichten der in Raum und Zeit *getrennten*, auf dreistelligen Relationen basierenden Ordnungen (re)kombiniert - nicht die (angeblich) *raumzeitliche* Ordnung, denn bei der *gibt* es ja gar nichts zu (re-)kombinieren, da alle Beobachter sie als *dieselbe* konstruieren. Man kommt also mit Ihrem Einwand dazu, dass das (angeblich) *objektive* Raumzeitliche für verschiedene Beobachter in *subjektives* - was hier nur `auf nur *einen* Beobachter bezogenes´ heißen soll - Räumliches *und* Zeitliches zerfällt, wobei man nicht mehr weiß, welche Zerlegung nun *objektiv richtig* ist...
E: ...es *gibt* dann kein `objektiv richtig´ mehr...
B: ...im *klassischen* Sinne...

N: Diese Aussage ist viel zu stark - sozusagen abgesehen davon, dass sie auch noch *falsch* ist...
L: ...es deutet sich bis hierher doch eher an, alleine, da eine *Heraklit'sche* Welt *anderes* nahelegt, dass wir weiterhin zu denken wagen sollten, dass doch nur *eine* Zerlegung ontologisch-realiter `zutreffend' ist - mag uns diese auch *nicht erkennbar* sein. Sozusagen *prima vista* ist doch erkennbar, dass sich so gar kein *konsistentes Weltbild* ergibt; es ergibt sich anders argumentiert sogar eine *Aporie* - ein erster Blick auf die *Selbstbezüg-*   II f *lichkeit* der RT zeigt uns das: Hier *(L. deutet auf Abbildung 3b)* betrachtet Beobachter *A* etwa B_0 als Ereignis (neben anderen Ereignissen) als gleichzeitig-existent, Beobachter *B* hinwiederum das Ereignis *E* (neben anderen Ereignissen), usw. Fraglich ist nämlich, ob hier unsere Logik nicht doch eine *universelle, absolute* Gleichzeitigkeit für ihre Schlüsse voraussetzt und uns zu der eben kritisierten (Re-)Kombination *drängt*, gleichsam zu einem *transitiven* `Weiterhangeln' durch den Parmenidischen `Block', in dem Beobachter *A* auch *E* als `schon' existent begreift; wir haben allerdings nicht einmal *Begriffe*, um derartiges auszudrücken (*adäquat* wäre falsch, da es keine adäquatio *ad rem* gibt) - wir behelfen uns zu formulieren, alles existiere `gleichermaßen', `an sich', `effektiv' oder dergleichen - so wird das PBU jedenfalls *erzeugt*. Die *Selbstbezüglichkeit* der RT führt hier aber auf ein noch *tieferliegendes* Problem, wenn mit unserer bisherigen Argumentation die Beobachtersichtweisen von *A* und *B* als auf dreistelligen Relationen beruhend weder *transitiv*, noch *kommutativ* verknüpfbar sind - man könnte sagen, das *Leib-Seele-Problem* tritt abermals auf: *A* betrachtet in A_0 zwar etwa *B* in B_0 (als Ereignis B_0) als gleichzeitig-existent, *B* aber umgekehrt in B_0 nicht *A* in A_0 (als Ereignis A_0). Hier muss auch die *Logik* gleichsam auf *verschiedenen* Gleichzeitigkeits*ebenen* statthaben, auf denen Urteile jeweils wahr oder falsch sind...
E: Warum auch *nicht? A's* Urteil darüber, welche Ereignisse etwa in A_0 (in seiner Sicht) als gleichzeitig zu betrachten sind, gehört dann bereits der *Vergangenheit* an, wenn *B* in B_0 (in seiner Sicht) *sein* Urteil fällt...
L: Nun, mag dieser Gedanke auch naheliegen - genau *er* führt zur Aporie: B_0 ist nämlich nicht nur irgendein *Ereignis* - B_0 ist als der Ereigniskomplex `Mensch mit Bewusstsein, der urteilt' selbstbezüglich auch das von ihm gefällte Urteil *selbst*, wie er in diesem Moment `Gleichzeitigkeit' *denkt*: *B* ist dann (in B_0) sein Urteil (etwa über *E* oder *A*) *fällend*. Wenn man annimmt, dass *A* in A_0 (laut SRT) *zu recht* schließt, dass *B* dann (`jetzt') gleichzeitig-existent ist, und diesem Urteil *irgendein Wahrheitsgehalt* zukommt, schließt das nämlich das Urteil von *B* (der *ist* dann sein Urteil *fällend*) über *A* oder *E* mit *ein*: Die jeweiligen Existenzannahmen sollten sich also *doch* kommutativ auf *A* übertragen, wobei man direkt in einem Widerspruch landet bzw. transitiv auf *E*, wobei man wiederum beim *PBU*

landet - wir *wissen* nun allerdings, dass auch *dieser* (Re-)Kombinations-Schluss *Unsinn* ist. Die *eine* Argumentation besagt, dass wir *nicht* (re-)kombinieren dürfen, die *andere fordert* uns dazu *auf*...
E: Aber *B* erlangt von für ihn gegenwärtigen Ereignissen erst Kenntnis, wenn diese bereits *vergangen* sind...
L: Richtig, das tut aber nichts zur Sache, wenn es um `Wahrheit' geht: *A* nimmt etwa `jetzt' an, dass für *B* das-und-das der *Fall* ist, auch wenn ihm das dann (`jetzt') nicht *bekannt* ist - er hat zuvor bestimmte *Kenntnisse* von *B* erlangt, so dass er etwa für dieses `jetzt' urteilt: `Jetzt ist *B* so-und-so weit entfernt und seine Uhr zeigt die-und-die Zeigerstellung' und später schließt er dann aus ihm zur Kenntnis *gelangenden* Fakten, ob dies wahr oder falsch war als *dann vergangenes Urteil*...
B: Gut, das ist einsichtig...
L: A sagt sich in A_0: `Ich existiere jetzt im (als) Zustand A_0, in dem ich *denke*, dass *B* im (als) Zustand B_0' existiert und *B* ist (tatsächlich) im (als) Zustand B_0' - B_0 ist aber der Zustand, dass *B* den Gedanken hat oder B_0 *ist* dieser Gedanke, dass A_0 ein vergangener Zustand von *A* ist...'
B: Hm... Sie meinen: *A* als `Mensch mit Bewusstsein, der urteilt' nimmt an, dass *B* existiert und damit existiert sein (*B's*) Urteil als `Mensch mit Bewusstsein, der urteilt', dass *A nicht (mehr) existiert*... Also auch nicht sein Urteil, dass *B* existiert...
L: Richtig - wie beim `Kreter, der sagt, dass alle Kreter lügen' läuft die Aussage selbstbezüglich in sich als Widerspruch *zurück*...
N: Auch hier führt sich die RdG ad absurdum - *ein* Beobachter kann den *anderen* gar nicht *ernstnehmen*: Wie sollen *A* und *B* einander wechselseitig zugestehen, *auch richtige* Urteile über die Welt zu fällen? Man kann nicht einfach sagen, hier ergeben sich eben einige logische `Probleme' - hier zeigt sich, dass das *Raum-Zeit-Konzept* der RT *selbst* unsinnig ist, da sich schlicht die Selbstbezüglichkeit ergibt, dass wir naturphilosophisch auch unsere *Urteile* (`Gedanken') als Ereignisse *der* Welt und *in* der Welt betrachten müssen. Wir werden auch später noch darauf stoßen, dass man mit der RT die Urteile *aller anderen* Beobachter in egozentrischem Wahn *verwerfen* muss - ganz im Gegensatz dazu, dass die RT so gerne den `salomonischen' Passus `alle Beobachter haben recht' verwendet...
L: Wir urteilen nicht nur über sozusagen `tote' Ereignisse wie Uhren oder Supernovaexplosionen - wir schreiben auch *Menschen* mit ihren *jeweiligen Urteilen* zu, *existent* zu sein. Deutlicher wird das, wenn man sich selbst denkt: Ein anderer Beobachter schreibt uns genaugenommen nicht nur zu, `jetzt' *existent* zu sein als *Körper* (Ereigniskomplex), sondern `jetzt' haben oder sind wir *mit* unserem Körper *denkende* Wesen, die *Urteile* fällen, wir *sind* diese `Gedanken'. Die sind aber in ihrem *Wahrheitsgehalt* meistens (wenn es nicht etwa analytische oder ganz *spezielle* synthetische Urteile

sind) *zeitabhängig*, d.h., wenn wir einen Gedanken *haben*, ist er entweder *wahr* oder *falsch*. Es geht hier also nicht nur um die Welt als Gesamtheit des ontologisch-real Seienden, sondern auch um die Gesamtheit unserer *Urteile*, die wir darüber haben, die meistens *nicht zeitlos* wahr sind: Wenn A etwa urteilt `Jetzt ist B so-und-so weit entfernt und seine Uhr zeigt die-und-die Zeigerstellung´, ist das eben *nur* im Zeit- und Raumpunkt A_0 wahr - sonst ist der räumliche Abstand ein *anderer* und die Uhr zeigt *anderes* an; und dieses *Seins*- und *Urteils*-Gewebe muss man sich ineinander *verwoben* vorstellen...

N: B kann in B_0 den Gedanken in sich tragen (dieser sein), dass A in A_0 ein vergangener (nicht-existenter) Zustand der Welt ist, und das sollte *dann* entweder *wahr* oder *falsch* sein. A hat den Gedanken, dass B ist - wenn B ist, hat er den Gedanken, dass A nicht ist - das ist dann entweder wahr oder falsch - aber nach *welchem* `dann´? Man kann diese beiden Seins-Ebenen nicht *trennen*...

L: ...und so landet man in einer *Aporie*...

B: Nun gut: Gesetzt, der Schluss auf das PBU wäre tatsächlich *fehlerhaft* - wäre die RT und eine Heraklit´sche Welt des `WERDENs´ dann nicht miteinander *vereinbar*? Könnten `Raum´ und `Zeit´ nicht eine *Heraklit´sche* Welt aufspannen, in der sich Weltlinien *entwickeln* - in *Eigenzeit* und nicht in einer gemeinsamen *absoluten* Zeit?

N: Richtig ist, dass eine Heraklit´sche Welt zu denken nicht zwangsläufig bedeutet, eine absolute Zeit in *dem* Sinne zu denken, dass diese gleichsam alles Geschehen zentral `steuert´, *und so* Schicht um Schicht hervorbringt - man kann auch zunächst jedem *einzelnen* Ding an seinem jeweiligen `Ort´ zuschreiben, von einem Zustand in den nächsten überzugehen (was lediglich heißt `in einen *anderen*´), und *dann* erst schreibt man es der *Gesamtheit* der Dinge zu; gedacht unterliegt dem Ganzen aber dann die *gute alte* `absolute Zeit´...

L: Isaac...!

N: ...insofern jedes Ding stets in einem spezifischen Zustand ist und also die *Gesamtheit der Dinge* ebenso - alles hat eben in *einer* Realität statt, und diese Zustände hängen nicht von der *Beobachter*-Perspektive (hier ob der Bewegtheit) ab...

E: Aber *welcher* Zustand `hier´ korreliert mit *welchem* Zustand `dort´?

N: Jedenfalls korreliert nur *einer* `hier´ mit *einem* `dort´ - was wir auch immer davon *wissen* mögen...

L: ...und - wenn ich daran erinnern darf - völlig *unabhängig* davon, ob die RT selbst das PBU zwangsläufig *impliziert* oder *nicht*: Eine heraklitsche Welt des *`WERDENs´* mit einer nur *relativen* Gleichzeitigkeit ist ein *Widerspruch in sich* - das `WERDEN´ definiert (mit seiner `Frontwelle des zur-Existenz-Gelangens´) *selbst* eine *objektive* und *absolute* Gleichzeitigkeit.

Was wäre also naheliegender, als den Gedanken einer *gemeinsamen 'ordo successionis'*...

N: Gottfried...!

L: ...oder einer *gemeinsamen absoluten Zeit* - als unserem *Konstrukt* - auch auf die *Gesamtheit* aller seienden und evolvierenden Weltdinge und ihrer Relationen auszudehnen?

N: ...die Weltlinien *können* sich immer wieder schneiden, sie entwickeln sich doch nicht in irgendwie *separate* Welten hinein...

E: Welch' absurder Gedanke...

N: Eben, und damit stehen immer alle Entwicklungen in einer *spezifischen Zeit-Relation* zueinander, alle Entwicklungen haben in *einer* Realität und damit in *einer* Zeit statt...

L: ...und jedenfalls kann man es wohl nicht dabei *belassen*, zu sagen „auf dem Hintergrund der SRT wird es nicht *unmöglich*, an der Theorie der offenen Zukunft [- eines Heraklit'schen Präsentismus -] festzuhalten, ihre *Plausibilität* aber hat sie *eingebüßt*"[67] - wir müssen uns der Mühe unterziehen, die Theorie 'auf Herz und Nieren' zu prüfen, um den - wie zu befürchten steht - *Irrtum*, dass diese uns einen tiefen Einblick in das *wahre Wesen* von Raum und Zeit gewährt, *offenzulegen*...

N: Wie *tragfähig* sind nun eigentlich die *Grundlagen* der RT, wie *zwingend*   III a
ist ihre *Herleitung?* Räumen wir zunächst einen eher *harmlosen* Irrtum in
Zusammenhang mit der absoluten Gleichzeitigkeit aus: Es wird manchmal
argumentiert, man könne sich *klassisch*, etwa bei meiner *absoluten Zeit* -
allerdings ist dies für die `ordo successionis´ in Herrn L.´s *relationalem*
Raum-Zeit-Konzept im Grunde *ebenso* - gleichsam überall im Raum verteilte Uhren vorstellen, die *absolut synchron* laufen...
B: ...und die RT insistiert nun darauf, dass diese - wie Sie sagen - `*absolut synchronen*´ Uhren wenigstens *prinzipiell* ohne Widerspruch synchronisiert
werden *können* müssten. „In der [...][klassischen] Mechanik wird die Zeit
als etwas *Absolutes*[*] aufgefasst [...]: Zwei Beobachter werden *demselben*
Ereignis stets *denselben* Zeitpunkt zuordnen, unabhängig von Abstand und
Geschwindigkeit, die sie relativ zueinander haben. In dieser Vorstellung
steckt [aber] *implizit* die Annahme, dass sich Beobachter in jedem Moment
über Signale verständigen können, die sich mit *unendlicher* Geschwindigkeit - *instantan* - ausbreiten. Nach all unseren bisherigen Beobachtungen
gibt es aber keine größere Geschwindigkeit als die [...][des *Lichtes*]. Wenn
es tatsächlich in der Natur keine *unendlichen* Signalgeschwindigkeiten gibt,
ist die [...][klassische] Mechanik in ihren Grundfesten *erschüttert*"[68]...
N: Das *klingt* zwar zunächst plausibel, *ist* es aber nicht... Es mag sein, dass
in die klassische Mechanik die *zeitliche Ausbreitung* oder das `*zur-Wirkungkommen*´ von Kräften unzureichend eingewoben wurde - hier jedoch wird
unzutreffender Weise die Frage nach einer absoluten Gleichzeitigkeit an
jene der *Instantanität* von *Signalen* gekoppelt...
B: ...weil bekanntlich die Methode, alternativ Uhren an ihre verschiedenen
Orte im Raum zu *transportieren*, voraussetzt, dass dadurch ihr *Gang* und
damit ihre absolute *Synchronität*, so man diese hergestellt hat, *nicht beeinflusst* wird, was nun allerdings von der RT - etwa mit dem Hafele-Keating-Experiment (HKE) empirisch sogar untermauert - *angezweifelt* wird...
L: Nun gut, das sind aber eben zwei völlig verschiedene Methoden, die
direkt gar nichts miteinander zu *tun* haben - höchstens insofern, als dass
wir zunächst bei der *Signal*-Methode bleiben sollten, da mit dem HKE und
ob des bekannten logischen Zirkels die *Uhrentransport*-Methode mit dieser
zusammenhängt, ja, *an ihr* hängt, weil auch dabei nur der *Einweg*-Effekt
relevant ist, der *am* distanten Ort vorliegt, unser Urteil über den Gang und
die Zeigerstellung der *transportierten distanten* Uhr aber wiederum auf die
Signal-Methode *zurückführt*...
B: Richtig, man muss bekanntlich, um Ereignisse an distanten Orten als
`*gleichzeitig*´ mit Ereignissen vor Ort klassifizieren zu können, *an* diesen
distanten Orten schon synchrone Uhren *haben*. Man kann zwar eine Uhr
an einen distanten Ort *transportieren*, es ist aber fraglich, ob die Uhr nicht
gerade *dadurch* ihren Gang *ändert*, so dass man *dies* wiederum überprüfen

müsste - man gerät also in einen logischen *Zirkel:* Alternativ und schlussendlich kann man nur auf *Signale* zurückgreifen, um eine Uhr an einem distanten Ort zu synchronisieren...

E: ...was allerdings in *denselben* logischen Zirkel führt, denn man muss dann natürlich die *Laufzeiten* der Signale einberechnen. Dass dabei aber Licht auf dem Weg von *A* nach *B* die gleiche Zeit benötigt, wie umgekehrt von *B* nach *A* zurück, könnte man wiederum nur mit *bereits vorhandenen synchronisierten* Uhren in *A* und *B* überprüfen...

B: ...uns ist prinzipiell nur ermittelbar, wie sich Licht auf *geschlossenen* Wegen, also *hin und zurück* bewegt - und damit bleibt nur die schlichte *Festsetzung*, dass das Licht auf den Wegen *AB* und *BA* - als offensichtlich gleichbeschaffen - die gleiche Zeit benötigt[69], um diesem logischen Zirkel zu *entgehen*...

L: ...'*sofern* gleichbeschaffen' müsste man hier sagen, da uns Unterschiede vielleicht nur nicht *greifbar* sind und: '*sofern* wir empirischen Befunden zufolge heute *annehmen*'...

B: ...wie *stets* in unserem Erkenntnisbemühen...

L: ...nur, dass unsere Befunde zur Bewegung von Licht im Widerspruch zu *allen anderen* uns bekannten Arten von Bewegung stehen - mithin *wissen* wir hier nur um unser *Unwissen*...

N: ...und Sie entgehen dem Zirkel nur *pragmatisch*, denn *ontologischrealiter* ist diese Festsetzung - zumindest *BS-übergreifend* - völlig unsinnig und allemalen sinnvoll doch *keine willkürliche*... Nehmen wir nur dieses Beispiel: Angenommen, ich, auf dem Himmelkörper H_0, erleuchte mit einer Lichtquelle, die ich hin- und herschwenke, abwechselnd zwei gleich weit entfernte, relativ zu mir ruhende Himmelskörper H_1 und H_2, welche in entgegengesetzten Raumrichtungen liegen *(N. zeichnet Abbildung 6)*...

Wenn ich aufrund *meiner* Annahmen zur Lichtausbreitung in *meinem* BS schließe, dass beide Körper in einer bestimmten Reihenfolge erleuchtet werden, darf sich für andere, relativ zu mir bewegte Beobachter diese Reihenfolge nicht *verschieben* oder gar *umkehren* (wie es die Gleichzeitigkeits-Parallele $P_{x'}$ des BS x'/ct' anzeigt), wenn diese die Ausbreitung des Lichtes 'wirklich' korrekt berücksichtigen; das *bedeutet* nämlich - natürlich vorausgesetzt, *meine* Annahmen *seien korrekt*

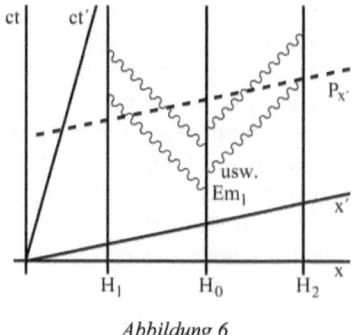

Abbildung 6

- im *Einklang* mit meinen Annahmen, das ist das *Kriterium für* die Korrektheit: Wenn ich annehme, dass das Licht auf beiden Wegen physikalisch-

ontologisch `wirklich´ dieselben *Ausbreitungsbedingungen* hat, kann ich einem anderen Beobachter etwas anderes ohne Widerspruch doch nicht zugestehen *wollen*, denn das *müsste* ich ja, wenn sich die Reihenfolge für ihn überhaupt umkehren *kann* - und es gibt keinen Grund, dies (*wenn* man es annimmt) nicht in einem *absoluten* Sinne anzunehmen und es ist gleichgültig, ob man das *feststellen* kann oder nicht...
E: Nun ja, ein Grund wäre eine *raumzeitliche* Ordnung unserer Welt...
N: Eigentlich nicht - selbst *dann* ist es widersprüchlich, etwa eine wirklich *isotrope* Ausbreitung des Lichtes in *allen* BS anzunehmen, wenn sich hier die Reihenfolge umkehren *können* soll. Sie streiten mit der RT schon den *Sinn* der Frage ab, ob Licht `wirklich´ in beiden Raumrichtungen *dieselben* Ausbreitungsbedingungen hat; ein anders bewegter Beobachter *darf* einfach *anderes* annehmen und etwa sagen, H_1 *entflieht* dem Licht, H_2 kommt ihm *entgegen;* dann ist aber eben Em_1H_1 *verlängert* und Em_2H_2 *verkürzt* und es liegen *nicht* dieselben Ausbreitungsbedingungen vor. Das ist für *Sie* eine sinnlose Frage - *uns* ist dann aber Frage, ob wir das auch so sehen *wollen:* Selbst die LK nützt da nichts, weil die in beiden Raumrichtungen ja *gleich* auftreten sollte. Sie leiten die RdG nicht einfach aus der (angeblichen) KdL und dem RP *her*, die KdL ist ohne die RdG völlig *inakzeptabel* - man kann sich von der RT überhaupt nicht *überzeugen* lassen, es führt überhaupt kein *logischer Weg* zu diesem System...
L: Insofern setzt die KdL die RdG schon *voraus*...
E: Nun, „zu den elementaren Gesetzen *führt* kein logischer Weg, sondern nur die auf Einfühlung in die Erfahrung sich stützende *Intuition*"[70]...
N: ...das heißt, man kann es nur ebenso betrachten *wollen* wie Sie - oder eben auch *nicht*... Für uns ist das konventionell legitimierte, etablierte *Esoterik* - anderen Beobachtern zuzugestehen, dass sie die Reihenfolge, in welcher diese Körper erleuchtet werden, *korrekt* als *andere* betrachten *dürfen*, ist schlicht und ergreifend *gleichbedeutend* damit, *nicht* dieselbe (*eine isotrope*) Lichtausbreitung für *alle* Beobachter anzunehmen und dass die KdL *unzutreffend* ist - selbst `raumzeitlich´ gedacht...
E: Nur, dass man nicht *feststellen* könnte, dass einer `mehr´ recht hat...
N: ...womit allerdings noch lange nicht *alle gleichermaßen* recht haben mit ihren Annahmen zur Lichtausbreitung... Bleiben wir jedoch zunächst bei der Verknüpfung von *Gleichzeitigkeit* und *Instantanität:* Eine instantane Ausbreitung von Körpern, Signalen oder Wirkungen ist nicht nur empirisch nie *beobachtet* worden (das Phänomen der quantenphysikalischen `Nicht-Lokalität´ bzw. `nicht-Separabilität´ hier noch außer Acht gelassen), sondern auch rein logisch-begrifflich gar nicht *fassbar*, es sei denn als nichtlokale `Koinzidenz des Verschwindens und Erscheinens ohne speziellen Weg´. Entscheidender ist aber wohl noch, dass man nach *klassischer* Physik etwa im Wellenmodell des Lichtes eine *unendlich starre Kopplung* der Oszilla-

toren annehmen müsste oder dass man im Korpuskelmodell ob der Trägheit eines Körpers - bekanntlich für mich eine *vis insita*, eine *eingepflanzte Kraft*[71] - eine *unendliche Energie* aufwenden müsste, um eine *instantane*, also *unendlich schnelle* Bewegung hervorzurufen...

B: Sie meinen also, derlei wäre eigentlich schon *klassisch auszuschließen* - das sei zugestanden...

L: Gut; und im Übrigen könnte, wenn Kräfte über *Felder* vermittelt werden, die Ausbreitung von Signalen bzw. die Übertragung von Kräften *auf* einen Körper auch durch Eigenschaften dieses *Feldes* begrenzt werden - diesen Argumentationsstrang hat man ja auch *vor* der SRT zur Erklärung der dann nur *scheinbaren* rMZ (etwa bei den Kaufmann'schen Experimenten) bemüht, dass der *Übertrag* von Feldkräften auf einen Körper *eingeschränkt* sein könnte; aber darum geht es hier nicht...

N: Eingeflochten sei auch, dass ich - entgegen manchen Unterstellungen - stets (auch für meine Gravitationstheorie) eine instantane, unvermittelte Fernwirkung als letztlich *undenkbar abgelehnt*[72], mich (dabei) an meinen Leitsatz „hypotheses non fingo" gehalten und für Kräfte angenommen hatte, dass diese `mit der Zeit' zur Wirkung kommen - ich hatte eine *Proportionalität*, keine *Identität* von causa (Kraft) und effectus (Bewegungsänderung) angenommen[73]...

L: Nun, das `causa aequat effectum'-Prinzip widerspricht dem nicht wirklich, aber auch *darum* geht es hier nicht...

N: Da man jedenfalls Instantanität auch *klassisch* (*begründet*) ablehnen muss, kommt man insofern mit *klassischer* Physik zu *denselben*, mithin nur *scheinbar* neuen Überlegungen zur kausalen Struktur der Welt, man kommt *ebenso* zu einem `Kausalitäts-Doppelkegel'...

L: Wieso `ebenso'? Ich darf einmal daran erinnern, dass mit dem PBU die Struktur der Welt für die RT ja überhaupt keine kausale *ist*, sondern nur als eine solche *erscheint* - Kausalität ist gewissermaßen nur `Folklore', ja, sogar *ihr gefährliche* Folklore... Davon abgesehen kommt man zu den aus dem *Licht*kegel sich ergebenden Überlegungen, die im klassischen, wie im relativistischen Sinne natürlich *zutreffend* sind - ich zeichne diesen hier einmal auf *(L. zeichnet Abbildung 7)*...

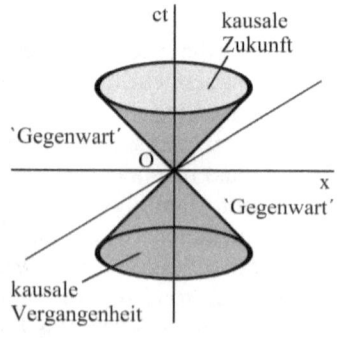

Abbildung 7

B: Nun, hier wird doch zum einen deutlich, dass Raum und Zeit mit der RT nicht irgendwie `vermischt' oder gar ineinander `verwandelt' werden - sie werden gewissermaßen ja sogar in den Begriffen `raumartig' und `zeitartig' *aufbewahrt* - und zum anderen, dass, wenn man eine Grenzgeschwindigkeit *annimmt* (für die RT ist das eben *c*), ein Ereignis in *O* nur von ´zeitartigen´ Ereignissen *innerhalb* des Vergangenheits-Lichtkegels oder ´lichtartigen´ *auf* diesem *beeinflusst* werden kann und umgekehrt, dass es nur ´zeitartige´ Ereignisse *innerhalb* des Zukunfts-Lichtkegels oder ´lichtartige´ *auf* diesem *selbst beeinflussen* kann. Die ´raumartigen´ Ereignisse der ´Gegenwart´ außerhalb des Doppelkegels können in keinem *kausalen* Zusammenhang mit diesem Ereignis stehen, weshalb sich *keine Widersprüche* ergeben, wenn Beobachter diese - und *nur* diese - mit der RT in ihrer zeitlichen Reihenfolge *vertauscht* sehen (können)...

N: Ob *das* eine vernünftige Annahme ist, ist *fraglich;* über den *Lichtkegel an sich* streiten wir aber gar nicht mit Ihnen - das wäre ein reines Scheingefecht, denn mit klassischer Physik kommt man zu *demselben* Ergebnis. Es ergibt sich ob der Frage der Instantanität *keine fundamentale* Diskrepanz zwischen dem relativistischen Raumzeit-Konzept und den klassischen Raum-Zeit-Konzepten; klassisch bleibt nur offen, *welche* Asymptote für Ausbreitungs- und Bewegungsgeschwindigkeiten zugrundezulegen ist. Ein Äther bietet sich als *Grund* für eine Grenzgeschwindigkeit geradezu *an* - und *mit* einem Äther wäre es *dieselbe* (eben *c*) und überdies sogar physikalisch *begründet*, nicht nur *postuliert* wie in der RT; doch selbst *ohne* Äther *ist* es eine Asymptote - *unerreichbar;* daher fällt ein klassischer Kausalkegel *ebensowenig* mit den Raumachsen zusammen, alle damit zusammenhängenden Überlegungen kann und muss man ebenso mit *klassischer* Physik anstellen...

B: Das ist wohl richtig...

N: Gesetzt nun, das MME hätte *doch* einen Äther nachgewiesen - es würde (könnte) dann eine von diesem abhängige Grenzgeschwindigkeit *geben*, aber *mit* diesem würde man bei der Synchronisation von Uhren die verschiedenen (Licht-)Signal-Laufzeiten einfach einberechnen *können* und es ergäbe sich *keine* (angebliche) RdG. Dies hat jedoch nichts mit dem Äther *selbst* zu tun, denn analog müsste man für ein *korpuskulares* Lichtmodell argumentieren, dass es realiter die gedacht unendlichen Energien und Beschleunigungen *nicht gibt*, dass man aber klassisch eine absolute Gleichzeitigkeit herstellen *könnte*, wenn man bei Synchronisationen schlicht und ergreifend die *Geschwindigkeiten* der Korpuskeln (mit vektorieller Addition) *berücksichtigen* würde. *Instantanität* ist mithin nicht *an sich selbst* eine *notwendige Voraussetzung* für die Realisation einer absoluten Gleichzeitigkeit, wie Ihre Formulierung *nahelegen* möchte und wie unbedacht kolportiert wird - *nicht-instantane* Signale wären völlig *ausreichend*, wenn man über deren *Laufzeiten* die Beobachter-Sichtweisen bei Uhren-Synchronisationen *vereindeutigen* könnte - *insofern* läuft das ´Instantanitäts-Argument´ also schon einmal ins *Leere*...

III b *B:* So betrachtet - *ja*... Wenn Sie gestatten, setze ich ein *zweites* Mal an: Eine absolute Gleichzeitigkeit ließe sich herstellen, wenn man bei Synchronisationen die (Licht-)Signallaufzeiten *einberechnen* könnte; das ist allerdings gerade das *Problem:* Das Dilemma, in das die Elektrodynamik zu Anfang des Jahrhunderts geraten war, ergibt sich über zwei Argumentationswege, die allerdings eng zusammenhängen: Zum *einen* kann man direkt bei den Kovarianzeigenschaften der Maxwellschen Gleichungen ansetzen und behaupten, dass sich schon mit diesen die beiden Axiome der RT, das (Einstein'sche) RP und die KdL *ergeben* würden...

E: ...aus den empirisch gut bewährten *Maxwell'schen Gleichungen* konnte und kann man nämlich schließen, dass sich elektromagnetische Wellen *im Raum* (im Vakuum) mit der Geschwindigkeit c ausbreiten müssten; dies lässt sich aus den in ihnen enthaltenen Naturkonstanten, der elektrischen Feldkonstante ε_0 und der magnetischen Feldkonstante μ_0 über $c=\sqrt{\varepsilon_0\mu_0}$ herleiten...

N: ...und dann stellte sich die Frage, *worauf* - auf welchen *Bezugskörper* - man den Wert c überhaupt *beziehen* soll. Das schien bei den empirischen Messungen von Fizeau oder Foucault noch *unproblematisch*, eingedenk, dass dabei von der *Zweiweg*-Geschwindigkeit die Rede war, und es *uns* bei der Frage nach der Synchronität von Uhren nur um die *Einweg*-Geschwindigkeit gehen kann - *wann* wird die distante Uhr in *Gang* gesetzt. Und der erwähnte Zirkel schließt ja ein, dass eine Relativbewegung gegenüber der Ausbreitung von Licht *nur messbar* ist, wenn auch noch Geschwindigkeitsdifferenzen von *Größen 2. Ordnung* erfasst werden, ansonsten würde man bei *Zweiweg*-Geschwindigkeits-Messungen nichts anderes als den Wert c finden *können*. Den Argumentationsweg über die Kovarianzeigenschaften werden wir später noch genauer anhand der beiden Axiome der RT verfolgen...

B: Und zum *anderen* kann man bei den bereits erwähnten Experimenteklassen MME und BBE ansetzen - dabei geht es *ebenso* um die Frage der Bezugsinstanz für c. Es schien zunächst naheliegend, mit der *Wellen*theorie des Lichtes ein Ausbreitungs*medium* anzunehmen, das Bezugsinstanz für den Wert c ist...

N: ...wenngleich dieser *dualistisch* eine *korpuskulare* Theorie des Lichtes *komplementär* ist, und die habe nicht nur *ich* dazumalen gegen Huygens verfochten, sondern Herr E. hat sie in gewisser Hinsicht *selbst* mit seiner Annahme von Lichtquanten (Photonen) *wiederbelebt*...

E: In gewissem Sinne schon, aber die Versuche von Fresnel und Fizeau oder das Young'sche Doppelspaltexperiment, generell die Interferenz- und Polarisationsfähigkeit von Licht und desweiteren, dass der Äther als vermittelnder Träger des elektromagnetischen Feldes fungieren konnte - *so* begriff es *Maxwell* - sprachen zu dieser Zeit noch mehr für die *Wellen*-

theorie, während die neu belebte Korpuskeltheorie noch eine nur *heuristische Annahme* war...

N: Die Befundlage war *komplex* und *widersprüchlich:* Fizeau untersuchte (*1851*) die Lichtgeschwindigkeit in strömenden Medien; diese fand er zwar in bewegtem Wasser *erhöht*, allerdings *weniger*, als eine *vollständige* Mitführung eines Äthers ergeben hätte. Fresnel und Young verhalfen mit ihren Beugungs- und Interferenzversuchen der Wellentheorie des Lichtes dann zum Durchbruch - beim Young'schen Doppelspaltexperiment zeigt sich aber (heute) bereits der Welle-Teilchen-*Dualismus:* Sendet man Licht durch einen Schirm mit zwei Spalten, entsteht auf einem dahinterliegenden Schirm durch konstruktive und destruktive Interferenz ein *Beugungsmuster* aus hellen und dunklen Streifen, welches den *Wellencharakter* des Lichtes zeigt. Dem *Korpuskelcharakter* des Lichtes gemäß aber - der sich später in Masse und Impuls der Photonen beim Compton-Effekt zeigte (bei dem ja die Photon-Elektron-Wechselwirkung als unelastischer Stoß behandelt wird) - lassen sich an *einem* Spalt zwar eindeutig *einzelne Teilchen* nachweisen (wie sich auch etwa beim Photo-Effekt eine Quantisierung des Lichtaustausches zwischen Licht und Materie zeigte, die dann über das Planck'sche Wirkungsquantum h ja zur *Photonentheorie* führte), verringert man aber die Intensität des Lichtes so, dass mutmaßlich nur jeweils *ein* Photon (ebenso etwa für *ein Elektron)* zur Zeit den Spalt passiert, ergibt sich in summa schlussendlich *dennoch* das Beugungsmuster. Aber diese Fragen, die - wohlgemerkt erst *später* (*1925/1926*) - zur QT geführt haben, lassen sich hier nicht entwirren[74]; allemalen zu kurz würde es greifen, nun zu sagen, die *Wellen*theorie erfasse vornehmlich die räumliche *Ausbreitung* von Licht, die *Korpuskular*theorie hingegen die *Wechselwirkung* von Licht mit *Materie;* und allemalen gibt es eine schillernde *Fülle* empirischer Phänomene und Experimente, die man 'unter einen Hut bekommen' muss...

E: So ist es... Die Frage der *Bezugsinstanz* der Lichtgeschwindigkeit ließ sich mit den Befunden des MME und BBE jedenfalls nur *widersprüchlich* beantworten[75]: Das Experiment von Michelson und Morley (*1887*) untersucht allgemein den Einfluss von Bewegung in einem angenommenen *Lichtmedium* auf die Lichtlaufzeiten: Der Strahl einer Lichtquelle wird in zwei zueinander senkrecht verlaufende *Teil*strahlen aufgespalten, die (im Prinzip) jeweils an einem Spiegel reflektiert und schließlich wieder *vereinigt* werden. Mit Hilfe eines Interferometers kann die Phasendifferenz und mithin die *Relation* der *Lichtlaufzeiten* der beiden Teilstrahlen erfasst werden, da deren Wellenzüge durch konstruktive oder destruktive Überlagerung ein bestimmtes *Interferenzmuster* bilden - wenn sich Licht als *Welle* in einem *Medium* (dem berühmt-berüchtigten 'Äther') ausbreitet, müsste sich die Erdgeschwindigkeit relativ zu diesem auf die Laufzeiten der beiden Lichtstrahlen unterschiedlich additiv *auswirken*, weil die Versuchsapparatur dem Licht *entgegeneilt* bzw. diesem *entflieht*, was eine *Veränderung* des Interferenzmusters bewirken müsste, wenn die Versuchsapparatur manuell bzw. durch die Erdbewegung selbst *gedreht* wird. Die Laufzeit in *longitudinaler* Richtung unterscheidet sich theoretisch von jener in *transversaler* Richtung um den (Lorentz-)Faktor $\sqrt{1-v^2/c^2}$. Es kam aber praktisch *nicht* zu einer signifikanten Veränderung des Interferenzmusters, auch als man späterhin den Versuch mit stets höherer Genauigkeit *wiederholt* hat...

B: Ja. Das Experiment von Babcock und Bergmann (*1964*) hinwiederum untersucht den Einfluss der Bewegung einer *Lichtquelle* auf die Lichtlaufzeiten und mithin das klassische *Additionstheorem:* Der Strahl einer Lichtquelle wird wiederum in zwei *Teil*strahlen aufgespalten; diese werden in entgegengesetzter Richtung durch bzw. zu zwei dünnen Glasscheiben gesandt, die auf einer rotierenden Scheibe montiert sind. Aufgrund des Extinktionstheorems begreift man diese als sekundäre *bewegte* Lichtquellen, die das Licht zunächst *absorbieren* und dann wieder *emittieren.* Auch hier werden die Teilstrahlen schließlich wieder *vereinigt* und mit Hilfe eines Interferometers die Phasendifferenz und mithin die *Relation* der *Lichtlaufzeiten* der beiden Teilstrahlen erfasst, die hier von der *Rotationsgeschwindigkeit* der *Scheibe* abhängen sollte, weil das Licht als *Korpuskel* theoretisch in der einen Richtung eine Geschwindigkeits*erhöhung*, in der anderen eine Geschwindigkeits*erniedrigung* erfahren müsste. Es kommt aber praktisch *ebenso nicht* zu einer signifikanten Veränderung des Interferenzmusters. Dass Doppelsterne, die sich einmal auf uns *zu*, einmal von uns *fort* bewegen, ohne 'Wellensalat' beobachtbar sind, fällt ebenso in diese Phänomenklasse, insofern es zeigt, dass sich die Lichtgeschwindigkeit c und die Geschwindigkeit v einer Lichtquelle offenbar *nicht klassisch addieren...*

E: Die MME-Klasse könnte man nun leicht mit der *korpuskularen* Theorie erklären, denn bestünde Licht aus kleinen Körperchen (Photonen), wäre das klassische *Additionstheorem* der Geschwindigkeiten hier anwendbar: Ihre eigene Geschwindigkeit und jene der Versuchsapparatur (im Raum) würden sich vektoriell *addieren* und das Ergebnis wäre *erklärbar...*

N: Sofern wir eine *Mitführung* des Äthers durch die Erde ausschließen (die auch noch als *möglich* einzugedenken wäre) und insofern wir uns allemalen aufgrund der Drehung der Erde um sich selbst und um die Sonne nicht als *permanent* im Äther *ruhend* betrachten können, scheint sich zu zeigen, dass Licht sich so ausbreitet, *als ob* es aus Korpuskeln bestehen würde und also *jeder* Beobachter für die Lichtgeschwindigkeit c finden wird; man würde den 'Raum' immer *isotrop* finden...

L: ...und c wäre dann relativ zum emittierenden Körper in dessen *jeweiligem* (*insofern* in *jedem*) BS konstant...

N: Die BBE-Klasse scheint aber zu zeigen, dass die Lichtgeschwindigkeit *unabhängig* von der Bewegung der Lichtquelle ist, so *als ob* Licht eine Welle im Äther wäre - wir können die Erklärung des MME mithin nicht akzeptieren, da sie der BBE-Klasse widerspricht, nach der Licht sich *unabhängig* von der *Bewegung* der *Quelle* ausbreitet...
B: ...*das* wiederum könnte man aber mit der *Wellen*theorie erklären, denn wenn sich Licht als Zustand eines *Mediums* ausbreiten würde, würde sich die Bewegung der Lichtquelle natürlich auf die Licht*geschwindigkeit* (relativ zu diesem) nicht auswirken (nur auf die Frequenz)...
L: ...und c wäre dann nur konstant im Äther als Medium, *nur* in *dem* BS, in dem dieser *ruht*...
B: Insgesamt gewahren wir also, dass wir Licht *nicht begreifen* und dass sich die MME- und BBE-Klasse bzw. deren Deutungen mit den klassischen Vorstellungen *widersprechen* - *das* ist das Problem, nicht das MME *allein*, wie es oft dargestellt wird... Diese (zunächst) nicht klärbare Frage nach der Bezugsinstanz verquickte sich nun mit dem *RP:* Das Galilei′sche RP war bekanntlich (und ist immer noch) grundlegend für die Mechanik: Mit keinem Experiment lässt sich nachweisen, ob ein inertiales BS - die sollen ja immer in der SRT gemeint sein, auch wenn wir das einmal zu erwähnen vergessen - `absolut´ in Ruhe oder Bewegung befindlich ist; in der Tat ist strenggenommen der *Sinn* von `absolut´ überhaupt nicht *angebbar*, da nur das Auftreten von *Trägheitskräften* eine solche Unterscheidung zuließe, die aber können in einem *inertialen* BS *per definitionem* nicht auftreten. Damit ist es aber „sinnlos [...], einen bestimmten Ort im absoluten Raum als etwas *Wirkliches* im Sinne der Physik anzuerkennen, denn es gibt kein mechanisches Mittel einen Ort im absoluten Raum zu *fixieren* oder *wiederzufinden*"[76]...
N: ...womit wir zu dem schwierigen Begriff `Ort´ kommen - nach langen Disputen mit Herrn L. weiß ich, was *er* mit einer *grob ähnlichen* Aussage dazumalen gemeint hätte - was es aber bedeuten könnte, die fundamentale Realkategorie der Welt `Ort´ umgekehrt als etwas `*Unwirkliches im Sinne der Physik´* zu begreifen, entzieht sich meinem *Verständnis* - ich möchte den Gedankengang aber nicht unterbrechen, zumal ich Ihnen hinsichtlich des hier wohl einzig entscheidenden Aspektes *zustimme*, dass man einen *spezifischen* `*Ort im Laufe der Zeit´* wohl *tatsächlich* nicht fixieren und wiederfinden kann: Hat sich die Relation der Weltdinge im Laufe der Zeit geändert, ist es anscheinend *relativ* - soll hier heißen *beliebig* - welchen Bezugskörper man dafür als ruhend (fix) denkt...
B: Gut; die elektrodynamischen Gesetze schienen in ihrer Formulierung jedoch *anderes* nahezulegen, insofern nämlich ein Ausbreitungs*medium* elektromagnetischer Wellen anzunehmen war: Hinsichtlich dieses `Äthers´ gelangte man aber, ganz davon abgesehen, dass man ihm widerstreitende

Eigenschaften zuschreiben musste, da er *nicht nachweisbar* war (und ist), in eben dieselbe Lage wie beim `Ort´ im Raum, dass nämlich auch „eine bestimmte Stelle im Äther nichts physikalisch *Wirkliches* ist"[77] - diese *leere Vorstellung* wurde daher ganz *aufgegeben*...

III c N: ...und das *klingt* zwar zunächst *wiederum* plausibel, *ist* es aber *wiederum* nicht... Lassen Sie mich zunächst anmerken, dass es ganz unsinnig ist, den *Äther* mit meinem `*absoluten Raum*´ zu *identifizieren*, wie es oft geschieht, schlicht, da man diesen, als ein `etwas´ *im* Raum - wie jedes Medium oder `etwas´ - auch *inhomogen, anisotrop* oder in `innerer´ relativer *Bewegung* seiner Teile (etwa bei einem erdgebundenen Äther) *finden könnte*, welche man dann als *Bewegung* des `absoluten Raumes´ in einem *weiteren* (absoluten) Raum deuten müsste - man käme mithin zu einem absonderlichen Raum-im-Raum-*Kategoriengemenge*...

L: So für *dein* Konzept formuliert, Isaac, das `im´ wäre für mein Konzept natürlich *anders* zu fassen - der Raum ist nicht ein `etwas´, für mich ist er eine Ordnung, eine Denk- und Real*kategorie*[78], der *Äther* hingegen schon, er ist gleichsam ein `*Ding*´ im allerweitesten Sinne, das für mich dann (erst) einen Raum `aufspannt´...

N: *Mit* einem Äther könnte man zwar alle *relativen* Bezugspunkte, also die Körper im Raum, durch diesen einvernehmlich *ersetzen*, jedenfalls so man keine *innere* Bewegung des Äthers fände; man hätte allerdings damit keine *absoluten* Bezugspunkte, denn im Grunde ist das ja nur ein *quantitativer*, nicht *qualitativer* Unterschied, weil der Äther eben *auch* ein `etwas´, ein `*Ding*´ im Raum ist - übrigens ebenso wie heute die *3K*-Hintergrundstrahlung. Äther und Raum sind mithin *zweierlei* (kategorial) und man spricht hier *nicht* von meinem `absoluten Raum´...

L: Eben darum deucht mich ja der Begriff `absolut´ so ganz *undefiniert*... Selbst bei Rotationsbewegungen kommt man *kinematisch* nur zu einem *quantitativen* Argument: Auch dabei muss man den *Bezug* angeben, weil sich in einem *mitrotierenden* BS ja keine *Veränderungen* ergeben...

N: ...womit man allerdings beim Mach´schen Prinzip *in* diesem BS etwa für die ruhend gedachte Erde zu der Zumutung kommt, dass *alle* Fixsterne umher mit unglaublichen Geschwindigkeiten und Energien *bewegt* sein sollen...

L: Richtig, und eben das meinte ich mit `ein *kinematisch* nur *quantitatives* Argument´ - man sagt nichts über den *Raum* als Ordnung der Weltdinge: Auch wenn wir das alle *nicht* glauben und es uns ob der dabei obwaltenden Kräfte *absurd* erscheint - Gott *könnte* die Welt auch *so* geschaffen haben. Von der Rotation eines Körpers im *leeren* Raum zu sprechen, macht *ohne* Bezugskörper keinen Sinn und *mit* Bezugskörper kann auch *dieser* bewegt sein. Die fernen Massen müssen beim Mach´schen Prinzip in *irgendeiner* Weise auch am Ort des rotierenden Körpers `anwesend´ sein (natürlich nicht im materiellen Sinne), sie müssen *dort* etwas *verändern*, und damit

hat man wiederum eine *relative* Bezugsinstanz. Wenn man sich etwa - mit diesem zu Kräften alternativen Modell - das 'Muster' und die Wechselwirkung virtueller und reeller Teilchen in der Umgebung des rotierenden Körpers *verändert* denkt, ist das ein Bild, das jenem der ART recht *nahe* kommt, dem Raum scheint damit eine *Gestalt* 'aufgeprägt' zu sein - er ist aber *nicht selbst* verändert: Man müsste hier dem *Seienden* 'im' Raum die Veränderung zusprechen, nur so vermeidet man einen *Kategorienfehler*... Selbst wenn *alles* Seiende *Zustand* eines (quantenphysikalischen) Äthers wäre, ist 'Raum' *die* Denk- und Realkategorie, innerhalb derer man auch diesen ganzen Äther wiederum bewegt denken *kann*...
N: Moment, du sagst doch *selbst*, *alles* bewegt zu denken, sei *sinnlos*[79] - was ich sogar *zugestehe*...
L: Ich verwende hier ja *deine* Begriffe - für mich sind die Dinge *nicht* 'im' Raum - sie konstituieren selbst den Raum als Ordnung der Weltdinge; in deine Begriffe gefasst muss man sagen: *Keine* Bezugsinstanz anzugeben (oder zu denken) ist *sinnlos* - jede Bezugsinstanz aber, die man angeben *kann*, ist *selbst Seiendes* 'im' Raum und kann *selbst* bewegt sein (so gedacht werden). Absolute Bewegung an den empirisch gegebenen Körpern und deren Bewegungen festmachen zu wollen, bedeutet eine *fundamentlose Hierarchie* begründen zu wollen... Wenn wir den Raum als Ordnung der Dinge und als reine Möglichkeit dieser Ordnung begreifen, ist der Raum *nichts Seiendes*, zu dem man eine Relation angeben *könnte*. Für den Äther als etwas allemalen wohl *nicht*-Materiellem kann das allerdings ebenso sein - jedenfalls aber sind Äther und absoluter Raum *zweierlei*... Denkökonomisch wäre ein Äther allerdings das beste überhaupt nur findbare 'als ob' - zumal wir noch sehen werden, dass alle *relativen* Bezugspunkte letztlich nur zu *redundanten* Beschreibungen führen, die man gedacht durch *eine* 'absolute' ersetzen kann...
N: Ja, aber lassen wir das erst einmal auf sich *beruhen*, Gottfried...
E: Die Annahme eines Äthers ist jedenfalls einfach *überflüssig*[80]...   III d₁
L: Aber die Annahme eines Äthers ist doch *insofern nicht* überflüssig, als dass die Wellentheorie des Lichtes *ohne jedes Medium, das* sich 'wellt', gelinde gesagt *weniger konsistent* wird, ja, macht es, überhaupt dualistisch (wenn nicht gar vorrangig) die Wellentheorie *bemühen* zu müssen, nicht vor der Hand *inkonsistent*, den Äther einfach 'abzuschaffen'?
B: Ja, aber andererseits „[ginge] die Behauptung, im leeren Raum seien *feststellbare* Schwingungen vorhanden, [...] über jede mögliche Erfahrung [doch] *hinaus*"[81]...
N: Schwingungs*knoten* und *-bäuche* von *stehenden* elektromagnetischen Wellen, mithin also deren *räumliche Ausdehnung* und *Struktur* kann man mit einer Feld-Indikatorlampe ganz *einfach* nachweisen; widerspricht nicht schon das *Ausrichten* einer *Radioantenne* dieser Ansicht? Widerspricht dem

nicht schon jeder *quantenphysikalische Versuch*, bei dem man Quantenobjekte - hier in Sonderheit Photonen - in Bereichen, wo sich vollständige destruktive Interferenz ergibt, statistisch *niemals* nachweist, wo statistisch *niemals* ein `Wellenkollaps´ statthat? Man muss seinen Blick schon *sehr* verengen, um *anderes* zu behaupten...

B: Mag sein... Aber ebenso wie uns auch `Felder´ prinzipiell nur in ihrer Wirkung auf *Dinge* gegeben sind und nicht `an sich´, sind uns bei Licht doch nur die *Emissions-* und *Absorptionsereignisse* an *Dingen* gegeben - *nicht* dessen *Bewegung* von *A* nach *B* selbst[82]...

L: Ich erinnere Sie später gerne bei der `Lichtuhr´ daran... Im Grunde heißt das aber nur, dass wir bei Licht gar nicht wissen, wovon wir *sprechen* - ganz zu schweigen davon, dass Licht für die RT ein `etwas´ ist, das in *seinem* BS (als Grenzwertbetrachtung) in einer unendlich-dilatadierten Zeit eine räumliche *Null*-Distanz zurücklegen soll...

N: ...so betrachtet wäre es die *aller-rätselhafteste Fernwirkung überhaupt*, ja, man könnte sogar ketzerisch fragen, *ob* Licht überhaupt etwas *ist, das* sich ausbreitet...

E: Nun, „für *Über*lichtgeschwindigkeiten werden [...] die Überlegungen [der RT] *sinnlos*" - das hatte ich immer *eingeräumt* und so ist es schon für den *Grenzwert selbst;* allerdings spielt „die Lichtgeschwindigkeit [...][in der RT ja] physikalisch die Rolle unendlich großer Geschwindigkeit"[83]...

N: ...`einer *unendlich großen* Geschwindigkeit mit *endlichem Wert*´ müssten Sie absurderweise sagen - was immer dergleichen in einem Raum-Zeit-Konzept zu *suchen* hat, aber dazu später...

L: Überdies sagen Sie damit *wiederum* nur dasselbe: Für dieses `etwas´ (`Licht´), gelten die gewöhnlichen Bewegungsgesetze *unerklärlicherweise nicht;* wenn *c* tatsächlich die Grenzgeschwindigkeit des Kosmos ist, scheint mir das nur die *Lorentz´sche* RT durchsichtig zu machen, man *kann* es gar nicht sinnvoll auf *Raum* und *Zeit* zurückführen...

B: So sagen *Sie* - wir denken, wir sollten einen neuen *Abstraktionsschritt* wagen und „nur das durch die Erfahrung direkt *Gegebene* als Baustein der physikalischen Welt gelten [...] lassen, unter Ausmerzung aller *überflüssigen* Bilder und Analogien, die einem Zustand primitiverer und roherer Erfahrung entstammen"[84]...

L: Sie scherzen *nicht*, nicht wahr? Sind uns etwa empirisch das *PBU* oder *raumzeitliche Abstände* oder auch nur die *KdL* (in ihrem Sinne: für *alle* Beobachter für *ein-und-denselben* Lichtstrahl) gegeben? Die RT *schafft* mit ihren relativen räumlichen und zeitlichen Urteilen doch gerade erst `überflüssige Bilder und Analogien´ - sehen Sie diesen `Balken in Ihrem Auge´ denn nicht?

N: Und allemalen ist das alles ja reiner *Euphemismus* - Sie sprechen *selbst* von einem `Neuen Äther´...

E: Ja, allerdings aus anderen *Gründen* - „den Äther [zu] leugnen bedeutet letzten Endes an[zu]nehmen, dass dem leeren Raume *keinerlei* physikalische *Eigenschaften* zukomme. Mit dieser Auffassung stehen [aber doch] die fundamentalen Tatsachen der Mechanik nicht im Einklang [wie man etwa beim Newtonschen Eimerexperiment sieht, das man nicht system*intern* erklären kann, und so man das Mach'sche Prinzip nicht auf *Fernwirkungen* gründen will]"[85]...
N: Nichts kann da *wirken*, wo es nicht (in irgendeiner Weise) *ist*...
E: ...und überdies unterscheidet sich dieser 'Neue Äther' ganz wesentlich vom *früheren* Ätherbegriff - er steht im Grunde für den mit der Materie *wechselwirkenden* 'Raum', aber in einem sozusagen *immateriellen* Sinne, so dass man ihm selbst keinen *Bewegungszustand* zuordnen kann...
N: Eben, der 'Äther' wird nun also lediglich 'RZK' oder 'Vakuum' *genannt*, während die zugegebenermaßen rätselhaften, konstruiert-hypothetischen *Attribute* des Äthers auf *diese* Begriffe bzw. Dinge als *deren* physikalische, strukturelle oder ontologische Eigenschaften implizit *übergehen*. Während also der Äther *ent*substanzialisiert und schließlich (scheinbar) *abgeschafft* wird, werden Raum und Zeit - vereint zur Raumzeit - oder das Vakuum, das ehedem für die *eigenschaftslose Leere* stand, umgekehrt *substanzialisiert* oder *reifiziert;* deutlich *erhalten* bleibt dabei allerdings das *einzige* Attribut, das jemals *nicht* rätselhaft war, nämlich, dass der Wert *c* konstant 'gehalten' wird - aber nunmehr *unerklärt* als reines *Postulat*...
E: Das *ist* einfach eine Eigenschaft der Raumzeit bzw. des Vakuums...
L: Das heißt, die RT *begründet* den Wert *c* nicht mehr physikalisch, sondern *postuliert* ihn nur, als trüge Licht gleichsam 'das axiomatische Gesetzbuch der RT' bei sich, an das es sich *hält*. Und auch dabei muss man in Frage stellen, ob die RT damit überhaupt etwas *anderes* sagt - es scheint eher so zu sein, dass sie, obwohl sie *statt* dem Äther nur *anderen* (dann und damit[!]) Entitäten *dessen* Attribute zuschreibt, glaubt, *deren ursprüngliche Eigenschaftslosigkeit* etwa als *Ordnungen* oder als Real*kategorien* bzw. als 'die Leere' erhalte sich irgendwie und *entbinde* nun von jeder weiteren Notwendigkeit einer *Erklärung*...
E: Es ist doch ganz einfach: „Die Substanz [']*Äther*['] [...] erwies sich als *unnötig* und konnte aus der Physik einfach *gestrichen* werden. Denn da alle [inertialen] Bezugssysteme [...] für die Beschreibung in der Natur *äquivalent* sind, hat die Aussage keinen *Sinn* mehr, dass es eine Substanz [']Äther['] gebe, die in einem bestimmten dieser Bezugssysteme in *Ruhe* sei. Tatsächlich wird eine solche Substanz nicht mehr *gebraucht* und es ist viel einfacher zu sagen, dass Lichtwellen sich im *leeren Raum* fortpflanzen und dass elektromagnetische Felder ihre *eigene Realität* besitzen und [auch] im leeren Raum vorkommen können"[86]...
N: Das klingt zunächst einleuchtend, man wagt nicht zu widersprechen -

in einem kleinen Satz wird geschickt das RP und die Äquivalenz von BS unmerklich *umgedeutet* - dazu kommen wir später - und der Äther falsch begründet *abgeschafft*. Der Äther wird aber implizit mit dem absoluten Raum *identifiziert*, denn hier wird argumentiert, als ob man ihn bräuchte, *weil* BS *nicht äquivalent* wären, als Bezugspunkt absoluter Ruhe oder Bewegung - es ist aber doch so, dass man ihn aufgrund der (auch) *Welleneigenschaften* des *Lichtes* braucht, die sich etwa in der *Interferenz-* und *Polarisationsfähigkeit* zeigen, die man eben nur mit einem *Wellenmodell* erklären kann; ja, umgekehrt kann man gerade *mit* der RT weiter einen *Äther* bzw. eine *Verankerung* der Lichtausbreitung *im Raum* annehmen...
L: ...was *dasselbe* bedeutet...
N: ...das ist ihr verborgener, nachträglich verleugneter *Sinn* - was wollte man *ohne* Äther mit der *RT*?
E: Nun, wenn man es *so* wendet...
L: Und wie können Sie der `Raumzeit' oder dem `Vakuum' zuschreiben, die Konstanz von *c* zu gewährleisten, und im selben Atemzuge beim Äther anmahnen, man müsse für ihn *widerstreitende Attribute* annehmen?! Sie führen die widersprüchlichen Eigenschaften eines Äther an[87] - die bleiben aber im Grunde *bestehen:* Wenn man einen Äther *verwirft*, ist ja bezüglich der Welleneigenschaften oder der Grenzgeschwindigkeit überhaupt nichts *erklärt*, ja, sogar der Versuch der Erklärung *aufgegeben*. Dann könnte man für den Äther ja *ebenso* einfach sagen `das-und-das *ist* einfach eine Eigenschaft des Äthers', ohne jede weitere Erklärung. Sie messen mit verschiedenerlei Maß - aus *meiner* Sicht kritisieren sie zwar Herrn N.'s absoluten Raum, machen dann aber gewissermaßen *dasselbe* wie er, indem Sie Raum und Zeit - selbst ehedem eigenschaftslos, da kategorial *keine* (dinghaften) Entitäten -, zu Entitäten *machen*, denen man dann *Eigenschaften* zuschreiben muss, gleichsam in `kategorialer Verklärung'...
N: ..aber dazu, als *was* wir Licht nun *begreifen* sollen - Welle, Korpuskel, beides oder weder noch - trägt die RT rein gar nichts *bei*... Und wir sollten bedenken, dass etwa Maxwell `*Felder'* ja zunächst als komplexe Systeme *molekularer Wirbel* begriff[88] und vor *diesem Hintergrund* stellte er seine Gleichungen auf, über deren Kovarianz-Eigenschaften wir letztlich streiten - im Grunde ist der `Äther' im Lichte des quantenphysikalischen Vakuums heute nur *unpassend konnotiert*, ja, gleichsam ein `verbrannter Begriff'...
B: Ja, aber auch `*Felder'* sehen wir *heute* doch etwas *anders*...
N: Nun, jedenfalls begnügen wir uns *nicht* mit einer rein phänomenalen Natur*beschreibung* - *täten* wir das, würden wir *nur* von dem, was etwa Probekörper in einem Feld machen, *nur* von Eisenfeilspänen, die sich rätselhafter Weise in einem magnetischen Feld auf bestimmte Weise entlang der Feldlinien ausrichten, sprechen (können)... Wenn uns bei Spule und Magnet die Felder *sichtbar* wären, etwa als Muster von virtuellen kräfte-

tragenden Teilchen, *bräuchte* man die ganze RT nicht - die GT wären gültig, *weil* man das quasi-mechanische Naturgeschehen *sähe*. Wir ersinnen stattdessen *mit* dem Feld ein *Modell* dessen, was *hinter* den Beobachtungen stehen könnte, hinter dem 'mehr als nichts, aber weniger als etwas' - ein kausal wirksames 'etwas'...
L: ...das es mit dem PBU natürlich nicht mehr gibt...
N: ...und wir hoffen mit diesem Kausalnexus zumindest eine partielle Isomorphie zwischen diesem *'als ob'-Modell* und dem *'an sich'-Geschehen* in die Hände zu bekommen... Eigentlich müssten wir auch *Hertz'* Position hierzu hören, was aber wohl zu weit führt...
B: Das ist schon richtig, heute wird dieses 'als ob' aber rein *mathematisch-abstrakt* gefasst und aller *Konkretheit* bewusst 'entkleidet'...
L: Aber dies gleichsam bis zur mathematischen *'Nacktheit'* fortzuführen, ist doch ganz *sinnlos:* Über etwas Mathematisches, mithin rein Gedachtes, Ideelles (von platonisch-idealistischen Erwägungen abgesehen), wie etwa die Äquatorlinie, kann man nicht stolpern - ein Elementarteilchen kann dies allerdings sehr wohl über das 'an sich' eines Feldes; es ist insofern doch Augenwischerei, es *nur* als etwas *Mathematisches* begreifen zu wollen...
B: Ja, das ist richtig...
N: Man kann doch nur einem seienden *'etwas' Eigenschaften* zuschreiben *wollen* und im $\Sigma(\Delta x_v)^2 - c^2 \Delta t^2 = 0$ des raumzeitlichen Abstandes[89] *ist* insofern im Grunde ja ein *'Pseudo-Äther'* als solch' ein 'etwas' *erfasst* - man hat gleichsam nur einen Äther 'unter der *Tarnkappe';* dann muss man aber sagen, dass die RT mit Ockhams Messer - einem *behutsam* anzuwendenden Werkzeug - wie jemand verfährt, der sich, des Rasierens müde, gleich den ganzen *Kopf* abschneidet. Wenn wir später auf die relativistische 'Lichtuhr' zu sprechen kommen, wird sich zeigen, dass die RT eigentlich versteckt eine Äthertheorie *ist*, nur dass sie diesen *unbeobachtbar macht - cum grano salis* ist es das *Grundprinzip* auch der (Einstein'schen) RT, das einzig bekannte Attribut des Äthers als *Postulat* zu *übernehmen* (nämlich die Konstanz von *c* zu 'gewährleisten'), diesen jedoch durch *Neudefinition* von Raum und Zeit empirisch *prinzipiell unnachweisbar* zu *machen*. Die RT ist eine *ad-hoc-Konstruktion* um genau *das* zu bewerkstelligen...
E: Das sollte man doch wohl eher von der *Lorentz'schen* RT sagen...
L: Nun, wir können auf diese gerne sogleich zu *sprechen* kommen... Im Grunde geht es hier gar nicht um einen tatsächlich *'quasi-stofflichen'* Äther *selbst* - hier wäre ebenso gut das *'Gesamtgewebe der Weltdinge'* zu setzen (oder noch anderes) - es geht um die allzu leichtfertige Verfahrensweise mit einem *Denkkonzept*, dem ontologisch-realiter (in einem kritischen Realismus) etwas *entsprechen* muss, das aber mit Ockhams Messer gleichsam *'gemeuchelt'* wird... Wir sollten uns überhaupt nicht auf einen Äther *als Medium* fixieren - wir können elektromagnetische Wellen auch nur als

sich fortpflanzende Kopplung eines elektrischen und eines magnetischen Feldes *relational* `im Nichts´ denken, gleichsam als uns unbekannte, sich wechselseitig hervorbringende Entitäten. Diese Kopplung muss eine (auch) zeitliche *innere* und *äußere* Relation zu *anderen* Dingen und Prozessen umher haben - sie muss selbst eine *spezifische* Geschwindigkeit haben, was die Formel $c=\sqrt{\varepsilon_0 \mu_0}$, aus der man die Lichtgeschwindigkeit errechnen kann, ja auch *aussagen* soll. Die Natur und Kopplung von Oszillatoren bestimmt die *Geschwindigkeit* einer Wellenausbreitung (bei Luft oder Wasser sind das etwa zwischen-molekulare Kräfte), so dass sich relativ zu diesen (also sonst zum Medium) eine konstante Geschwindigkeit ergibt. Nun kann man argumentieren, dass jede Formulierung einer physikalischen Theorie einen *logischen* Raum fordert, in dem Gesetze und Relationen formuliert werden können, ja, dass die Theorie die *Erschaffung* dieses logischen Raumes *selbst ist* - so auch bei den Gesetzen der Ausbreitung elektromagnetischer Wellen. Der Äther ist insofern dann aber doch nur die *ontologisch-reale Entsprechung* als eines `tatsächlich´ Seiendem zum nur *logisch-ideellen* Seienden des *Feldes*, wobei wir ja sogar zu dem Schluss gekommen waren, dass man Felder sinnvoll nicht bis zur mathematischen `Nacktheit´ entkleiden kann. Daher sollte - selbst wenn diese Kopplung als Entstehendes und Vergehendes, also als nur *temporär* Seiendes zu begreifen ist - eine Äthertheorie *immer* möglich sein, *versteckt* sogar *immer gegeben* sein, da man die Konstanz von c (in einem BS) (von den anderen Welleneigenschaften des Lichtes zu schweigen) ja gewissermaßen *nicht* an *nichts* festmachen kann, wenn es sich auch nicht um etwas im gewöhnlich *materiellen* Sinne handeln dürfte...
N: Das ist alles richtig, Gottfried, verkennt aber, dass die RT eigentlich gar kein `Naturgesetz´ der Lichtausbreitung *kennt;* die RT ändert mit Raum und Zeit wohl nur die *Größe* von Kräften - mit einem gestauchten Raum oder verkürzter Zeit etwa `macht´ man Kräfte größer oder `kompaktifiziert´ Felder - und dahinter könnten sehr gut verborgene *Äthereffekte* stehen, aber zu beidem später...
L: Allemalen könnte man auch sagen, dass die Abschaffung des Äthers gleichsam *dialektisch* `zurückschlägt´...
N: `The ether strikes back´...
E: Soll *heißen?*
L: ...dass es zwei Möglichkeiten gibt: *Entweder* es bleibt (wie es scheint) fraglich, ob der Äther *tatsächlich* abgeschafft ist - er scheint gleichsam nur vor unliebsamen, weil unbeantworteten Fragen gut `getarnt´; dies wäre erkenntnistheoretisch in bezug auf die RT nachdrücklich zu *kritisieren*, weil man *mit* einem Äther (noch nachdrücklicher als sowieso schon) eine `eigentliche, verborgene´ Ausbreitung des Lichtes annehmen müsste und damit eine *absolute* Gleichzeitigkeit, entgegen *Ihrer* (der Einstein´schen) RT,

wie es in der *Lorentz'schen* RT ist... *Oder* aber wir argumentieren immer *überzeugender* und resümieren schließlich wie Sie: `Es *gibt* keinen Äther´ - dann wäre strenggenommen die ganze RT *ebenso* überflüssig, *zumindest heuristisch-methodisch*...
E: Wieso?!
L: Weil man nicht die RT *und* die Abschaffung des Äthers braucht: *Ohne* Äther gäbe es etwa bei der MME-Klasse gar nichts zu *erklären*, denn wir würden dann ja - ohne die antizipierende theoretische Rechnung *bis* zum Lorentzfaktor - gar nicht *erwarten*, dass sich das Interferenzmuster *ändert;* wir müssten dann - bevor wir Raum und Zeit ganz `umkrempeln´ - herausfinden, was es eigentlich mit dem Wellen- und Korpuskelcharakter von Licht und der MME- und BBE-Klasse eigentlich *auf sich* hat...
N: ...ein *seltsamer Zirkel*: Man *erwartet* aufgrund einer *Annahme* über die Natur des Lichtes (dass es des Mediums `Äther´ bedarf) einen bestimmten Effekt, der sich dann jedoch *nicht einstellt*, woraufhin man diese Annahme *verwirft*, ohne die es den Effekt aber gar nicht *gäbe*, so dass es *überflüssig* ist, mit einer Theorie *erklären* zu wollen, *warum* er sich *nicht gezeigt* hat...
E: Nun, mein Bezug waren die *Kovarianzeigenschaften* der *Maxwell'schen Gleichungen*...
N: Nein, die stünden doch *genauso* vor uns, wenn das MME einen Effekt *gezeigt* hätte - dann hätten Sie die RT *auch* ersonnen, oder wie?! Das ist recht *beliebig* argumentiert...
L: Ja, mit klassischer Physik kann man aufgrund der *einen* Experimente-Klasse zu dem Schluss kommen, dass der Äther eine *überflüssige* Annahme ist (die nicht-Existenz von etwas kann man ja nicht *verifizieren*, das ist logisch unmöglich); von der *anderen* Klasse ganz abgesehen ersinnt man *daraufhin* aber die *RT* und nur *sie* soll noch richtig sein: Dann aber kann man sagen, dass der Äther ja nun *prinzipiell möglich* ist, da es *prinzipiell unmöglich* ist, ihn *mit* der RT *nachzuweisen*, selbst *wenn* es ihn gibt...
E: Nun, dann könnte man sich ja *irgendwelche* Entitäten ausdenken, mit solchen Eigenschaften, dass diese nicht nachweisbar sind - das ist doch sinnlos...
N: Nichts anderes machen sie, wenn Sie den Raum oder das Vakuum zum Äther *umdeuten;* und die Interferenz- oder Polarisationsfähigkeit von Licht gibt es auch *mit* der RT noch - *dafür* wird das Medium `Äther´ angenommen und die RT *ermöglicht* es, *dass* ein Äther existieren könnte, als *das, was* in bestimmten wellenartigen Zuständen *ist*, ohne das es *nachweisbar* wäre - die RT `leistet´ hier genau *dasselbe* wie die Lorentz'schen Annahmen, das ist ihr eigentlicher *Sinn*...
L: Doch selbst wenn der Äther *hier* überflüssig *wäre*, könnte er etwa in der *QT*, mithin bei einer naturphilosophischen *Gesamtschau* vonnöten sein und sollte dann *deshalb* von Ockhams Messer verschont bleiben: Wenn

III d$_2$

vom '(quantenphysikalischen) Vakuum' die Rede ist, soll dies zwar die *Abwesenheit* von Materie oder Feldern bezeichnen, aber die *Anwesenheit* von *quantenphysikalischen Eigenschaften*[90] - kommt man damit nicht in die *Nähe* des Äther-Konzepts? Bei bestimmten Kollisionen von Elementarteilchen kann Materie gleichsam aus *kinetischer* Energie 'kondensieren' (Materialisation und Annihilation) - mithin geschähe das *ohne* 'Zugrundeliegendes' quasi *ex nihilo;* die RT, die mit dem Äther gleichsam *jegliches* Zugrundeliegende verleugnet, scheint auch mit ihrem $E=mc^2$ insofern eher eine naturphilosophische *Katastrophe* zu sein, als dass sie dies unserem Verständnis *entzieht*...

N: Auch in *dem* Sinne übrigens, dass, wenn auch *kinetische Energie* gleichsam zu neuer Materie 'modelliert' wird, sich dies schwerlich als *relatives* Phänomen denken lässt: Ein Beobachter, der relativ zu mir entsprechend schnell bewegt ist, müsste ansonsten *permanent* solcherlei Entstehungsprozesse bei mir gewahr werden - aber neue reelle Teilchen sind entweder 'da' oder eben *nicht;* darin liegt auch das Problem beim *'Unruh'-Effekt* der Quantenfeldtheorie...

L: Auch *dergestalt* müsste man den 'Neuen Äther' auffassen...

N: ...vielleicht sollte man den (quantenphysikalischen) 'Äther' auch nicht als *'Seiendes'* begreifen, sondern den leeren Raum *umgekehrt* als *'Kontingenz'*, die an sich selbst nichts 'dinglich-Seiendes' ist, sondern *aus* der oder *in* der etwas ins Sein gerufen werden kann, so dass man gar nichts vor sich hat, an dem man ein BS festmachen *könnte*...

L: Überdies wird Licht in der *QT* eben *komplementär*, mit einander sich *widersprechenden*, sich aber *ergänzenden* Konzepten einmal als *Teilchen*, einmal als *Welle* beschrieben (was immer es wirklich 'sein' mag), und im Grunde haben wir es doch *auch hier* mit Phänomenen zu tun, deren Widersprüchlichkeit mit diesem Dualismus zusammenhängen *könnte* - um das nur einmal als *denkbar* herauszustellen... Vielleicht muss man insofern auch - die historische *'Theorienevolution'* vor Augen - fragen, ob die RT *heute* überhaupt (*so*) *formuliert* worden wäre, da diese Komplementarität in der (orthodoxen) QT angenommen und *akzeptiert* wird und *eines* der Modelle jeweils eine *Erklärung* im MME-BBE-Dilemma liefert...

E: Eine *müßige* Frage - und ist diese Komplementarität in der QT nicht nur ein *asylum ignorantiae* oder ein 'Ruhekissen' - wie Sie wissen stehe ich der QT recht *kritisch* gegenüber...

L: Nicht *nur*... Sie ist auch *'Besonnenheit'* - wenn auch uns von der Natur *aufgezwungene*...

E: Eben...

L: Nun, dieser Dualismus betrifft aber eben *alles*, Licht *und* Materie als *ein einheitliches* Phänomen; insofern steht uns ja vielleicht unsere Fixierung auf ein *'entweder-oder'* vielleicht im Wege: Man findet die Interferenz

des Doppelspaltexperiments auch bei *Neutronen*, ja, bis hin zu *Atomen* und großen *Molekülen*, mithin bei Materiekomplexen, die wir *überhaupt* eher als *Körper* denn als *Wellen* aufzufassen geneigt sind, obgleich man sie mit deBroglie als *Materiewellen* interpretieren muss...
N: Allerdings... Begreiflich wird die RT nur als MME-BBE-*Dilemma* und dieses hat sie schlicht *nicht aufgelöst;* was die RT nun eigentlich *erklärt* oder *nicht* erklärt, ist recht 'vertrackt'... Und *dieses* Dilemma hat in der QT seine direkte Entsprechung im Dilemma des *Welle-Teilchen-Dualsimus*, ja, es ist *dasselbe* Dilemma - daher geht es auch nicht nur um die Lösung der *Äther-Frage:* Es ist doch offensichtlich so, dass wir für das Phänomen der *Bewegung* (klassisch) generell nur zwei Modelle kennen, zum *einen* die Bewegung von *Körpern*, zum *anderen* die Fortpflanzung eines *Zustandes* eines zugrundeliegenden *Mediums*...
B: *Beide* Modelle scheinen beim Licht aber zu versagen...
L: *Eben!* Und wie wir gerade schon argumentiert haben, liegt das Problem vielleicht darin, dass unser Denken auf ein *'entweder-oder'* zielt - einerseits die Bewegung von Körpern, andererseits jene von Wellen in Medien -, man aber in Wahrheit irgendwie ein *Ineinanderwirken* der beiden Phänomene denken muss; zeigt sich nicht eben *das* in der *QT*, wenn die Trennung von materiellen Körpern und elektromagnetischer Strahlung *aufgehoben* wird, weil *Materie Wellen*aspekte, *Strahlung* aber *Korpuskel*aspekte zeigt, weil beides sich als *ein einheitliches* Phänomen entpuppt? So kommt man am Ende zu den Wahrscheinlichkeits- oder Führungswellen der Schrödinger'-schen Wellenfunktion - Sie sagten dazu, „dass die Wellen nur dazu da seien, um den korpuskularen Lichtquanten den *Weg* zu weisen"...
E: ...„*Gespensterfeld*" hatte ich es genannt.[91]
L: Eben! Nicht nur die ganze *'Äther-Frage'* - so man nicht nur auf diesen *Begriff* fixiert ist - ist immer noch vollkommen *unausgegoren;* die Natur des Lichtes *selbst* bleibt rätselhaft, hier eben besonders unter dem Aspekt, auf *welchen Bezugskörper* man sich bei der Angabe der Geschwindigkeit des Lichtes beziehen muss - und *hier* liegt mit der Lösung des Dilemmas des *Welle-Teilchen-Dualismus* vielleicht auch die Lösung des *MME-BBE*-Dilemmas beschlossen...
E: ...was nur eine *Mutmaßung* ist...
N: Immerhin ist es so, dass Photonen (für das Teilchenmodell gesprochen), denen man die Ruhemasse *Null* zuschreibt (wohlgemerkt nicht aufgrund empirischer Befunde, sondern nur aus dem axiomatischen Zusammenhang der RT hergeleitet), empirisch nicht nur der *Gravitation* unterliegen, sondern auch das Phänomen des *Lichtdrucks (Strahlungsdrucks)* zeigen - den *Impuls* von Photonen kann man auch über $p=hv/c$ errechnen. Sie selbst haben ehedem erwogen, dass Trägheit (träge Masse) *von Körpern durch* Licht *auf* Körper - mithin also zwischen Quelle und Empfänger von Licht

- *übertragen* wird. Mit der BBE-Klasse nehmen wir zwar *keine* solche Übertragung des Impulses eines Körpers auf Licht an. Nun soll aber das Medium Äther *abgeschafft* werden - was wir kritisiert hatten; nehmen wir aber einmal an, wir ließen uns von Ihren Argumenten *überzeugen:* Dann müssten wir - nicht nur ob der zwittrigen Natur des Lichtes - ja dennoch annehmen, dass der *Impuls*, der sich einem Körper bei der *Absorption* von Licht als Lichtdruck *mitteilen* kann, in irgendeiner Weise in der elektromagnetischen Welle bzw. in den Photonen *enthalten* gewesen sein muss. Dann legt sich aber der Gedanke nahe, dass sich dieser - *gerade ohne* ein Medium - auch bei der *Emission* auf das Zentrum des Lichtkegels übertragen haben *könnte* - `was Impuls *überträgt* und *erteilen* kann, kann auch Impuls *erhalten'*...

E: Man landet dann allerdings *ebenso* im MME/BBE-Dilemma...

N: Ja; aber so betrachtet scheinen beide Modellvorstellungen des Lichtes einander schon einmal *weniger* auszuschließen. Alle diese Fragen führen weit in die QT ab und können hier nicht aufgegriffen werden; man sieht aber eben, dass die Fragen der *RT* mit jenen der *QT* in unseliger Weise *verquickt* sind - vielleicht muss man hier *komplementär* denken und nicht schwarz-weiß; *gerade* die `*Abschaffung'* des Äthers lässt hier ja in ganz besonderer Weise die Wellen- und Korpuskelvorstellung *ineinander übergehen* - und *weder* die *QT*, *noch* die *RT* lösen dieses gemeinsame Dilemma auf... Überhaupt ist doch die immer noch ungeklärte Frage, mit welcherlei Entitäten man es bei Quantenobjekten überhaupt zu *tun* hat, hier, bei den empirischen *Grundlagen* der SRT, bei den Experimenteklassen *MME* und *BBE* in ihrer Relevanz *nicht* zu *unterschätzen:* Nicht nur, dass *alles* Seiende *Zustand* eines *Zugrundeliegenden* (`Substanz') sein könnte - `Was, wenn beim MME Licht nur eine Erregung gleichsam `*auf'* räumlich selbst ausgedehnten und bewegten Quantenobjekten ist?' Das würde das *MME*, wie auch das klare Bild der *Doppelsterne* erklären...

E: Nicht aber das *BBE*...

L: ...bei dem man aber fragen muss: `Was, wenn bezüglich des erwähnten Extinktionstheorems *für* den Impulsübertrag ein Wellenkollaps *notwendig* ist, letzterer und *mithin* ersterer aber offenbar nicht *statthat*, weil am Ende ja immer noch die *Interferenzfähigkeit* der beiden Teilstrahlen vorliegt?'

E: Zumindest *das* sind reine Spekulationen...

L: ...die hier nur darauf *verweisen* mögen, dass mit unserer vollkommenen *Unkenntnis* der `Natur' des Lichtes unser `Erkenntnisbau' `auf tönernen Füßen' steht - und wenn Sie behaupten, es sei ganz *unproblematisch*, den Zeitbegriff auf die Gesetze der *Lichtausbreitung* zu gründen, weil man „mit Vorteil für die Theorie nur einen solchen Vorgang wählen [könne], von dem wir etwas *Sicheres wissen*"[92], ist das wohl mit *Sicherheit* eine *Fehleinschätzung*...

B: So betrachtet - *ja*...
E: Gut, zugegebenermaßen sind ihre Argumente durchaus *bedenkenswert*. III e Nehmen wir also das Wesen des ehedem als Bezugsinstanz geltenden Äthers, mithin auch das Wesens des Lichts als *ungeklärt* und noch *offen* an - mit der Einstein'schen RT *wurden* nun jedenfalls die Prinzipien unserer Raum- und Zeitbestimmung, mithin Raum und Zeit selbst einer fundamentalen *Kritik* unterworfen - insbesondere der Begriff der `Gleichzeitigkeit´. „Es gilt als selbstverständlich, dass der Satz einen Sinn hat: Ein Ereignis an der Stelle *A*, etwa auf der Erde, und ein Ereignis an der Stelle *B*, etwa auf der Sonne, sind gleichzeitig. Man setzt dabei voraus, dass Begriffen wie [']Zeitmoment['], [']Gleichzeitigkeit['], [']früher['], [']später['] usw. eine Bedeutung *an sich*, *a priori*, gültig für das *Weltganze*, zukommt"...
N: So *ist* es...
B: „...aber für den messenden Physiker ist [...][derlei] nicht *vorhanden*. Für ihn hat d[ies]er Satz [...] *keinen Sinn*, denn er besitzt kein *Mittel*, um über [...][dessen] Richtigkeit oder Falschheit zu *entscheiden*"[93]...
N: Dass dem messenden Physiker hier gewisse *Schwierigkeiten* erwachsen, mag ja *sein* - nicht aber, dass das, was uns nicht *erweisbar* ist, nicht *ist*...
E: Aber das Problem der Signal-Laufzeiten, das bei *jeder* Uhrensynchronisation auftritt, bleibt doch *bestehen* - so bei jener in unseren Abbildungen *(E. deutet auf Abbildung 1a/b):* Wir können mit dem Wellenmodell des Lichtes - wohlgemerkt wäre für das *Korpuskel*modell *analog* zu argumentieren, nehmen wir jedoch nur *diese* Variante - die beiden zu synchronisierenden Uhren nicht einfach als in einem Äthermeer *ruhend* denken, da wir wissen, dass diese von einem anderen BS aus betrachtet *bewegt* erscheinen, man dort aber (mutmaßlich) *ebenso* den Wert *c* für die Lichtgeschwindigkeit im Vakuum auf geschlossenen Wegen findet. Das Dilemma *bleibt*, dass „eine *absolute* Zeitvergleichung in bewegten Systemen [...] *nur* ausführbar [ist], wenn man die Bewegung gegen den Äther *kennt*, [...] aber das Resultat aller *experimentellen Forschungen* war, dass eine Bewegung gegen den Äther durch keine physikalische Beobachtung *feststellbar* ist. Daraus folgt, dass absolute Gleichzeitigkeit *ebenfalls* auf keine Weise festgestellt werden kann"[94]...
N: Gut, bis hierher hätten Sie sogar noch unser beider *d´accord*...
L: In der Tat, auch *ich* könnte meine Einwände zurückstellen: Man *müsste* eine Bewegung gegen den Äther, das Vakuum oder das Gesamtgefüge der Weltdinge *einberechnen* - dies ist nur *praktisch nicht durchführbar*...
B: Ja, aber „im Falle des Lichtes [...] besteht [dazu eben *prinzipiell*] keine Möglichkeit, weil absolute Bewegung gegen den Lichtäther ein Begriff ist, der nach allen Erfahrungen keine physikalische *Realität* hat"[95]...
N: ...`gegen den *Lichtäther*´ mag sogar *auch* noch angehen; aber *generell* `gegen das *Licht*´ - was immer es *sein* mag - muss man doch eine Relativ-

bewegung *annehmen*, auch wenn diese nicht ohne Weiteres *greifbar* ist, denn Sie nehmen ja an, dass sich Licht `auf eine Weise´ im Raum ausbreitet...

L: ...wengleich man das für die Position der RT eigentlich gar nicht *sagen* kann, weil es impliziert, `Raum´ wäre auch für die *RT* zu *einem* Zeitpunkt *definiert;* überhaupt ist fraglich, ob es für die RT überhaupt ein `Gesetz der Lichtausbreitung´ *gibt*, aber dazu später... Eher diffus könnte man sagen, dass sich Licht jedenfalls nicht mehr um die Körper umher `kümmern´ soll; dies ist allerdings nur eine *These* und daher füge ich an: *Jedenfalls* soll dies *unabhängig* davon geschehen, was irgendwelche unbeteiligten *Beobachter* jeweils machen...

B: ...darum sind die `Lichtlinien´ in der Minkowski'schen geometrischen Interpretation ja etwas *Absolutes*, von der Wahl des BS *Unabhängiges*[96]. *Klassisch* nimmt man - *cum grano salis* - an, die Weltdinge seien gemäß einer *fest gefügten* `Raum-Zeit-Geometrie´ geordnet, wobei `Zeit´ natürlich im Sinne des *Präsentismus* zu verstehen ist, so dass es nur um eine *gedacht* existierende Geometrie geht. *Licht* scheint sich jedoch in diesen Rahmen nicht *einzufügen* - daher schlägt die RT vor, an dieser statt eine *fest gefügte* `Licht-Geometrie´ anzunehmen, *Raum* und *Zeit* jedoch als *beobachterabhängig* (also *relativ*) zu betrachten...

L: ...und so ergibt sich denn eine `Relativität der Gleich*ort*igkeit´ und eine `Relativität der Gleich*zeit*igkeit´...

E: Richtig, aber diese `Licht-Geometrie´ gründet auf dem empirisch stets gefundenen Wert *c*, der für *alle* Beobachter etwas Absolutes, nämlich eine *identische Naturkonstante* ist...

L: In den empirischen Befunden *selbst* finden wir *nicht*, dass Licht sich für *alle* Beobachter für *ein-und-denselben* Lichtstrahl mit *c* ausbreitet - für uns ist das - unerachtet der Unterschiedlichkeit unserer Raum-Zeit-Konzepte - eine ganz *unsinnige Annahme*... Allemalen muss die RT erklären, wie das *sein* kann - *sie* nimmt dazu an, dass räumliche und zeitliche Abstände (und Masse) *relativ* sind...

N: Mir scheint ja, dass wir schon auf *falschem* Pfade sind, wenn sich eine Licht- und Körper-Geometrie *überhaupt widersprechen* - wenn man sich einmal jedes Ereignis im Ereigniskegel eines anderen Ereignisses denkt, alle Ereignisse dergestalt ineinander geschachtelt, gleichsam das *Netzwerk* aller kausal-zusammenhängenden Ereignisse, wäre ja an diesen Gedanken *anschließend* zu fragen, ob die verschiedenen Beschreibungen verschiedener Beobachter mit der RT überhaupt etwas Verschiedenes *sagen*, oder ob sie, da sie nur *eine* ontologische Realität erfassen, die *eine* räumliche und zeitliche Ordnung hat, *redundant* sind. Für die *RT* ist auch *dann* noch die `Gegenwart´ der *raumartigen* Ereignisse außerhalb eines Lichtkegels gleichsam ein *amorpher* Bereich untereinander (scheinbar) äquivalenter Ereignisse - beim PBU geht es ja gerade um diese *nicht kausal-zusammen-*

hängenden Ereignisse der relativistischen `Gegenwart'...
B: So ist es, denn *klassisch* existiert für diese Ereignisse noch die *herausgehobene* Ebene einer *absoluten* Gleichzeitigkeit...
N: Wie dem auch sei, lassen wir uns versuchsweise einmal auf die ganze Argumentation ein...
B: Gut, die RT behauptet nun mit der Annahme dieser fest gefügten `Licht-Geometrie': „Kann man [...] auch keine *absolute* Gleichzeitigkeit erreichen, so lässt sich doch [...] eine *relative* Gleichzeitigkeit für alle in relativer Ruhe zueinander befindlichen Uhren definieren, wobei der Wert der Signalgeschwindigkeit [sogar] nicht [einmal] *bekannt* zu sein braucht"[97]...
L: ...wenn in der geometrischen *Mitte* dieser Uhren das Synchronisationssignal ausgesandt wird...
E: Ja; die Frage ist dann nur noch, ob diese Synchronisations-Konvention „zu einem *widerspruchslosen relativen* Zeitbegriff führt. [Und] das ist ja tatsächlich der *Fall*"[98], womit die klassisch widerstreitenden Sichtweisen, auf welchen Wert für die Lichtgeschwindigkeit jeweils *andere* Beobachter kommen müssten, einfach *entfallen*...
N: Ich wüsste nicht *warum*, bei einer - wie Sie ja selbst zugestehen - *rein willkürlichen Festsetzung;* auch ist rätselhaft, wieso sich damit überhaupt die *empirisch `richtigen' Befunde* ergeben sollen...
B: Nun, aufgrund des (Einstein'schen) *Relativitätsprinzips:* „[Alle] Systeme können [doch] mit *gleichem Recht* beanspruchen, die $^{[\prime]}$*richtige*$^{[\prime]}$ Zeit zu haben, denn *jedes* kann behaupten, dass es ruht, weil alle Naturgesetze in [...][diesen] *gleichlauten*. Wenn aber [...][alle] mit gleichem Recht *denselben Anspruch* erheben, der seinem Sinn nach nur *einem* zukommen kann, so muss man schließen, dass der Anspruch *überhaupt* sinnlos ist: Es gibt keine absolute Gleichzeitigkeit"[99]...
N: Und diese Schlussfolgerung ist - von der recht `eigenwilligen' Deutung des RP ganz abgesehen, auf die wir noch genauer kommen - schlicht *übereilt;* es geht ja nicht um die zugeordneten absoluten `Zeitziffern' *selbst*, welche (in Anbetracht dieses Zusammenhangs) nur *willkürlich* von uns vergeben werden - eine absolute Gleichzeitigkeit ist uns *nicht realisierbar*, sie könnte ontologisch-realiter aber *existieren*...
B: Nein, Sie müssten dem Begriff `absolute Gleichzeitigkeit' dann irgendeine *andere* sinnvolle *Definition* geben, denn sonst wäre uns dieser Begriff *ebenso* überflüssig wie der des `*Äthers*'...
N: Nun, bevor Sie Ihr `Gemetzel' mit Ockhams Messer zu *rechtfertigen* versuchen, dürfen wir daran erinnern, dass wir das ja bereits *getan* haben: Eine Heraklitsche Welt definiert *selbst* eine absolute Gleichzeitigkeit...
L: Es mag - in Anbetracht aller Schwierigkeiten - sein, dass es *möglich* und sogar *gut beraten* ist, eine relative Gleichzeitigkeit zu definieren und mit ihr zu arbeiten. Allemalen liegt hier aber der `*positivistische Fehlschluss*'

vor, dass das ‛nicht-Erweisbare‛ *verzichtbar* oder sogar *nicht-existent* sei - wir denken, dass *nicht* alle Beobachter mit demselben Recht denselben Anspruch erheben...
E: Wir klammern dieses ‛nicht-Erweisbare‛ doch nur *sinnvollerweise* aus...
L: ...womit Sie - wenn auch mit lauteren Absichten - der ‛*Dialektik* des Positivismus‛ erliegen: Wir können zwar offenbar eine (absolute) Gleichzeitigkeits-Schicht (die mit der RT eigentlich zu einem *Punkt* ‛zusammenschnurrt‛) *nur* solipsistisch oder idealistisch in unserem eigenen jeweiligen ‛Hier-und-Jetzt‛-Punkt eindeutig *finden* und *identifizieren*, unabhängig davon *kann* sie aber doch generell existieren...
E: Das wäre ja ein *hübscher Freibrief* für alle möglichen Spekulationen...
L: Nun, das stimmt zwar, diesen Gedanken jedoch umgekehrt kategorisch *abzulehnen*, bedeutet doch nur, mit einer neuen spekulativen Metaphysik ‛ego-anthropozentrisch‛ *alles das* für *nicht-existent* zu erklären, was uns nicht eindeutig *konstatierbar* ist - beim ‛Äther‛ hatte das ja zu gewissen *Inkonsistenzen* geführt und diverse andere *werden* wir noch finden...
N: Überdies stecken darin gleich *zwei* Überheblichkeiten, nämlich, dass *wir* das Maß aller Dinge sind, dass die Natur *ohne uns* gleichsam ‛*undefiniert*‛ ist (eine ähnliche Hybris liegt in der QT im ‛partizipatorischen Universum‛ und anderem) , und dass uns gerade *heute* alle Bestimmungsstücke für eine ‛wahre‛ Naturerkenntnis *vorliegen*...
E: Ich weiß gar nicht, was Sie *wollen* - die RdG haben wir doch anhand dieser Abbildungen *(E. deutet auf Abbildung 1a/b)* schlüssig *hergeleitet:* Der Zugschaffner setzt seine Uhren im Zug *korrekt* in Gang - der Bahnwärter *beobachtet* das und sagt sich „in Wahrheit aber eilt er (vom Bahndamm aus beurteilt) dem [...][einen Lichtstrahl] *entgegen*, während er dem [...] [anderen] *vorauseilt*"; so kommen sie schließlich beide zu dem Ergebnis: „Ereignisse, welche in bezug auf den *Bahndamm gleichzeitig* sind, sind in bezug auf den *Zug nicht* gleichzeitig und *umgekehrt* (Relativität der Gleichzeitigkeit)"[100]...
L: Dieses Szenario ist völlig *ungeklärt*, ja, das ZwP wird zeigen, dass man *auch hier* Bahnwärter und Zugschaffner *nicht* als *äquivalente* Beobachter begreifen darf; überhaupt: die Formulierung ‛in Wahrheit‛ - hier aus *Ihrem* Munde - sollen wir natürlich *auch* nicht *wörtlich* nehmen...
E: Nein, sie ist nur *veranschaulichende* Sprechweise; der Bahnwärter oder umgekehrt der Zugschaffner *können* hier doch gar nichts anderes sagen, weil *beide* eben (mutmaßlich) empirisch feststellen werden, dass sich Licht in ihrem BS isotrop mit *c* ausbreitet...
N: Was für eine *Verwirrung* dieser Versuch einer *klassischen* Herleitung stiftet... Wir streiten gar nicht ab, dass man eine Bewegung gegen das Licht *nicht* direkt *feststellen* kann, dass es deshalb auch *pragmatisch* sinnvoll sein mag, wie die RT zu verfahren - jedenfalls, wenn wir der RT zugestehen, den

Dopplereffekt, die Aberration und andere Phänomene hier einfach *umzudeuten*, mithin *auszuklammern;* dass eine Bewegung gegen das Licht nicht nachweisbar ist, wird aber vollkommen in seiner Bedeutung *verschoben*, wenn etwa der Dopplereffekt mit der RT (gleichgültig, ob man Licht im Wellen- oder Korpuskelmodell betrachtet) *nie* von einer Bewegung des *Beobachters* herrührt. Damit verwerfen Sie zum *einen mit* diesen, auch von *anderen* Phänomenen bekannten Effekten (möglicherweise) eine Einheit der Naturphänomene und zum *anderen kann* sich eine Bewegung relativ zur Lichtausbreitung, ob des logischen Zirkels, dass man um Emissions*zeitpunkte* nicht *wissen* kann, vielleicht ja nur etwa im klassischen Dopplereffekt, in der Aberration oder dergleichen *zeigen* - vielleicht kann sich *nur so* zeigen, was das MME nicht zu zeigen *vermag*. Wir werden bei der relativistischen 'Lichtuhr' und beim berühmten 'geschlossenen Kasten' der ART auf diese Problematik noch weiter eingehen müssen...

E: Wie Sie meinen...

N: Ist es nicht so, dass alleine schon die Begriffe 'entgegeneilen' und 'vorauseilen' der KdL offen *widersprechen*, sofern sie nicht nur *bedeutungslose Phrasen* bilden, sondern über die ontologische Realität etwas *aussagen* sollen?

L: Wie können Sie *ausblenden*, dass Ihre ganze Argumentation hier darauf basiert, dass zwischen dem, was der Bahnwärter *beobachtet* und dem, was dasselbe für den Zugschaffner *bedeutet* (oder umgekehrt), eine *Differenz* besteht?!

E: Die RT berücksichtigt es nur *anders*...

N: Allemalen können der Bahnwärter und der Zugschaffner nicht sagen, dass sich auch das Licht im jeweils *anderen* BS mit c ausbreitet - das ist ohne jeden empirischen Befund; sie 'sehen' im Gegenteil ja, dass Licht sich dort - obgleich alles in *einer* Realität statthat - *nicht* mit c ausbreitet; und wenn sie in *ihrem* jeweiligen BS die Geschwindigkeit des Lichtes relativ zum *anderen* BS angeben sollen, kommen sie auf $c-v$ und $c+v$, so leiten ja auch Sie die LT rechnerisch *her*[101]...

E: Natürlich, in *einem* BS gilt weiterhin das *klassische* Additionstheorem...

N: Herrje... Aber wie kann ein Beobachter dann, da doch die verabredete Synchronisations-Konvention für Uhren die *Festsetzung* trifft, dass sich Licht isotrop und konstant mit c ausbreitet, überhaupt den räumlichen und zeitlichen Abständen anderer Beobachter eine objektive und äquivalente, mithin eine für die Welt selbst aussagekräftige Bedeutung *beimessen* oder überhaupt der Konvention *zustimmen* und dem anderen 'gestatten', auch mit c zu rechnen?

E: ...weil dieser empirisch eben *auch c findet!*

N: ...was aber in keinem Falle *auch c bedeuten* kann!

E: ...was immer *das* bedeuten kann...

N: ...dass in einem *klassischen*, mithin *absoluten* Sinne, dies *nicht angehen* kann: Eben *das* will doch auch die *RT* erklären, indem sie Raum und Zeit (scheinbar) *ändert*, sonst *bräuchte* man sie und die LT ja gar nicht - für das klassische Verständnis von Raum und Zeit ergibt sich sofort ein *Widerspruch*, wenn man behauptet, *alle* relativ zueinander bewegten Beobachter fänden den Wert *c* für *ein-und-denselben* Lichtstrahl. Warum sollen die Beobachter eigentlich *nicht* dazu kommen, dass sie - wohlgemerkt *beide* - *unrecht* haben *könnten* mit ihren Annahmen, und dass Licht ontologisch-realiter jeweils `*etwas anderes macht'*?

E: Nun, die RT nähert sich dem Problem gleichsam von der *erkenntnistheoretischen* Seite her - sie ist als Theorie gleichsam `*ärmer'*, sie macht *weniger* Annahmen: Sie nimmt Maßstäbe und Uhren gerade, *weil* man *keine* Veränderungen an ihnen im jeweils eigenen BS bemerkt, als *unverändert* und *identisch...*

N: Aber die RT muss *dann* doch, um zu erklären, wie gleichsam etwa das vom Bahnwärter beobachtete *c-v* und *c+v* zum (mutmaßlich) beobachteten `reinen' *c* des Zugschaffners wird (und umgekehrt), stattdessen annehmen, dass Raum und Zeit *selbst* `anders' oder `verändert sind '- das scheint mir eher `*Wahnsinn mit Methode'...*

E: Auch wenn Ihnen das so *scheint* - die RT vermag mit zwei Axiomen alle Widersprüche zwischen den empirischen Befunden *auszuräumen...*

N: Das können wir *beim besten Willen* nicht sehen...

L: ...wenngleich: Als *rein pragmatische* Vorgehensweise mag das alles sogar `*funktionieren'*: Angenommen, ein Beobachter würde dergestalt zwei Uhren in Gang setzen - was soll er auch sonst *tun*, wenn er zu der schlichten *Festsetzung*, dass Licht sich dabei auf dem Hin- und Rückweg gleichschnell ausbreitet, offenbar erst einmal *keine begründbare Alternative* hat...

E: Meine Rede...

L: Den hier dräuenden logischen *Zirkel* hatten wir bereits ins Auge gefasst. Wenn sich Licht nun tatsächlich auf *eine* spezifische Weise unabhängig im Raum ausbreitet (gemäß einer fest gefügten `*Licht-Geometrie'*), man aber (*mit* oder *ohne* Äther) eine Relativbewegung *zur* Ausbreitung des Lichtes nicht *feststellen* kann, würde jemand in einem anderen, relativ zu diesem bewegten BS, der *ebenso* diese Synchronisations-Konvention anwenden würde, *klassisch* gedacht *tatsächlich* seine Uhren just um den von der RT angenommenen Faktor `verstellen'. Insofern liegt es auch nahe, dass die RT hier eine *Umrechnung* und eine (wenn auch nachträgliche) *Herleitung* der LT über das klassische *Additionstheorem* mit *c+v* und *c-v* ansetzt - das *bemerkenswerte* dabei ist, dass dieses *hier* noch *gelten* soll und dass dies eine noch *klassische* Herangehensweise ist. Insofern nun niemand *begründet* seine eigene Sichtweise als *richtiger* als die eines anderen annehmen kann, könnte man sogar das `verstellt' in *Anführungszeichen* setzen...

E: Aha...
L: Die zwei Beobachter mit wechselseitig derart 'verstellten' Uhren hätten dann exakt die von der RT angenommene *relative* Gleichzeitigkeitssicht und würden daher *aufgrund* dieser 'erzeugten' RdG wechselseitig auch etwa eine 'scheinbare' LK und ZD finden. Das 'scheinbar' könnte man hier zwar aus denselben Gründen wie zuvor in *Anführungszeichen* setzen, andererseits hinwiederum *nicht*, da es eine nur 'erzeugte' RdG ist...
N: ...dies wäre der Versuch einer *klassischen* Herleitung, der gleichsam von einem *unerkennbaren Medium* ausgeht.[102] Ebenso könnte man eine *Korpuskel*-Variante bemühen - wie im *ersten* Fall das *Medium* rätselhaft ist, so im *zweiten* das *Additionstheorem;* anders gesagt wären einmal gleichsam das *MME verständlich* und das *BBE problematisch*, einmal umgekehrt das *BBE verständlich* und das *MME problematisch*... Wie auch immer man es aber betrachtet - in *beiden* Fällen ergäbe sich das gleiche 'Verstellen' der Uhren und ergäben sich *resultierend* (zum Teil) die relativistischen Effekte, nur aus verschiedenen *Gründen*...
L: Schlussendlich muss *dieser* Versuch einer klassischen Herleitung aber ebenso scheitern, wie Ihrer des *Zugparadoxons* (ZP)[103], denn es *gibt* keine schlüssige *klassische* Herleitung der RT; es gibt nur den 'Sprung' in den neuen axiomatischen Zusammenhang[104], etwa, weil die *KdL* - wie gesagt - die *RdG* bereits *voraussetzt*...
B: ...und diese ganze Darstellung soll ja wohl auch nahelegen, dass man derlei nicht 'wirklich' annehmen könnte...
L: Ja, klassisch nennt man derlei 'Schein', es *wäre* eben ein 'Verstellen' der Uhren - ob diese Gleichzeitigkeitssicht der ontologisch-realen *Wahrheit* entspricht, können nur weitergehende Überlegungen zeigen, etwa, ob der angenommene neue axiomatische Zusammenhang in sich *konsistent* ist...
E: Was ist *Wahrheit*?
L: Eben! Noch *fataler* wirken diese ganzen Überlegungen, wie auch die angebliche 'Abschaffung' des Äthers, wenn man sich verdeutlicht, dass es durchaus eine zur RT *alternative* Theorie gibt - erinnern wir uns einmal der *Lorentz'schen* RT und halten wir uns dabei immer vor Augen, dass wir eine Theorie wohl erst *dann* richtig verstehen, „wenn wir das Problem verstehen, zu dessen Lösung sie *entworfen* wurde, und verstehen, inwiefern sie das Problem besser oder auch schlechter löst als ihre *Konkurrenten*"[105]...

III f

B: Nun, bekanntlich wurden ja *verschiedene* Versuche unternommen, das Ergebnis des MME zu erklären, weil das Primat bei der *Wellen*vorstellung des Lichtes lag (bzw. noch liegt). Die Physiker Fitzgerald und dann Lorentz machten die Annahme, dass sich die Versuchsapparatur bei der Bewegung durch den Äther 'wirklich' verkürzt haben könnte, und zwar gerade um den Faktor $\sqrt{1-v^2/c^2}$, der beim MME auftreten sollte. Hinzu kam dann noch eine 'lokale' Zeit, nach der Uhren um den Kehrwert dieses Faktors $1/\sqrt{1-v^2/c^2}$

verlangsamt laufen sollten - diese begriff Lorentz jedoch als nur *virtuell-fingiert;* insgesamt hielt er am *absoluten* Raum und an der *absoluten* Zeit fest...
L: Diese Frage wollen *wir* wohlgemerkt hier noch *offenlassen*...
B: Gut. Anhänger der alternativen *Lorentz'schen* RT[106]...
N: ...die anerkanntermaßen mit keinem `experimentum crucis´ widerlegbar und der Einstein'schen Interpretation *äquivalent* ist[107]...
B: Ja... ...begreifen dies heute jedoch als *reale* Effekte (eines Äthers)...
E: Nun, das scheint doch eher *ad hoc* konstruiert...
L: Höchstens *ebenso* wie bei Ihrer (der Einstein'schen) RT und wohlgemerkt *vor* ihr... Wenn Sie *kritisieren,* hier würde eine *universelle Kraft* angenommen, die diese Effekte *bewirke,* geschieht das - wie schon bei den `überflüssigen Bildern und Analogien´ - in völliger *Verblendung* ob Ihres *eigenen* `Erklärungsmodells´, der RT...
E: Nun, wir kritisieren nur, dass der Wirkmechanismus *gerade so* sein soll, dass alle Uhren und Maßstäbe *zufällig gerade so* verändert sind, dass sich das empirisch Beobachtete *ergibt*...
L: Langsam! Setzen wir hier zunächst, dass es die Effekte *als* relativistische überhaupt *gibt* - später müssen wir klären, ob das überhaupt der *Fall* ist und ob die empirischen Befunde das *hergeben*... `Zufällig´ können Sie nun in keinem Falle sagen, *physikalisch hergeleitet* - somit ganz im Gegensatz zu *Ihren nur postulierten* Annahmen... Sie kritisieren, man müsse für die KdL mit den Lorentz'schen Annahmen „für jedes System ein *besonderes Längen-* und *Zeitmaß* einführen; [...][sie] kommt dann also durch eine Art `physikalische *Täuschung*´ zustande"[108] - Sie machen aber überhaupt nichts *anderes:* Im *Nachhinein* muss man doch auch bei der *RT* die Längen- und Zeitmaße als *verändert* betrachten; aber dazu später noch genauer...
N: Hinter den Lorentz'schen mathematisch-pragmatischen Kunstgriffen *steckt* natürlich irgendetwas, nichts wäre aber naiver als anzunehmen, dass die *RT* uns nun sagte, was das *sei* - Sie sagen, dies alles geschähe mit Raum und Zeit *selbst, dort* läge der Wirkmechanismus als Neigung und Normalisierung der BS-Achsen beschlossen und *mit* diesen widerfahre es quasi *mittelbar* den Maßstäben und Uhren durch unsere Zergliederung der `an sich´ raumzeitlichen `SEINs´-Gebilde des RZK... Insofern scheinen eher Ihre *RdG* und Ihr *PBU* `physikalische Täuschung´ zu sein...
E: Ach, was...
N: ...*umgekehrt*: Während *Ihre* RT nur einfach *axiomatisch* vorgeht, sind die `relativistischen´ Effekte von Lorentz „mit einigen Schwierigkeiten [...] aus den fundamentalen Gleichungen des elektromagnetischen Feldes *abgeleitet* worden" - er empfand das als „nicht in allem befriedigend", argumentierte aber, er müsse „den Äther als etwas ansehen, was der *Sitz* des elektromagnetischen Feldes mit seiner Energie und seinen Schwingungen

sein kann, ausgestattet mit einem gewissen *Grad* Substantialität, wie verschieden das von aller *normalen* [`ponderablen´] Materie auch *sein* mag"[109] - als einer klaren, geradezu *erfrischend rationalen Argumentation* können wir dem als denk*möglich* (oder wohl gar denk*notwendig*) schwerlich *widersprechen*[110]...

L: Nur von gleichsam `nackten´ Ereignissen zu reden reicht jedenfalls nicht aus, denn das RZK oder das Vakuum ist nach klassischem Verständnis auch *nur* ein *Rahmen*, innerhalb dessen `etwas der Fall sein muss´ - gerade mit der Minkowski´schen geometrischen Interpretation redet man in der RT zumeist von solch´ `nackten´ Ereignissen, *nur* von Punkten im Diagramm, ontologisch-realiter aber muss man eben zu den Koordinaten *x/y/z/ct*, dem `dort´ und `dann´ noch *hinzufügen, was* der Fall ist, etwa `...*ist* Materie´ oder `...*ist* das elektromagnetische Feld *so-und-so* erregt´, was auch immer; selbst *geometrodynamisch* interpretiert sind Raum und Zeit dann *mehr* als nur ein `Ordnungsrahmen´ - *nur* derlei sind sie klassisch in Herrn N.´s *und* meinem Konzept...

B: Nun gut, Minkowski selbst scheint das ganz *ähnlich* gesehen zu haben, wenn er ausführt, man könne „einen Raumpunkt zu einem Zeitpunkt, d.i. ein Wertesystem *x,y,z,t* einen *Weltpunkt* nennen", und dann fortfährt: „Um [aber] nirgends eine gähnende *Leere* zu lassen, wollen wir uns vorstellen, dass aller Orten und zu jeder Zeit etwas *Wahrnehmbares* vorhanden ist. Um nicht [`]*Materie*[´] oder [`]*Elektrizität*[´] [`elektromagnetisches Feld´] zu sagen, will ich für dieses Etwas das Wort [`]*Substanz*[´] brauchen."[111] Wir ersparen uns, diesen schillernden Begriff zu problematisieren - *cum grano salis* soll gleichsam im *mathematisch-logischen Raum* abgebildet werden, was in der *ontologischen Realität* `der Fall ist´...

L: ...selbst der quantenphysikalische *Vakuumzustand* ist als *spezifischer* Zustand insofern `etwas, das der Fall ist´...

N: Richtig - solcherlei Mannigfaltigkeiten *beliebiger* Dimensionszahl zu bilden, indem man die räumlichen und zeitlichen Angaben durch solche zur Masse, zu Feldeigenschaften, Druck, Temperatur und dergleichen ergänzt, ist ja gar nichts besonderes. So wird `en passant´ auch deutlich, dass die Frage nach der Dimensionszahl unserer Welt *selbst* eine ganz andere ist, als jene danach, wieviele Dimensionen *wir* für deren *Beschreibung* brauchen: Selbst wenn man nur zwei binäre Grundzustände des Seienden annimmt, kommt man so *mathematisch* zu einer *Fünf*dimensionalität. Unsere Welt selbst kann man jedoch nur als *dreidimensionale* bezeichnen: *Gegeben* ist uns (in einem kritischen Realismus) nämlich nur eine *drei*dimensionale Mannigfaltigkeit von Orten, an denen etwas sein - `der Fall sein´ - kann, während die (gedachte) *quasi-ein*dimensionale *zeitliche* Mannigfaltigkeit deren *Veränderung* erfasst; letztere hat einen ganz anderen ontologischen Status als das uns `ständig´ gegebene *Räumliche*, denn nichts sagt uns, dass vergangene oder zukünftige Zustände irgendwie `noch´ oder `schon´ `sind´. Ein Zustand löst den anderen *ab* und nur *unser Verstand* bewahrt die zusehends verblassenden Bilder vergangener Zustände auf und versucht kommende Zustände zu *antizipieren* - rein *physikalisch* existiert jedoch nur ein ständiges `Jetzt´ (jedenfalls können wir empirisch-begründet nichts anderes *behaupten*) und für unser Bewusstsein ist es ebenso - *das bedeutet `sind´*. Es bedeutet *nicht*, dass Zeit *irreal* ist, ihr Wesen liegt gerade darin, dass vergangene oder zukünftige Zustände einen *anderen* ontologischen Status haben, als das jeweilige `Jetzt´ - sie `sind´ also gleichsam *anderes*. `Existenz´ meint das `*Jetzt*´, wenn wir auch denken müssen, dass die (kausalen) Zustände *vor* einem jeweiligen `jetzt´-Zustand *notwendig* für diesen waren... `Zeit´ *ist*, dass die Ordnung der Weltdinge sich *ändert* und dass sie das *kann* ist *auch* schon `Zeit´ - aber laut ausgesprochen kann man wohl nur zu Tautologien kommen und zirkulär Zeit mit der Zeit erklären - und mit Augustinus die `*Quid est ergo tempus?*´-Frage mit: `*Si nemo ex me quaerat, scio*´ `beantworten´[112]...

L: Nun, eben *weil* man noch hinzufügen muss, `was der Fall ist´, war *ich* relational nur von den *Dingen* ausgegangen, aber lassen wir das... Selbst die Drei*dimensionalität* könnte nur unserer *Anschauung* geschuldet sein, da wir für unsere Beschreibung das *unterschieds*- und *richtungslose* `reine Auseinander´, das man `Raum´ nennt, zwar zwischen uneindeutiger *Zwei*- und redundanter *Vier*-Dimensionalität ansiedeln müssen, aber gar nicht recht begreifen, was es *bedeutet*, dass der Raum damit *drei* Dimensionen `hat´ - aber lassen wir auch *das*...

N: Ja. *Lorentz*´ Annahmen sind jedenfalls *alles andere* als `an den Haaren herbeigezogen´ - allemalen im Vergleich zu jenen der *RT*. Lernen wir sie zu *würdigen;* betrachten wir einmal dieses System mechanischer Pendel, die untereinander gekoppelt sind - elastisch, aber so starr, dass jedes seine jeweiligen Nachbarn mitnehme, wenn es in Bewegung versetzt wird.[113] Dies kann auf zweierlei Weise geschehen: *Longitudinal*, so dass die Pendel in der Bewegungsrichtung schwingen und sich eine *Dichtewelle* entlang der Pendelkette ausbreitet, oder aber *transversal*, so dass die Pendel *senkrecht* zur Bewegungsrichtung schwingen. Dabei gibt es *stehende* Wellen und solche, die sich entlang der Pendelkette *fortbewegen*, sofern sie auch einen longitudinalen Impuls erhalten haben. Für uns sind nun die sogenannten `*Breather*´ von Interesse - die Pendel schwingen dabei transversal aus der Zeichenebene *heraus*, zurück in sie *hinein*, in die *andere* Richtung heraus und hinein usw. *(N. zeichnet Abbildung 8)...*

L: Innerhalb der Pendelkette gibt es nun eine *Grenzgeschwindigkeit*, mit der sich Wellen ausbreiten können (die von der Natur und Kopplung der Pendel abhängt) - nennen wir sie *bewusst* einmal `$c$´ (dessen *Wert* ist hier natürlich *nicht* jener der Lichtgeschwindigkeit). Auch ein `Breather´ kann sich entlang der Pendelkette bewegen, seine Geschwindigkeit nennen wir `v´;` mit der *Grenzgeschwindigkeit* gilt *v<c*. Entscheidender aber noch ist, dass ein Breather, *wenn* er sich fortbewegt, in Abhängigkeit von der Geschwindigkeit *v* seine spezifische *räumliche Ausdehnung verändert*, er *verkürzt* sich nämlich um den Faktor $\sqrt{1-v^2/c^2}$, erfährt also eine (*nicht*-Einstein-relativistische) *LK*. Überdies *verändert* er seine spezifische *zeitliche Schwingungsdauer* dabei, diese *verlangsamt* sich um den Faktor $1/\sqrt{1-v^2/c^2}$ [114], erfährt also eine (*nicht*-Einstein-relativistische) *ZD*...

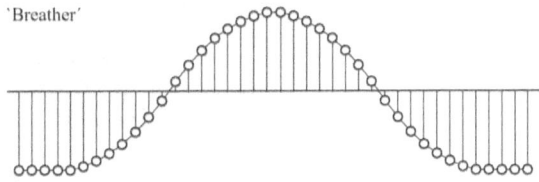

Abbildung 8

B: Das ist zweifelsohne *bemerkenswert*...

N: Die Abbildung ist übrigens für uns *mehrdeutig* - man kann sie auch *so* interpretieren, dass die Pendel einmal um die Aufhängung *herumgedreht* sind: Diese Wellenform nennt sich stehendes oder sich-fortbewegendes `Soliton´` oder `Anti-Soliton´` (je nach Drehrichtung) - beide löschen sich übrigens wie Teilchen und Antiteilchen aus; nicht nur *damit* wird man recht deutlich auf das Wellenmechanische Modell der *QT* und das Phänomen der *Materialisation* bzw. *Annihilation* verwiesen... Diese Wellenform ist sehr stabil, zeigt jedoch *nur* die LK. Ein `Breather´` hingegen ist eine recht *fragile* Schwingungsform, hat aber eben nämliche jeweils *spezifische räumliche Ausdehnung* und jeweils *spezifische zeitliche Schwingungsdauer* (die von der Art der Pendel, deren Kopplung und der Anregung abhängt)...

L: Das System der Pendelkette ist natürlich bis zu einem gewissen Grade *idealisiert* dargestellt, aber die *mathematische Analyse* des Systems führt genau auf den *Lorentz-Faktor*. Was wir damit zunächst zeigen wollen, ist, dass Lorentz derlei nicht nur aus seiner Theorie der elektromagnetischen Erscheinungen mühsam *hergeleitet* hat, sondern, dass es *tatsächlich* (sogar *rein mechanische*) *Systeme* gibt, in denen die LK und ZD *empirisch gegeben* und *beobachtbar* sind...

B: ...aber *einzuwenden* hätte ich *doch* etwas: Es ist natürlich so, dass *wir* zwar diese Pendelkette und ihre Schwingungen von außen wahrnehmen können, einen Äther jedoch oder `das Zugrundeliegende´` - gesetzt es gibt derlei -, dessen *wir selbst* und unsere Maßstäbe und Uhren ein spezieller *Zustand* wären, eben *nicht*, da wir nämlich nicht aus ihm `heraustreten´` könnten - es wäre ja so, als befänden *wir* uns *innerhalb* der Pendelkette als einer ihrer Zustände...

E: Angenommen, es *wäre* im übertragenen Sinne so - das würde bedeuten, dass, wenn wir einen Maßstab neben einen zu vermessenden Körper legen würden, wir *nichts* feststellen würden, weil er sich (Körper und Maßstab als Zustände der Pendelkette) *ebenso* bewegt *ebenso* wie dieser verkürzen würde; und wenn wir eine Uhr zu Rate zögen, um die zeitliche Sukzession eines physikalischen Prozesses zu beurteilen, würden wir ebenso *nichts* feststellen, weil sie sich *ebenso* bewegt *ebenso* wie dieser verlangsamen würde... Darin lag denn auch (in meiner frühen Zeit) der positivistisch-empiriokritizistische *Einwand* gegen diese Sichtweise...

L: ...ein *wichtiger* Einwand...

N: ...aber für `Licht´ - als den schnellsten Impuls, der sich mit c durch die Pendelkette fortpflanzt - fänden wir eben nur das, was wir auch realiter jetzt beim MME und BBE finden, einen (scheinbar) *konstanten Wert*, der zwar *absolut* (in Relation zu der *Pendelkette*) konstant c ist und ob der LK und der ZD so *gemessen* wird, aber zu verschiedenen BS *in* der Pendelkette im Rahmen eines klassischen Raum-Zeit-Konzeptes *nicht absolut* diesen Wert haben kann und nicht hat - von `außen´ betrachtet...

E: Nun gut, aber Sie sagen ja selbst: Wir fänden *gar nichts* - warum aber sollten wir derlei dann überhaupt *annehmen*, zumal wir unsere Welt eben *nicht* von `außen´ betrachten *können?* Ich denke, wir sollten eine Theorie *nur* auf das *prinzipiell Beobachtbare* gründen...

L: Das ist unbestritten *prinzipiell* der richtige Weg - Sie halten sich nur *selbst* nicht daran bei der KdL oder beim PBU, sonst säßen wir hier gar nicht *beisammen...* Und als *wechselseitig* angenommene Effekte gelangt man zu *Widersprüchen* bei der Pendelkette - ganz *ebenso* wie bei der RT, wie wir noch sehen werden... Die Frage ist überdies, ob man nicht hier wie dort *mehr (hinzu)denken muss*, weil uns mehr *denkbar ist* - eben *das* zeigen diese Überlegungen zur Pendelkette ja - und damit eine Theorie *denkbar bleibt,* denn so gäbe es natürlich eine *verborgene absolute* Gleichzeitigkeit, die durch den `verborgenen´ Äther *verbürgt* wäre, was uns die Absurdität der KdL oder des PBU *ersparen* würde...

B: ...und wohlgemerkt sind beide Varianten der RT *empirisch nicht unterscheidbar*...

E: Et tu, Born?!

III g_1 *N:* Wir wollen auf dieser Lorentz´schen Erklärung gar nicht *beharren*, aber ich denke, Sie müssen sich mit dem Gedanken vertraut machen, dass die Frage nach der *Realisierbarkeit* einer absoluten Gleichzeitigkeit der falsche *Orientierungspunkt* ist - die RT bezieht sich doch mit ihrer Argumentation nur darauf, wie man zur *Kenntnis* von Ereignissen gelangt und nicht darauf, wie die ontologisch-reale Ordnung der Weltdinge *selbst* (`an-sich´) verfasst sein könnte... Wir haben uns genaugenommen wohl schon viel zu *tief* in die *Realisierbarkeits-Forderung* verstrickt - diese *verkennt* nämlich völlig den

Unterschied von *Uhr* und *Zeit;* schon der *Ansatz* ist verfehlt, denn er koppelt implizit die *Existenz* einer absoluten Gleichzeitigkeit an *unsere Fähigkeit*, diese zu *realisieren;* dass Sie etwa den Gang von Uhren und Instananität überhaupt für *erwähnenswert* erachten, zeigt, dass Sie weder mit der relativistischen `Eigenzeit´ des Uhrengangs, noch mit der signal-vermittelten, zugeordneten `Fremdzeit´ (wie man diese entgegengesetzt nennen könnte) von dem, was Zeit ontologisch-realiter *ist, sprechen*... Worüber wir *eigentlich* sprechen müssten, steckt in dem kleinen Satz, dass klassisch (in Ihren Worten) `zwei Beobachter *demselben* Ereignis stets *denselben* Zeitpunkt zuordnen werden´ und dass dies mit der RT nun *nicht* mehr so sei, wobei eigentlich schon der Begriff `demselben Ereignis´ alles andere offensichtlich zu einer *contradictio in adjecto* macht - es sei denn, Sie geständen schon hier zu, dass dabei nur von `virtuell-Fingiertem´ die Rede ist...

E: Fällt mir nicht ein...

N: Wie *könnten* Sie auch, die RT würde dann einigermaßen *uninteressant*... Unsere Welt *ist* offenbar so beschaffen (*dazu* braucht es die RT nicht), dass uns prinzipiell nur unser eigenes jeweiliges `punktförmiges Hier-und-Jetzt´ streng genommen gleichzeitige Gegenwart sein kann, da alle anderen Weltdinge zu uns eine räumliche *Distanz* haben, so dass uns *prinzipiell* nur deren *vergangener* Zustand - überdies nur *vermittelt* - gegeben sein kann; nur nehmen wir klassisch *deshalb* nicht eine *radikal-skeptische* Sichtweise ein, sondern lassen unseren kritischen Realismus soweit reichen, dass wir auch *distanten* Ereignissen eine *gleichzeitige Existenz* zuschreiben...

E: ...die nur nicht *definierbar* ist...

N: Es mag naheliegen, zu argumentieren, dass sich *mit* instantanen Signalen die RdG der RT *nicht ergäbe*. Das ist (*als Grenzwertbetrachtung*) allerdings im Grunde schon eine Widerlegung der RT als *Raum-Zeit-Konzept* `en miniature´, denn es ist kein vernünftiger Grund überhaupt nur *denkbar*, warum die Ordnung des `Wo´ und `Wann´ von Ereignissen selbst (`an sich´) - natürlich nicht dessen *Eindruck* oder *zweckmäßige Erfassung* - von irgendeiner *Ausbreitungsgeschwindigkeit* abhängen *sollte*...

E: ...eine `Licht-Geometrie´ *wäre* ein solcher Grund...

N: ...da dies nur damit zusammenhängen kann, wie gleichsam die *Kunde* von Ereignissen in den umgebenden Raum *transportiert* wird, damit, wann Beobachter *Kenntnis* von Ereignissen erlangen können - nicht, wann diese *statthaben;* Sie reden gar nicht von den Zeitpunkten oder der Zeit *selbst* (`an sich´)...

E: Wir *akzeptieren* dieses `selbst´ oder `an sich´ allerdings nicht...

N: Bemerkenswert ist ja grundsätzlich, dass Sie bei all´ unserem offensichtlich doch `unverständig-dunklen´ Reden über Licht *dennoch* der Ordnung der Welt eine `Lichtgeometrie´ zugrundelegen *wollen* - nur: wenn man sein Hemd *unten* falsch zusammenzuknöpfen beginnt, kann man *oben* soviel

zerren, wie man will - es *sitzt* einfach nicht...
L: Ja, und Ihrem eigenen empiriokritizistischen Ansatz *zuwider* legen Sie dann ein *anderes*, nur gedanklich konstruiertes *raumzeitliches* `an sich´ der RT zugrunde... Und doch beinhaltet die ganze Argumentation schon, dass für einen Beobachter, dem alles Geschehen instantan *gewahr wäre* und für uns, die wir diesen *Gedanken* auch nur fassen können, *doch* eine absolute Gleichzeitigkeit existiert; mithin ist dem so für Gott und - fügen wir Spinozas `sive natura´ an - für die *Natur selbst* (`an sich´), wenn wir das `Wo´ und `Wann´ von Ereignissen selbst (`an sich´) als fundamentale ontologische Realkategorien begreifen...
E: Sie sprechen *rein konjunktivisch*...
L: Allerdings, das nennt man `sich seines Verstandes bedienen´...
E: ...und sie sprechen wieder von `selbst´ oder `an sich´ - Gleichzeitigkeit ist etwas, das *wir definieren* müssen...
N: Selten so einen *Unsinn* gehört - ein Heraklit´sches `WERDEN´ definiert *selbst* auch *ohne uns* eine absolute Gleichzeitigkeit...
L: Es ist die Frage, ob in der RT überhaupt von Raum und Zeit die *Rede* ist: Angenommen, wir schwenken eine Lichtquelle *so*, dass ihr Lichtkegel in großer Entfernung eine Reihe von Körpern *A, B, C*... überstreicht, die dann dergestalt sukzessive erleuchtet werden, *als ob* das Licht sich dabei von einem Körper zum nächsten kausal ausbreiten *würde*, so, dass irgendeinem Beobachter dies so *erschiene*. Schon bei astronomisch recht nahen Körpern kommt man so ja auf Geschwindigkeiten *über c*...
E: Aber wie Sie selbst sagen, besteht eben *keine* kausale Verbindung und es wird *keine* Information zwischen den überstrichenen Körper übertragen - es entsteht nur dieser *Eindruck*...
L: Ganz recht! Aber zeigt sich hier nicht, dass eine Grenzgeschwindigkeit *als solche* in einem *Raum-Zeit-Konzept* gar nichts *verloren* hat, mithin, dass die RT gar kein solches *ist*, weil derlei überhaupt *denkbar* ist? Wir könnten solch´ eine Erscheinung am Himmel ja *beobachten* und wollten sie dann zunächst einmal nur *beschreiben* - auch wenn wir *hernach ebenso* zu dem Ergebnis zu kommen, der kausale Zusammenhang *sei* nur trügerisches `als ob´, sei nur *Eindruck*. Ein *Raum-Zeit-Konzept* im klassischen Sinne sollte von allem speziellen `Sosein´ der Weltdinge zunächst doch *abstrahieren* und nur in Anbetracht von deren räumlichen und zeitlichen Merkmalen *rein deskriptiv* und *rein kinematisch* zu erfassen versuchen, `wo wann was der Fall ist´ - erst *hernach* sollte man *innerhalb* dieses Beschreibungsrahmens *dynamisch* für eine Grenzgeschwindigkeit argumentieren, sofern es dafür *Argumente* gibt. Bei Raum und Zeit geht es *nicht* um *Kräfte* oder *Gründe*, sondern nur um *Abstands*relationen der Weltdinge und deren jeweilige *Zustände*, auch wenn etwa erstere wiederum über das $1/r^2$-Abstandsgesetz die *Stärke* von Kräften *bestimmen*. Raum und Zeit sind als Real- *und* Denk-

kategorien *rein kinematisch* zu nehmen; eine Kritik an dem, was die RT *dynamisch* sagt, ist insofern *irrelevant;* wenn man empirisch den Lorentz-Faktor findet, muss dieser auf *Dynamisches* zurückgehen, er hat mit *Raum* und *Zeit* gar nichts zu tun...
E: ...sagen *Sie* - für die *RT* rührt der Lorentz-Faktor aus der unterschiedlichen *Zerlegung* des *RZK* her...
L: Raum und Zeit als reine *Ordnungen* der Weltdinge genommen argumentieren Kritiker der RT insofern für mich jedenfalls in doppelter Hinsicht nicht nur fruchtlos für einen `absoluten Raum´ - mit Verlaub, Isaac -, sondern auch insofern sie sich überhaupt auf die physikalische *Dynamik* beziehen, wenn `nur´ von *Raum* und *Zeit* die Rede ist...
B: Nun, die *ART* klammern Sie damit schon *aus*...
L: *Natürlich*, weil sie eine *Gravitations*theorie ist, die vor dem Hintergrund eines *gedacht* euklidisch-*neutralen* (`ebenen´) Raumes und einer *gedacht absoluten* Zeit eine nicht-euklidische *Abweichung* und einen `anderen Zeitfluss´ rein virtuell *fingiert*, welche die Gravitationswirkung *repräsentieren* sollen - beides wird `Krümmung´ genannt. Dass Raum und Zeit als realkategoriale Ordnungen Naturphänomene *erklären* sollen, kommt mir gar nicht in den *Sinn*, weil Kategorien damit nur eine Ebene `weitergeschoben´ werden; für ein *reines* Raum-Zeit-Konzept macht insofern eine Grenzgeschwindigkeit und etwas anderes als die *GT* gar keinen *Sinn*. Auch die *ART* hebt ja letztlich eben aus *diesem* Grunde die Grenzgeschwindigkeit und Absolutheit von *c* der *SRT* wieder *auf, dass* derlei (wieder) *möglich* werde - in Gravitationsfeldern etwa soll *jede* Lichtgeschwindigkeit möglich sein, wie es in einem reinen Raum-Zeit-Konzept sein *muss*. Geschwindigkeiten *über c* führen in der *SRT* mit den LT aber zu *Paradoxien* und `dürfen´ daher nicht vorkommen...
N: Die RT *fordert* ja auch nur, dass *c* eine Grenzgeschwindigkeit bildet, weil sonst die LT eine *imaginäre Wurzel* enthalten - der Wert *c* ist ja nicht für die Natur selbst Grenze, *weil* es die *LT* gibt. Eine Grenzgeschwindigkeit sollte übrigens auch durch empirische Befunde *falsifizierbar* sein...
E: *Ist* sie das etwa nicht?
N: Es gibt da etwa in der ART einen trefflichen *Immunisierungsmechanismus*, welcher, wenn sich Objekte mit *mehr* als *c* voneinander *entfernen*, dies der Expansion des Raumes *selbst* zuschreibt - aber das führt uns vom Thema ab... Dass ansonsten überhaupt das ganze Raum-Zeit-Konzept `mitfalsifiziert´ und *unbrauchbar* würde, zeigt schon, dass es gar kein solches *ist:* Wenn irgendein Körper oder Wellenphänomen sich von *A* nach *B*, von *B* nach *C* usw. in *einer* Zeiteinheit bewegt und dem die Geschwindigkeit *c* entspricht, warum *sollte* es überhaupt mein Raum-Zeit-Konzept `über den *Haufen* werfen´, wenn wir einmal empirisch feststellen würden, dass eine Bewegung von *A* nach *C* in einer Zeiteinheit stattgefunden hat?

E: Die SRT sagt allerdings, dass Sie derlei *nie* finden würden...
L: Mit der *ART* scheint das *möglich*... Aber es geht um etwas anderes: *Wenn* wir dies fänden, würde es mit der RT unser Raum-Zeit-Konzept *tangieren*. Dann aber, wenn im *Nachhinein* ein Befund das überhaupt *könnte*, muss man doch im *Vorhinein* sagen, dass man gar nicht von Raum und Zeit *allein* gesprochen hat, von den von allem speziellen `Sosein´ *abstrahierenden* Ordnungen... Warum sollten wir unsere Urteile über Raum und Zeit dann *ändern* - ändern sich denn dadurch unsere Ansichten über räumliche *Ausdehnung* und *Abstände*, *Zeitpunkte* und *Zeitfolgen*, die wir *zuvor* hatten? Ich denke doch *nicht*...
E: Jedenfalls nicht *klassisch*...
N: Ein Paradoxon, dass sich für den die Körper *A*, *B*, *C*... überstreichenden Lichtkegel ergäbe, wäre, dass die scheinbare Ausbreitung des Lichtes mit mehr als c in einigen BS mit der RT in *umgekehrter Zeitfolge* geschehen könnte, statt *ABC* also *CBA*, denn in einem MD könnte diese scheinbare Bewegung ja *unter* die $x´$-Gleichzeitigkeitsachse eines BS gelangen...
E: Diesen Punkt hatten wir ja bereits - dergleichen *scheinbare* Paradoxien, ja, *Illusionen* können *ohnehin* mit der RT auftreten; und hier würde eben die Annahme *falsifiziert*, das Licht habe sich von Körper zu Körper ausgebreitet - was ja eine *korrekte Deutung* wäre...
N: Es geht hier um *zwei* Punkte: Zum *einen* geht es um die Frage, warum theoretisch mögliche Geschwindigkeiten über c überhaupt mein *Raum-Zeit-Konzept* tangieren *sollten*... Zum *anderen* - diesen Punkt hatten wir bereits - sollte es schlicht ontologisch-realiter *unmöglich* sein, dass Körper, die ich *nacheinander* erleuchte, *weil* ich dies in *ABC*-Folge *bewirke*, einem anderen als in *CBA*-Folge erleuchtet *gelten dürfen* - wohlgemerkt: nicht nur, das dies so *erscheint;* was ich faktisch im *Nacheinander bewirke*, kann einem anderen in *anderer* Reihenfolge nur *erscheinen* oder *fälschlich* gelten, denn mein *Bewirken* hat eine bestimmte Reihenfolge und wenn es über Licht vermittelt wird, das sich *wirklich isotrop* im Raum ausbreitet, sollte das *Bewirkte* dann *dieselbe* Reihenfolge haben...
E: Nur, *wenn* Sie eine *absolute* Gleichzeitigkeit zugrundelegen, was Sie ja wiederum mit Ihrem `faktisch´ und `wirklich´ implizit *tun*...
N: Für die RT ist dies eben *keine* Illusion - mit *klassischer* Physik können solcherlei Eindrücke *nur* entstehen, wenn man die Ausbreitung des Lichtes *nicht* oder *falsch* berücksichtigt; hier wäre es aber so, dass die RT diese *sehr wohl* berücksichtigt, aber *dennoch* zu diesem Ergebnis kommen könnte - eine schier unbegreifliche Annahme der RT...

III g_2 *L:* Es ist doch *folgendermaßen:* Mit den LT der RT *sollen* wir Ereignisse so *deuten*, dass - nehmen wir an, verschiedene inertiale Beobachter treffen an einem Ort und mithin zu einem Zeitpunkt zusammen - je *schneller* zwei Beobachter relativ zueinander bewegt sind und je *distanter* die Ereignisse sind, von denen sie sprechen, desto mehr ihre Sichtweisen *divergieren* und je *langsamer* sie relativ zueinander bewegt sind und je *weniger distant* die Ereignisse sind, desto mehr ihre Sichtweisen *konvergieren*, bis sie für denselben ʽHier-und-Jetzt-Punktʼ selbst, an dem sich *beide* näherungsweise befinden, und *nur* für diesen *zusammenfallen* (hier noch davon abgesehen, welche Rolle dabei *Raumrichtungen* in der RT spielen) - man kann wohl kaum sagen, dass den Beobachtern derlei phänomenal-empirisch direkt *gegeben* wäre. Es wird hier nicht (nur) die ontologisch-reale Ordnung der Weltdinge *selbst* (ʽan sichʼ) erfasst, sondern wie Beobachter *Kenntnis* von dieser erlangen können, denn das *Kumulative*, das sich über die räumlichen Distanzen hier *aufsummiert*, gleichsam als *relativistische Differenz*, betrifft offenbar ja nur das ʽdazwischenʼ des zwischen dem Beobachter und dem distanten Ereignis selbst (ʽan sichʼ) liegenden *Vermittelnden*, die Ausbreitung des *Lichtes* eben - unerachtet der Frage, *wie* diese Vermittlung vonstatten geht und ob wir darum *wissen* (können)...

N: *Darum* auch *wehrt* sich unser gesunder Menschenverstand hier zu *recht* gegen die RT, weil er dieses ʽdazwischenʼ der Vermittlung, die Distanz im Geiste *mühelos überbrückt*...

L: Richtig; wir denken (so darf man in *dieser* Hinsicht vielleicht mutmaßen) die räumliche und zeitliche Ordnung *direkt* so, wie sie ontologisch-realiter *verfasst* ist - denn für die Natur selbst, die einfach ʽistʼ (und die nur mit ihren Geschöpfen denkt), geht es ja gewissermaßen *ebenso* überhaupt nicht um die *Vermittlung* und *Kenntnis* von Ereignissen; sie ʽsindʼ einfach ʽda, woʼ und ʽdann, wennʼ sie eben sind, wie man nur nahezu tautologisch sagen kann... Fragwürdig ist schon einmal Folgendes: Die Zuordnungen dieser Beobachter hängen vom *Verhältnis* ihrer Relativgeschwindigkeit untereinander und der Lichtgeschwindigkeit ab (das $-vx/c^2$ und das v^2/c^2 in $\sqrt{1-v^2/c^2}$) - das ist zunächst einmal auch im Sinne der *RT* Unfug, weil sich *spezifische*, ontologisch-realiter *relevante*, also *messbare* Zuordnungen nur aus einem *spezifischen* Verhältnis ergeben können, womit also nicht nur die *Lichtgeschwindigkeit* spezifisch sein muss (als angebliche Naturkonstante *soll* sie das ja für alle Beobachter sein), sondern auch die *Relativgeschwindigkeit* - sie muss einen *spezifischen*, mit einem anderen Wort *absoluten Bezug* haben - auf die *Selbstbezüglichkeit* der RT werden wir aber noch genauer *kommen*... Dann aber ergibt sich Folgendes: Wäre der Wert *c* der Lichtgeschwindigkeit *kleiner*, würden sich die Diskrepanzen der Sichtweisen verschiedener inertialer Beobachter - etwa jene an einem Ort zu einer Zeit zusammentreffender - *vergrößern*, wäre er hingegen *größer*, würden sie sich *verkleinern*, bis sie, wenn er gedacht gegen *unendlich* ginge, wenn also eine *instantane Ausbreitung* des Lichtes erfolgte, gänzlich *verschwänden* - diese Grenzwertbetrachtung hatten wir ja bereits...

B: Eben - hatten Sie den Gedanken der Instantanität nicht - sogar zu recht

auch klassisch - *kritisiert?* Und hinsichtlich der *zeitlichen* Urteile ist das Argument doch schlicht *unbrauchbar* - bei solch' *instantanem Gewahrsein* der Beobachter *könnte* es natürlich gar keine Diskrepanzen *geben*...
L: Ja, aber auch die *räumliche* Ordnung der Weltdinge würde dann ja in die *klassisch* angenommene *absolute* übergehen und *mithin* würde die zeitliche Ordnung *ebenso* in die klassische übergehen. Wir hatten gesagt, dass die Vorstellung einer 'instantanen Bewegung' schon logisch-begrifflich problematisch ist und wir wollen auch positiv gar nicht behaupten, dass
III h es derlei empirisch *gäbe;* aber *hypothetisch gesetzt,* man hätte mit dem quantenphysikalischen Phänomen der *'nicht-Lokalität'* bzw. *'nicht-Separabilität'* die Möglichkeit, im *Nachhinein* - um einen kausalen *Energie-* oder *Informations*übertrag *geht* es dabei gar nicht - festzustellen, welche Ereignisse als zeitlich instantan verbunden zu klassifizieren *wären* (natürlich eine konsistente Deutung der QT vorausgesetzt), könnte man auch *Uhren-Synchronisationen* darauf gründen, dass man diese im *Nachhinein* anders stellt; damit würden aber alle divergierenden Beobachter-Sichtweisen der RT *wegfallen*...
E: 'Hätte'... 'könnte'...
N: Eigentlich sollten wir zwar versuchen, hier *ohne* weiteren Rückgriff auf Argumente auszukommen, die sich aus der *QT* ergeben - diese können hier nicht mit allem notwendigen, differenzierenden 'wenn' und 'aber' dargelegt werden[115] -, ein kurzer *Verweis* auf diese ist aber wohl *vonnöten*...
L: Ja. Eher einen *Nebenstrang* stellt die schon erwähnte Frage nach dem 'Äther' dar, insofern das 'quantenphysikalische Vakuum' als eigenschaftsbehaftet in gewisser Weise *Substanzcharakter* bekommt, diesem - gelinde gesagt - wieder recht *nahe*kommt. Entscheidender noch ist, dass QT und SRT wesentlich *nebeneinander* stehenbleiben; nicht nur, weil - wie bereits erwähnt - das Welle-Teilchen- und das MME-BBE-Dilemma eigentlich *ein* Dilemma ist, nicht nur, weil Quantenobjekte relativ unbedarft (implizit) in einen absoluten Raum 'eingebettet' werden, sondern weil umgekehrt in der SRT elementare Objekte - auch als aufgelöst in *vierdimensionale Ereigniskomplexe* im RZK - feldtheoretisch als letztendlich (nahezu) *punktförmig* idealisierbar betrachtet werden; dabei wird nicht hinreichend reflektiert, *welcherlei Entitäten* ontologisch den Aussagen überhaupt *zugrundeliegen:* Sind nämlich Quantenobjekte - wenn sie stets auch quantenartige 'Ganzheiten' bleiben - *an sich* schon (auch) im- oder prämaterielle, feld- bzw. wellenartige Entitäten, die wirkungsdynamisch, zeit- oder teilweise *räumlich ausgedehnt* sind, muss sich zwangsläufig ein *Konflikt* mit der RdG, mithin mit der SRT *insgesamt,* ergeben...
B: Sie wollen darauf hinaus, dass der SRT aus der *'nicht-Lokalität'* bzw. *'nicht-Separabilität'* der QT gewisse *Gegenargumente* erwachsen...
L: So ist es - diese Begriffe bezeichnen gleichsam nur die *Oberfläche* des

Konfliktes... Die Ψ-Funktion bzw. ihr - realistisch gedeutet - ontologisches Gegenstück hat in *allen* Deutungen der QT einen nicht-lokalen bzw. nicht-separablen Charakter: Für Born'sche *Wahrscheinlichkeits*wellen gilt dies ebenso wie für deBroglie'schen *Leit*wellen, bei denen die Trajektorien verschiedener Teilchen instantan voneinander abhängen. So ergibt sich für *alle* Deutungen ein Konflikt zwischen QT und SRT mit den empirischen Befunden der - von Ihnen selbst ersonnenen - Einstein-Podolsky-Rosen-kurz *EPR*-Experimente...

E: Ja, meine Debatte mit Bohr über die Unvollständigkeit der QT... Aber spricht man heute nicht von der *'friedlichen Koexistenz'* beider Theorien, insofern man ja offenbar auch mit *diesen* Phänomenen keine *überlicht-schnellen Signale* senden kann?

L: Davon kann *insofern* keine Rede sein, als es dabei ja darum gar nicht *geht*, ob man dies kann, sondern darum, dass *ein BS ausgezeichnet* wird... Der mathematische Formalismus der QT hatte immer schon die Möglichkeit der *'Verschränkung'* von Quantensystemen nahegelegt, bei der nur deren *Gesamt*zustand defini(er)t ist, wie sich auch eine 'nicht-Lokalität' bzw. 'nicht-Separabilität' schon in der schlichten *Relevanz* des zweiten Spalts beim Doppelspalt-Experiment (bzw. in verwandten Versuchen) zeigt. Kurz gesagt lassen sich heute auch *empirisch* für gewisse quantenphysikalische Observable bei Quantenobjekten, die miteinander *wechselgewirkt* und sich sodann ungestört an verschiedene *Raumorte* bewegt haben, bei Messungen *signifikante Korrelationen* zwischen den Messwerten finden, die sich nur durch nämliche *'nicht-lokalen'* bzw. *'nicht-separablen' Zustands-verschränkungen* erklären, dadurch, dass - salopp gesagt - etwas, das *'hier'* geschieht, sich (jedenfalls dem Anschein nach) *unvermittelt* und *instantan 'dort' auswirkt* (nicht-Lokalität als 'von-hier-nach-dort') bzw. *'dort' relevant* ist (nicht-Separabilität als 'hier-und-dort'); über eine Vergrößerung des räumlichen Abstands kommt man zu einer Verbindung der distanten Zustände nicht nur mit einer Geschwindigkeit *v>c*, sondern theoretisch der *Instantanität beliebig nahe*. Die Korrelationen sind dabei *BS-unabhängig*, so dass die Zustandsverschränkung dabei *das* BS auszuzeichnen scheint, in welchem diese (absolut) gleichzeitig ist; der *raumartige* nicht-lokale $\Psi_{A\text{-}B}$-Gesamtzustand ist also ein *ausgezeichneter Gleichzeitigkeitsschnitt* durch das RZK *(L. zeichnet Abbildung 9)...*

E: Sind das nicht alles nur *Spekulationen?*

N: Nun, das kann man heute *nicht* mehr sagen - mit den Experimenten von Aspect (*1982*) scheinen die empirischen Befunde soweit gesichert, dass Physiker wie etwa *Bell* ernsthaft die Existenz einer *nicht*-lorentz-invarianten 'tieferen Ebene' oder *Bohm* eine *absolute* Raumzeit, einen *'Quantenäther'* erwägen[116]...

L: Wie gesagt ließen sich diese Korrelationen nutzen, um im *Nachhinein* bei Uhren-Synchronisationen eine absolute Gleichzeitigkeit zu definieren, die alle divergierenden Beobachter-Sichtweisen *eliminiert:* Konkret kann man die Frage aufwerfen, was wäre, wenn man sich bei den nämlichen EPR-Experimenten die eine Seite - wie einen Uhrzeiger - *rotierend* denkt; dann dürfte sich die vollständige Korrelation (wohlgemerkt eine *höhere,* als man mit der *klassischen* Physik annehmen müsste) *nur* ergeben (in relativ zueinander ruhenden *und* bewegten BS), wenn sich die andere Seite *instantan-gleichzeitig mitdreht* - so als ob man es bei den Quantenobjekt-Paaren nur mit *einem ausgedehnten* 'Ding', so als ob man es bei dem Verschränkungszustand der beteiligten Quantenobjekte - als nicht nur im quantenphysikalischen *Konfigurations*raum, sondern im *Real*raum sich erstreckend - (doch) mit *einem 'starren Körper'* zu tun hätte, der 'dort' und 'hier' verbindet; die Frage nach den Korrelationen lässt sich irgendwann im *Nachhinein* mithilfe *unter*lichtschneller Signale klären, würde jedoch mehr *aussagen,* eben eine *absolute* Gleichzeitigkeitsebene *definieren...* In eine ähnliche Richtung weisen die Phänomene der 'wechselwirkungsfreien Messung', wobei dieser Begriff im Grunde das *Gegenteil* von dem aussagt, was tatsächlich *stattzuhaben* scheint... Auch hier kommt man auf die Frage zurück: Warum sollte das überhaupt das Raum-Zeit-Konzept der RT in *Frage* stellen, wenn die RT von der *ontologisch-realen* Ordnung der Weltdinge *selbst* ('an sich') spricht?

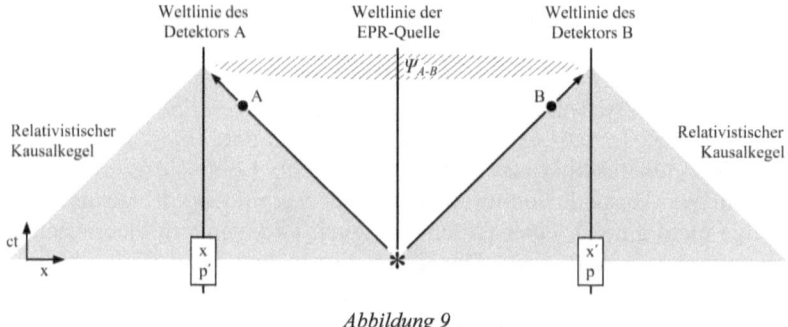

Abbildung 9

E: Sie versuchen der RT so *vergeblich* beizukommen, weil diese eben *alles* gleichsam anders in ihr eigenes, neues axiomatisches System einordnet - man kann es so sehen, dass Körper keine substanziellen Entitäten sind, *zwischen* denen Licht ausgetauscht wird, sondern dass *alles* in eine Ereignis-Ontologie 'aufzulösen' ist...

N: Nun, für einen so drastischen Schritt in der Weltdeutung bedarf es *sehr guter* Gründe - deren Vorliegen sehen wir *nicht*. Aber davon abgesehen ändert das an den genannten Argumenten nichts: Nehmen wir ruhig an, dass ein Körper nur ein *'Ereigniskomplex'* ist, die Ausbreitung von Licht ebenso

- dann bleibt trotzdem folgendes Problem bestehen, das Sie sich gerne in eine Ereignis-Ontologie `übersetzen´ können: Nehmen wir an, wir würden - jetzt noch in der Messgenauigkeit versteckt - später einmal feststellen, dass die Lichtgeschwindigkeit an die Evolution des Kosmos gekoppelt und *variabel* ist - das ist immerhin ja nicht *undenkbar* (zwar wäre eine solche Feststellung *konventionell*, aber für unser Argument ist das irrelevant): Sollen wir dann ernsthaft mit dem $-vx/c^2$ und dem v^2/c^2 im Faktor $\sqrt{1-v^2/c^2}$ annehmen, dass sich damit auch die räumliche und zeitliche Ordnung der Welt *selbst geändert* hätte?

E: Hm...

N: Sehen Sie - alleine *dieser Gedanke* sagt doch schon, dass die RT als *Raum-Zeit-Konzept* Unsinn ist: Unsere an einem Ort zu einem Zeitpunkt zusammentreffenden Beobachter müssten ja ansonsten jeweils füreinander fordern, dass sie im Zuge des sich *ändernden* Wertes von *c* etwa für einen zu ihnen selbst ruhenden Körper *andere räumliche Abstände annehmen* - das ist doch *bizarr!* Für ihre *zeitlichen* Urteile scheint das *nicht* zu gelten, insofern man natürlich auch *klassisch* bei einem schnelleren oder langsameren Signal *andere* Ereignisse der eigenen Vergangenheit mit einem distanten Ereignis koinzidierend denken müsste...

E: Eben!

N: ...was sich aber auch ändern würde, wäre der Zuordnungsfaktor $\sqrt{1-v^2/c^2}$ *selbst* - es ergäbe sich ein `anderes (zu verschiedenen Zeiten verschiedenes) *Divergieren*´ der Beobachter-Sichtweisen, andere *Neigungen* der Gleichzeitigkeitsachsen bzw. andere Achsen*einheiten*. Ein wirkliches *Raum-Zeit-Konzept* müsste derlei aber gewissermaßen *ungerührt hinnehmen*, wie dies ja die *klassischen* Raum-Zeit-Konzepte mit den *GT* auch *tun*... Das zeigt, dass die räumlichen und zeitlichen Zuordnungen, welche die RT vornimmt, für die ontologisch-realen Zeitpunkte *selbst* (`an sich´) schlicht *bedeutungslos* sein müssen - genau *das* wird sich weiter erhärten...

E: ...für eine `Licht-Geometrie´ scheinen mir die Fragen *falsch gestellt*...

L: Was läge klarer auf der Hand, als dass es nur um die rätselhafte Natur und Ausbreitung des *Lichtes* (generell elektromagnetischer Wellen) geht, um die *Vermittlung, Kenntnis* und *Deutung* von Ereignissen, nicht um die Ereignisse *selbst* (`an sich´) und dass der Term $-vx/c^2$ und der Faktor $\sqrt{1-v^2/c^2}$ mit Raum und Zeit als ontologischen *Realkategorien* nichts zu tun haben und in einem ontologischen *Raum-Zeit-Konzept fehl* am Platze sind?! Mir scheint der Gedanke so einfach und einleuchtend, dass die Ordnung dessen, was wir `*Körper*´ nennen (auch als `Ereigniskomplex´, selbst als `Monadenkomplex´) nicht davon abhängt, wie `Licht´ (selbst als ereignisartige Folge der quantenphysikalischen *Möglichkeit*, dass Licht irgendwo eine Wirkung zeitigt) sich *zwischen* diesen ausbreitet, ob langsamer oder schneller - sehen wir einmal, ob nicht auch *Sie* dies am Ende zugestehen... Ich denke auch, dass wir hier nicht zu einer *Verständigung* kommen, weil wir fundamentale Begriffe (immer noch) unterschiedlich *verwenden* - *wir* im *klassischen*, *Sie* im (modifizierten) *relativistischen* Sinne; darum auch scheint mir jede *Herleitung* der RT aus der klassischen Physik, wenn sie nicht *zirkulär* sein soll, schlicht *unmöglich*. Versuchen wir uns erst einmal um die *Herleitung* nicht weiter zu *bekümmern* (wir werden *ohnedies* etwa beim ʼZPʼ unweigerlich *wieder* in diese Falle ʼtapsenʼ) - wir sollten uns nun näher mit den beiden Postulaten der RT auseinandersetzen; die Frage, welche (wirklichen oder eingebildeten) Nöte wissenschaftshistorisch zur *Aufstellung* der (Einsteinʼ-schen) RT geführt haben, sagt ja über deren *Sinnhaftigkeit* (als Raum-Zeit-Konzept) auch gar nichts *aus* - wir könnten auch annehmen, sie wäre uns *heute* ʼin den Schoß gefallenʼ...

L: Machen wir es der RT also *einfach* - sie sagt dann: „Zwei Prämissen IV a waren es, von denen Einstein sich leiten ließ, ein *logisches Postulat* und ein *faktisches Resultat: 1.* Das Prinzip der Relativität [...] und *2.* die Konstanz der Lichtgeschwindigkeit [...]."[117] Das eine meint allerdings eine ganz `spezielle Interpretation´ eines simplen *Denkgesetzes*, eigentlich seine *Verkehrung*, und das andere *ist* genauer betrachtet überhaupt kein *empirischer Befund*. Die *klassische* Einberechnung von Signal-Laufzeiten wird aber ja erst mit *diesen* beiden Prämissen der RT nicht nur *praktisch*, sondern *prinzipiell unmöglich*...

N: Sehen wir zunächst auf das *RP:* Sie erwecken den Eindruck (oder Sie glauben es tatsächlich), als knüpften Sie mit Ihrem RP an ein *altbewährtes Prinzip* an - wohlgemerkt argumentiere ich (hier) *nicht* im Sinne meines `absoluten Raumes´, sondern nehme mit Ihnen allen an, dass es *nur relative* Bewegungen gibt: Das *Galilei´sche* RP ist nun allerdings insofern eher an das Natur*geschehen*, als an unsere Natur*beschreibung* gebunden, als es *zunächst* die Frage, ob man etwa eine Bewegung der Erde `an sich´ nicht *bemerken* müsste, *verneint* - Galilei wollte damit ja Argumente gegen die Kopernikanische Theorie entkräften[118] - `Bewegung´ muss nicht zwangsläufig *bemerkbar* sein; das rührt bei der absolut um sich selbst und um die Sonne bewegten Erde daher, dass die Bewegung `nahezu´ inertial ist, wenn man nicht gerade spezielle Phänomene betrachtet (wie das Foucault´sche Pendel); von diesem Standpunkt aus kam Galilei dann zum *idealisierten* Fall der tatsächlich geradlinig-gleichförmigen *inertialen* Bewegung, die eben nicht *absolut* definiert ist; auf einem dergestalt dahingleitenden *Schiff* verlaufen alle - jedenfalls: rein mechanischen - Prozesse so wie an *Land*...

E: Eben *so* sollte man das RP aber bei elektromagnetischen Phänomenen *auch* verstehen - diese sind empirisch eindeutig gegeben und hängen nicht vom *BS* des *Beobachters* ab: „Man denke z.B. an die elektrodynamische Wechselwirkung zwischen einem Magneten und einem Leiter. Das beobachtbare Phänomen hängt hier *nur* ab von der Relativbewegung von Leiter und Magnet, während nach der üblichen Auffassung die beiden Fälle, dass der eine oder der andere dieser Körper der bewegte sei, streng voneinander zu *trennen* sind."[119] Die Maxwell´schen Gleichungen erfassten das im Prinzip *nur* korrekt für einen *ausgezeichneten* Beobachter, dessen BS zum Leiter *oder* zum Magneten *ruht*, nur für *bestimmte* Bewegungen, obgleich inertiale Bewegung an sich nicht *bemerkbar* bzw. *definiert* ist...

N: ...was nur daran liegt, dass sie *so formuliert* sind...

E: ...und daher war es *mein* Bestreben, auch die *Elektrodynamik* unter das RP fallen zu lassen...

N: ...was durchaus *löblich* ist; nur ist auch mit `Elektrodynamik´ einmal das Natur*geschehen*, einmal unsere Natur*beschreibung* gemeint...

E: Soll heißen?!

N: Das Natur*geschehen* ist in allen BS *dasselbe:* Eine Induktion *findet statt*, nur erfassen die Maxwell'schen Gleichungen als Natur*beschreibung* dies nicht in einem beliebig (inertial) bewegten BS. Insofern stellt sich aber die Frage nach der *Gültigkeit* des RP hinsichtlich des Natur*geschehens* gar nicht in dem von Ihnen formulierten *Sinne*...
E: Wie jetzt?! Es liegt doch auf der Hand - „wenn das Relativitätsprinzip [...] *nicht* gilt, so werden [...] relativ zueinander gleichförmig bewegte [...] [BS] nicht *gleichwertig* sein für die Beschreibung des Naturgeschehens. Dann wäre es kaum anders denkbar, als dass die Naturgesetze besonders *einfach* und *natürlich* sich nur *dann* formulieren ließen, wenn unter allen [...] [BS] *eines* [...] von *bestimmtem* Bewegungszustande [...] gewählt würde"[120], was daher rührte, dass es *„wirklich"* ruhte und andere *„wirklich"*[121] bewegt wären. „Dass aber ein Prinzip von so großer *Allgemeinheit*, welches auf *einem* Erscheinungsgebiete [- der klassischen Mechanik -] mit solcher Exaktheit gilt, einem *anderen* Erscheinungsgebiete [- der Elektrodynamik -] gegenüber *versage*, ist a priori *wenig wahrscheinlich*"[122]...
L: Nun, Sie *vermengen* Natur*geschehen* und Natur*bescheibung* einfach. Für das Natur*geschehen* sollte man a priori - *vor aller Erfahrung* - erwarten, dass eine rasend schnelle Bewegung im 'Gesamtgewebe der Dinge' *relevant* ist, und ontologisch-realiter *ist* dem auch so: Die *3K*-Hintergrundstrahlung etwa kann sich, wenn man anders *bewegt* ist, also in einem anderen *BS* in einen anderen, für uns *tödlichen* Frequenzbereich doppler-verschieben...
E: ...was für die RT aber nicht von der *Beobachterbewegung* herrührt...
L: Allerdings, was ganz *absurd* ist - wir kommen darauf noch... Was bitte bedeutet *dann* noch 'Äquivalenz der BS'? Aber sehen wir auch von diesem Punkt noch ab - dann kann man in der Tat für unsere Natur*beschreibung* in verschiedenen BS als *theoretisches a priori* das *RP* fordern, weil inertiale Bewegung nicht *bemerkbar* ist, weil keinerlei *Differenzen* auftreten. Aber gerade hier ist *Vorsicht* geboten: Es ist ja gar nicht die Frage - so kann man auch argumentieren - ob das RP für das Natur*geschehen selbst* gilt: Natürlich gelten dieselben Naturgesetze für *alles* im Kosmos, gleichgültig, von welchem *Bezugspunkt* aus man es *betrachtet*. Aber deswegen muss nicht auch unsere Natur*beschreibung* dem (klassischen) RP gehorchen: Wenn mein BS sich *dreht* und relativ zu entfernten Massen seine *Relation* ändert (nur *das* ist empirisch-phänomenal fassbar) *bemerke* ich das (auch in einem geschlossenen Kasten), wenn mein BS sich aber *inertial* bewegt und relativ zu den entfernten Massen *ebenso* die Relation ändert, *bemerke* ich dies *nicht*, obgleich man die inertialen Bewegungen für infinitesimale Augenblicke sogar mit Bewegungen auf den Tangenten der beschleunigten Bewegungskurven *gleichsetzen* könnte. Dennoch sagen wir nicht, dass hier *andere* Naturgesetze am Werk sind, sondern dass sich *dieselben* lediglich anders *auswirken*, offenbar dergestalt, dass sich bei inertialen Bewegungen

die wirkenden Kräfte irgendwie gegenseitig gerade so `aufheben´, dass sie *unbemerkt* bleiben. Beschleunigte Bewegungen wie die Rotation der Erde sind als *absolute bemerkbar* (eben beim Foucault´schen Pendel), inertiale Bewegungen hingegen *nicht* - was wir aber empirisch finden, ist in *beiden Fällen nur*, dass Körper ihre relative *Lage* zu anderen Körpern *ändern*, etwa zum Fixsternhimmel (wie Mach es sah)... Unsere Natur*beschreibung* vermag dies also nicht zu *erfassen* (auch die ART nicht; wenn es mit der (angeblich) relativistischen Massenzunahme zusammenhängen soll, muss ein *absoluter* (mithin nicht-relativistischer) Effekt vorliegen); offenbar *ist* es also so, dass *manche* - eben inertiale - BS für unsere Natur*beschreibung besser* geeignet sind als andere und eine *einfachere* Beschreibung ermöglichen...
N: Überdies *wissen* wir, weil unerklärliche Differenzen auftauchen, dass es offenbar ein uns *unbemerkbares* `mehr´ gibt, das mich (neben anderem) auf den `absoluten Raum´ gebracht hat, bzw. umgekehrt *wissen* wir *nicht*, warum uns inertiale Bewegungen *nicht bemerkbar* sind...
L: Generell betrachtet kann man das RP fordern, weil man ein `neutrales´ BS zugrundelegen will: Ein beobachtetes Naturphänomen *soll* in allen BS *gleich erscheinen*, weil es nicht von einem - schon gar nicht: *unbeteiligten - Beobachter* abhängen kann...
E: Natürlich, und selbst bei *quantentheoretischen* Effekten sollte man es so betrachten...
L: Daher jedenfalls legen wir unseren Naturbeschreibungen das *Trägheitsprinzip* (oder eine `vis insita´) und *IS* zugrunde. Wir machen die Erfahrung, dass, wenn man (idealisiert) alle auf einen Körper einwirkenden Kräfte eliminiert, sich dieser in einem bestimmten BS geradlinig-gleichförmig bewegt oder ruht (worin ein Zirkel liegt) - dieses BS nennen wir IS. Dabei ist für den Begriff des IS nicht relevant, ob es *realiter existiert*, sondern wie wir Natur *denken wollen* - in dem Satz `Ein Körper folgt in einem IS dem Trägheitsprinzip, wenn keine äußeren Kräfte auf ihn einwirken´ geht es nicht um die `*äußeren Kräfte*´ (die *realiter stets* einwirken), sondern um das `wenn´ (*gleichgültig ob* sie einwirken). In der ART ist diese Idee soweit auf die Spitze getrieben, dass das in IS noch unbemerkbare `mehr´ in den Raum- und Zeitkrümmungen `unsichtbar gemacht´ wird, damit *alle* Beobachter - nicht nur alle inertial-bewegten - *gleichberechtigt* sind; es bleibt aber eine *konventionelle* Sichtweise, die man um einen hohen *Preis* erlangt und dabei ist fraglich, was uns diese eigentlich *nützt* - einen *Erkenntnisgewinn* ziehen wir daraus ja eigentlich *nicht*... Wie dem aber auch sei - die Frage *wandelt* sich mithin: Dem Natur*geschehen* ist es völlig gleichgültig, ob wir es beobachten und beschreiben - warum soll aber *a priori* etwa ein *Karussell* als BS *ebensogut* wie ein *inertiales* BS oder auch nur *ein* IS *ebensogut* wie ein *anderes* für unsere Natur*beschreibung geeignet* sein?

Die Gültigkeit des RP ist insofern doch gar keine *zwingende Forderung*, höchstens eine *wünschenswerte*...

N: Für das Natur*geschehen* müsste man sogar umgekehrt sagen, dass uns ja gerade die *RT* mit Überlegungen konfrontiert, dass Uhren und Maßstäbe *verändert* sein könnten, dass Signale Beobachtern ʼunbemerkbarʼ *enteilen* oder *entgegeneilen* könnten und dergleichen mehr - gerade *dann* sollte man aber doch annehmen, dass das RP *nicht gilt* bzw. sich *nicht* in unsere Natur*beschreibung* ohne Gewalt *implantieren* lässt. Wohlgemerkt hat das nichts mit den (angeblichen) *relativistischen* Effekten an sich zu tun, denn solche Überlegungen kann man auch *klassisch* anstellen: *Wir* sprechen von *absoluten* (spezifischen), nicht-wechselseitigen Effekten, von *Maßstäben* und *Uhren*, die *RT* aber von *Raum* und *Zeit*. Deshalb könnte man hier auch argumentieren, dass sich alle unsere Überlegungen lediglich darum drehen, das eine reale, alles-umfassende BS ʼ*Kosmos*ʼ in alle möglichen *gedachten* BS zu *zergliedern; ontologisch-realiter* aber gibt es nur dieses *eine* System und das können wir als heraklitisch denken und willkürlich *ein* BS wählen, in welchem wir es *beschreiben* - und dann wählen wir *kein zweites*...

L: Isaac...! So käme man natürlich wieder zu deinem ʼabsoluten Raumʼ und zur ʼabsoluten Zeitʼ...

E: ...aber wenn - um wieder ein konkretes Beispiel zu nehmen *(E. deutet auf Abbildung 1)* - etwa der Bahnwärter auf dem Bahndamm ein Lichtsignal erzeugt, wird er in seinem BS für dessen Geschwindigkeit ja den Wert *c* finden („die Luft [...] wollen wir uns [...][dabei wie immer] weggepumpt denken"[123]) - der Zugschaffner aber wird in seinem BS *c+v* bzw. *c-v* finden (umgekehrt ist es analog). „Die Fortpflanzungsgeschwindigkeit des Lichtstrahles relativ zum [...][Zug] ergibt sich also als *kleiner* [oder umgekehrt *größer*] als *c*. Dies Ergebnis verstößt aber gegen das [...] *Relativitätsprinzip*. Das Gesetz der Lichtausbreitung im Vakuum müsste nämlich nach dem Relativitätsprinzip wie jedes *andere* allgemeine Naturgesetz für den [...] *Zug* als Bezugskörper *gleich* lauten wie für das *Geleise* als Bezugskörper"[124]...

L: Wie *unklar* diese Aussage ist, wird schon deutlich, wenn man für Gesetz der ʼLichtausbreitungʼ: Gesetz der ʼBewegung einer Pistolenkugelʼ oder: ʼBewegung einer Schallwelle (im offenen Zug)ʼ setzt...

N: Man weiß gar nicht wo man *anfangen* soll, bei dem, was Sie sich dabei so kreativ *zusammendichten*... Sie verkehren das *klassische* RP im Grunde ja ins *Gegenteil*. Dennoch erweckt manche Darstellung der RT einerseits gerne den Eindruck einer *Kontinuität*, als erwüchse die RT historischen physikalischen Erwägungen, oder als handle es sich andererseits umgekehrt beim RP um eine *Errungenschaft* der RT - *beides* ist *unzutreffend*... Gut, fangen wir einfach *irgendwo* an: Es sollte doch so sein, dass wenn *wir* zu einem ʼ*etwas*ʼ mit der Geschwindigkeit *v* bewegt sind, dieses ʼ*etwas*ʼ auch

zu *uns* mit *v* bewegt ist; *bestreitet* man das, wird fraglich, warum Beobachter auch mit der RT *wechselseitig* ihre Relativgeschwindigkeit mit *v* ansetzen und warum dann das RP überhaupt *gelten* soll. Nun kann man argumentieren, dass Licht sich der RT zufolge zu *allen* Beobachtern mit *c* bewegen soll und dass sich *alle* Beobachter umgekehrt zu Licht also *ebenso* mit *c* bewegen müssten...
B: ...womit sich das klassische RP, demzufolge alle (zumindest inertiale) Bewegung *relativ* ist, völlig ins *Gegenteil* und in *Widersinn* zu verkehren scheint - man muss hier eben *c* als *reine Relation* begreifen und annehmen, dass es für jeden Beobachter so ist, dass sich Licht relativ *zu ihm* mit *c* ausbreitet, da Raum und Zeit *für ihn* jeweils dergestalt ʼ*verändert*ʼ sind, weil er das *RZK* eben gerade so in Raum und Zeit ʼ*zerlegt*ʼ...
N: Aber wie soll man sich das in *einer* Realität für *alle irgendwie* relativ zueinander bewegten Beobachter denken?! Und das Problem reicht damit nun noch *tiefer:* Wenn der Zugschaffner nämlich *tatsächlich* c+v bzw. c-v fände, könnte er ja kaum *wollen*, dass *alle* verschieden inertial-bewegten Beobachter für *ein-und-denselben* Lichtstrahl - also *auch BS-übergreifend* - *denselben* Wert *c* zugrundelegen, als *absolut* denselben Wert (er *findet* das allerdings *nicht*, da es gar nicht *messbar* ist, dazu später)... Und mithin kann ihm die Einsteinʼsche Synchronisations-Konvention doch *nur pragmatisch* sinnvoll erscheinen - auf die ontologische Realität bezogen muss sie ihm, eben *weil* Raum und Zeit ʼverändertʼ sein müssen, *unsinnig* erscheinen, er wird also die RdG *ablehnen* und nicht im Gegenteil das PBU darauf zu *gründen* versuchen...
L: Aber eins nach dem anderen... Es verlohnte sich eine ʼsynoptischeʼ Betrachtung der verschiedenen Fassungen des RP, vor allem bezüglich seiner *Bedeutung:* ʼIS sind gleich*berechtigt* oder gleich*wertig*ʼ - von jedem IS aus hat man das *Recht*, ein Naturgeschehen zu beschreiben; was soll das *besagen?* Hat die Beschreibung den gleichen *Wert?* Unter verschiedenen Aspekten *wohl kaum:* Anschaulichkeit, Einfachheit... aber: *Wahrheit?* Für ʼ*wahr*ʼ erachten wir mit dem *klassischen* RP *verschiedene* Bewegungsgeschwindigkeiten ein-und-desselben Dinges (hier Licht) in verschiedenen IS. ʼIn IS verlaufen Vorgänge *unverändert* oder *gleich*ʼ - natürlich ist ein herunterfallender Stein in jedem BS *unverändert* ein herunterfallender Stein; was soll das *besagen?* Ist die Beschreibung *gleich?* Gerader und parabelförmiger Fall des Steins in zwei verschiedenen IS betrachtet sind *nicht gleich.* ʼIn allen IS *gelten* dieselben Naturgesetzeʼ - die Naturgesetze, die in der Natur selbst *wirksam* sind, sind keine *anderen*, wenn man in ein Karussell steigt, sie *gelten* immer. Der Bezugskörper, den *wir wählen*, kann für ein Naturgeschehen selbst nur *irrelevant* sein, da er in diesem Sinne nur *Gedachtes* ist; von uns *formulierte* Naturgesetze *müssen* aber doch nicht *selbstverständlich gleich* sein, wenn man sie auf verschiedene Bezugs-

körper bezieht, das kann man höchstens *ideologisch* begründen... Sie nun fassen das RP als 'die Naturgesetze stimmen für alle IS *überein*' - daher müsse man die Gültigkeit der *KdL* mit dem RP für *alle* IS annehmen[125]; nur um *diese* geht es ja bei Ihrer ganz '*speziellen Interpretation*' des RP, *alle* Beobachter sollen - weil Ruhe und inertiale Bewegung generell *ununterscheidbar* sind - für *ein-und-denselben* Lichtstrahl den Wert *c* zugrundelegen...

N: Wenn man das *Galilei'sche* RP nimmt, ergibt sich das gerade *Gegenteil:* Galilei zeigte, dass '*Bewegung*' - der Erde - nicht ohne weiteres bemerkbar sein muss, *obwohl* man umgekehrt der Erde *nicht* 'Ruhe' zuschreiben kann. Davon inspiriert, müssten wir auf den Problemkreis der RT übertragen gewahren, dass Bewegung relativ zum Licht *auch nicht* bemerkbar sein *könnte*. Man fragt: 'wie unterscheidet sich ein Naturgeschehen in *einem* IS von einem *anderen* IS, das in *allem gleich* ist, außer, dass es zu anderen Körpern ('fernen Massen') *anders bewegt* ist' - wenn sich nun unter *anderen* Umständen *dasselbe* zeigen soll, Licht nämlich dieselbe *Geschwindigkeit* haben soll, muss etwas *anders* sein - IS sind *nicht gleich;* die Naturgesetze sind *nicht gleich*, das RP sollte gerade *nicht gelten*. Im Grunde verkennen wir mit unseren Überlegungen aber *immer noch*, wie Sie das RP eigentlich interpretieren, ja, es in Ihrem Sinne *instrumentalisieren*, wenn Sie aus dem *Denk*gesetz ein *Natur*gesetz machen: Genaugenommen gilt das RP nämlich in Bezug auf Raum und Zeit klassisch *immer*, nicht nur vordergründig, weil sich für alles mechanische Naturgeschehen in IS mit der vektoriellen Addition von Kräften bzw. Geschwindigkeiten keine Unterschiede ergeben (man kann auf dem Schiff ebenso Ballspielen wie an Land), sondern weil man sich *alle Randbedingungen* als *identisch* denken muss...

E: Wie jetzt?!

L: Wir sagen doch nicht, die Gesetze der *Schallausbreitung* seien jeweils *andere*, wenn wir zum Ausbreitungs*medium* unterschiedlich bewegt sind - wir erwarten etwa im offenen Zug *nicht* dieselben *Phänomene*, mithin dieselben *Gesetze* (die sich in jenen offenbaren) - niemand würde hierfür die Gültigkeit des RP fordern; auch etwa die *3K*-Hintergrundstrahlung spricht - aus denselben Gründen - *nicht gegen* die Gültigkeit des RP, wenn sie sich in verschiedenen BS jeweils anders darstellt. So kommt man noch nachdrücklicher an den Punkt: Mit dem Wellenmodell und einem Äther *fordert* man *nicht* gleiche Geschwindigkeiten in allen IS; mit dem Korpuskelmodell *wundert* man sich *nicht* über die Gültigkeit des RP in allen IS wie bei allem mechanischen Naturgeschehen; wenn man aber nicht genau um die Natur des Lichtes *weiß, fordert* man zum RP ersteinmal *gar nichts* und *wundert* sich *noch mehr*...

B: Nicht ganz *unwahr*...

L: Ich wollte aber auf etwas anderes hinaus: Bei dergleichen Betrachtungen

müssen doch die *Randbedingungen, bevor* wir überhaupt etwas Sinnvolles über die Gültigkeit des RP aussagen können, *dieselben* sein: Temperatur, Druck, Felder, Strahlung...
E: Alles was gleichsam ungewollt *Einfluss* nehmen könnte, müssen wir uns gewissermaßen `wegdenken´ - richtig...
L: ...und daher ergibt sich für die klassischen Begriffe von Raum und Zeit, dass das RP *immer* gilt: Gleichgültig, wie die *jeweiligen realen* Bedingungen sind, zum *Vergleich* zweier BS müssen wir sie immer als *identisch denken*. Da aber Raum und Zeit eben *die* Denk- und Realkategorien sind, die von allem konkreten `Sosein´ der Dinge *absehen*, bleibt gleichsam nichts mehr *übrig*, was sich in verschiedenen BS unterscheiden *könnte*...
B: Nicht ganz unwahr...
L: Das RP ist also ein *Denkprinzip*, das fordert, dass sich unter denselben *Bedingungen* dieselben *Phänomene* zeigen sollten...
N: ...oder umgekehrt: Wenn wir dieselben Phänomene beobachten, *wollen* wir annehmen, dass dieselben Bedingungen und Gesetze dahinterstecken, weil sie von Raum und Zeit selbst klassisch *nicht* herrühren. Ihr Argument von Magnet und Leiter ist daher *auch* ganz `verdreht´ - man muss es nur einmal *umdrehen*, um das zu bemerken: Wenn sich nämlich zeigen würde, dass, wenn *beide* `bewegt´ sind, die Induktion eine jeweils *andere* wäre, würde das klassisch *dennoch* nicht eine absolute Bewegung und meinen `absoluten Raum´ ausweisen; man würde - wie gesagt - das Phänomen eben *nicht* dem *Raum selbst* zuschreiben, sondern einem `etwas´ im Raum, etwa einem Äther, da man eine Wirkung nur einem konkret *Seienden* zuschreiben würde - Magnet und Leiter würden uns als `nicht´ im `Nichts´ des reinen Raumes bewegt´ gelten. Als Seiendes hätte dies wie jedes Seiende vielmehr seinen `Ort´ im Raum - *so* `funktioniert´ die Denk- und Realkategorie `Raum´...
B: So würde man etwa einen *Äther*, aber nicht *absolute Bewegung* oder den *absoluten Raum* nachweisen...
N: So ist es. Wie gesagt steht dahinter die (kategoriale) Überlegung, dass Konstellationen *denkbar* sind, wo man etwa *einfacher* Leiter und Magnet als `ruhend´, den Äther aber als `bewegt´ denkt - *jede* konkrete Bezugsinstanz kann selbst bewegt sein bzw. gedacht werden. Am Ende läuft dies *darauf* hinaus, dass man sich *alle* Randbedingungen *identisch* denkt und dann *muss* sich dasselbe Naturgeschehen ergeben und das RP gelten; zu den Randbedingungen zu zählen wäre auch, wenn sich bei unterschiedlicher Bewegtheit eines BS zur Gesamtheit der Massen des Kosmos - dem mit Mach einzig *Greifbaren* für das erwähnte unbemerkbare `mehr´ - jeweils *andere* Phänomene zeigen würden; zu beziehen wäre dies auch auf alle tatsächlich *nachweisbaren* (scheinbar) relativistischen Effekte, dazu aber später...

L: Man kann zunächst sagen `(inertial) bewegt zu sein´ ist eben *deshalb* ein relativer Begriff, *weil* es ohne Auswirkung bleibt (*klassisch*, denn beim ZwP ergibt sich für die RT etwas *anderes*) - dann aber muss man ergänzen: *Würde* sich eine Auswirkung zeigen, weist diese *dennoch nicht* absolute Bewegung nach, sondern man hat *etwas übersehen*, irgendeine Bedingung ist *nicht* dieselbe geblieben... Das RP ist insofern eine speziellere Fassung des *Satzes vom Grunde*, des Kausalprinzips. Damit hängt der Begriff `IS´ natürlich *zusammen*, er ist ebenso ein *Denkprinzip* (`wenn keine äußeren Kräfte einwirken´). IS sind *gleichberechtigt* - es *soll* keinen Unterschied machen, in welchem IS man ein Naturgeschehen betrachtet, weil es transsubjektiv immer *dasselbe* (selbstidentische) ist. Sie sind jedoch *nicht alle gleich* - in einem *anders* bewegten IS ändert man, auch wenn das nicht *absolut* feststellbar ist, *anders* seine Relationen zu anderen Weltdingen: In *einem* IS ruht man zu einem Körper, in einem *anderen* rast man auf ihn zu. Und gerade bei Licht geht es nun eben darum, dass man relativ zu *ein- und-demselben* Lichtstrahl in *verschiedenen* IS *verschieden* bewegt ist - jedenfalls klassisch...

E: Eben *hier* zweifeln wir den gesunden Menschenverstand *an* und sagen, Licht bewege sich *stets* mit c relativ zu uns...

L: ...und das hat mit dem *klassischen* RP rein gar nichts mehr zu tun - mit dem nimmt man für Wellen in Medien oder für die Bewegung von Körpern zwar an, dass die Naturgesetze in allen IS `gleichlauten´, aber nicht, dass auch die *numerischen Werte* in den Gleichungen dieselben sind - mithin fordert man nicht, dass *Geschwindigkeiten desselben* bewegten Seienden in *verschiedenen* IS *dieselben* sein müssten: Das bedeutet doch eine völlige *Verkehrung* des klassischen RP, keine Anknüpfung daran...

IV b *E:* Nun, aus den Maxwell'schen Gleichungen kann man dies aber für die Lichtgeschwindigkeit über die beiden Konstanten ε_0 und μ_0 herleiten - wir hatten darüber ja gesprochen...

N: ...und darüber, dass Maxwell selbst seinen Überlegungen einen *Äther* zugrundegelegt hatte, aber um nicht wieder auf diesen zurückzukommen: Es ist einigermaßen gleichgültig, *was* Licht nun ist - die *Konstanten* ε_0 und μ_0, über die sie die Konstanz von c in allen BS mit $c=\sqrt{\varepsilon_0\mu_0}$ herleiten möchten, werden mit der *RT* ja zu *Varianten*...

E: Wie jetzt?!

N: Dieser Punkt scheint *konsequent undurchdacht:* Die Konstanten werden in einem jeweils als `ruhend´ aufgefassten BS ermittelt - deren *Definitionen* enthalten aber neben der *Lichtgeschwindigkeit* $c$ implizit auch *Längen- und Zeiteinheiten* [$\varepsilon_0=1/\mu_0 c^2$ und $\mu_0=4\pi \cdot 10^{-7} N/A^2$]. Man muss also fragen, ob man sie dann mit der *RT* überhaupt auf `bewegte´ BS *übertragen* darf, wenn Sie *kovariante* oder *invariante Naturgesetze* in *allen BS* fordern...

B: Meinen Sie, ein `bewegter´ Beobachter *dürfe* sie gar nicht verwenden -

das ist doch ein *relativer* Begriff?
L: Nun, auch *das* werden Sie selbst wohl noch beim *ZwP* in *Abrede* stellen... Aber es ist ähnlich wie beim Wert von *c* selbst, den laut RT *alle* inertialbewegten Beobachter für *ein-und-denselben* Lichtstrahl finden sollen - der kann bei einer *klassischen* Auffassung von Raum und Zeit nicht in einem *absoluten* Sinne *derselbe* sein, nur als *reine Relation* bei *veränderlichen* räumlichen und zeitlichen Maßen. Sie scheinen gar nicht zu überlegen, was die mathematischen Symbole, die Sie verwenden, realiter *bedeuten;* hier ist es nämlich *ebenso:* Die Einheiten in den Konstanten sagen doch etwa bei der darin enthaltenen Ampere-Definition: 'Wenn *die-und-die* Ladung fließt, ist die Kraft zwischen zwei Leitern *so* groß, als wenn die Kraft von *so-und-so-viel* Newton wirken würde'; das '*1A*' an sich könnte man noch auf die ontologische (eigentliche) Grundgröße der *Ladung 1C* zurückführen; aber das '*1N*' besagt: 'Wenn das Urkilogramm in *1s* von *0* auf *1m/s* beschleunigt wird, dann hat die Kraft *1N* gewirkt' - so *nennen* oder *umschreiben* wir es und führen dabei die Definitionen auf Kräfte und Bewegungen realer konkreter *Dinge* (Körper) in einem (jeweils) *ruhenden* BS zurück. Ist also nicht '*verschlüsselt*' in ihnen dies *enthalten,* wenn man im Grunde etwa sagt: 'Das magnetische Kraftfeld ist *so* 'groß', dass das-und-das Ding in der-und-der *Zeit* auf die-und-die *Geschwindigkeit,* also auf die-und-die *Weg-Zeit-*Relation gebracht würde'? Auch hier können bei einer klassischen Auffassung von Raum und Zeit diese *dimensionsbehafteten* Konstanten in 'bewegten' BS (wenn das auch ein *relativer* Begriff sein mag) nicht in einem *absoluten* Sinne *dieselben* sein...
N: ...alles natürlich auf *dasselbe identische* (*ein*) Naturgeschehen bezogen, das etwa für den einen Beobachter ruht, für den anderen bewegt ist - nicht *jeweils* auf *das gleiche* (*zwei*) Naturgeschehen, das etwa für beide in ihrem jeweiligen BS ruht... Wenn ich in meinem BS - wohlgemerkt bei Herleitung über die Kovarianzeigenschaften der Maxwell'schen Gleichungen - zu dem Schluss komme, dass das Licht sich mit der Geschwindigkeit *c* ausbreiten müsste, und ein anderer Beobachter in einem zu mir relativ *bewegten* BS *dasselbe* sagt, müsste ich ersteinmal sagen: Moment, die Konstanten, die du benutzt, sind *nicht dieselben* (vom RdG-Faktor -vx/c^2 noch abgesehen)...
B: ...wenn es sich nicht am Ende '*herauskürzt*', insofern die RT auch noch die rMZ aufbietet... Ansonsten müsste man ja die GT in diese beiden Konstanten gleichsam '*einarbeiten*' können und es ergäbe sich *dasselbe* wie bei der RT...
L: Jedenfalls wäre schon damit die RT über die LT *konventionell* und die RdG und das PBU zu *verwerfen.* Allemalen setzen Sie eine *Absolutheit* der *Konstanten* (*als* Konstanten) einfach voraus, obgleich es *so* betrachtet ganz aberwitzig wäre, dass diese und gerade das über $c=\sqrt{\varepsilon_0\mu_0}$ hergeleitete *c* in *allen* BS gelten sollen - als *dimensionsbehaftete Konstanten widersprächen*

sie schon der Gültigkeit des RP (in *Ihrem* Sinne)...

N: Nähern wir uns diesem Problem noch einmal *anders:* Generell und hier im ganz speziellen Sinne ist die RT *selbstbezüglich.* Generell gilt ja, dass Raum und Zeit mit der RT *Funktionen relativer Geschwindigkeiten* sein sollen - aber nicht nur als etwas *Relatives* bezüglich zweier BS, sondern etwa beim *ZwP*, bei dem das *Alter* der Zwillinge von der Geschwindigkeit abhängen soll und dieses also bei der Rückkehr schlicht ein *bestimmtes* sein muss, auch in einem ontologisch-realen Sinne als etwas *Absolutes*, nämlich empirisch *Messbares.* Geschwindigkeiten sind aber umgekehrt über Raum und Zeit *definiert*, so dass man in einen *infiniten Regress* gerät[126] (ein gleiches gilt für die *Masse*, die *ebenfalls* implizit in den Definitionen der Konstanten auftritt). Diese Selbstbezüglichkeit führt sich bei der Annahme der RT, dass Raum und Zeit *Funktionen* von *rein relativen* Geschwindigkeiten sein sollen, selbst *ad absurdum*, denn *um* als solche eine *definierte Größe* zu haben, fehlt ihnen der *absolute* Bezug im Sinne von `spezifische´ - bei allen angeblich relativistischen Effekten ist dem so: Um *messbar* zu sein, müssen diese auf *mehr* als *Relativem* gründen; das ist schon lange als `Dingles Syllogismus´ bekannt, aber (wie so vieles) *ignoriert* worden, doch dazu später...

L: ...zumindest müssen sie absolut im Sinne von `spezifisch´ relational zum `Gesamtgewebe der Dinge´ sein...

N: Im *Speziellen* möchte nun die RT jedoch in einer Argumentation über das `speziell interpretierte´ RP über $c=\sqrt{\varepsilon_0\mu_0}$ die (angebliche) Konstanz der Einweg-Lichtgeschwindigkeit $c$ herleiten. *Darüber* aber wiederum leitet sie dann die (angebliche) Relativität räumlicher und zeitlicher *Maße* bzw. von Raum und Zeit *selbst* ab - das *macht* die `Konstanten´ ε_0 und μ_0 in klassischem Sinne aber zu *Varianten*, weil sie nämlich *dimensionsbehaftet* sind und sich in ihren Definitionen auf Raum und Zeit, die mit der RT eben als *variabel* aufzufassen seien, *zurückbeziehen:* Somit wären die SI-Basiseinheiten `Sekunde´, `Meter´ und `Kilogramm´ in den Definitionen dann in anderen BS *ebenso* von einer ZD, LK in Bewegungsrichtung oder rMZ betroffen; doch selbst, wenn es die RT plausibel machen könnte, dass sich dies am Ende irgendwie `herauskürzt´, wären generell auch die beiden *Maxwell'schen Gleichungen*...

$$\oint B_\mathrm{s}\mathrm{d}s = \varepsilon_0\mu_0 \frac{\mathrm{d}}{\mathrm{d}t}\int E_\mathrm{n}\mathrm{d}A \qquad \oint E_\mathrm{s}\mathrm{d}s = -\frac{\mathrm{d}}{\mathrm{d}t}\int B_\mathrm{n}\mathrm{d}A \qquad (\mathrm{IV.1a/b})$$

...von der Selbstbezüglichkeit *insofern* betroffen, als dass ja etwa über die *Fläche A*, die von einem (*1*) elektrischen bzw. (*2*) magnetischen Feld durchwirkt ist, *Integrale* gebildet werden...

B: Mir scheint, positivistisch-empiristisch sollte man sich kein zu *konkretes*

Bild davon machen, was sich hinter einem `Feld´ `tatsächlich´ verbirgt...
N: Damit haben Sie sicher *grundsätzlich* recht, hier stößt das aber an eine *Grenze:* Wir hatten ja gesehen, dass es sinnlos ist, ein Feld ontologisch-realiter bis zur mathematischen `Nacktheit´ zu `entkleiden´ und es als ein `Nichts´ zu betrachten - es ist *Seiendes.* Hier nun geht es darum, dass es *räumlich-ausgedehntes* Seiendes im Laufe der *Zeit* ist: Die relativistische LK wird also auch *insofern rückbezüglich* und ein gleiches ist hinsichtlich der *Zeit* in den Gleichungen und der ZD zu sagen...
E: Wie jetzt?!
N: Hier sind ja neben der *zeitlichen* Prozessbeschreibung die drei *Raum*-richtungen des ausgedehnten Seienden - der sich räumlich fortpflanzenden Kopplung der beiden Felder, die wir `elektromagnetische Welle´ (`Licht´) nennen - involviert, da elektrisches Feld, magnetisches Feld und sich ausbreitende Welle in unserer Modellvorstellung aufeinander senkrechtstehen und sich wechselseitig beeinflussen sollen; wir *denken* es nicht nur so und, *gleichgültig,* was dem *realiter entspricht,* so *sollen* es die Gleichungen *erfassen* - realiter zeigen sich diese räumlich-zeitlichen Zusammenhänge *tatsächlich,* etwa bei den Oersted'schen Versuchen *(1820),* wo elektrische Ströme Kräfte auf Magnetnadeln ausüben: Bringt man etwa eine Magnetnadel in die Nähe eines stromdurchflossenen Leiters, richtet diese sich doppelt-senkrecht zur Stromrichtung aus gemäß der `rechte-Hand-Regel´; die Kraftvektoren (Tangenten der Feldlinien) stehen dabei aufeinander *senkrecht.* Die ZD an sich ist *nicht* von der Raumrichtung abhängig (die zeitlichen `Umdatierungen´ allerdings schon), von der LK aber ist nur eine Raumrichtung des ganzen ontologisch-realen `Kausalnexus´ betroffen; wenn nun - zurückhaltend formuliert - unserer Modellvorstellung auch nur *irgendetwas* ontologisch-realiter *entspricht,* ergibt sich dann nicht, dass man diesen mit der RT in einem *anderen* BS als einen `*anderen*´ begreifen muss? *Mit* Raum, Zeit und Masse werden nicht nur die Konstanten zu *Varianten,* auch die Integrations*flächen* und *-wege* und die *Zeit*abläufe des dahinterstehenden Seienden selbst - was immer es auch `sein´ mag - sind betroffen; diese Zeichnung mag das verdeutlichen, in der die elektrische Feldstärke *E*, die magnetische Feldstärke *B* und die Ausbreitung der elektromagnetischen Welle *c*, die zusammen *für* den nämlichen ontologisch-realen `Kausalnexus´ stehen, visualisiert sind *(N. zeichnet Abbildung 10)...*
B: Nun gut, es wäre allerdings zu überlegen, ob nicht auch *hier* Raum und Zeit (wiederum) gerade *so* verändert sind, dass sich *nichts* ändert, ähnlich wie bei der Lichtgeschwindigkeit als *Relation c...*
L: Das verkompliziert das Argument - man müsste den Zusammenhang *dimensional komplett* analysieren, ob dies tatsächlich der *Fall* ist -, es setzt aber das *grundsätzliche* Argument meines Erachtens nicht *außer Kraft: Wenn* dies sein sollte, ja, *gerade* dann, müsste ein Beobachter zum anderen

doch sagen: *Deine* Konstanten sind nicht *meine* Konstanten...

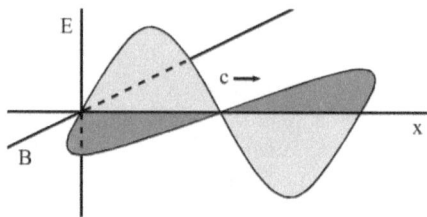

Abbildung 10

N: Die RT wäre hier also *selbstbezüglich* und die Forderung des RP (in der Interpretation der *RT[!]*), dass alle Naturgesetze in allen IS `gleichlauten´ müssen, die noch darauf *zugespitzt* wird, auch die Licht*geschwindigkeit* müsse gleichlauten, wird selbst gewissermaßen wieder `*ausgelöscht*´; diese Forderung hatten wir wohlgemerkt schon *an sich* zurückgewiesen...
L: ...und die `Konstanten´ könnte man dann auch *sogleich* als *Varianten* betrachten, wohlgemerkt *zwischen* zwei BS. Das `Gesetz der Lichtausbreitung´ könnte insofern in verschiedenen BS dann auch klassisch `gleichlauten´, *ohne* Raum und Zeit anzutasten - nur ist es eben so nicht *formuliert* oder uns formulier*bar*. Das RP in Ihrer `speziellen Interpretation´ muss man insofern allerdings *zumindest* als *konventionell* begreifen: *Entweder* man betrachtet ε_0 und μ_0 als *Konstanten* und leitet daraus *konstant* c ab, dann muss man Raum und Zeit im Folgenden als *variabel* betrachten und die dimensions-behafteten Konstanten *werden* zu Variablen, *oder* aber man betrachtet sie - BS-übergreifend[!] - *sogleich* als Variablen und lässt Raum und Zeit *konstant* und *c* ist klassisch *variabel*...
E: Zu den *veränderlichen relativen* räumlichen und zeitlichen Maßen hätte ich aber einen *Einwand:* Im Gegensatz zur *Lorentz'schen* RT lehnen wir ja empiriokritizistisch den Gedanken *ab*, dass sich hinter diesen noch die `wahren´ absoluten Maße verbergen, die jeweils *verändert* sind, da uns ein *absoluter* Bezugspunkt nicht *gegeben* ist und nur der *Beobachter* uns Bezugspunkt sein kann...
N: ...wohin *das* führt, sehen wir gleich - aber: wie sollen sich mit dem völlig *irrelevanten Beobachter* als Bezugspunkt *messbare* relativistische Effekte ergeben - die *Zerlegung* des (angeblich) raumzeitlichen Gebildes `Welt´ eingeschlossen?
E: ...Maßstäbe lassen sich in einem *absoluten* Sinne gar nicht vergleichen - man muss sie, da *nichts* von einer *Veränderung bemerkbar* ist, als *gleich* in den verschiedenen BS nehmen: *1m* ist hier wie dort *1m* - auch *Zeit* ist nurmehr das, was man auf einer *Uhr* abliest... So kommen wir vom *wahren Unbeobachtbaren* (bei Lorentz) zum *relativen Beobachtbaren*...

L: Nun, *wörtlich* genommen, könnte man dem *zustimmen*...
E: Sie *wissen* ja, wie ich es *meine*...
N: ...das ist doch nur ein `Versteckspiel´, bei dem Sie mit chamäleonesker Unbedarftheit Ihren Standpunkt wechseln, wie es Ihnen gerade *passt: Hier* argumentieren Sie *so* - was auch *plausibel* klingt; wenn wir uns aber etwa vorstellen, dass verschieden bewegte Beobachter an einem Ort zusammentreffen und dann über den räumlichen Abstand zu einem anderen Körper urteilen, kommt es zu einem offenen logischen *Widerspruch*, wenn man die Maße *nicht* als *absolut verschieden* denkt - es ist ja nicht so, dass wir dies nicht zu denken *vermöchten*, ganz im *Gegenteil*. Und wenn es Ihnen *passt*, argumentieren Sie *anders*, insbesondere, weil es eine scheinbar klassische *Anschaulichkeit* mit sich bringt... Nehmen wir nur *diesen* Gedanken: Sie bestehen aus empirio-kritizistischen Erwägungen heraus darauf, dass sich „die zu entwickelnde Theorie [...] auf die Kinematik des starren Körpers [stützt]"[127], mithin auf ein *konkretes, materielles BS*, was auch *alternativlos* ist...
E: Eben; angenommen, wir ermitteln die *Eigenlänge* irgendeines Körpers und *beschleunigen* diesen dann und lassen nun einen *anderen* Beobachter die Eigenlänge ermitteln, so erscheint uns der für uns dann bewegte Körper *längenkontrahiert*, der andere Beobachter kommt aber auf *dieselbe* Eigenlänge, weil der zu vermessende Körper und seine Maßstäbe *gleichermaßen* eine LK erfahren, in einem *gedachten* KS wäre dem ja *nicht* so - nur so erklärt sich, dass der Beobachter in seinem *eigenen* BS nichts von einer LK *bemerkt*, die ein anders bewegter Beobachter `von außen´ zu bemerken *glaubt* - die RT gibt ja *keinem* mehr recht...
N: Das ist eben der *andere* Standpunkt; sehen Sie, gleichsam im *Vorhinein* können wir endlos darüber streiten, ob man im *klassischen* Sinne sagen muss, die Maße seien *identisch* oder sie seien es *nicht* - es ergibt sich aber *dennoch* generell nämliche *Selbstbezüglichkeit*, weil man im *Nachhinein* mit der RT die Messungen eines anderen, relativ zum eigenen *bewegten* BS nicht als *äquivalent* erachten kann...
L: ...denn wenn man den offenen Widerspruch *vermeiden* will, kann man nur sagen, dass der andere Beobachter nur *deshalb* zu *denselben* Messergebnissen für die Eigenlänge des Körpers kommt, weil seine Maßstäbe *nicht* (mehr) *dieselben* sind; das bedeutet: Das RP in Ihrer Interpretation, dass alle hier zu *denselben* Messergebnissen kommen müssen, `gilt´ also nur deshalb, weil es für *Maßstäbe* und *Uhren* gerade *nicht* gilt - in jeder Hinsicht scheint sich das RP in Ihrer `speziellen Interpretation´ also selbst `auszulöschen´...
N: Im Grunde fordert man mit dem RP in *Ihrem* Sinne dann ja *dieselben* Naturgesetze in allen IS, die aber mit jeweils *verschiedenen* Maßnormalen ermittelt werden...

E: Drehen *Sie* sich dieses `Vexierbild´ nicht *auch* so, wie es Ihnen passt?

N: ...und von alledem *abgesehen*, muss man doch sagen, dass man mit guten Gründen *anzweifeln* muss, dass das `Gesetz der Lichtausbreitung´ dem (klassischen) *RP* gemäß die KdL für *ein-und-den-selben* Lichtstrahl für *alle* IS *fordert* - ein Verstoß der Elektrodynamik gegen das klassische RP liegt mithin gar nicht *vor*...

L: Nun, *Maxwell* wäre auf diese Gedanken wohl überhaupt nicht *verfallen*... Genaugenommen wären übrigens diese Fragen, ja, *alle* Fragen der Lichtausbreitung, welche die RT aufwirft, aufgrund der Verquickung des *Fermat´schen* Prinzips der kürzesten Lichtzeit mit dem *Maupertuis´schen* Prinzip der kleinsten Wirkung, die in der *QT* mit deBroglie-Schrödinger in bezug auf *Materiewellen* statthat (wenn die mechanisch möglichen Trajektorien von Teilchen mit den möglichen Strahlengängen von Wellenentitäten übereinstimmen) *nicht nur* auf *Licht* zu beziehen, sondern auch auf die Bewegung von *Materie* (im klassischen Sinne) - aber beziehen wir uns hier nur auf *Licht*...

N: Ja. Ein interessanter Aspekt bezüglich des RP - von Ihnen gefasst als: `die Naturgesetze stimmen für alle Inertialsysteme *überein*´ - ergibt sich mit der Frage, auf *welche* Naturgesetze es sich überhaupt *bezieht*, und speziell mit der Frage, ob die RT eigentlich ein *konsistentes* `Gesetz der Lichtausbreitung´, einbegriffen die KdL, *formuliert*...

N: Kommen wir nun auf Ihr Postulat der *KdL* zu sprechen - dieses ist (neben anderen Ansichten der RT) ja schon früh als rein *'fiktiv'* bezeichnet worden, etwa im Gefolge der Vaihinger'schen *'als-ob'*-Philosophie...
E: Ja, wobei *seltsam* ist, dass „besonders [...][mein] Satz von der *Konstanz der Lichtgeschwindigkeit* [...] als Fiktion hingestellt [wird]; aber gerade dieser Satz ist im wesentlichen eine *Tatsachenbehauptung*. Kraus [etwa] schreibt: `Der Satz, die Relativgeschwindigkeit des von der Bewegung der Lichtquelle unbeeinflussbaren Lichtes bleibe sich gleich gegenüber jedem geradlinig gleichförmig bewegten System, ist *unmöglich*. Er verstößt nicht gegen Denkgewohnheiten, sondern gegen *a priori evidente Urteile'*"...
N: Ein *kluger* Mann...
E: „Aber dieser Satz behauptet nichts als folgende einfache *Tatsache:* Wenn ich in verschiedenen Systemen die Lichtgeschwindigkeit mit *denselben* Maßstäben und Uhren nach *derselben* Methode messe, so kommt überall *300.000km[/s]* heraus [...][- wenn er also] das Einstein'sche Lichtprinzip eine *Fiktion* nennt, so behauptet er damit, dass man beim Messen mit starren Maßstäben und Uhren im bewegten System *nicht 300.000km[/s]* für die Lichtgeschwindigkeit erhält. [Die Philosophie will der Physik hier *vorschreiben*, was *beobachtbar* ist]"[128]...
N: Nicht nur die *KdL*, auch die *LK* ist empirisch *nie direkt* nachgewiesen worden - und bei den *anderen* relativistischen Effekten, etwa der ZD oder rMZ, ist die Frage, ob *sie* nachgewiesen wurden...
B: „Dass eine direkte *Messung* [etwa der LK] nach Einsteins Methoden *nie erfolgt* ist, sei *zugegeben;* aber die *direkte* Messung ist zweifellos eine jener *trivialen Fiktionen*, die wir [...] aus der Untersuchung als selbstverständlich *ausschlossen*."„[So etwa die] Fiktion, wenn in der Relativitätstheorie von einem Beobachter gesprochen wird, der beim Eintreffen eines Lichtsignals seine *Uhr* stellt"[129]...
N: Das halten Sie für vergleichbar? Ach, Gottfried...
L: Sehen wir also auf die *Fiktion `KdL'* - als empirische Befunde werden sowohl Experimente der *MME*- als auch der *BBE*-Klasse angeführt, diese hätten die *KdL* erwiesen. Nehmen wir das MME *selbst* - und sehen wir von diversen Punkten ab: Begreifen wir alle *nicht-signifikanten* Ergebnisse als reine *Null*-Resultate; abstrahieren wir davon, dass alle Experimente im *nicht*-IS `Erde' stattfanden und dass bei keinem Experiment die Licht-Geschwindigkeit (direkt) *gemessen*, sondern nur zwei Geschwindigkeiten *interferometrisch in Relation* zueinander gesetzt wurden (was natürlich wieder einige Vorannahmen beinhaltet). Erweitern wir unsere Vorstellung dann zum Gesamtbild *beider* Experimenteklassen: Da uns das Ergebnis das MME ja *nur* Wunder nimmt, *wenn* wir Licht als *Welle* in einem *Medium* betrachten, ergänzen wir in Gedanken das *BBE* - das Spannungsverhältnis dieser beiden komplementären Experimenteklassen hatten wir ja mehrfach

erwähnt. Ist nun das Ergebnis die *KdL*? Man findet *zunächst* nur, dass sich keine signifikanten Verschiebungen von *Interferenzmustern* ergeben, was dahingehend *interpretiert* wird, dass sich Licht isotrop in alle Raumrichtungen mit *c* ausbreitet - allerdings kann man das nur für *das* BS behaupten, in dem man den Versuch jeweils *ausführt*...
B: Zunächst jedenfalls...
L: Wenn sich doch noch einmal herausstellen sollte, dass sich Licht rein wie *Korpuskeln* verhält, wäre jedem sofort *klar*, was an der Argumentation, die KdL sei als *empirische Tatsache* zu begreifen, *falsch* ist. Wenn jemand das RP im Sinne der RT, dass ein `etwas´ dieselbe Geschwindigkeit in *verschiedenen* IS habe, anhand einer *Pistolenkugel* nachweisen wollte, ist klar, dass sich zwar in allen IS deren Geschwindigkeit als *dieselbe* zeigen wird, als *Konstante* relativ zum selbst schießenden *Beobachter*, gleichgültig, wie dieser inertial bewegt ist, dass jedoch deren Geschwindigkeit natürlich in *allen anderen* IS *nicht* dieselbe ist...
E: ...jetzt wollen Sie wieder auf die *Korpuskeltheorie* hinaus?
L: Nein, man muss überhaupt nicht *positiv behaupten*, dass Licht sich wie Korpuskeln verhält, um festzustellen, dass bezüglich der experimentellen Befunde genau *dieselbe Situation* vorliegt: Es wird nicht *dasselbe* `etwas´ in verschiedenen BS gemessen, sondern *je ein* `etwas´ in verschiedenen BS. Es wurde *nie derselbe* Lichtstrahl in *verschiedenen* BS gemessen - und doch kann es bei der angeblichen KdL und der RdG nur *darum* gehen...
N: Bei den Experimenten von Fizeau und Foucault wurde zwar die Licht-Geschwindigkeit *gemessen*, allerdings auf *geschlossenen Wegen*, also *hin und zurück* - über den Zirkel, der sich dabei ergibt, hatten wir gesprochen. Hier muss man nun wieder sagen, dass es für die angebliche KdL und die RdG, für die Frage nach der Gleichzeitigkeit von Ereignissen und ob Uhren `wirklich´ synchron in Gang gebracht werden, nur um die *Einweg*-Lichtgeschwindigkeit gehen kann...
L: Für die praktische Durchführung von Synchronisationen wäre ja noch interessant, was faktisch das In-Gang-setzen einer Uhr *bewirkt*, die `Unterart´ der Lichtgeschwindigkeit...
N: Die *Einweg*-Lichtgeschwindigkeit *wurde* jedenfalls empirisch noch nie gemessen - das ist sogar, wie die RT *selbst* einräumt, *prinzipiell unmöglich* ob des nämlichen logischen Zirkels - die RT nimmt darum hier eine *Festsetzung* vor (eine *willkürliche* Festsetzung, die etwas *erklären* soll, ist aber ein Widerspruch in sich selbst). *Schon gar nicht* wurde aber empirisch die Lichtgeschwindigkeit *ein-und-desselben* Lichtstrahls in *verschiedenen* BS gemessen und gefunden, so man für diesen den Wert *c* in *einem* BS rein hypothetisch als Einweg-Geschwindigkeit *fände*, dass dieser in einem *anderen* BS dann *auch* den Wert *c* hätte...
B: Das stimmt...

L: Wie sollte solch´ eine Messung auch *vonstatten* gehen - man müsste ja Licht *im Fluge* messen?! Erzeugt man selbst einen Lichtstrahl, der sich im eigenen BS (*mutmaßlich*, da überhaupt nicht *messbar*) mit *c* als Einweg-Geschwindigkeit ausbreitet, müsste man diesen ja mit einer im eigenen, ruhend gedachten BS *bewegten* Messapparatur messen - die eben in einem *anderen BS ruht*. Der Lichtstrahl müsste dann aber zum *einen* das immer angeführte 'Enteilen' oder 'Entgegeneilen' zeigen, was *nicht* den Wert *c* liefern sollte - so leiten Sie ja die RT beim ZP her; die RT ´*übertüncht*´ das aber: Sie benennt die Emissions- und Absorptionsereignisse kurzerhand *um* (und nimmt eine *LK* an), so dass sich *doch rein rechnerisch c* ergibt. *Ohne* die Umbenennungen kommt man zu *c+v* / *c-v*, wie es ontologisch-realiter ja auch *ist - mit* den Umbenennungen liegt natürlich ein *Zirkel* vor, die RdG wird für die KdL axiomatisch schlicht *vorausgesetzt*...
B: Hm...
L: Zum *anderen* jedoch, was noch *entscheidender* ist: *Um* den Wert *c* zu *messen*, müsste der Lichtstrahl mit der bewegten Messapparatur *zweimal wechselwirken* - im Prinzip würde man dann aber ja nur einen *anderen* ´neuen´ Lichtstrahl im anderen BS messen, nicht den *ursprünglichen* des *eigenen* BS. Anders gesagt: Man wüsste *durch* die Messung nicht mehr, ob dieser dann im *eigenen* BS (bezüglich der *ruhenden* Messapparatur) noch den Wert *c hätte*. Das Dilemma ergibt sich klassisch für makroskopische Körper nur *deshalb* nicht, weil man *die* schlicht in ihrer Bewegung *sehen* kann. Auch *so* gerät man also in einen *logischen Zirkel*...
B: Hm...
L: Anders gesagt kann man für einen Lichtstrahl, der sich mutmaßlich mit der Einweg-Geschwindigkeit *c* zwischen zwei Bezugspunkten *A* und *B*, die in einem BS_1 ruhen, bewegt, gar nichts anderes tun, als diese Bezugspunkte in das relativ dazu bewegte BS_2 *gedacht* zu *übertragen* - dies ist der einzige Weg, *nicht* im Zirkel zu landen und den Wert von *c* in einem *anderen* BS zu bestimmen; dafür aber behauptet die RT *selbst*, dass man *c+v* / *c-v* findet. Klarheit wird hier unser Beispiel zweier relativ zueinander bewegter Maßstäbe bringen (im Grunde über alles), dazu sogleich... Wenn man also nicht schon skeptisch bei der Frage verharrt, was empirische Befunde überhaupt konjunktivisch hier *wären*, kann man nur sagen: Die KdL ist schlicht *kein* empirischer Befund...
B: So betrachtet wohl wahr...
L: Ich wäre übrigens *tatsächlich* eher geneigt, dem MME Vorrang gebend, *relational* zu denken und anzunehmen, dass Licht sich in *jedem* BS mit *c* ausbreitet, nur eben *nicht BS-übergreifend* - wie Korpuskeln im insofern isotropischen Raum; dann bleibt aber natürlich - von den vorhin gemachten Anmerkungen abgesehen - das *BBE* unerklärt, das Dilemma bestehen... Vielleicht muss man hier aber auch gewissermaßen die ´Flucht nach *vorne*´

antreten: Da uns empirisch *nur* die Emissions- und Absorptionsereignisse von Licht in zwei Punkten *A* und *B* gegeben sind, nicht jedoch dessen *Bewegung*, könnte man *rein relational* sagen, dass bei einem bestimmten Abstand *Δs* zwischen dem Ereignis in *A* und dem in *B* eine bestimmte (absolute) Zeitspanne *Δt* liegt, deren *Quotient Δs/Δt* stets den Wert *c* hat - für beide Experimenteklassen MME und BBE geht es dann überhaupt nicht mehr um die *Bewegung zwischen A* und *B*, die bleibt als *unbeobachtbar* völlig *außen vor*...
N: ...was allemalen *weniger* mystisch ist, als das, was die *RT* annimmt - die geht eben einfach über alle *tatsächlichen* empirischen Befunde *hinaus* und behauptet, dass der Wert *c* für *alle* inertial-bewegten Beobachter für *ein-und-denselben* Lichtstrahl gelte; auch solche Beobachter, die etwa ein relativ zu sich *bewegtes* MME oder BBE *beobachten*, sollen in *ihrem* BS *ebenso* von *c* ausgehen; so auch etwa beim berühmten *ZP*...
E: So ist es...
N: Die Behauptung, die KdL gründe auf *empirische Befunde*, wird aber ohne jeden Skrupel *munter kolportiert* - so kann man etwa lesen: „Stellen wir uns vor, Sie und ich, wir sitzen jeder in einem Raumschiff [...] in der Nähe eines Sterns. Mein Raumschiff hält sich in *konstanter* Entfernung zum Stern auf, während das Ihre [...] auf den Stern *zufliegt*. Wir stellen uns nun vor, dass wir [...][in deren *Innerem*] gleichartige *Experimente* durchführen. [...] Ich lasse nun im Vorderteil des Innenraumes eine *Lampe* aufleuchten und messe die *Geschwindigkeit* der Lichtwelle, die zur Rückseite meines Raumschiffes läuft. *Sie* tun das gleiche in *ihrem* Raumschiff. [...] [Der *KdL* zufolge] halten alle auftretenden Lichtwellen auf ihrem Weg nach hinten miteinander *Schritt* - ob sie nun von *meiner* Lampe in *meinem* Raumschiff ausgehen oder von *Ihrer* Lampe in *Ihrem* Raumschiff oder von dem *Stern*. Indem ich die Geschwindigkeit des von meiner Lampe ausgestrahlten Lichtes *messe*, bestimme ich also zugleich die Geschwindigkeit des Sternenlichtes, das an mir *vorbeiläuft*. Dasselbe trifft auf *Ihre* Messung zu. [...] [Es] liegt nahe zu vermuten, dass Sie bei dem vorbeilaufenden Sternenlicht und wegen der [...][KdL] auch bei dem Licht Ihrer Lampe eine entsprechend *höhere* Geschwindigkeit messen müssten [...]. Natürlich widerspricht dies dem [...][RP], das ja *gleiche Ergebnisse* bei *gleichen Experimenten* in meinem und Ihrem Raumschiff fordert. [Und man könnte so, wenn man auch Licht in der *anderen* Richtung aussenden würde, über die sich ergebenden Differenzen die *absolute* Geschwindigkeit seines Raumschiffes bestimmen.] Nach dem [...][RP] kann diese Geschwindigkeit des *eigenen* [...][BS] jedoch grundsätzlich nicht durch *interne* Messungen *bestimmt* werden. Auch *daraus* können wir schließen, dass Sie [...] immer denselben Betrag *c* messen werden. Sicherlich sind wir *überrascht* darüber, dass die Lichtwellen einer beliebigen Strahlungsquelle uns immer mit *der-*

selben Geschwindigkeit passieren - egal, wie schnell wir [...][ihr] *entgegeneilen*. Es gibt aber noch viele andere überraschende Phänomene, die sich aus der [...][RT] ableiten."[130] Lassen wir alle Absonderlichkeiten beiseite, wie etwa, dass wir *wegen* des RP immer nur *c* messen *können (sollen)*; hier wird der Eindruck erweckt, dass diese `überraschenden Phänomene´ tatsächlich empirisch so gemessen *wurden* - das ist *falsch* - oder auch nur gemessen werden *könnten* - das ist ebenso *falsch*: Wie wir gesehen hatten, kann man weder die Einweg-Messungen des Lichtes in den Raumschiffen, noch jene des Sternenlichts relativ zu den beiden Raumschiffen *durchführen* - solche BS-übergreifenden Messungen *desselben* Lichtstrahls *gibt es nicht, weder praktisch, noch theoretisch*. In ihrer *direkten* Bedeutung auf Raum und Zeit bezogen wurde *keiner* der relativistischen Effekte gemessen - für die LK gibt das die RT selbst zu (und tut es als `triviale Fiktion´ ab), für die ZD und die Zeit *als unser Konstrukt* ist das nicht möglich, da man nur *Prozess*dilatationen feststellen kann - dazu aber später. Es tritt nur in bestimmten Zusammenhängen der *Lorentz-Faktor* auf (etwa bei der angeblichen rMZ, die bei der Wechselwirkung *geladener* Elementarteilchen mit einem elektromagnetischen Feld *angenommen* und *verallgemeinert* wird). Auch aus *anderen* Gründen ist es nicht haltbar, zu behaupten, die LT würden nur beschreiben, wie Raum- und Zeit-*Messungen* in verschiedenen BS zusammenhängen - aber eins nach dem anderen...

L: Übrigens setzt auch das gleichartige `*Schritthalten* aller Lichtwellen´ im Raum, das hier gegeben sein soll, eine gleichartige *Verankerung im Raum* voraus - *nichts anderes* verbürgte ehedem der *Äther*. Und bezüglich des RP sollen sich `gleiche Versuchsergebnisse bei gleichen Experimenten´ ergeben - es *sind* nur nicht die *gleichen* Experimente, wenn `alle Lichtwellen miteinander Schritt halten´, Licht also *im Raum verankert* ist (davon abgesehen, dass `Raum´ in diesem Sinne für die RT mit der RdG *undefiniert* ist)...

E: Sie sehen *überall* Widersprüche...

L: Damit nun aber nicht genug: *Alle Indizien*, die für die Bewegung eines Beobachters relativ zur Bewegung des Lichtes sprechen, die also die KdL in *Frage* stellen, müssen mit der RT *umgedeutet* werden... V b

N: Wir hatten schon zu bedenken angemahnt, ob sich die Bewegung eines Beobachters relativ zur Lichtausbreitung vielleicht *nur* etwa im klassischen Dopplereffekt oder in der Aberration *zeigen kann*. Bemerkenswert ist ja schon, dass der Dopplereffekt der RT zufolge auch für mehrere *relativ zueinander bewegte* Beobachter, die an einem Ort zusammentreffen, *nicht* daher rührt, dass *sie selbst* (jeweils) dann auch relativ zum Licht `anders´ bewegt sind...

B: Das *sind* sie nicht - insofern man nicht *sagen* kann, *wer wie* gegenüber dem Licht bewegt ist; der relativistische Dopplereffekt setzt sich aber aus zwei Effekten der Relativbewegung *zusammen:* Ist die Lichtquelle relativ zu einem Beobachter *bewegt*, ergibt sich zum *einen* eine *ZD*, welche die Frequenz bzw. den zeitlichen Abstand T der Wellenberge für Empfänger (T_E) und Sender (T_S) gemäß $T_E = T_S /\sqrt{1-v^2/c^2}$ verändert und zum *anderen* verändert sich fortlaufend der räumliche *Abstand*, den die Wellenberge *zusätzlich* oder *weniger* zurückzulegen haben - dem entspricht klassisch die Streckung oder Stauchung von Signalen; insgesamt ergibt sich:

$$T_E = T_S \sqrt{\frac{1+v/c}{1-v/c}} \qquad (V.1)$$

N: Ja, aber stets ist nur die *Lichtquelle* anders bewegt, nie der *Beobachter*...
B: Die Formel für den Dopplereffekt gilt einfach in *beiden* Fällen, es kommt nur auf die *Relativbewegung* von Empfänger und Sender an...
N: 'Einfach'... In *Wahrheit* geht es doch darum, dass man relativistisch niemals *sich selbst* als *bewegten* Empfänger denken darf, weil dann das Licht im Raum verankert wäre (ob mit oder ohne Äther) und es *deshalb* - so wie in der *klassischen* Physik - zur Stauchung und Streckung der Signale käme. Damit gestünde man nämlich eine eigene *Bewegung* relativ zum *Licht* zu, womit die (angebliche) *Absolutheit* und Isotropie von *c*, mithin die darauf gründende Einstein'sche Synchronisationskonvention und die ganze RT *unhaltbar* würde. Wohlgemerkt geht es dabei *nicht* um den Äther, denn auch Licht etwa als diskrete *Korpuskel*strahlung begriffen würde oder erschiene klassisch gestaucht oder gestreckt...
B: Aber man kann eine eigene Bewegung nicht *feststellen*...
N: Das mag sein...
B: ...dann sollte sie in unserer Theorie doch auch nicht *auftauchen*...
N: Man kann sie aber auch nicht *ausschließen*. Es geht ja überhaupt nicht um *absolute* Bewegung, sondern nur darum, dass man anders *relativ* zum *Licht* bewegt ist. Wenn verschieden bewegte Beobachter zusammentreffen, *wissen* sie, *dass* sie alle relativ *zueinander* verschieden bewegt sind - und doch sagt *keiner* von ihnen, er sei relativ zum *Licht* bewegt... Aber *zeigt* sich beim Dopplereffekt oder bei der Aberration nicht 'Bewegtheit' gegen das Licht?
B: So sah man es *klassisch* - ich muss also antworten: *Nicht unmöglich*...
N: ...jedenfalls muss man doch gewahr bleiben, dass die Theorie dann nur *pragmatisch* richtig wäre, dass sie nur *viabel*, aber für die ontologische Realität *falsch* wäre...
E: Es widerspräche aber dem *RP* - 'bewegt' und 'ruhend' sind *relativ*...
N: Es widerspräche in *keinster Weise* dem RP, wie wir ausgeführt hatten, und überdies 'verdrehen' Sie damit *wiederum* alles: *Umgekehrt* kann man es nicht dabei bewenden lassen, zu behaupten, eine eigene *Bewegung* sei nicht feststellbar - man kann auch eine eigene *Ruhe* nicht feststellen - und

doch müssen alle Beobachter mit der RT *stets* `ruhen`; klassisch durfte man sich selbst nicht nur für `ruhend`, sondern auch für `bewegt` halten...
E: Wie jetzt?!
L: Beobachter sollten, da sie das Prädikat `bewegt sein` permanent *anderen* Beobachtern zuschreiben, doch wenigstens *erwägen*, dass es auch für *sie selbst* eine Bedeutung haben könnte - genaugenommen ist es doch geradezu absurd, sich selbst *nie* mit diesem Prädikat zu belegen...
E: Man belegt sich und andere eben nur mit einem *relativen* Prädikat...
N: Eine eigene Bewegung existiert nicht einmal *hypothetisch* für die RT, weil sie sich damit selbst *ad absurdum* führen würde: Klassisch kann man sich auch in andere Beobachter `hineinversetzen` - was nun aber, wenn man eine relativistische `Lichtuhr` in einem *anderen* BS als `ruhend` und *sich selbst* als `bewegt` betrachtet? Mit derselben Logik, die man sonst anwendet - `das Licht muss im bewegten BS im *Zickzack* laufen` - muss dann die eigene Uhr *langsamer* gehen und es ergibt sich eine `Zeit*kontraktion*` im bewegten BS. Oder soll sich nur im `ruhenden` BS Licht auf dem *kürzesten* Wege bewegen?
E: Nein, `Bewegung` und `Ruhe` sind *relativ*...
N: Warum eigentlich gilt - `um die Ecke gedacht` - das grundlegende `Prinzip der kürzesten Lichtzeit` in *nicht*-IS gemäß der RT *nicht?* In der Konsequenz wird hier eingeschlossen, dass ein Beobachter, welcher relativ zu ein-undderselben Lichtquelle immer *verschiedene* Geschwindigkeiten hat, weil er positiv oder negativ *beschleunigt*, immer wieder `unschuldig` auf die Welt blicken darf: *Er ruht*, während die Lichtquelle jeweils *anders bewegt* ist und *andere Frequenzen* aussendet. Er *macht* etwas (das *weiß* er und man kann es als nicht-inertiale Bewegung auch *feststellen*), das ist aber (angeblich) *irrelevant*, die Lichtquelle *macht nichts*, verhält sich aber (angeblich) *anders*...
E: Sie verhält sich nicht `anders` - Sie vernachlässigen den *raumzeitlichen* Aspekt, die räumliche und zeitliche *Zerlegung* des RZK ändert sich nur...
L: So *behaupten* Sie... Selbst wenn dem so wäre, besagt das aber *dasselbe:* Auch *raumzeitlich* gedacht kann man *selbst* eben seine Neigung in dem Seinsgebilde `Welt` *ändern* - nicht nur *andere* Körper; auch die *eigene* Weltlinien-Neigung ist *veränderlich*, wenn man das auch *nach* erfolgter Beschleunigung nicht mehr *absolut bemerken* kann (im geschlossenen Kasten). Derlei *gibt* es für die RT aber gar nicht, der eigenen Weltlinie wird stets gleichsam die Neigung *Null* zugeordnet - nicht, weil dem tatsächlich so `wäre`, sondern rein pragmatisch, weil uns nichts anderes *feststellbar* ist. Wie für jedes Weltding sollte aber auch *sie* doch *veränderlich* sein, so dass man auch zu *Licht* eine andere Weltlinien-Neigung hätte - die Neigung soll ja sogar die messbaren Raum- und Zeitwerte *bestimmen;* eine *spezifische* Neigung der eigenen Weltlinie *abzustreiten* untergräbt daher die RT

ganz *ebenso*... Überdies ist die Lichtausbreitung *unabhängig* gedacht: Licht ist gleichsam mit bestimmtem 'Muster' in den Raum 'ausgegossen' und ein Beobachter bewegt sich *innerhalb* dieses Musters - wenn ein Beobachter nun seine Bewegung *ändert*, sollte er auch seine Bewegung relativ zu diesem *Muster* ändern - so zeigt es ja auch der Dopplereffekt -, ergo sollte sich mithin die relative Licht-Geschwindigkeit *ändern*...
E: Die *Relation c* bleibt aber erhalten...
L: ...unbenommen der Möglichkeit, dass man das so 'hinbekommen' kann mit *Umdatierungen* und *Umverortungen* - doch eins nach dem anderen. Verweilen wir noch etwas bei der 'ego-anthropozentrischen' Sicht der RT und erinnern wir uns der Forderung, mit dem RP müssten alle Naturgesetze in allen IS *übereinstimmen* (wir hatten dies allerdings in dem speziellen Sinne der RT *zurückgewiesen*) - dies alles korrespondiert nämlich mit der Sicht, welche die RT bei ihrem '*Gesetz der Lichtausbreitung*' einnimmt, welches man allerdings gar nicht als ein solches *betrachten* kann...
E: Was soll *das* nun wieder heißen?!

V c *N:* Nun, viele Einführungen in die RT behandeln eingangs ausführlich die Relativität aller Bewegungen - die wohlgemerkt gar nichts *Neues* ist - und weisen darauf hin, dass man zu Bewegungen oder Geschwindigkeiten stets den *Bezugskörper* angeben müsse, da diese ansonsten *undefiniert* seien...
E: Natürlich, „jede räumliche Beschreibung des Ortes eines Ereignisses [...] beruht darauf, dass man den Punkt eines starren Körpers (Bezugskörpers) angibt, mit dem jenes Ereignis *koinzidiert*" - '*Bewegung*' als Ereignis*folge* wird ebenso erfasst: „Jede räumliche Beschreibung von Geschehnissen bedient sich eines *starren Körpers*, auf den die Geschehnisse räumlich zu beziehen sind."[131] Wollen Sie das etwa *anzweifeln*?
N: Eigentlich nicht - nur *macht* die RT das doch gar nicht: Licht soll sich *weder* relativ zum emittierenden, geschweige denn zum absorbierenden Körper (oder gesetzhaft zu beiden), *noch* relativ zu irgendeinem Medium mit *c* ausbreiten; obgleich wir physikalisch gar nichts anderes *kennen*, als die Bewegung von Körpern, für die das Additionstheorem gilt, und von Zuständen in Medien, relativ zu denen Konstanz vorliegt, ist es *beides* bei Licht anscheinend *nicht*. *Ein-und-derselbe* Lichtstrahl soll sich relativ zu *allen* inertial-bewegten *Beobachtern* mit *c* ausbreiten. Aber was *bedeutet* das eigentlich? Für die RT ist es ja widersinnig, wenn Sie etwa fordern, das 'Gesetz der Lichtausbreitung' müsse für den *Zug* als Bezugskörper ebenso lauten wie für den *Bahndamm* - hinsichtlich dieser Bezugskörper ist es überhaupt *kein Naturgesetz*, sondern *menschengemachte Pragmatik*, denn *c* ist *nicht* konstant zu *Körpern*, die man gewissermaßen 'von außen' als *bewegt* betrachtet. Der Wert *c* gilt mit der RT allein für den *bewussten Beobachter* als *Interpreten* des Naturgeschehens...
E: Wie jetzt!? „Das Bezugssystem kann ein beliebiges Inertialsystem sein,

das mit Uhren und Maßstäben ausgestattet ist. Es braucht kein Beobachter im Sinne eines *erkennenden Subjektes* zu sein. Die Relativitätstheorie ist mithin nicht in *dem* Sinne relativ, dass physikalische Ereignisse relativ zu *erkennenden Subjekten* sind"[132]...

N: Insofern wir wissen, was Sie damit eigentlich *meinen*, akzeptieren wir das als *richtig*, das 'Gesetz der Lichtausbreitung' *widerspricht* dem aber - für die 'bewusstlos-tot' gedachte Natur selbst sind wir doch nichts anderes als sich-bewegende *Körper*, mit dem *Fremdpsychischen Paradoxon* sogar in der Sicht *anderer* Beobachter, denn um den *Bewusstseinsaspekt* soll es ja eigentlich *nicht* (wie in manchen Deutungen der QT) gehen...

E: Nein, um Gottes Würfel, äh... Willen...

L: ...jede 'bewusstlos-tote' Messapparatur soll zu *denselben* Ergebnissen kommen, zur Konstanz von c in allen IS - aber was meint das nun *genau*?

E: Wie jetzt!?

N: *Klassisch* kann man sagen, dass *Natur*gesetze auch *ohne uns* gelten - so kann man etwa sagen 'der-und-der Körper bewegt sich in *der-und-der* Zeit *die-und-die* Strecke relativ zu *dem-und-dem* Bezugskörper' und dies hat für die Natur selbst auch *ohne uns* eine Bedeutung - abgesehen davon, dass wir dabei menschengemachte *Normale* verwenden, können wir uns selbst dabei gleichsam 'wegdenken'. Beim 'Gesetz der Lichtausbreitung' ist das insofern nun *nicht* (mehr) möglich, als dass der Wert c gerade *nicht* einfach so in Bezug auf *Körper* (als dem *einzigem*, was uns *gegeben* ist) gilt (BBE-Klasse). Relativ *wozu* gilt also nun der Wert c? Die RT sagt 'relativ zum BS', aber damit landet man eben entweder bei Bezugs*körpern* oder bei *Beobachtern*; die aber dürfen sich *von außen* objektivierend weder als 'bewegt', noch als 'Körper' betrachten. Mit *ersterem* fällt für den Beobachter selbst die *Isotropie* der Lichtausbreitung, mit *zweiterem* muss man aber fragen: Was gilt dann *ohne uns*? Soll man anthropomorph formulieren '*Für* jeden Körper ist es so, dass Licht sich relativ zu ihm mit c ausbreitet'? - das nützt solange nichts, wie man nicht anfügt '...wenn der Körper *ruht*', weil die Aussage sonst *falsch* sein kann...

E: Nun, dann muss man eben sagen: 'in jedem IS, in dem ein Körper ruht, breitet sich Licht relativ zu diesem mit c aus'...

L: Aber damit *löst* man ja nicht das *Problem:* Man kann zwar zunächst etwa beim BBE sagen: 'in *dem* IS, in welchem der bewegte Spiegel (idealisiert, nahezu) ruht, breitet sich Licht isotrop mit c aus, der bewegte Spiegel bleibt in seinem Ruhesystem immer im Zentrum des Lichtkegels' - dieses IS *kann* man aber eben von *außen* betrachten und dann ist es mit der Rotationsgeschwindigkeit *bewegt* und nimmt man dann Isotropie der Lichtausbreitung in *diesem* IS an, kommt man zum *falschen Ergebnis* (dass das BBE einen Effekt zeigen *müsste*); man kann die KdL nicht auf diesen bewegten Körper *an sich selbst*, von außen betrachtet, *beziehen* - das kann man zirkulär *nur*,

wenn er *ruht* - kann man also keine *objektivierende* Sicht einnehmen? Da wir schlicht keine anderen Bezugspunkte *haben* als *Körper* (und wenn Sie nicht Herrn N. `absoluten Raum` annehmen wollen, was allerdings auch zu nichts anderem führen würde), müsste man - will man *überhaupt* etwas Sinnvolles sagen - für die Natur ohne uns also formulieren: `Licht breitet sich bezüglich aller `ruhenden` Körper mit $c$ aus` - nur ist `ruhend` eben ein *relativer* Begriff und man darf den Beobachter nicht *als* Beobachter wegdenken, weil das `Gesetz` ohne ihn *undefiniert* wäre. Es ergibt sich also ein hübsches neues *Bewusstseins*-Paradoxon: Für einen Beobachter *mit Bewusstsein* ist `ruhend` definiert und Licht breitet sich zu ihm mit c aus - bewusstlos oder tot aber, *nur als Körper*, ist `ruhend` *undefiniert* und Licht breitet sich *nicht* zu ihm mit c aus, außer er `*ruht*` als Körper, was er aber nur in der Sichtweise eines *anderen* Beobachters *mit Bewusstsein* kann - so könnte man ad infinitum fortfahren...
B: Ich weiß nicht recht...
N: Nun ergibt sich weiter: *Entweder* wir *belassen* es dabei, dass `ruhend` ein *relativer* Begriff ist, der nur für einen *Beobachter*, nicht aber für die Natur *selbst* Bedeutung hat oder wir schreiben diesem Begriff *an sich* eine Bedeutung zu - dann wäre diese bei allen Uhren-Synchronisationen zu *berücksichtigen* und die RdG *Unsinn* (diesem `tertium-non-datur` werden wir übrigens *wieder*begegnen)...
L: Und wohin *führt* das alles: Statt herausgehobener *BS* - die Sie zu recht zu *eliminieren* versuchen - haben Sie nun *herausgehobene Prädikate* `ego-anthropozentrischer` Beobachter...
B: Verstehe so langsam, was Sie meinen...
N: Obgleich immer wieder beteuert wird, die RT wolle herausfinden, was physikalischen Prozessen *selbst* zukommt, geht es ihr nicht um Aussagen über die Natur *selbst* (`an sich`), sondern um *pragmatische Beobachter-Sichtweisen* - der Wert c gilt nur für den *bewussten Beobachter* als *Interpreten* des Naturgeschehens. Das `Gesetz der Lichtausbreitung` der RT sagt nicht mehr: `Die *Natur macht* immer das-und-das`, sondern: `Ein *Beobachter* kann immer das-und-das *annehmen*`; es geht ihr nicht um *Natur*gesetze, sondern um *pragmatische Menschen-* oder *Denk*gesetze, mithin darum, wie man rein pragmatisch mit der Situation *zurechtkommen* kann, eine Bewegung gegen die Lichtausbreitung (ob mit oder ohne Äther) *nicht einberechnen* zu *können*. Ein *Natur*gesetz müsste in den Dingen und ihrem `Sosein` *selbst* (Substanz, Körper, Felder, Kräfte...) verankert sein...
L: ...und bei alledem geht es (noch) nicht um den *Wert c* - es geht um den *Bezugskörper selbst* - man kann *nicht* (mehr) sagen: `Wenn der Zeiger *der-und-der* Uhr einmal herum ist, hat sich das Licht von *dem-und-dem* Körper *so-und-so* weit entfernt`...
B: Das stimmt! „Angenommen, eine Anzahl von Leuten befindet sich an

der gleichen Stelle der Straße, ein Teil zu Fuß, der andere in Autos; angenommen die Leute bewegen sich mit verschiedenen Geschwindigkeiten, einige in diese, andere in jene Richtung. Ich behaupte [mit der RT] folgendes: Wird in diesem Augenblick ein *Lichtblitz* von dem Punkt ausgesandt, an dem sie sich alle befinden, so werden die Lichtwellen *300.000* Kilometer von *jedem* von ihnen entfernt sein, nachdem auf ihrer [jeweiligen] Uhr eine Sekunde vergangen ist, obwohl die Leute sich nicht mehr alle am gleichen Ort befinden."[133] Ich denke, mit diesem Argument *versteigen* Sie sich: Hat das alles wirklich mit dem *Beobachter* zu tun? Es ist doch nur so, dass ein Körper immer in seinem Ruhesystem *so* in Raum und Zeit, in die `Licht-Geometrie´ `eingebettet´ ist, dass *wenn* ein Beobachter zu diesem Körper ruht, er aufgrund der unterschiedlichen Zerlegung des RZK dies finden würde - der Körper selbst `bedarf´ ja gleichsam nicht des Begriffes `Ruhe´ um sein *eigenes Ruhesystem* zu definieren...

N: Nein, und doch kann das alles nur sein, wenn räumliche und zeitliche Urteile jeweils etwas anderes *bedeuten* in den verschiedenen IS - damit das, was Sie in Ihrem Szenario behaupten, *wahr* sein kann, braucht man nicht nur einen anderen, zeitdilatadierten *Uhrengang* und andere, lorentzkontrahierte *Maßstäbe*, sondern die *Umdatierung* und *Umverortung* von Ereignissen - und zwar *richtungsabhängig*. Sie streiten das ja auch gar nicht ab. *Wir* sagen aber, dass man darauf nicht das *PBU* gründen kann (und dass eine Heraklit´sche Welt der RT per se *widerspricht*), weil dies nur *virtuell-fingiert* ist, ohne dass dem ontologisch-realiter etwas *entspräche*...

L: Beim PBU kann es nur *darum* gehen: Von *dem* Weltding bewegt sich Licht zu *dem* Weltding - gleichgültig, wie man die Distanz dazwischen oder die Emissions- und Absorptionsereignisse *nennt*...

E: Ich denke, Sie berücksichtigen einfach nicht, dass der Welt eigentlich eine *raumzeitliche* Ordnung und eine `*Licht*-Geometrie´ zugrundeliegt...

L: Ich denke, dass Sie *zirkulär* argumentieren...

N: Allerdings, Sie fordern zwar: `Das Gesetz der Lichtausbreitung muss nach dem RP für alle Bezugskörper gleich lauten - sei es der Zug oder das Geleise´ - es *gibt* aber gar kein solches objektivierendes, gleichsam `von außen´ die Natur betrachtendes Gesetz *bevor* man Raum, Zeit und Masse nicht *geändert* hat. Der Wert *c* gilt sonst nur *pragmatisch-nominell* für den bewussten Beobachter als dem *Interpreten* des Naturgeschehens und *nicht* für die Natur selbst (`an sich´). So ergibt sich das nämliche *Bewusstseins-Paradoxon* mit dem Begriff `ruhender Bezugskörper´ und man fordert ob der Selbstbezüglichkeit der RT mit dem RP die *Gleichheit verschiedener* Gesetze in IS. Und natürlich ergibt sich eine *petitio principii:* Sie wollen die Umdatierungen und Umverortungen, die relativen Raum- und Zeitmaße ja erst als sinnvoll *herleiten*, das RP und die KdL sollen ja erst zur RdG *führen*...

V d E: Bei *axiomatischen* Systemen ist das etwas *anders*...
L: Ich denke, wir müssen mit alledem die *Festsetzung* der RT, dass Licht in dieser Synchronisationssituation *(L. deutet auf Abbildung 1)* auf seinem Weg von *A* nach *B* (oder von *A* nach *M*) *dieselbe* Zeit benötigt, wie von *B* nach *A* (oder von *B* nach *M*) für die ontologische Realität *anzweifeln*. Ich hatte hier wohlweislich so gezeichnet, dass das Licht für den 'bewegten' Zugschaffner in seinem BS, wenn es nach dem Ingangsetzen der beiden Uhren in A_Z und B_Z *reflektiert* wird, zu seinem Emissionsort M_Z gleichzeitig *zurückkehrt* bzw. zurückzukehren *scheint* - er *sieht* also synchrone Uhren. Die Weltlinien A_B und B_B können nun aber auch dafür stehen, dass der *Bahnwärter* zwei Uhren an diesen Orten in *seinem* BS korrekt in Gang setzt - denken wir uns, dass zwischen dem Punkt M_B des Bahndamms und dem Punkt M_Z des Zuges bei der Vorbeifahrt (mithin also *gleichzeitig* und *gleichortig* in M_B/M_Z) eine *Entladung* stattfindet, dessen Lichtkegel *alle vier* Uhren in Gang setzen soll. Auch der Bahnwärter findet dann das Licht zu seinem Emissionsort M_B gleichzeitig zurückkehrend (in der Abbildung ergäbe sich ein Lichtlinien*quadrat*) und er *sieht* (mutmaßlich) synchrone Uhren - so halten *beide* ihre Uhren für korrekt synchronisiert...
N: Man muss hier gerade mit *klassischer* Physik argumentieren, dass *beide* ihre Synchronisationen für korrekt halten, weil sich - das zeigt das Licht-Wellenlinien-Rechteck - *gleichgültig*, wie die beiden sich bewegen, der Hin- *und* Rückweg des Lichtes aus *denselben* beiden Teilstücken zusammensetzt...
E: *Eben* - wir hatten über den logischen Zirkel ja bereits gesprochen, dass man also nur eine *Festsetzung* treffen kann, dass Licht sich in beide (alle) Raumrichtungen *gleichschnell* ausbreitet[134]...
N: ...und *wir* hatten bereits in *Frage* gestellt, ob diese Festsetzung auch ontologisch-realiter in allen IS *zutreffend* sein kann...
E: ...was aber doch eine offensichtlich *prinzipiell unbeantwortbare* Frage ist - sehen Sie, diese Annahme „ist in Wahrheit keine *Voraussetzung* oder *Hypothese* über die physikalische Natur des Lichtes, sondern eine *Festsetzung, die [...][man] nach freiem Ermessen* treffen kann, um zu einer Definition der Gleichzeitigkeit zu gelangen"[135]...
L: Wie *kommen* Sie nur darauf, da doch die ganze RT davon handelt, dass Beobachter Signale *entfliehen* oder *entgegeneilen* 'sehen' und ihnen *daher* manche Synchronisationen *inakzeptabel* scheinen? Außerdem ist hier ja *doch* eine 'Voraussetzung über die Natur des Lichtes' enthalten - etwa der Ausgang des MME: Eine 'Festsetzung nach freiem Ermessen', bei der man die Ausbreitungszeit *willkürlich* auf den Hin- und Rückweg verteilen kann (Reichenbachs $0<\varepsilon<1$)[136], ist doch schon deshalb unsinnig, weil man schlicht *Gründe finden kann*, auch *wenn* der logische Zirkel *unvermeidlich* ist, manche Festsetzungen als *unzutreffend* zu betrachten - es wäre doch

etwa *trotz* dieses Zirkels inakzeptabel, Hin- und Rückweg als *gleich* zu betrachten, wenn das MME *kein* Nullresultat ergeben hätte. Man braucht die Argumentation nur umzukehren: Wenn man *wüsste* (und gleichgültig *ob* man es weiß, es reicht dies *denken* zu können), dass die Lichtwege *AB* und *BA* zeitlich oder (und) räumlich *nicht* dieselben sind, würde man die Synchronisationsvorschrift ja schlicht *nicht* akzeptieren. Und umgekehrt muss man sagen, dass man, wenn man die Zeit auf dem Hin- und Rückweg *ungleich* verteilen will, dafür einen *Grund* haben muss - gerade hier liegt doch der *Ursprung* der RT, Lichtlaufzeiten nicht dergestalt zergliedern zu *können*. Überdies bestehen Sie ja darauf, bei Uhrensynchronisationen die Signale in deren geometrischer *Mitte* auszusenden, weil eine *willkürliche* Festsetzung nicht zu den von Ihnen angestrebten ˋschönen´ kovarianten Gleichungen führt oder zu einem isotropen Raum...
E: Das ist richtig...
N: Davon abgesehen, dass auch *prinzipiell unbeantwortbare* Fragen einen Sinn haben können - bei der Frage ˋob die Dinge an ihrem Ort bleiben, wenn wir das Zimmer verlassen´ etwa zögern wir ja wohl nicht mit der (hypothetischen) Antwort. Auch hier haben Sie eine ganz ˋverdrehte´ Sicht der Dinge: *Als* willkürliche Festsetzung kann sie doch gar nicht *Basis* für eine Theorie sein, die später etwas *erklärt*. Generell ist mir schleierhaft, was Sie eigentlich *sagen* wollen - in der Natur selbst (ˋan sich´) stehen die Weltdinge doch als in einer Realität in spezifischen räumlichen und zeitlichen *Relationen* zueinander und unsere naturwissenschaftlichen Theorien müssen doch versuchen, dies zu *erfassen, abzubilden,* hier die spezifische Ausbreitung des Lichtes zu erfassen, wie sie *tatsächlich ist* - wie könnte man da eine *willkürliche* Festsetzung vornehmen wollen; wir können ja auch *mit* der RT immer noch angeben, welche Ereignisse wir jedenfalls *nicht* als gleichzeitig betrachten dürfen (kausal verbundene oder nur theoretisch kausal verbind*bare* Ereignisse) - warum sollte das innerhalb des Intervalls $0<\varepsilon<1$ *anders* sein und *Willkür* herrschen? Jede Annahme über Gleichzeitigkeit muss doch in Gedanken die Signale zu ihrem Entstehungsort zurücklaufen lassen: ˋwann waren sie *(tatsächlich) wo*´...
L: Diese Festsetzung als Vorstufe dazu, dass *alle* inertialen Beobachter für *ein-und-denselben* Lichtstrahl von *demselben* Wert c ausgehen sollen, mag nicht zu *rein logischen* Widersprüchen innerhalb des axiomatischen Systems RT führen[137] - aber wie können wir dergleichen für die *ontologische Realität* annehmen?
E: Wir *müssen* derlei annehmen - weil die Sichtweisen der Beobachter *äquivalent* sind...
L: ...was nur bedeuten kann, dass ihnen ihr *Unwissen* über die ˋ*wirkliche*´ Natur des Lichts verbietet, einander wechselseitig das Recht abzusprechen, eine *nur* ˋ*pragmatisch-nominale* relative Gleichzeitigkeit´ rein menschen-

gemachter Zeitetiketten zu definieren...

E: Was soll das denn sein - diese *'wirkliche'* Natur und Ausbreitung des Lichtes?!

L: Nun, Sie lieben ja Gedankenexperimente: Nehmen wir an, ich bringe zwei distante baugleiche Uhren *A* und *B*, die im BS *x/ct* ruhen, korrekt nach Ihrer (Einstein'schen) Synchronisations-Konvention in Gang, so dass ein Beobachter in der geometrischen Mitte synchrone Uhren *sieht*. Nun sollen beide Uhren - vom BS *x/ct* aus betrachtet - gleichzeitig eine exakt identische Beschleunigung erfahren, bis sie schließlich beide mit *v* bewegt sind bzw. bis sie im BS *x'/ct'* ruhen, das relativ zu ersterem BS mit *v* bewegt ist *(L. zeichnet Abbildung 11)*...

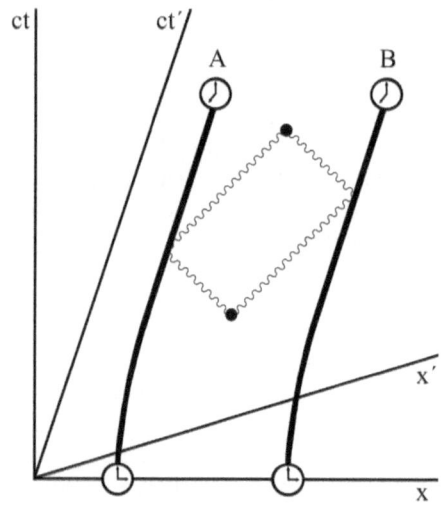

Abbildung 11

N: Wenn die beiden Uhren überhaupt *vorher* 'wirklich' synchron waren, kann man hier wohl keinen physikalischen (rationalen) Grund angeben, warum man sie nicht *weiterhin* als synchron betrachten sollte, denn als gleich-bewegte Uhren sollten sie streng *symmetrisch* einer Zeitdilatation unterliegen: Ereignisse an den Orten der beiden Uhren, die gleichzeitig im BS *x/ct* sind, wären dies also auch im BS *x'/ct'*...

E: Aber ein Beobachter, der sich dann in die geometrische *Mitte M* der beiden Uhren begäbe, würde diese *nicht* mehr *synchron* finden...

N: Ja, jetzt wird es vertrackt: Was ist hier eigentlich die *Position* der *RT* und was hätten wir *empirisch* zu gewahren? Gehen wir zunächst davon aus, dass der Beobachter sie *nicht synchron* findet - dann muss doch die Lichtausbreitung im Raum selbst *'verankert'* sein - Licht breitet sich dann

nicht isotrop im Raum (vom BS x'/ct' aus betrachtet) mit c aus...
B: Nicht unbedingt, die RT kann einwenden, dass es sich *immer noch* isotrop ausbreitet - auch im BS x'/ct' -, dass aber die *Beschleunigungen* von dort aus betrachtet *nicht* jeweils *gleichzeitig* erfolgt sind, was bedeutet, dass die Uhren nicht über *denselben* Zeitraum mit *derselben* Geschwindigkeit bewegt waren - *darum* findet man die Uhren nicht mehr synchron...
N: Tja, *Ihnen* wäre das eine Bestätigung Ihrer *RdG - uns*, dass Licht sich dann *anders* ausbreitet; ist das nicht auch die *einfachere* Erklärung?
E: Inwiefern das?
N: Nun, mit Ihrer Erklärung kommt man an *kein Ende*, ob die Uhren nun *vorher* oder *nachher* `wirklich´ synchron liefen...
E: ...weil Sie den Begriff `wirklich´ in einem *absoluten* Sinne verwenden...
N: Ja, richtig, mit Bedacht... Aus welchem *Grunde* würde man denn *Ihrer* Meinung nach eine *Re-Synchronisation* der beiden nicht mehr synchronen Uhren durchführen, wenn der Grund *nicht* sein soll, dass *Licht* dann `etwas anderes macht´?
E: Weil die Uhren in ihrer Vergangenheit *unterschiedlich bewegt* waren...
L: Nun, das müssten Sie aber *begründen*, und wohin kommen Sie *dann*?
N: ...dahin, dass die Uhren *nicht* gleichzeitig beschleunigt wurden, da sie *vorher nicht* `wirklich´ synchron waren und daher nicht gleichzeitig *gestartet* sind. Man landet also wiederum dabei, dass *vorher oder nachher* die Uhren nicht *wirklich* synchron gingen, weil die *Lichtausbreitung* in beiden Fällen eine *andere* gewesen sein muss...
E: Mit dem `wirklich´ setzen Sie implizit eine *absolute* Gleichzeitigkeit voraus...
L: Sie setzen die *RdG* voraus, anstatt sie *herzuleiten*. Jedes Gegenargument ist *unbegreiflich*, weil beide Uhren in einer Realität sind und man beide lückenlos auf ihrem identischen Weg vorwärts vom BS x/ct ins BS x'/ct' oder auch (umgekehrt) rückwärts *verfolgen* kann...
N: Hier ist doch die Lichtausbreitung - ob mit oder ohne Äther - im Raum *verankert*, und damit die KdL, damit die RdG, damit das PBU *Unfug*. Aber möglich ist ebenso, dass ein Beobachter in der geometrischen Mitte die beiden Uhren *immer noch synchron* findet...
E: Wie jetzt?!
N: Eigentlich gibt es gar keine einheitliche oder nicht-widersprüchliche Position der RT in dieser Frage; sehen Sie, moderne Uhren sind heute *so genau*, dass verschiedene Laufzeiten von Zeitsignalen, die im weltweiten Uhrennetz ständig - etwa zwischen Europa und Übersee - ausgetauscht werden, *bemerkbar* sein sollten. Manche Ihrer Anhänger behaupten daher: „Die Synchronisation des Uhrennetzes der Welt *bestätigt* das Prinzip der Konstanz der Lichtgeschwindigkeit. Nach der Äthertheorie wären ständig wechselnde Laufzeiten der Zeitsignale zu erwarten, die experimentell

[jedoch] nicht beobachtet werden"[138]...

B: Aber?

N: ...auch das ist *konsequent undurchdacht* (wie fast alles an der RT): Es geht *nicht* nur darum, dass jeder Beobachter in *seinem* BS stets den Wert *c* findet, sondern darum, dass die RT verlangt, dass *alle* Beobachter für *ein-und-denselben* Lichtstrahl den Wert *c* zugrundelegen sollen. Nichts wäre leichter als diesen Befund mit einer korpuskulären Lichttheorie zu erklären: Wie wir *eben* gleichsam so argumentiert haben, dass Licht sich auf *eine* Weise mit *c* ausbreitet, mithin *wie* in einem Medium, das uns unauffindbar ist, müsste man *dann* gleichsam so argumentieren, als wenn Licht sich *wie* Korpuskeln in *jedem* BS mit *c* ausbreitet (oder aber einen mitgeführten Äther annehmen). Mithin würde sich Licht aber von relativ dazu *bewegten* BS aus betrachtet natürlich mit *c+v* bzw. *c-v*. ausbreiten, man würde dann zwar einen hinsichtlich der Lichtausbreitung *isotropen Raum* finden und das RP würde wie eh und je in der Mechanik gelten, man müsste auch im *eigenen* BS mit *c* rechnen, man dürfte aber natürlich *nicht BS-übergreifend* mit *c* rechnen. Dies sind wieder die zwei *Argumentationsschwerpunkte*, bei denen man einmal die *MME*-Klasse, einmal die *BBE*-Klasse als erklärungsbedürftig nimmt - wir sprechen eben nur von *Gedanken*experimenten...

L: ...und das Argument mit den Uhren in Europa und Übersee widerspricht insofern übrigens Ihrer Herleitung der RT[139] - das nur am Rande. Beide Annahmen ließen sich mit *einem* der beiden komplementären Lichtmodelle erklären; die RT *will* und *muss* aber *beide* Annahmen, mithin das MME/BBE-*Dilemma* erklären - *darum* geht es nun bei Uhrensynchronisationen: Hinsichtlich der ontologischen Realität ist es schlicht inakzeptabel, wenn man (nur) „*durch Definition* festsetzt, dass die `Zeit´, welche das Licht braucht, um von *A* nach *B* zu gelangen, gleich ist der `Zeit´, welche es braucht, um von *B* nach *A* zu gelangen. Es gehe nämlich ein Lichtstrahl zur `*A*-Zeit´ $t_A$ von *A* nach *B* ab, werde zur `*B*-Zeit´ t_B in *B* gegen *A* zu reflektiert und gelange zur `*A*-Zeit´ $t'_A$ nach *A* zurück. Die beiden Uhren laufen definitionsgemäß synchron, wenn $t_B$-$t_A$=$t'_A$-$t_B$."[140] Der *Vorschlag* ist - ontologisch-realiter, nicht pragmatisch - nur akzeptabel, wenn dem `*wirklich*´ so *ist* - und doch wird in Ihren Ausführungen den beiden Uhren (ihrem BS) an den Punkten *A* und *B* nun eine *Bewegung* erteilt, und mit der KdL soll man dann *entgegen* der Definitions*voraussetzung* finden (r_{AB} ist dabei der Abstand der beiden Uhren), dass...

$$t_B\text{-}t_A = r_{AB}/c\text{-}v \quad \text{und} \quad t'_A\text{-}t_B = r_{AB}/c+v^{141},\quad \text{(V.2a/b)}$$

dass Hin- und Rückweg des Lichtes also *nicht gleich* sind. Problematisch an dieser Herleitung ist, dass *implizit* die Sicht des `*bewegten*´ BS enthalten ist (die mit dem RP *gleich* sein soll), man *dort* aber *nicht* finden würde,

dass Licht sich über die Strecke r_{AB} ausgebreitet hat - es breitet sich dort über eine *kleinere* bzw. *größere* Strecke aus; *auch davon* sehen wir ab...
N: Zunächst scheint es ein offener *Widerspruch* zu sein, dass Sie über $c+v$ bzw. $c-v$ die LT herleiten, obgleich Sie eine *KdL* annehmen...
E: Das habe ich schon *desöfteren* gehört...
N: ...widersprüchlich ist zwar - wie kritisiert - die Verwendung der Begriffe 'enteilen' und 'entgegeneilen', sie behaupten aber *nicht*, dass in unserem Beispiel der Bahnwärter und der Zugschaffner in ihrem BS $c+v$ bzw. $c-v$ *finden würden*, sondern, dass sie jeweils in der Sicht des jeweils anderen in ihrem BS 'eigentlich' für die Lichtausbreitung $c+v$ bzw. $c-v$ *finden müssten*, aber *nicht finden* und dann versucht uns die RT zu erklären, *warum* dem nicht so ist und *warum* jeweils (nur) *c* gefunden wird...
L: Irgendetwas Geheimnisvolles soll ontologisch-realiter dahinterstecken - dies kann nun im Lorentz'schen Sinne die Veränderung realer Maßstäbe und Uhren betreffen oder aber es betrifft in Ihrem Sinne die Veränderung von Raum und Zeit selbst und *mithin* Maßstäbe und Uhren als Dinge und Prozesse - dann ergibt sich aber *wiederum*: Wenn Raum und Zeit *verändert* sind, kann man zum einen die Variablen t_A, t_B, t'_A und r_{AB} im 'ruhenden' BS nicht mit denen im 'bewegten' BS (dem 'eine Bewegung erteilt' wurde) *identisch* setzen, mithin auch nicht die Variable *c*, weil die gleichen Variablen(zeichen) wiederum aufgrund der *Selbstbezüglichkeit* etwas anderes *meinen*. Und man braucht einen *Grund*, um derlei *wider* die Empirie anzunehmen - die RT sagt nun, dass unserer Welt ein eigentlich *raumzeitliches* 'an sich' zugrundeliegt, das von Beobachtern unterschiedlich in Raum und Zeit *zerlegt* wird; ihr Postulat der KdL ist - mit Verlaub - damit hermetisch-esoterisch *unfalsifizierbar* (im Gedankenexperiment). Vor allem wird *dadurch* die Synchronisationsvorschrift *nicht sinnvoll* - Ereignisse werden nur anders *benannt; mehrere* räumliche und zeitliche Etiketten *bedeuten* ontologisch-realiter aber nichts, sie sind *redundant*...
N: Man könnte auch die banale Tatsache anführen, dass, wenn die Uhrensynchronisationen des Bahnwärters und des Zugschaffners *tatsächlich* in *einer* Raumdimension wie in allen Abbildungen statthätten, wenn Zug und Bahndamm also einander 'durchgleiten' würden, *zwei* der vier Uhren überhaupt nicht in *Gang* gebracht *würden*, weil sie sich *in* den *Lichtweg* der anderen beiden Uhren *bewegen* würden - wie soll man das denken, *ohne* eine Bewegung relativ zur Lichtausbreitung anzunehmen?
E: Nun, man könnte auch dann nicht herausfinden, *wer* 'bewegt' ist, weil beide sich jeweils als ruhend wähnen und für beide *dieselbe*, nämlich die in Bewegungsrichtung *hintere* Uhr nicht in Gang gebracht würde...
N: Aber man kann umgekehrt deswegen ja nicht *beide* als gegenüber der unabhängig gedachten Lichtausbreitung *ruhend* betrachten - genau das *macht* die RT aber - man kann nur 'so tun als ob' Licht sich für beide mit

absolut *c* ausbreitet...

L: Und ohne eine Bewegung gegenüber dem Licht anzunehmen bräuchte die RT auch die `Lichtuhr´ gar nicht ins Feld zu führen, oder? Und für die Allgemeine RT (die *fällt* allerdings mit der SRT als konventionell) könnte man beim `Äquivalenzprinzip´ argumentieren, dass, wenn ein Beobachter Licht in dem berühmten geschlossenen Kasten, der `gravitationsäquivalent´ beschleunigt werden soll, sich auf einer *parabelförmigen* Bahn bewegend finden soll, weil es in gleichen Zeiteinheiten relativ zum BS zunehmend *größere* Wegstrecken zurücklegt, er dann auch in einem *nur inertialbewegten* Kasten eine *nur abgelenkte* Bewegung des Lichtes finden müsste, weil es in gleichen Zeiteinheiten relativ zum BS gleiche Wegstrecken *erkennbar* `tatsächlich´ *zurücklegt*, nur eben nicht parabelförmig...

E: Wie kommen Sie nur auf *diesen* Gedanken? Wenn man in einem Zug senkrecht zur Bewegungsrichtung eine Pistolenkugel abfeuert, stellt man natürlich ob der Trägheit und der vektoriellen Addition der Impulse *keine* Ablenkung fest - es gilt das RP; nur bei *beschleunigten* Bewegungen entstünde eine parabelförmige Bahn...

L: Natürlich, wir sprechen allerdings von *Licht*. Körper sind in der Tat bei Beschleunigungen gleichsam mit ihrer *Trägheit* im Raum verankert - als träge Korpuskeln begriffen wäre bei vektorieller Addition der Impulse aber die MME-Klasse wiederum überhaupt nicht erklärungsbedürftig (nur die BBE-Klasse) und der Lorentz-Faktor *ergäbe* sich gar nicht und mithin nicht die RT... Begreift man Licht umgekehrt aber als Welle, muss man Farbe bekennen, relativ *wozu* deren Ausbreitung *verankert* sein soll, *wenn* sich bei *beschleunigter* Bewegung eine *parabelförmige* Bahn *ergeben* soll: Bei Verankerung relativ zu einem *bewegten* Äther *im* Kasten (der zum Kasten ruht) oder zum Raum *des* Kastens ergibt diese sich nämlich in *beiden* Fällen *nicht* (wie im Innenraum eines beschleunigten Autos für den Schall); bei Verankerung zu einem ruhenden Äther *umher* oder zum Raum *umher* müsste sich aber doch *auch* eine Ablenkung bei rein *inertialer* Bewegung ergeben. In *beiden* Fällen wäre Licht im *Raum verankert*, nur im *einen* Fall bewegt sich das BS in *gleichen* Zeiteinheiten *gleiche* Strecken relativ dazu weiter, im *anderen* Fall aber *zusehends größere* - aber es wäre dann eben *beides* bemerkbar (mit der MME-Klasse). Dann könnte man allerdings eine `*absolute*´ Bewegung des Kastens feststellen.[142] Hier sieht man wiederum, dass die Ätherfrage bzw. die Welle-Teilchen-Frage völlig *ungeklärt* ist...

E: Man kann eine Bewegung relativ zum Licht nicht *nachweisen* - es *gibt* sie also nicht...

N: Es ist fast wie bei einem `*Hasche-Spiel*´... Nehmen wir das originale ZP, bisher hatten wir ja eine abgewandelte Situation, bei der es um die Synchronisation von Uhren ging, betrachtet...

E: Gut, das Szenario dürfte ja bekannt sein *(E. zeichnet Abbildung 12a)...*

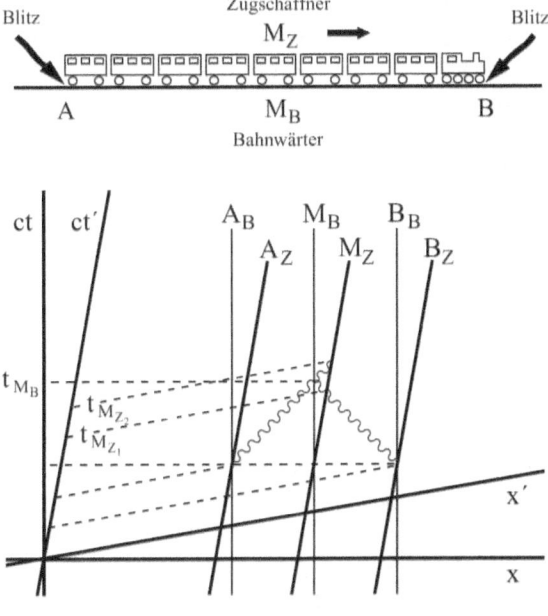

Abbildung 12a und 12b

Wenn hier zwei Blitze in den Punkten *A* und *B* des Bahndamms so einschlagen, dass sich deren Licht genau in der geometrischen *Mitte* M_B trifft, wird ein in M_B ruhender Bahnwärter sie als *gleichzeitig* betrachten. Den Punkten *A* und *B* entsprechen nun aber auch Stellen des sich mit *v* auf *B* zubewegenden *Zuges;* bliebe der Zugschaffner (der sich in M_Z genau gegenüber dem Bahnwärter in M_B befinde, wenn für *diesen* die Blitze einschlagen) am Ort M_Z/M_B, käme er zu demselben Urteil - „*in Wahrheit* aber eilt er (vom Bahndamm aus beurteilt) dem [...][Lichtstrahl von *B*] *entgegen*, während er dem [...][Lichtstrahl von *A*] *vorauseilt*." Er wird den einen Blitz *früher* sehen als den anderen und „zu dem Ergebnis kommen, der Blitzschlag *B* habe *früher* stattgefunden als der Blitzschlag *A*." Fazit: „Ereignisse, welche in bezug auf den Bahndamm *gleichzeitig* sind, sind in bezug auf den Zug *nicht* gleichzeitig und *umgekehrt*"[143] - das *hatten* wir doch alles...

N: Das ganze Szenario führt ja geradenwegs zu Kontroversen und dem wechselseitigen Vorwurf des Unverständnisses[144] - ich *begreife* einfach nicht was hier `entgegeneilen´ und `vorauseilen´ *bedeuten* soll... Ihr `in Wahrheit´ *verbirgt* hier doch die tiefere Wahrheit. Der *Grund* für die divergierenden Sichtweisen *ist* doch gerade, dass sich der Bahnwärter und der

Zugschaffner beim *Eintreffen* des Lichtes an *verschiedenen* räumlichen Punkten (M_B und M_{Z_1} bzw. M_{Z_2}) befinden, *weil* diese sich *während* der Ausbreitung des Lichtes *unterschiedlich* relativ zum *Licht* bewegen. Dieses Gedankenexperiment setzt die Verankerung des Lichtes im Raum und die *dagegen kontrastierte* Bewegung der Beobachter doch *voraus* - man ʽsieht' ja schlicht wiederum, wenn man das MD zeichnet, dass die KdL *nicht gilt* (*N. zeichnet Abbildung 12b*)...

E: Aber es geht hier doch nicht um die *Ignoranz* oder *Starrsinnigkeit* des Zugschaffners (oder umgekehrt des Bahnwärters) - der seine Bewegung einzuberechnen *vergisst* oder *unwillens* ist - er hat einfach zwei *bewegte* Lichtquellen vor sich und muss empirischen Befunden zufolge *annehmen*, dass sich auch *deren* Licht mit c ausbreitet...

L: Er muss aber *nicht* annehmen, dass *ein-und-derselbe* Lichtstrahl sich auch relativ zu *anderen* BS - hier auch zu seinem *eigenen*, wenn er des BS des Bahnwärters eingedenk - mit c ausbreitet. Alles ist hier ganz eingängig (halb-)*klassisch* argumentiert, für die RT ist es absurderweise aber gleichsam nur eine *zufällige Koinzidenz*, dass die beiden Beobachter sich auch relativ zueinander *bewegen* und sich also klassisch auch *relativ zum Licht unterschiedlich* bewegen, denn das ist für die RT *nicht* der Grund, dass sie die Blitzeinschläge *nicht beide* als gleichzeitig betrachten...

E: Richtig...

L: ...sondern die (angebliche) *RdG* - das hängt damit zusammen, das jeder Beobachter *sich* für ʽruhend' hält und nur *andere* überhaupt ʽbewegt' sein können...

E: Jeder kann sich für ʽruhend' halten...

L: Ja, aber *klassisch* kann sich *jeder* auch für ʽbewegt' halten - mit der RT aber *nicht*...

N: Denken wir uns einmal, die beiden Blitze schlagen jeweils *in* den Zug (an den Stellen A_Z und B_Z) und unmittelbar *durch* ihn in den Bahndamm (an den Stellen A_B und B_B) ein; und nehmen wir auch an, dass sich beide Beobachter genau erst zu *dem* Zeitpunkt treffen, wenn sie das Licht der Blitze *erreicht* (M_B und M_Z). Die KdL der RT *falsch* auffassend könnte man ja vorher anzunehmen geneigt sein, dass sich das Licht der Blitze *sowohl* in M_B als auch in M_Z trifft...

E: ...und eben *darum* hatte ich gesagt: „Jeder Lichtstrahl bewegt sich im ʽruhenden' Koordinatensystem mit der bestimmten Geschwindigkeit [...][c], unabhängig davon, ob [...][er] von einem ruhenden oder bewegten Körper emittiert wird. Hierbei ist Geschwindigkeit = Lichtweg / Zeitdauer, wobei ʽZeitdauer' im Sinne [...][der RT] aufzufassen ist."[145] Ansonsten müsste man annehmen, dass das Licht jeden Blitzes *zwei* Wege nimmt - das widerspricht diesem Beispiel...

L: Richtig, *denkbar* wäre dies schon, wenn Licht sich wie *Korpuskeln* ver-

hielte, wie wir ja schon ausgeführt hatten - wir wollen aber mit Ihnen hier eine Verankerung im *Raum* annehmen...
E: Nun gut, diese Variante bedeutet im Prinzip dann ja nur, dass der Zug gleichsam *später* vorbeifährt (damit M_Z und M_B zusammenfallen können, wenn das Licht *ankommt*); der Zug könnte dann *hinten kürzer* sein und müsste *vorne länger* sein *(E. zeichnet Abbildung 13)*...

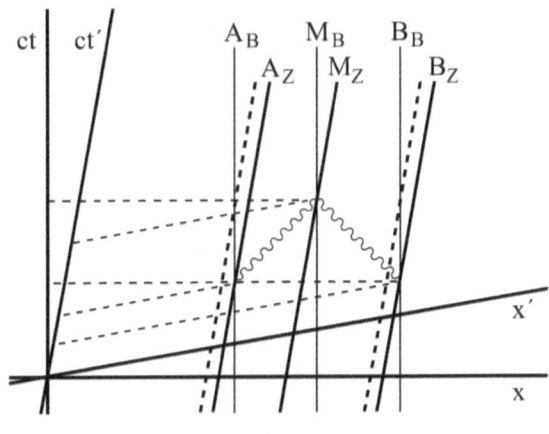

Abbildung 13

L: Richtig, denn dann würden die Punkte A_Z und B_Z an *anderen* Stellen des Zuges liegen, nämlich jeweils in der Bewegungsrichtung `vorgerückt´, eben *weil* der Zug gewissermaßen später vorbeifährt...
E: Richtig, und eingedenk der *Parität* beider BS darf hier *nur derjenige*, der sich in der geometrischen *Mitte* der `Brandmale´ befand, auf *gleichzeitige* Ereignisse schließen...
L: Ganz langsam! M_Z trägt jetzt seinen Namen also zu *unrecht* - dort muss ein Beobachter sein, der sich *nicht* in der geometrischen Mitte befindet. Die beiden Beobachter wissen voneinander, dass das Licht der beiden Blitze sie beide just bei ihrer Begegnung, also am *selben Ort* und *zum selben Zeitpunkt* erreicht hat - theoretisch könnten sie sich ja in diesem, wenn auch infinitesimalen, Augenblick per Handschlag begrüßen...
E: Theoretisch...
L: Nun können sie im Nachhinein (*wann* ist völlig gleichgültig) ermitteln, an welchen Stellen ihres jeweiligen BS die beiden Blitze eingeschlagen sind. Der Bahnwärter soll finden, dass er sich in der geometrischen Mitte der Einschläge befand - M_B (auch der Punkt ihres Zusammentreffens, wenn sie beide das Licht erreicht) liegt in der Mitte der Brandmale A_B und B_B auf dem Bahndamm; er findet den Raum hinsichtlich der Lichtausbreitung also isotrop und nimmt den Wert c in beiden Raumrichtungen an...

E: So ist es...

L: Der Zugschaffner aber muss doch finden, dass er sich *nicht* in der geometrischen Mitte der Einschläge befand - M_Z (der Punkt ihres Zusammentreffens, wenn sie beide das Licht erreicht) liegt *nicht* in der Mitte der beiden Brandmale A_Z und B_Z auf dem Zug...

N: ...gerade in der *Kombination* ihrer Befunde müssten die beiden dann doch erkennen, dass die KdL ontologisch-realiter *unzutreffend* ist. Eine Falsifikation Ihres Postulats der KdL sollte doch - als selbstverständliche Voraussetzung für eine naturwissenschaftliche Theorie im Gegensatz zu Esoterik - *möglich* sein: *Wie*, wenn nicht *so*, sollte die eigentlich *aussehen?*

L: Gute Frage...

E: Nein, *falsche* Frage - die RT sagt hier nun, dass die Blitze zwar im BS des Bahnwärters gleichzeitig eingeschlagen sind, nicht aber im BS des Zugschaffners - für *ihn* waren es zwei *nicht-gleichzeitige* Ereignisse, denn wenn ihn Licht aus *verschiedenen* Entfernungen *gleichzeitig erreicht*, muss es zu *verschiedenen* Zeiten *ausgesandt* worden sein...

N: ...wenn man eine Bewegung gegenüber dem Licht kategorisch *verwirft*...

E: Das tut die RT, weil diese nicht *feststellbar* ist...

L: Sancta simplicitas! Sie *verwerfen* einfach alle Indizien - dass die Beobachter relativ zueinander *bewegt* sind, spielt für Sie *keinerlei* Rolle bei alledem... Der Wert c ist doch *absolut* betrachtet *relativ*...

E: Guter Witz....

L: Von den räumliche Distanzen, die sich den beiden aufgrund der LK *auch* verschieden darstellen sollen, wollen wir einmal absehen, weil die (jeweiligen) Distanzen *AM* nicht *anders* kontrahiert angenommen werden als *BM*, da mit der RT der Zug (oder der Bahndamm) nur *insgesamt* der LK unterliegen sollte - *daher* kann eine Asymmetrie also nicht rühren; ebensowenig wie von einem anderen *Uhrengang*, denn die Uhren im Zug *ruhen relativ zueinander* (bzw. sie sind gleich bewegt)...

E: Sie wären nur in der Sicht des Bahnwärters *nicht korrekt synchronisiert* (umgekehrt gilt dies für die Sicht des Zugschaffners)...

L: Ja, eben, das hatten wir doch gerade bei den parallel-beschleunigten Uhren *(L. zeigt auf Abbildung 11);* es geht schlicht und ergreifend um die *Zeitpunkte* der Blitzeinschläge: *Dieselben* Ereignisse scheinen beiden *nicht* gleichermaßen gleichzeitig stattgefunden haben zu können laut RT - sie nimmt eine *Umdatierung* der Zeitpunkte der Blitzeinschläge vor, die noch durch deren *Umverortung* ergänzt wird, um in allen IS auf den Wert c kommen zu können. Sie *wollen* zu einer RdG kommen: Wenn der Bahnwärter sagt, das Ereignis in *A* war um *so-und-soviel* Uhr und das Ereignis in *B* ebenso, sagt der Zugschaffner etwas *anderes* laut RT - aber was soll es eigentlich *heißen*, wenn er sagt, es war *nicht* um so-und-soviel Uhr? Wie können Sie annehmen, dass dem ontologisch-realiter *irgendeine Bedeutung* zukommt, und dass man damit etwas *erklären* könnte?! Sie vergeben nur andere *Zeitziffern, Etiketten, Namen* - ist es mehr als *irrationales Gestammel*, dass die Blitzeinschläge in beiden BS zu zwei 'verschiedenen' Zeitpunkten eingeschlagen sind? Die Blitze könnten hier den Stahl der Schienen mit einem Teil des Zuges, so der sich unmittelbar über diesem dahinbewegt, *verschmelzen*, so dass beide Beobachter bei der Untersuchung des Falles im Nachhinein jeweils bei den Einschlagmalen etwas vom - sagen wir: in der Legierung etwas *unterschiedlichen* - Stahl des Zuges bzw. der Schienen *finden* würden - was soll ihnen dann *bedeuten*, dass dieses Verschmelzen mit der RT zu *verschiedenen* Zeitpunkten stattgehabt haben soll? Die beiden Beobachter müssen doch überhaupt von *denselben Ereignissen* sprechen, sonst brauchen sie *gar nicht* davon zu sprechen, darum müssen sie auch von *denselben Zeitpunkten* sprechen in einem ontologisch-realen Sinne; und ein Zeitpunkt *ist* physikalisch doch gar nichts anderes als *ein* Zustand der beteiligten Weltdinge: Der *eine* Zustand (Prozess) des Verschmelzens des Stahls der Schienen und des Zuges - und der wird klassisch mit *einem* zeitlichen Etikett versehen. Die RT aber stellt in *Frage*, dass 'demselben' Ereignis' *dieselben* räumlichen und zeitlichen Etiketten zugeordnet werden. Auf 'geduldigem Papier' mag dies alles mathematisch oder graphisch hingehen, was soll dies aber *ontologisch-realiter* bedeuten? Es *kann* nichts bedeuten...

N: Klären wir dies, indem wir die *Voraussetzung* des ganzen Verwirrspiels, V e die KdL, *ad absurdum* führen; sehen Sie einmal hier *(N. zeichnet die Abbildungen 14a und 14b):*

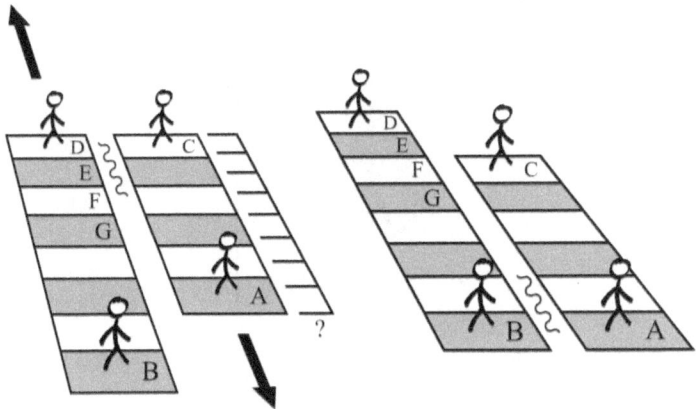

Abbildung 14 a und 14b

Die zwei Maßstäbe mögen sich relativ zueinander (inertial) bewegen und bei den Beobachtern *D* und *C* möge bei deren Begegnung eine *Entladung* stattfinden, die einen *Lichtkegel* erzeugt. Das Licht wird sich dann zu den Beobachtern *A* und *B*, mithin *relativ* zu den beiden *Maßstäben* über *verschiedene* Distanzen in *derselben* Zeit ausbreiten, wobei wir die Ankunft des Lichtsignals für deren *Zusammentreffen* (an einem Ort zu einem Zeitpunkt) annehmen...

B: Verstehe. Sie wollen darauf hinaus, dass *verschiedene Distanzen*, die in *derselben Zeit* zurückgelegt werden, zwangsläufig eine *verschiedene Geschwindigkeit* bedeuten müssen, da diese als *Weg pro Zeit*, also $v_c = \Delta s/\Delta t$ definiert ist... Aber zeichnen wir doch dafür einmal das *MD (B. zeichnet Abbildung 15):* Im BS *x/ct* hat sich das Licht über den ganzen Maßstab von *D* nach *B* ausgebreitet, hier um *2* Raumeinheiten in *2 ct*-Zeiteinheiten, also mit der Geschwindigkeit *c*. Im BS *x'/ct'* der Beobachter *C* und *A* hat sich das Licht zwar über eine *kleinere Strecke*, eben nur entlang *ihres* Maßstabs ausgebreitet, wobei sich *B* währenddessen auf *A* zubewegt hat und *D* sich von *C* entfernt hat, dafür ist aber auch *weniger Zeit* verflossen, wie man an der gestrichelten Linie sehen kann, welche hier auf *deren* Zeitachse *ct'* projiziert ist; auch *hier* ergibt sich die Geschwindigkeit *c*... Und in Ihrer Zeichnung haben Sie sich ja bei den Maßeinheiten der Maßstäbe bereits für eine Sichtweise *entschieden*, wie mir scheint - diese sind ja auf beiden Maßstäben *gleich* gezeichnet, müsste nicht eine (hier: gedachte) *LK* berücksichtigt werden *(B. zeichnet diese oben hinzu)*?

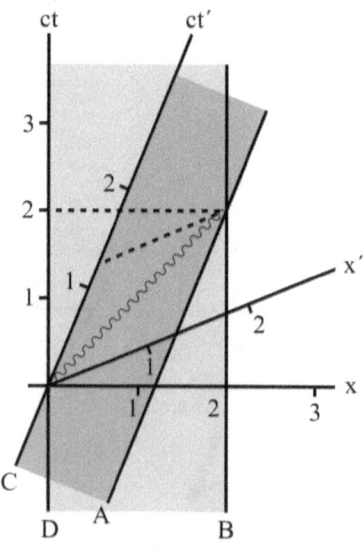

Abbildung 15

L: Ich denke, hier zeigt sich, dass die KdL als Postulat *nicht haltbar* ist. Die

RT kommt hier *nur* zu derselben Geschwindigkeit für *c*, indem sie Ereignisse *um*datiert und *um*verortet und *absurderweise* einen *unterschiedlichen Zeitfluss* für die beiden Maßstäbe bzw. BS annimmt. Die Beobachter *C* und *D* begegnen sich hier zwar ontologisch-realiter zu *einem* Zeitpunkt an *einem* Ort und das Lichtsignal kommt zu *einem* (späteren) Zeitpunkt an *einem* (anderen) Ort bei den sich treffenden Beobachtern *A* und *B* an, die RT muss dies mit ihrer RdG aber *bestreiten* - niemand kann sagen, was das *bedeuten* soll, welcher *Sachverhalt* in der *Natur selbst* einer `Verschiedenheit' der Zeitpunkte und Orte des sich-Treffens, welche die RT mit der RdG hier annimmt, eigentlich jeweils bei dem *einen* Ereignis des wechselseitigen `sich-Treffens' entsprechen soll. Wir können das hier zunächst nur gleichsam fassungslos zur Kenntnis nehmen, wollen aber später diese irrational-esoterische Sichtweise...
E: Also, *bitte*...
L: ...noch *weiter* beleuchten. In jedem Falle wird Ihre Argumentation für eine RdG damit *zirkulär*, denn schon hier müssen Sie diese ja *voraussetzen*, damit sich die KdL überhaupt *ergibt*, die zur RdG eigentlich erst *führen* soll. Ohne diesen Zirkel kann man klassisch nur annehmen, dass jeweils von (absolut) *demselben* Zeitpunkt und Ort die Rede ist...
N: ...und man kann, ja, muss das Postulat der KdL auch *unabhängig* von der Frage einer (etwaigen) LK ad absurdum führen: Zum `*Zeitfluss*´ ist nämlich zu sagen, dass die beiden relativ zueinander bewegten Maßstäbe hier zusammen als *Inertialbasis* fungieren - sie bewegen sich nach dem Trägheitsgesetz aneinander vorbei und stellen so *an sich selbst* schon eine *Uhr* dar. Was immer man bei (gewöhnlichen) Uhren etwa mit dem HKE finden mag und welche *Umdatierungen* die RT hier vornimmt - was soll es hier nüchtern betrachtet *bedeuten*, dass die Zeit im jeweils anderen BS *anders* `verfließt´, schneller oder langsamer? Die Bewegung der beiden Maßstäbe *an sich selbst* definiert *als* wechselseitige Relativbewegung hier die *Inertialzeit* und ist als *ein-und-dieselbe* zu begreifen, nur beide Maßstäbe *zusammen* definieren diese. Dass die beiden Maßstäbe sich relativ zueinander mit *verschiedenen* Geschwindigkeiten bewegen und so *verschiedene* Inertialzeiten gleichsam für sich selbst definieren, ist doch überhaupt kein *sinnvoller Satz* mehr...
E: Nun, da wir eine *LK* annehmen eben *doch;* wenn der (jeweils) andere Maßstab *lorentzkontrahiert* wie ein *Nonius* ist (bei einer *Schieblehre* gibt es ja eine Skala, bei der *10* Millimeter-Markierungen auf *9* Millimeter verteilt, also jeweils *minimal verschoben* sind; über die Verschiebung beider Skalen zueinander lassen sich so *1/10* Millimeter ablesen), kommen in *derselben* Zeit an den Maßstäben jeweils *unterschiedlich* viele Markierungen vorbei... Oder man betrachtet, wann das vordere und hintere Ende eines jeden Maßstabs sich am anderen Maßstab *vorbeibewegt hat* - auch dabei

kommt man mit einer LK zu *unterschiedlichen* Ergebnissen...
N: Um das überhaupt zu *vergleichen* sprechen auch *Sie* von `derselben Zeit´ - aber schon darob haben Sie wohl kein Einsehen... Die Relativbewegung der beiden Maßstäbe kann man vor der Hand - gerade mit dem *RP* - nur als gleichschnell betrachten *wollen;* Sie versuchen aber die ZD und LK als komplementär-symmetrische Effekte zu behandeln, die Ihr System wechselseitig stützen...
B: Natürlich; wenn man den Maßstab von *C* und *A* `ruhend´ als mit jenem von *D* und *B identisch* betrachtet, erfährt dieser für *D* und *B* `bewegt´ eine LK und das ganze System eine ZD, so dass die Relation *c* auch im `bewegten´ BS für *C* und *A erhalten* bleibt, die von einer LK und ZD allerdings nichts bemerken...
L: Das führt allerdings *erst recht* in ein Dilemma: Zunächst einmal könnte man hier mit der *RT* ja einfordern, dass man Maßstäbe, wenn sie ruhend identisch sind, *generell* als identisch begreifen muss - ein netter Einwand an die Adresse jener, die meinen, die LK *vollständig* auf die RdG zurückführen zu können - wir wollen aber weniger `sophistisch´ argumentieren. Wenn man - zunächst auch ohne eine für alle Beobachter *gemeinsame* Sicht - zugesteht, dass die LK zumindest in *der* Hinsicht als real gelten kann, dass man sagen *darf,* wechselseitig würden jeweils an einer Markierung eines Maßstabs in derselben Zeit (lassen wir auch dies so stehen) *unterschiedlich* viele Markierungen des jeweils anderen Maßstabs vorbeikommen oder dergleichen, muss die LK auch in *der* Hinsicht als real gelten, dass man *dann* diese beiden `Uhren´ (die Maßstäbe selbst in Relativbewegung) ja überhaupt nicht mehr wechselseitig als *gleich* betrachten könnte, was auch die *RT* als Grundvoraussetzung jeden Vergleichs *voraussetzt.* Die Situation wäre dann doch *so* zu begreifen, als wenn der *eine* Zeiger einer Uhr - in diesem Beispiel das inertiale wechselseitige `aneinander-Vorbeigleiten´ der Maßstäbe - über *zwei verschiedene Zifferblätter* streichen würde, deren Markierungen *unterschiedlich dicht* angebracht sind....
N: Für diesen Fall würde man jedoch klassisch *nicht* ein unterschiedliches Verstreichen der *Zeit* annehmen, nicht einmal verschiedene *Geschwindigkeiten* der *Zeiger...*
B: Nicht ganz unwahr...
L: An dieser Stelle läuft man Gefahr, sich immer weiter in die Diskussion zu verstricken, *was* nun *wem* als *wie* `real´ gelten darf - denn man kann im System der RT ja nicht *einen* der komplementären Effekte als gleichsam in einem *anderen Sinne* `objektiv-real´ nehmen als den *anderen,* ohne dass das ganze *System* ins Wanken geriete - hier ergäbe sich mit einer irgendwie `*objektiv-realen*´ LK die Folgefrage, über welche Distanz sich das Licht denn nun `*objektiv*´ ausgebreitet hat usw. usf., lassen wir dies... Die eigentliche Frage lässt sich - wie gesagt - *unabhängig* von der LK behandeln,

man könnte fast sagen: 'Nehmen Sie zur LK an was Sie *wollen'* ... Fraglich wird schon, ob man überhaupt mit der RT eine *Wechselseitigkeit* der Effekte annehmen kann, denn mag auch die *Bewegung* der Maßstäbe *relativ* sein - gleichgültig, wie man die Bewegung denkt, ist es *nicht relativ*, dass sich das Licht relativ zu dem *einen* Maßstab in einem objektiven Sinne *weniger weit* als zu dem *anderen* ausgebreitet hat - damit müsste auch festliegen, *welche* Zeit *langsamer* verstreichen soll, wenn die Relation c erhalten bleiben soll (*wenn* man das denn annehmen will) - *das* widerspräche schon der RT, die *wechselseitige* Effekte annimmt. Sie *wollen* es so denken und dennoch müssen Sie, um Ihre Gedanken überhaupt *ausdrücken* zu können, etwa sagen: 'in derselben Zeit* geschieht dies-und-jenes *Unterschiedliche'*...

N: Einen angeblich divergierender Zeitfluss in relativ zueinander bewegten BS haben Sie ja über die Synchronisation von Uhren entwickelt - selbst, wenn der Gang von (gewöhnlichen) Uhren auf den Maßstäben aber derlei zeigen *sollte*, was man, ohne wiederum die RdG *vorauszusetzen*, allerdings gar nicht *behaupten* kann, muss man hier die für beide Maßstäbe (BS) gleichermaßen gegebene identische *Inertialzeit* (die mit der reinen Relativbewegung der Maßstäbe *selbst* gegeben ist) als - *Herr L.* würde einfügen: *gedacht* - absolute Zeit zugrundelegen und nicht eine *relative* Zeit der Prozessfortschritte; dazu und zum HKE später noch genauer...

L: Jedenfalls aber vermag dieses Beispiel *Klarheit* zu schaffen, was von der KdL zu *halten* ist: *Nichts*. Das Argument besagt, dass die Inertialzeit hier *nicht* der ZD unterliegt (wenn man *die* denn überhaupt annimmt). Mit dem *RP* müssen wir doch sagen, dass wir die Inertialzeit als wechselseitige (inertiale) Bewegung der Maßstäbe gegeneinander nur als *gleich* denken *wollen* können, wenn wir dem Naturgeschehen *nicht willkürlich* etwas *hinzudichten* möchten. Jeder möge sich selbst darüber Rechenschaft ablegen, ob und an welcher Stelle er von dieser Interpretation *abweichen* möchte: Soll hier die *wechselseitige Relativbewegung* der Maßstäbe *unterschiedlich schnell* vonstatten gehen (wenngleich man in relativ zueinander bewegten BS *beiderseits* mit c rechnet)? Sonst bleibt der RT nur zu behaupten, das Licht habe sich relativ zu den beiden Maßstäben (BS) über *dieselbe* Strecke ausgebreitet...

B: Ja...

N: ...es ist aber *irrational*, das anzunehmen: Wir können uns vorstellen, dass A zunächst an D vorbeikommt und sagt 'Erzeuge mit C, der nach mir kommt, doch einmal einen Lichtblitz - er hat ein Streichholz, nimm du diese Reibefläche'. Wenn A und B sich nun begegnen und annehmen, dass Licht *überhaupt* Zeit zur Ausbreitung benötigt, dass es von einem anderen, *distanten* Ort kommt, dass die Maßstäbe und die anderen Beobachter auch *zwischenzeitlich* existieren (die ganze Zeit) und dass sich die Maßstäbe nur *insgesamt verschieben*, die Beobachter also starr miteinander verbunden

sind, *können* sie nur zu dem Schluss kommen, dass Licht sich über *verschiedene* Distanzen ausgebreitet hat (selbst wenn sie nicht entscheiden können, ob der eine dem Licht enteilt oder der andere ihm entgegeneilt - das ist *irrelevant* für das Argument). Mit der wechselseitig sich identisch definierenden Inertialzeit *können* sie die KdL dann nur *verwerfen* - als eine interessante Idee, die aber ob des PBU zum Glück *falsch* ist...
E: `Jetzt´ bedeutet entlang der Maßstäbe (in beiden BS) *verschiedenes*...
N: ...bei *insgesamt (nur) verschobenen* Maßstäben? Lassen Sie ab - die RT betrifft nicht die Zeit *selbst*, höchstens meine *relative* Zeit, mithin Prozessgeschwindigkeiten. Und hier geht es *nur* darum, dass *A*, wenn er *B* trifft, *weiß*, dass *C nicht mehr D* gegenübersteht, sondern *E, F, G...* - wem ist *gleichgültig*, jedenfalls *nicht mehr D*...
L: Wenn die Beobachter *A* und *B* sich begegnen, nehmen sie nicht nur für *sich* in ihrem gemeinsamen Hier-und-Jetzt-Punkt an, zu existieren, sondern auch, dass ihre Maßstäbe mit allen anderen Beobachtern *C, D, E, F, G...* (welche man sich idealisiert in beliebig dichter Reihe vorstellen kann) als ausgedehntes `Seinsgefüge´ existieren, dass überhaupt eine *Vielzahl* an Dingen `gleichzeitig´ im Sinne von `parallel´ existieren und nicht nur *ein* Ding - es sei denn die RT wolle Beobachtern nahelegen, solipsistisch nur sich selbst als `daseiend´ anzunehmen und eine *Vielzahl* an Dingen zu leugnen. Wenn man überhaupt eine *Vielzahl* von Dingen annehmen will, die `tatsächlich´ in *einer Realität* miteinander in *Wechselwirkung* stehen und nicht nur eine dergestaltige *Illusion*, muss man eine *absolute Gleichzeitigkeit* annehmen, nämlich ontologisch-realiter in *dem* Sinne, wie etwa in der Mengenlehre mathematisch-ideell die Elemente einer Menge als `gleichzeitig existent´ gedacht werden, wenn `Menge´ den üblichen Sinn haben soll...
N: ...und die Beobachter *A* und *B* müssen annehmen, dass etwa *C* stets nur *einem* Beobachter auf dem anderen Maßstab gegenübersteht - auch in dem Augenblick *ihrer* Begegnung, weil in der reinen Relativbewegung schon beschlossen liegt, wer wem gegenüberliegt: *E oder F oder G...* - wenn sie *verschiedenes* sagen, können nicht beide recht haben, wenn sie *dasselbe* sagen, kann die LK ontologisch-realiter nichts bedeuten; damit verwerfen wir die LK (auch deshalb bleibt Ihr `Nonius-Einwand´ fruchtlos). Hier mag wiederum jeder sich selbst gegenüber Rechenschaft ablegen, ob er *anderes* annehmen möchte - etwa, dass derlei bei nur insgesamt verschobenen Maßstäben *ontologisch-realiter uneindeutig* bleibt, dass *C* genau *einem* anderen Beobachter gegenübersteht, wenn *A* und *B* sich treffen, und dass dies *nicht mehr* D ist, mit welchem dieser den Lichtkegel *erzeugt* hat...
L: ...wobei es aber wohlgemerkt nicht darum geht, was wir davon *wissen* (*können*)... Bei einer nur *insgesamt verschobenen* Anordnung von Dingen müssen sich die Relationen nicht nur *streng systematisch* ändern, sondern

auch (bei idealisiert beliebig dicht gedachten Beobachtern auf den Maßstäben) *immerzu eindeutig bleiben* - das Problem des ʻstarren Körpersʻ hat damit gar nichts zu tun. Ich hatte die räumliche und zeitliche Ordnung einmal so definiert: „Existiert eine *Mehrheit* dinglicher Zustände, die einander *nicht ausschließen*, so werden sie als *zugleich* existierend bezeichnet. Daher gelten uns [...] Ereignisse [...] *nicht* als zugleich, [...][wenn] sie [...] *entgegengesetzte* Zustände eines und desselben Dinges bedingen. [...] Die Zeit ist die Ordnung des *nicht* zugleich Existierenden."[146] Nehmen nun Beobachter mit der RT *verschiedene* Relationen als *für sie gleichzeitig* gegeben an, kann man diese nur objektivierend *eliminieren*, eben mit einer gedachten absoluten Gleichzeitigkeit... Diese Aussagen über die Maßstäbe in einer *Ding*-Ontologie lassen sich in solche einer *Ereignis*-Ontologie *transformieren*, derlei ist nicht mehr als eine andere Beschreibungs*konvention* - das ʻDingʻ als ʻIndividuumʻ bewahrt den räumlichen und zeitlichen Aspekt der Dauer (ʻSubstanzʻ) auch als ʻEreigniskomplexʻ...

N: Nun, wenn damit nicht die ganze Diskussion um RdG, LK und ZD von *vorne* beginnen würde, müsste sich hier eigentlich eine Betrachtung des relativistischen *Additionstheorems* anschließen *(N. deutet auf Abbildung 16):* Wenn wir auf Maßstab *1* befindlich in diesem BS empirisch feststellen, dass sich Maßstab 2 relativ zu uns um *zwei* Raum-Einheiten verschoben hat, was zugleich *zwei* Inertialzeit-Einheiten definieren möge, und Maßstab 3 sich relativ zu uns um *vier* Raum-Einheiten in dieser Zeit bewegt hat (die für Maßstab *2 dasselbe* Zeitmaß definiert), ist die Frage, worüber wir uns von der Empirie belehren lassen *können:* Wenn jemand auf Maßstab *2* zu einem von *zwei* Raumeinheiten pro zwei Zeiteinheiten *abweichenden* Ergebnis kommt (*völlig gleichgültig warum*) - so soll es mit dem relativistischen Additionstheorem sein -, können wir diese Messungen nur als *konventionell* betrachten und die Maßeinheiten als von unseren *abweichend* - und: Was man dort findet, muss *uns* zwei Raumeinheiten pro zwei Zeiteinheiten *bedeuten*. Fraglich ist dann, was wir als *identische* Maßstäbe und als *gleichgehende* Uhren betrachten *wollen*, denn wir können die Maßeinheiten und den Gang der Uhren - das macht die RT schlussendlich ebenso - nur auf einer tieferen gedachten Ebene als *unterschiedlich* betrachten, womit wir ein *gemeinsames absolutes* Vergleichsmaß zugrundelegen...

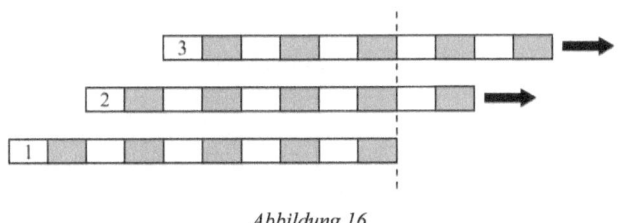

Abbildung 16

Nirgendwo wird deutlicher als beim *relativistischen Additionstheorem* der Geschwindigkeiten, dass man mit der RT Maßeinheiten als im *absoluten* Sinne *verschieden* betrachten muss: Ist (relativ zu Maßstab *1*) Maßstab *2* mit *0,4c* bewegt und Maßstab *3* mit *0,8c*, könnte *klassisch* ein Geschoss, das relativ zu Maßstab *2* geringfügig *schneller* als *0,4c* ist, von Maßstab *2* aus Maßstab *3* erreichen, *relativistisch* wäre dem *nicht* so (weil diese geringe Differenzgeschwindigkeit sich nur relativ zu *Maßstab 1* so darstellt)...

L: Gestatten Sie mir, das Argument ausnahmsweise zu wiederholen - stellen wir uns vor, wir wären *tatsächlich* die Beobachter *A* und *B* (*L. deutet auf Abbildung 14a/b)*, träfen zusammen und sprächen darüber, was geschehen ist - Sie gebieten uns 'Halt', wenn Sie dem Argument nicht mehr zu *folgen* gewillt sind: Wir (*A* und *B*) treffen zu *einem* Zeitpunkt an *einem* Ort zusammen; das Licht, das uns jetzt erreicht, ist irgendwann vor diesem Zeitpunkt (wie verabredet) von *C* und *D* erzeugt worden; dazu müssen sich *C* und *D* zu *einem* Zeitpunkt an *einem* Ort begegnet sein...

B: Hier hören Sie schon ein, wenn auch sozusagen: *verhaltenes* 'Halt', weil Ihre Aussage *implizit* eine *absolute* Gleichzeitigkeitssicht enthält...

L: Ja, was hier nun eigentlich die *Position* der RT ist, ist *unklar* - auch für sie sollte dies eine *eindeutige* Situation sein; aber sobald man das Ganze aus der *Distanz* betrachtet, kommt die RT in Schwierigkeiten - genaugenommen geht es auch hier um den Beobachter als den *Interpreten* des Naturgeschehens, der keine *objektivierende Sicht* einnehmen *darf*, nämlich eine solche aus der *Distanz*, weil er dann seine räumlichen und zeitlichen *Urteile* ändern müsste, *versuchen* wir, kurz darüber *hinwegzusehen*... Seitdem hat sich *C* auf Sie (*B*) *zubewegt* und *D* sich von mir (*A*) *fortbewegt*. *C* hat *seitdem anderen* Beobachtern, etwa *E, F, G*... gegenübergestanden. Welchem Beobachter *C* '*jetzt*' gegenübersteht, wissen wir zunächst nicht; wir müssten dazu wissen, wie weit er (*C*) sich *weiterbewegt* hat in der Zeit, welche das Licht *zu uns* (*A* und *B*) *gebraucht* hat; darüber sind wir uns aber aufgrund des MME/BBE-Dilemmas *nicht einig*. Jetzt, da wir (*A* und *B*) uns treffen und auch die ganze davorliegende Zeit über, haben aber wir und die anderen Beobachter irgendwie (um nicht zu sagen 'gleichzeitig') gleichermaßen, parallel existiert; und während des aneinander-vorbei-Gleitens hat *C* immer (idealisiert) nur *einem* anderen Beobachter gegenübergestanden. Wenn wir uns auch nicht *einigen* können, *wer* das dort '*jetzt*' ist, *ist* es '*jetzt*' auch nur *einer*...

B: Halt. Mit diesem Begriff meinen wir beide (*A* und *B*) der RT zufolge für den distanten Ort wiederum *verschiedenes*...

L: Wenn Sie (*B*) mir (*A*) ins Gesicht sehen, wollen Sie bei *insgesamt inertial verschobenen* Maßstäben (dies hat nichts mit dem Problem des *starren Körpers* zu tun - die Maßstäbe könnten Jahrhunderte *vorher* in Bewegung versetzt worden sein) sagen, das *nicht eindeutig* ist, *wem C* ins Gesicht sieht, wenn wir uns doch einig sind, dass dies *immer - sowohl* zu ʿderenʿ ʿjetztʿ, *als auch* zu ʿunseremʿ ʿjetztʿ - nur *ein* anderer Beobachter ist; und dass wir mit *verschiedenen* Aussagen hierüber gemäß der RT *beide recht* haben? In der reinen Relativbewegung der Maßstäbe, die währenddessen mit allen Beobachtern darauf *durchgängig existieren*, welche einerseits A und C und andererseits B und D *gemeinsam* verschiebt, liegt doch bereits *beschlossen, wer wem* gegenüberliegt, wobei wir *nicht beide* (A und B) recht haben *können*...

B: ...außer, wenn der Begriff ʿjetztʿ eben *relativ* ist...

L: ...wie die RT behauptet - und zwar aufgrund der (angeblichen) *RdG*, die sich aus der (angeblichen) *KdL* ergibt; und die ergibt sich *zirkulär* nur, wenn man die RdG schon *zugesteht*. Aber die Maßstäbe definieren durch ihre inertiale Relativbewegung *an sich selbst* schon eine Inertialzeit, die für unsere (A und B) beiden BS, eben die Maßstäbe, *dieselbe ist* (und mit dem *RP* kann man auch nichts anderes definieren *wollen*) - sollen die Maßstäbe sich wechselseitig mit *verschiedenen* Geschwindigkeiten zueinander bewegt haben? Soll es die Natur interessieren, wie wir beide (A und B) Zeitpunkte *benennen?* Und es ist *nicht* relativ, dass sich das Licht in dem einen BS *weniger weit* ausgebreitet hat - gleichgültig, ob wir *wissen wie* weit, gleichgültig, ob man dabei diese Maßstäbe *irgendwie* als *kontrahiert* annimmt (nicht kontrahiert ergibt sich kein Problem, kontrahiert fällt die relativistische Wechselseitigkeit und man hat gleichsam einen Zeiger, der sich über zwei verschiedene Zifferblätter bewegt) und wie irgendwelche (gewöhnlichen) *Uhren* gehen mögen - dazu müssen wir *nur* wissen, dass das Licht zu *irgendeinem* Zeitpunkt *vor* unserem Treffen an einem anderen Ort erzeugt worden ist und sich erst zu unserem Treffpunkt *bewegt hat*, während wir beide (A und B) uns eben *auch* bewegt haben und dass mithin auch C nicht mehr D gegenübersteht. Damit ergibt sich, dass sich Licht in *derselben* Zeit über objektiv *verschiedene* Distanzen ausgebreitet hat - hier muss man ein *übergeordnetes, objektives* Längennormal *hinzudenken*; die Relation $v_c = \Delta s/\Delta t$ ist für die Beobachter A und B verschieden, die KdL *Unsinn*...

E: Unsinn...

N: Die interessanteste Frage ist hier noch, was wäre, wenn es gar kein Licht *gäbe*, nur *Materie* im *Dunkeln* - so gäbe es zwar wohl die ganze Welt gar nicht, aber: Würde man dann eine absolute Gleichzeitigkeit hier *auch* in Frage stellen?

E: Welch´ absurder Gedanke...

N: Ist nicht die KdL, das Zentralpostulat der RT, da sie nicht auf empirische Befunde zurückgeht, mit der Befund-*Kombination* beim ZP und mit der Analyse *dieses* Falles der relativ zueinander bewegten Maßstäbe schlicht als im Gedankenexperiment *falsifiziert* zu betrachten? Mit der KdL ver-

V f

werfen wir natürlich auch die *RdG* und das *PBU*...
B: Aber... `Se non è *vero*, è ben *trovato*'[147]...
N: Pardon me!?
L: `Wenn es nicht *wahr* ist, ist es (zumindest) gut erfunden...' - soll heißen?
B: Nun ja, da Sie recht schlüssig argumentieren, frage ich mich, warum sich nicht an allen Ecken und Enden *zeigt*, dass die KdL unzutreffend ist...
N: Ja, aber das *ist* doch so - hat das nicht allein schon etwa die Selbstbezüglichkeit der RT oder das Lichtausbreitungsgesetz gezeigt? Aber seien Sie getrost, wir verfolgen den Gedankenstrang ja noch weiter. Wir kommen im Grunde immer wieder auf die Kuriosität zurück, dass klassisch (Zitat) `zwei Beobachter *demselben* Ereignis stets *denselben* Zeitpunkt zuordnen werden', dass die RT dies *wegen der (angeblichen) KdL* aber in *Frage* stellt: Wenn man Uhrensynchronisationen in ein MD zeichnet, muss man ja im Prinzip graphisch immer *eine* der für die RT *äquivalenten* Sichtweisen *bevorzugen* - hier zeichne ich einmal die beiden Synchronisationen des Zugschaffners und des Bahnwärters *ohne* ein KS übereinander *(N. zeichnet Abbildung 17)*...

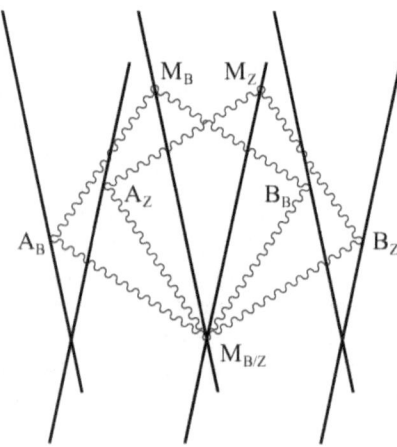

Abbildung 17

Das Ereignis des *Aussendens* der Synchronisationssignale wollen wir hier als *ein* Ereignis ($M_{B/Z}$) begreifen, als für die beiden Beobachter *identisch*, nämlich als gleich*ort*ig und gleich*zeit*ig - wenn sie sich treffen, kann etwa eine Entladung stattfinden, so dass ein Lichtkegel emittiert wird. Nehmen wir an, dass die Synchronisations-Situation *ruhend identisch* ist - für die Argumentation ist es aber *unerheblich*, ob man hier mit der RT auch eine *LK* annehmen muss. Beide Beobachter mögen auf geschlossenen Wegen für die Ausbreitung von Licht (mutmaßlich) zwar den Wert *c* finden. Wir nehmen aber im Einklang mit der RT *nicht* an, dass das Licht hier *zwei verschiedene* Wege nimmt (was auch *denkbar* wäre, wenn sich Licht wie klassische *Korpuskeln* verhielte - auch dann spricht man von absolut verschiedenen Ereignissen, *c* wäre aber nur relativ-relational in jeweils *einem* BS konstant und nicht BS-*übergreifend*, für unsere Argumentation ergäben sich aber dieselben Rechnungen und Argumente gewissermaßen *aus anderen Gründen*) - *das* meinte in dem Zitat vorhin: „alle auftretenden Lichtwellen [...][halten] miteinander Schritt"[148] und darauf basieren die Herleitung der LT und alle Gedankenexperimente der RT (die - wie gesagt - damit eine verkappte Äthertheorie *ist*). Jedenfalls ergibt sich, dass die beiden `Licht-Quadrate´ realiter *zum Teil deckungsgleich* sein müssen, man muss sie in Gedanken gleichsam *übereinanderschieben*, womit sie aber keine Quadrate *bleiben* können...

E: Ja, *und?*

L: Beide definieren sich somit ihre *eigene, relative* Gleichzeitigkeit, denn *beide* mögen - wie gesagt - finden, dass das Licht zu seinem *Ursprungsort* zurückgekehrt sei, nämlich von $M_{B/Z}$ nach M_B für den Bahnwärter und nach M_Z für den Zugschaffner. Deshalb werden sie auch, da *beide* ja ihrer Sichtweise den Wert *c* zugrundelegen (müssen), jeweils für die Ereignisse A_B und A_Z, B_B und B_Z, sowie M_B und M_Z hinsichtlich des *räumlichen*, wie *zeitlichen* Abstands *dieselben* Zuordnungen vornehmen. Dennoch glauben sie (und wir) *nicht*, dass es sich ontologisch-realiter (`an sich´) dabei um *dieselben* Ereignisse handelt, die am *selben Ort* oder zur *selben Zeit* statthaben - *weder* in der einen, *noch* in der anderen Kategorie haben diese Ereignisse eine Identität (selbst mit der RT `raumzeitlich´) - sie sind *absolut* verschieden: A_B und A_Z, B_B und B_Z liegen in entgegengesetzten Raumrichtungen und sind jeweils lichtartig verbunden *(L. deutet auf Abbildung 1b)*. A_B und B_Z würden in *einer* Raumdimension (wie im MD gezeichnet) gar nicht *erreicht* werden: A_Z und B_B werden *zuerst* erreicht und das Licht müsste sich zu einem *anderen* Ort *weiterbewegen*, eben mit der Lichtgeschwindigkeit *c* nach A_B und B_Z. Besonders deutlicher ist das bei M_B und M_Z - `dieselben Orte (im Laufe der Zeit)´, zu denen die Lichtsignale jeweils zurückzukehren scheinen, werden nur in ihrem *gedachten* BS `mitgenommen´; dabei geht es *nicht* um die Frage, welchen *ontologischen Status* man hier `Ort´ beimessen muss, wiewohl wir auch darüber noch sprechen werden. Bezüglich der Zeitpunkte ergibt sich ein gleiches, da wir von lichtartig verbundenen Ereignissen sprechen...

E: Ja, und worauf wollen Sie nun *hinaus?*

N: Umgekehrt werden sie nun aufgrund ihrer Uhrensynchronisationen bei Ereignissen, die sie ontologisch-realiter (`an-sich´) sehr wohl als *dieselben* Ereignisse begreifen, *verschiedene* räumliche und zeitliche Zuordnungen vornehmen. Sie benennen also *ontologisch-realiter Ungleiches gleich* - und umgekehrt benennen sie *ontologisch-realiter Gleiches ungleich...*

E: Nun gut, die räumlichen und zeitlichen Etiketten sind eben willkürlich-menschengemacht - sie können als Orts- und Zeitziffern auch ganz *anders* lauten. Ereignissen kommen an sich selbst doch *gar keine* Zahlenetiketten zu, die sind *willkürlich* und haften nicht den Dingen oder Zuständen *selbst* irgendwie an...

N: Ja, natürlich - aber damit *verdrehen* Sie wieder die Situation: Die RT geht nämlich implizit im *Gegenteil* davon aus, dass es ontologisch-realiter von *Bedeutung* wäre, dass verschiedene Beobachter verschiedene Etiketten verleihen - darüber will die RT doch bestimmte Naturphänomene *erklären*, etwa die MME- und BBE-Klassen. Mehrere Etiketten für ein-und-dasselbe Ereignis zu verleihen *kann* nur *redundant* sein bezüglich der ontologischen Realität, denn *jedenfalls* kann man nicht sagen, dass die Etiketten *an sich* in ihrem *Sinngehalt* überflüssig und *nur* menschengemacht wären, sie bezeichnen nämlich ganz *spezifische* Orte und Zeitpunkte - willkürlich oder *relativ* sind die Ziffern als *Namen*, nicht aber ihr *Sinn*. Es lässt sich fast keine andere *derart elementare* Erfahrung denken, als dass dasselbe Ding an diesem *oder* jenem Ort sein kann oder dass ein Ereignis zu diesem *oder* jenem Zeitpunkt stattfinden kann. Die Bezugspunkte, die *wir* zugrundelegen, die Etikettennamen, die *wir* vergeben, sind relativ, aber es *`bedeutet´* schlicht und ergreifend etwas in der ontologischen Realität, wenn man sagt, eine Muschel liege hier *oder* in Afrika am Strand, jetzt *oder* im Jahre *1685* - Orte und Zeiten selbst sind *nichts Relatives...*

L: ...im *Gesamtgefüge der Weltdinge*, richtig; Raum und Zeit entsprechen auch ontologische Realkategorien, sie sind *nicht nur* Denkkategorien als unsere `Beigabe´ zu den Dingen und ihren Relationen...

N: Die RT behandelt aber auch die verschiedenen *Etikettennamen* etwa beim Schluss auf das PBU als *gleichwertig* und als *gleichermaßen richtig* - `gleichwertig´ ist für die *Etiketten* richtig, *weil* sie *relativ* sind (als Namen), `gleichermaßen richtig´ nicht, weil es hinsichtlich der einen ontologischen Realität - die nicht nur *raumzeitlich* konstituiert ist, wie sich noch zeigen wird - lauter *redundante* Etiketten sind; es sind *nur* Umdatierungen und Umverortungen; *darauf* können die RdG und das PBU nicht gründen...

V g *L:* Oft wird angeführt, die Lorentz'schen Annahmen seien *bizarre ad hoc* herangezogene Thesen - aber wie erklären *Sie* eigentlich das Resultat des MME oder BBE? Man könnte sagen, in dem `ersten´ BS, in welchem man das MME ruhend denkt, *gibt* es gar nichts zu erklären - für die RT *ist* es einfach so, dass sich Licht im Raum (im Vakuum) mit konstant c isotrop in alle Raumrichtungen ausbreitet, so ihr zweites Postulat der (angeblichen) KdL. In einem zu diesem relativ bewegten BS stellt sich aber - sofern die Lichtausbreitung im Raum `verankert´ ist - die Frage, wie es *angehen* kann, dass sich *auch dort* nichts zeigt, wenn das MME `*anders bewegt*´ ist (relativ zur Verankerung des Lichtes im Raum), wenn es nicht `ruht´. Lorentz nahm bekanntlich eine wirkliche Kontraktion der Versuchsapparatur um den Faktor $\sqrt{1-v^2/c^2}$ an und *begründete* dies sogar *physikalisch* - die RT hingegen sagt im Prinzip wiederum: Es *ist* einfach so - nur sind *Raum* und *Zeit* anders als man gemeinhin denkt...

E: Ja, man kann zu den Annahmen von Lorentz aber sagen, „dass dieser Ausweg [aus dem MME/BBE-Dilemma] auch vom Standpunkt der Relativitätstheorie der richtige war. Die Auffassung der Sachlage ist aber [...] [mit der (Einstein´schen) RT] eine unvergleichlich *befriedigendere*. [...] Die Kontraktion bewegter Körper folgt hier ohne besondere Hypothesen aus den beiden *Grundprinzipien* der Theorie; und zwar ergibt sich als maßgebend für diese Kontraktion nicht die Bewegung *an sich*, welcher wir keinen Sinn beizulegen vermögen, sondern die Bewegung gegen den jeweiligen gewählten *Bezugskörper*"[149]...

L: Ich sehe nicht, wie man dem *mehr* Sinn beimessen könnte...

N: ...ganz im Gegenteil, was interessiert die Bewegung gegen *irgendeinen* beliebigen Bezugskörper, also nur *Gedachtes* - es sollen sich doch *messbare*, mithin *spezifische* Effekte ergeben?!

E: Richtig... ...im jeweils eigenen BS ergibt sich nun *keine* Verkürzung, sondern die unveränderliche sogenannte `Eigenlänge´ des Körpers; nur in einem relativ zu uns *bewegten* BS ist der Körper verkürzt; „so ist also für ein mit der Erde bewegtes Bezugssystem der Spiegelkörper von Michelson und Morley *nicht* verkürzt, *wohl* aber für ein relativ zur Sonne ruhendes Bezugssystem"[150] - umgekehrt ist es analog...

B: ...an der *Ruhlänge* eines Körpers ändert sich also nichts - es wird nur für andere `bewegte´ BS eine andere, *relative* Zuordnung der `Länge´ vorgenommen.[151] Die LK ist für die RT also auch keine *physische* Kontraktion, wie sie Lorentz annahm, und „fällt [...][daher auch] nicht unter die Begriffe von Ursache und Wirkung"[152] - sie rührt vielmehr daher, dass ein Körper für die RT „nicht ein *räumliches* Ding ist, sondern [...] ein *raum-zeitliches* Gebilde"[153]...

L: Und hier erliegt die RT zweierlei verharmlosenden Täuschungen - zum einen, dass die LK der RT vollständig auf die *RdG* zurückführbar ist und zum anderen, dass dadurch die MME- oder BBE-Klasse `erklärt´ würden. Die RdG erklärt nämlich nur den *zweiten* Aspekt der LK...

B: ...*zweiten* Aspekt?

L: Ja, man muss zwei Aspekte *unterscheiden:* Beim *zweiten* Aspekt der LK legen verschieden bewegte Beobachter durch *denselben* zu vermessenden Körper *verschiedene* `Existenzschnitte´ - darüber hatten wir ja gesprochen *(L. deutet auf Abbildung 2);* dieser Aspekt der LK ist ein Effekt, der über die (schon `erzeugte´) RdG aus der prinzipiell sinnvollen *Messkonvention* heraus tatsächlich *erklärt* würde. Aber sehen wir einmal auf die vielzitierten

Myonen - dies sind ja mit den *Elektronen* verwandte, instabile Elementarteilchen mit etwa der *200*-fachen Masse, die `ruhend´ statistisch schon nach einigen Mikrosekunden *zerfallen*. Sie entstehen auch in der oberen Erdatmosphäre und bewegen sich dann mit beinahe $c$ auf den Erdboden zu - diesen dürften sie allerdings aufgrund ihrer zu kurzen `Lebensdauer´ nicht (in so hoher Zahl) *erreichen*. Es gibt ja diverse Experimente zur `Lebensdauer´ von Elementarteilchen, hier geht es speziell um den komplementären *Zusammenhang* von LK und ZD: Scheinbar *elegant* erklärt die RT nicht nur die offensichtlich - nehmen wir dies hier als ein *Faktum* - empirisch verlängerte `Lebenszeit´ von Myonen in der Erdatmosphäre aus unserer *irdischen* Sicht mit der *ZD*, sondern auch die *umgekehrte* (gedachte) Sicht eines mit den Myonen *mitbewegten* Beobachters mit einer *LK* der Erdatmosphäre...

E: ...zwei komplementäre und symmetrische Effekte, die geschickt ineinandergreifen...

L: Nun ja, wie man es nimmt... Für eine *Wechselseitigkeit* der (angeblichen) relativistischen Effekte muss das eigene System immer `Nullpunkt´ sein können - beim *zweiten* Aspekt der LK (aufgrund der angeblichen *RdG*) ist das auch *möglich*, beim *ersten* Aspekt aber *nicht* bzw. man muss die LK einfach *behaupten* (was aber ja das tiefere Geheimnis der LK und der RT generell ist); auf die Problematik der (angenommenen) *Wechselseitigkeit* der relativistischen Effekte werden wir noch kommen. Bei den Myonen geht es jedenfalls um den *ersten* Aspekt der LK, denn die Entstehens- und Zerfallsereignisse eines Myons sind für alle Beobachter jeweils *identische* Ereignisse. Es ist *nicht* die `RdG´, die hier zu *verschiedenen* `Existenzschnitten´ durch das raumzeitliche Gebilde `Erdatmosphäre´ führt, sondern *dieselben* Schnitte werden anders *beurteilt* - die *Zuordnung* der `Länge´ und `Dauer´ ist eine jeweils andere. Natürlich *basiert* der zweite Aspekt der LK *insofern* auf dem ersten, als dass die Uhren an den Anfangs- und Endpunkten eines Körpers, die deren *gleichzeitige* Bestimmung gewährleisten, *vor* jeder Messung *synchronisiert* werden müssen, wobei zwei verschieden bewegte Beobachter die für sie jeweils `an sich´ identischen Ereignisse des `in-Gang-setzens´ dieser Uhren *verschieden beurteilen* - erst *damit* ergibt sich die RdG und dass im Folgenden bei jeder Messung *verschiedene* `Existenzschnitte´ zugrunde gelegt werden. Wir hatten schon eingeräumt, dass der *zweite* Aspekt der LK *tatsächlich* zustande kommen mag - nur ist er *klassisch* als *Schein* zu betrachten, wenn man die RdG nicht anerkennt (was wir nicht tun); vor allem aber *ergibt* sich der zweite Aspekt nur *durch* den *ersten*, der in nämlichem direkten Sinne noch gar nichts mit der RdG zu *tun* hat - ohne den *ersten* Aspekt ergibt sich die *RdG* gar nicht...

N: ...das heißt, dass etwa für ein Myon die Erdatmosphäre in seinem BS

laut RT entweder in irgendeiner Weise *ontologisch-realiter verkürzt* sein müsste, oder wir müssten es umgekehrt als `absolut´ längerlebig betrachten - denn die eigentliche Frage lautet: `Wieso `schaffen´ es die Myonen bis zur Erdoberfläche in dieser Anzahl bevor sie zerfallen?´ und nicht: `Wie sehen verschiedene *Beobachter* das alles?´, eben die räumliche Ausdehnung der Erdatmosphäre bzw. die zeitlichen Prozesse...
E: Wie jetzt?
N: Bei der *ersten* Frage geht es um für alle Beobachter (*absolut*) *identische* Ereignisse, das *Entstehens-* und *Zerfalls*ereignis; bei der *zweiten* Frage hingegen um die (*absolut*) *verschiedenen* Ereignisse, die Beobachter etwa bei der Vermessung der räumlichen Ausdehnung der Erdatmosphäre zugrundelegen (mindestens *ein* (absolut) verschiedenes)...
L: Die Struktur von Raum und Zeit muss insofern *selbst so beschaffen* sein, dass die komplementären und symmetrischen Effekte der ZD und LK *nicht* nur aufgrund der *RdG* auftreten, sondern (auch) einen *realen* Effekt darstellen - für *Sie* rührt das daher, dass Raum und Zeit `in Wahrheit´ ein vierdimensionales RZK, mithin eine *raumzeitliche* Ordnung bilden...
E: Ach, ich bitte Sie, es ist doch ganz einfach: Man kann bekanntlich im dreidimensionalen euklidischen Raum in einem kartesischen KS die *Länge* etwa eines Stabes erfassen, indem man dessen *Anfangs-* und *End*punkte *A* und *B* einzeichnet, aus dessen Koordinaten $x_A/y_A/z_A$ und $x_B/y_B/z_B$ sich die Länge des Stabes *errechnen* lässt. Ein gegen jenes erste *verschobenes* KS gibt dann zwar *andere* Werte als $x_A´/y_A´/z_A´$ und $x_B´/y_B´/z_B´$ an, die *Länge* des Stabes (der räumliche Abstand AB) ändert sich jedoch *nicht*, sie ist *invariant* oder *absolut*, und sie lässt sich ebenso errechnen - was mit der *Homogenität* des Raumes (bzw. des gedachten KS) zusammenhängt; für ein gegen das erste *verdrehtes* KS gilt das gleiche - was mit der *Isotropie* des Raumes (bzw. des gedachten KS) zusammenhängt. Was die *LT* im RZK bewirken, kann man sich anschaulich so denken, dass etwas dieser *nur räumlichen* Transformation *Analoges* bei den vier *räumlichen und zeitlichen* Koordinaten $x/y/z/ct$ statthat...
B: ...wodurch sich jedoch nicht nur die *räumlichen* Koordinaten ändern, während die *zeitlichen gleich* bleiben - die *LT* ändern in Abhängigkeit von den *räumlichen* Koordinaten die *zeitlichen* und *umgekehrt;* daher werden in der RT auch nur noch *Ereignisse* betrachtet. Invariant bleibt nurmehr der *raumzeitliche* Abstand zweier Ereignisse[154]...
L: Natürlich... Jedenfalls aber wird dabei ontologisch-realiter *Ungleiches gleich* und *Gleiches ungleich* benannt - hier über die *LT* begründet; die Argumentation über die Ausbreitung von *Licht* ist gewissermaßen nur deren *anschaulich-konkretisierende Kehrseite*... Wir sind uns wohl einig, dass die *Koordinaten*, von denen die Rede ist, nur beliebige austauschbare *Etiketten* sind, die an sich selbst keine irgendwie *absolute* physikalisch-

ontologische Bedeutung haben...
B: Ja, natürlich, von Belang sind nur die *Relationen* der Koordinaten von Punkten *untereinander* und mithin die Abstände und Dauern, die in ihnen beschlossen liegen und (theoretisch) messbar sind...
L: ...und um eben das *herauszustreichen*, werden wir bei den folgenden Beispielen Beobachter an *einem* Ort zu *einem* Zeitpunkt *zusammentreffen* lassen, dass deren räumliche und zeitliche Urteile über distante Ereignisse also eindeutig erkennbar mit der RT für *divergente* Abstände und Dauern stehen...
B: Wie Sie *meinen*...
N: Betrachten wir aber einmal die 'Erklärung' des MME durch die *RT* (ähnliches ließe sich für das BBE entwickeln)*(L. zeichnet Abbildung 18)*. Hier sind die mit Spiegeln versehenen Arme der Apparatur des MME und die Lichtausbreitung in der *x/y*-Ebene im Laufe der geometrisierten Zeit *ct* dargestellt (vereinfacht ohne die mehrfachen Hin- und Herspiegelungen des Lichtes im wirklichen Experiment[155]). Wenn man in verschiedenen BS *misst*, wie lang die Apparatur des MME, die in diesen BS verschieden bewegt erscheinen würde, ist, würde man durch die RdG - wir betrachten diese als künstlich 'erzeugt', aber darum geht es hier gar nicht - *tatsächlich* genau *die* LK in Bewegungsrichtung finden, welche man als Erklärung 'braucht'...
E: Aber?

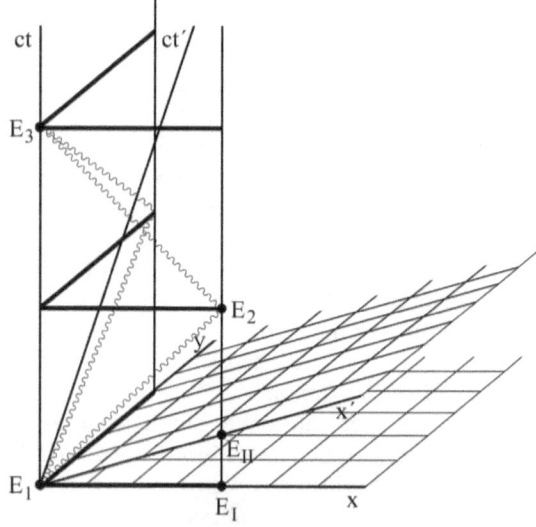

Abbildung 18

L: ...dies kann natürlich *nicht* als `Erklärung´ fungieren: Ebenso wie bei den Myonen sprechen alle wie auch immer bewegten Beobachter von den *(selbst-)identischen* Ereignissen $E_1$, $E_2$ und $E_3$, nämlich den Emissions- und Absorptionsereignissen des Lichtes in der Apparatur - es liegen auch hier *nicht verschiedene* `Existenzschnitte´ vor. Dass `bewegte´ Beobachter die Länge der Apparatur ermitteln, indem sie Ereignisse, die auf Parallelen zur jeweils verschieden geneigten *x´-Achse* liegen, zugrundelegen, hat ja überhaupt nichts damit zu tun, welche räumlichen und zeitlichen *Abstands-Zuordnungen* hier mit der RT für diese drei für alle Beobachter *(selbst-)identischen* Ereignisse vorgenommen werden, um die Befunde (scheinbar) zu erklären...

E: Wie jetzt?!

N: Sehen Sie, bei der Erklärung des MME (oder BBE) geht es überhaupt nicht darum, dass die Messstrecken zwischen *verschiedenen* Messpunkten *verschiedener* `Existenzschnitte´ *verschiedene* Distanzen ergeben sollen - das wäre noch einsichtig, weil es gleichsam klassisch übersetzt für andere Beobachter bedeutet, dass ob der (erzeugten) RdG ein *bewegter* Körper vermessen wird, denn verschieden bewegte Beobachter legen dabei verschiedene Gleichzeitigkeitsachsen zugrunde, der ruhende Beobachter im BS x/ct etwa jene durch E_1-E_I, der bewegte Beobachter im BS $x´/ct´$ etwa jene durch E_1-E_{II} - das betrifft den *zweiten* Aspekt der LK, der von der (angeblichen bzw. erzeugten) RdG herrühren soll. Bei einer *Erklärung* muss es um etwas *anderes* gehen, nämlich darum, dass zwischen den für alle Beobachter (absolut) *identischen* Messpunkten, nämlich den (absolut) identischen Ereignissen der Emission und Absorption des Lichtes E_1, E_2 und E_3 mit der RT *verschiedene* räumliche und zeitliche Distanzen liegen *sollen* - prägnanter: Ob bewegt oder nicht, es geht um *dieselben* Ereignisse auf einem Körper, der nur insgesamt bewegt wird...

L: Bei allen Erklärungen empirischer Befunde und gleichsam beim ersten Schritt, um überhaupt zu einer RdG *kommen* zu können, geht es um die zeitlichen und räumlichen Urteile über (absolut)*(selbst-)identische* Ereignisse bei *denselben* `Existenzschnitten´ durch ein Ding, mithin *nicht* um die RdG. Wir sprechen nicht vom *zweiten* Aspekt der LK, der auf der RdG basieren soll und bei dem man mit einem *anderen* `Existenzschnitt´ durch ein *raumzeitliches* Gebilde (wie bei der schief abgeschnittenen Wurst[156]) auch das `Ding´ als ein `*anderes*´ begreifen muss - wir sprechen vom *ersten* Aspekt der LK, ohne den sich die RdG und der *zweite* Aspekt *gar nicht* ergeben, weil man dann das `Ding´ gar nicht als raumzeitliches Gebilde (im Sinne der RT) *betrachtet* - nur wenn man für E_1-E_2 bzw. E_2-E_3 schon eine LK annimmt - so als wäre *dies* gleichsam das Referenzexperiment zur Lichtausbreitung - kann man die KdL und mithin die RdG für (*scheinbar*) *akzeptabel* halten...

B: Verstehe so langsam...
L: Die RdG kann man insofern also *nicht* als das einheitstiftende Element innerhalb der RT betrachten, auf die auch die LK *zurückgeführt* werden kann. Die Apparatur bzw. der Raum selbst muss `tatsächlich`, soll heißen *unabhängig* von der RdG zwischen den Ereignispunkten E_1 und E_2 bzw. E_2 und E_3 kontrahiert sein (oder umgekehrt muss `tatsächlich` eine ZD vorliegen). Die LK des *zweiten* Aspektes aufgrund der RdG liefert also gleichsam den numerisch richtigen *Wert*, aber über eine ganz unpassende *Erklärung*...
E: Nun sagen Sie nur noch, eine *falsche* Erklärung könne *zufällig* richtige *Ergebnisse* liefern...
N: Moment - `zufällig` stimmt nun nicht, denn die RT ist (insofern) gerade *nicht* `an den Haaren herbeigezogen`: Es gab *zuerst* die gesamten LT - eben in der *Lorentz'schen* RT - und erst *dann* wurde mit der RdG Ihrer (der Einstein'schen) RT *nachträglich* scheinbar ein Mechanismus gefunden, der `dahinter stecken` soll. In den *Formeln* steckt ja schon der entscheidende `Diskrepanzfaktor` $\sqrt{1-v^2/c^2}$ und das $-vx/c^2$ und es war schon im *Voraus* klar, was am Ende *herauskommen muss* - alle wesentlichen Bestandteile der RT (auch der *ART*) waren ja lange *bekannt*[157]...
E: Also, bitte...
L: Nun gut, auch wenn es aus meinem Munde seltsam klingt - `de mortui nihil nisi bene`... Dass hier keine `Erklärung` gegeben wird, kann man sich auch *so* vergegenwärtigen: Ohne einen Äther oder jedenfalls eine im Raum `verankerte` Lichtausbreitung anzunehmen, *gibt* es beim MME gar nichts zu erklären - wie gesagt. Wenn man sich selbst als Beobachter in Bewegung versetzt hat, mag es sein, dass man einen Körper als raumzeitliches Gebilde verstanden mit einer `erzeugten` RdG anders vermisst, etwa die MME-Apparatur *verkürzt*. Das ist aber *gar nicht erklärungsbedürftig*, denn man *erwartet* ja gar nicht, dass sich das Interferenzmuster *beim MME* ändert, weil man *sich selbst* als Beobachter relativ zur Apparatur in *Bewegung* versetzt; also kann dieser Mechanismus auch nicht `erklären`, warum sich beim MME nichts `zeigt`...
N: Anders aber, wenn man einen *Körper* wie die MME-Apparatur *selbst* in Bewegung versetzt - mithin, wenn man diesen etwa auf der Erde nicht als permanent ruhend betrachten kann - die Frage ist, warum *dann* nicht eine Änderung des Interferenzmusters auftritt, denn wenn es *eine* spezifische Ausbreitung des Lichtes gibt, die von der Bewegung von Körpern *unabhängig* ist, eine Verankerung im Raum, *müsste* sich mit dem Wellen-Äther-Modell eine Änderung zeigen. Wenn man andererseits von einem Korpuskelmodell ausgeht, die Lichtausbreitung also *nicht* als unabhängig begreift, müsste sich hinwiederum beim BBE etwas zeigen - auch dabei geht es aber um (absolut) *identische* Ereignisse. Wie man es dreht und wendet

- man kann in beiden Fällen nicht argumentieren, dass jeweils *andere* `Existenzschnitte´ durch das raumzeitliche Gebilde der Versuchsapparatur gelegt würden, weil es für das *Licht nicht* um *verschiedene* Schnitte geht, wenn man *sich selbst anders bewegt* - die RT *unterscheidet* die beiden Fälle ja überhaupt nicht. Man redet also von für die Natur an sich und für alle Beobachter (absolut) *(selbst-)identischen* Emissions- und Absorptionsereignissen...
L: Für Lorentz war der *Äther* das bevorzugte System (das nicht der `absolute Raum´ sein muss) und in diesem war ihm die MME-Apparatur *wirklich* (absolut) bewegt (relativ zu diesem) und also *wirklich* verkürzt. Mit der RT wird diese Erklärung nun aber `verschoben´ - die LT werden von der RT gleichsam ontologisch-realiter *aktiv* interpretiert: Wenn sie *errechnen,* dass der räumliche oder zeitliche Abstand kleiner ist, *ist* es so - es *gibt* für die RT keine *objektiven räumlichen und zeitlichen* Abstände...
E: Ganz recht...
L: ...aber die RdG und das PBU könnten Sie nur auf die *relativistischen Divergenzen* gründen, wenn die auch *ontologisch-realiter* etwas *bedeuten*...
N: ...das sagt beim BBE etwa, dass während wir zur Versuchsapparatur ruhen und diese betrachten - für mit den Spiegeln *mitbewegte* oder *wie sie* bewegte Beobachter der Raum *selbst* und *mit ihm* die Versuchsapparatur *kontrahiert* sein muss, und zwar *jeweils verschieden* je nach Bewegungs-(Rotations-)Geschwindigkeit der Spiegel - hier muss man also gleichsam *ineinander geschachtelte, verschieden kontrahierte* Räume der Beobachter annehmen, deren Raumpunkte aber realiter *zusammenfallen* müssen. Und desweiteren müssen dabei die Emissions- und Absorptionsereignisse mit den LT zu irgendwie für die Beobachter `verschiedenen´ Zeitpunkten stattfinden, die *ebenso* realiter *zusammenfallen* müssen... Gegenüber Lorentz´ *physikalisch-begründeten* Annahmen erscheint das nur *phantastisch*...
E: Unsinn - mit der *RT* fügt sich endlich alles *zusammen:* Sehen Sie denn nicht, „wie *einfach* alles wird, wenn man [...] Ereignisse in der Raum-Zeit anschaut[?] Ich glaube, wir sollten [...][die RT] *umbenennen,* und zwar in *Absolutheits*theorie. Was in der Physik wirklich zählt, ist das, was *absolut* gilt, was also unabhängig vom zufälligen Zustand des *Beobachters* ist. Und das haben wir jetzt *gefunden,* nämlich [...][den *raumzeitlichen* Abstand.] [...][Er] bleibt für alle Beobachter *gleich,* ist also *absolut,* eine *Invariante* der Raum-Zeit. [Es ist gar] kein Wunder, dass es die seltsamen Phänomene der Zeitdilatation und der Raumverkürzung gibt. Alles dient nur ein und demselben Zweck, nämlich diese Differenz *konstant* zu halten, koste es, was es wolle. Zum Teufel mit der *Relativität,* es lebe das *Absolute! Weg* mit dem Raum und mit der Zeit - künftig sei nur noch von einer *Union* der beiden, der Raum-Zeit, die Rede und dem, was unabhängig vom Beobachter ist, nämlich der Differenz der Quadrate von Zeit und Raum"[158]...

V h N: Wenn Sie sich ganz `unentwegt´ noch *soweit* aus dem Fenster lehnen, gönnen wir uns doch einen kleinen Spaß - allerdings einen *ernsten:* Es ist ja der Sinn und die mathematische Form der LT die Variable *c* wie im *Prokrustesbett* asymptotisch durch Abwandlung von Raum und Zeit in allen BS auf den *Wert c* festzuschreiben. Denken wir uns daher einmal, jemand würde *im Wahne* für eine `heilige´ Armbrust vom Typ `Nimbus-1905´, die Pfeile mit einer (idealisiert) konstanten Geschwindigkeit von *300m/s* abschießt, folgende zwei *Postulate* aufstellen: *Alle* Beobachter müssen für *ein-und-denselben* abgeschossenen Pfeil, da er für alle immer `dasselbe selbstidentische *Ding´* sei, auch dasselbe *Naturgesetz* finden (Relativitätsprinzip), und dieser müsse daher in *jedem* inertialen BS eine Geschwindigkeit *c** von *300m/s* haben (Konstanzprinzip) - vielleicht hat derjenige bereits mit *16* Jahren Zenons Paradoxien[159] gelesen, sie falsch verstanden und sich überlegt: Wenn ich einem Pfeil genau mit dessen Geschwindigkeit nacheilen würde, [„]so sollte ich ihn als ruhend wahrnehmen. So etwas scheint es aber nicht zu geben [- einen *abgeschossenen ruhenden* Pfeil]. Intuitiv klar [...][scheint es] von vornherein, dass sich [dann] für einen Beobachter [*dennoch*] alles nach den gleichen *Gesetzen* abspielen müss[t]e wie für einen relativ zur *Erde* ruhenden Beobachter[„][160]...
E: Damit persiflieren Sie ja *mich* mit einer Aussage über *Licht*...
N: Richtig, im Prinzip habe ich nur `Lichtstrahl´ durch `Pfeil´ ersetzt - Sie sehen in der Konstanz von *c* ja ein grundlegendes dem RP entsprechendes *Naturprinzip;* aber dieser Gedanke ist auch für Licht - als *Welle* begriffen (ob mit oder ohne Äther), wie für *alle* Wellen - *nicht genial*, sondern ganz *abwegig:* Fliegt man etwa über eine Welle im Wasser genau mit dessen Geschwindigkeit, ist die Welle dann nicht *verschwunden*, man beobachtet dann einfach eine *stehende* Welle, die relativ zu den Landmassen, die sich dann *umgekehrt* dieser Welle *nähern*, ebendieselbe zerstörerische Kraft hat, auch wenn sie relativ zum eigenen BS *ruht (actio* und *reactio* verteilen sich `absolut´ nur anders). Für die *Korpuskel*theorie ergibt sich natürlich *dasselbe* - denken wir eine fliegende Kanonenkugel, zu der wir relativ *ruhen*. Das wissen Sie natürlich alles selbst - aber dennoch stellen Sie die Einheitlichkeit der physikalischen *Phänomene*, die *offenbar* gegeben ist und uns ein einheitliches *Weltbild* konstruieren *ließe*, einfach auf den Kopf - wir hatten das ja schon beim *Dopplereffekt* gesehen...
E: Aber *diese* beiden Postulate sind doch völlig `aus der *Luft* gegriffen´...
N: Absolut betrachtet nicht wesentlich mehr als die Postulate der *RT*...
E: ...und sie würden sofort durch die Empirie *widerlegt* werden...
N: Ja, das stimmt - der *Sinn* dieses Gedankenexperiments selbst ist auch *nicht*, die RT *ad absurdum* zu führen[!] (das hatten wir schon mittelbar über die *KdL* getan, auf der die RT *gründet*). Der `heilige´ Armbrustpfeil wird nun zur Definition von Längen- und Zeitnormalen herangezogen:

Die (idealisierte) Schussweite in irgendeinem 'ruhenden' BS - sei dies die Erdoberfläche - definiert eine *Standardlänge* (grob analog der heutigen Meterdefinition mit Licht), und über diese Distanz (senkrecht zur etwaigen Bewegungsrichtung) hin- und hergeschossene Pfeile definieren (idealisiert) einen *Standardzeittakt* (grob analog zur relativistischen 'Lichtuhr'). Wenn dies nun in einem *'bewegten'* BS geschieht, etwa auf einem Schiff, wird ein 'ruhender' Beobachter etwa am Kai natürlich in *seinem* BS zum einen beobachten, dass der Armbrustpfeil bezogen auf zwei Punkte am Kai *weiter* oder *weniger weit* geflogen ist - da c^* nun aber *konstant* sein soll, die Pfeile jedoch *verschiedene Strecken* zurückgelegt haben, muss man (wohl oder übel) die Abschuss- und Ankunfts-Ereignisse (mithin *alle*) *umdatieren* und *umverorten;* über das phänomenal-subjektiv gegebene c^*+v bzw. c^*-v lassen sich (*obwohl c^** konstant sein soll und *damit c^** konstant sein kann) hierzu bestimmte *Transformationen* entwickeln; zum anderen beschreiben die Pfeile für den 'ruhenden' Beobachter in seinem BS eine *Zickzacklinie* und legen also eine *größere* Wegstrecke zurück - da c^* nun aber *konstant* sein soll, kann hier nur die *Zeit selbst dilatadiert* sein...
E: Eine *phantastische* Geschichte...
N: Nicht wahr?! Aber für unseren 'jemand' sind diese beiden Postulate *unumstößlich* (manche sehen sein Genie gerade darin, *unbeirrt* an diesen *festgehalten* zu haben) - er muss also 'die Ärmel hochkrempeln' und die klassischen GT *modifizieren*. Über die der RT zugrundeliegende Rechnung kommt er auf die LT, in denen lediglich c durch c^* ersetzt ist und damit zunächst zu einer geschwindigkeitsabhängigen LK und ZD (als wechselseitige Effekte); auch kommt er zu der Überzeugung, dass Gleichzeitigkeit nichts *an sich* Gegebenes (mehr) sein kann, sondern erst von *uns[!] definiert* werden muss - es ergibt sich eine RdG, mit welcher die Welt natürlich als *PBU* zu deuten ist; außerdem ergibt sich ein neues Additionstheorem der Geschwindigkeiten und mit diesem eine Grenzgeschwindigkeit für Signale, Wirkungen und Körper, da der Faktor $\sqrt{1-v^2/c^{*2}}$ ansonsten eine imaginäre Wurzel enthielte...
E: Sie hätten *Abenteuer*-Schriftsteller werden sollen...
L: ...das überlassen wir lieber *Ihnen*...
N: Für andere Armbrustpfeile und überhaupt bewegte Dinge *muss* man nun auch eine 'armbrust-pfeilistische' *MZ* in anderen BS annehmen, denn ein senkrecht zur Bewegungsrichtung des Schiffes abgeschossener Pfeil (die LK tritt hier nicht auf, wohl aber die ZD) würde für alle (inertialen) Beobachter auf einer Zielscheibe *dieselbe destruierende* Wirkung hervorrufen, obwohl er *verschieden schnell* wäre - der *Impuls* muss aber ja *gleich* bleiben (am Ende kommt er vielleicht sogar über den Energie- und Impulserhaltungssatz zu $E=mc^{*2}$). Jedenfalls aber kommt er schließlich zu einer *Raum-Zeit-Union* und stellt überaus beglückt fest, dass der *raumzeitliche*

Abstand in allen BS immer *derselbe*, also eine *Invariante* ist... Natürlich ergäbe sich *dasselbe* (nur jeweils *umgekehrt* gerechnet), wenn man ein verborgenes `heiliges' *Medium* annehmen würde. Das alles *muss* so sein, weil für *c* hier ja nur ein *anderer Wert* eingesetzt wurde...
E: ...und worauf wollen Sie damit nun *hinaus?*
L: Darauf, dass es offenbar *nicht* so ist, dass sich mit der RT endlich alles genial zusammenfügt, denn es hat gar nichts mit der KdL oder Licht *selbst* zu tun - das Gewebe von Raum, Zeit, Masse und Energie ist ganz *unabhängig* davon *an sich* so und wenn man *irgendeine* Geschwindigkeit `festnageln' *will*, `erledigen' den LT ähnliche Transformationen das - das `Zusammenstimmen' ergibt sich *stets*...
N: ...das sagt aber nicht, dass auch die Annahmen über die *ontologische Realität* richtig sind - auch diese *abstruse* Theorie könnte unter gewissen Umständen ein *viables* Konzept sein, das sich *pragmatisch bewährt:* Auch *hier* ergibt sich etwa beim raumzeitlichen Abstand, dass der immer eine *Invariante* ist...
L: Die RT hat ja generell ein `interessantes' Verhältnis zu pragmatischen Sichtweisen: Wenn wir zu einem elektrisch geladenen Körper ruhend nur ein *elektrisches* Feld gewahren, relativ zu ihm bewegt aber zusätzlich ein *magnetisches* Feld, sagt die RT etwa: `es hängt nur vom BS ab, ob ein Magnetfeld existiert oder nicht' - der *Begriff* `Magnetfeld' ist hier natürlich *so* gewendet, dass man *nicht positiv* sagen kann, das wäre *falsch*, aber es ist eben auch nur ähnlich aufschlussreich, wie zu sagen: `es hängt nur vom BS ab, ob *Wind* existiert'...
E: ...was *ebenso wahr* ist...
L: Ja, nur wären so betrachtet die BS nicht mehr *gleichwertig* - ein BS *ohne* Wind *unterscheidet* sich dann in *anderem* von BS *mit* Wind; und *hier* geht es darum - um in diesem Bild zu bleiben - dass Orte und Zeitpunkte *so umbenannt* werden, dass Wind stets *dieselbe Geschwindigkeit* hat...
B: Nun gut, dennoch bleibt zu fragen, warum sich das Konzept `RT' auch nur pragmatisch *bewährt*...
L: ...was auf der Hand liegt: Es ergibt sich etwa, wenn der mathematische Formalismus selbst *nicht* `an den Haaren herbeigezogen' ist, sondern schon vorher als *Ziel* gegeben war - die SRT wurde ja erst *nachträglich* um die LT `herumgeschrieben' (ähnlich bei der ART; zu berücksichtigen als *neues* Element wäre nur die *zeitliche Ausbreitung* von Kräften, das zur-Wirkung-gelangen, was man aber auch *klassisch* kann)...
N: Möglich... Man muss sich einmal klarmachen, was die RT *eigentlich macht:* Weil die Maxwell'schen Gleichungen nicht in `bewegte' BS mit den hinsichtlich Raum und Zeit *evidenten GT übertragen* werden können, werden räumliche und zeitliche Abstände *verändert*, Ereignisse *umverortet* und *umdatiert*. Wenn sich das nun *bewährt*, muss man zunächst wieder an

den (angeblich abgeschafften) Äther oder die Natur des Lichtes denken: Passend könnte man den mathematischen Formalismus ja gleichsam - im Hinblick auf das MME und BBE - als eine *Welle-Korpuskel-Diskrepanz-Transformation* bezeichnen, welche als solche - man ist geneigt zu sagen `zwangsläufig´ - Effekte in der entsprechenden Größenordnung *liefert*. Und generell kann schlicht dahinter stehen, dass man so (elektromagnetische) Kräfte größer oder kleiner `macht´, wenn man Raum und Zeit verändert. `Kraft´ ist wieder nur *ein* Modell, hier aber sehr *anschaulich:* Denken wir uns eine parabelförmig gekrümmte Bahnkurve in einem *x/t*-Diagramm - die abgelenkte Bewegung in einem *IS* führen wir auf den Einfluss einer bestimmten *Kraft* zurück, die dies *bewirkt* hat. Wenn man nun Raum oder Zeit *ändert,* ist die Kraft, die dem entspricht, natürlich eine *andere,* nämlich eine größere oder kleinere, denn die *Krümmung* der Bahn ist dann ja eine andere - wir `verbiegen´ damit gleichsam die Bahnkurve. Für die anderen Modelle ließe sich das ebenso entwickeln, `Kraft´ wird in der ART ganz ähnlich Raum und Zeit virtuell `eingeschrieben´ - Körper `wollen´[!] dann Geodäten folgen. Mit Raum und Zeit muss man dann natürlich auch *Masse* als verändert betrachten und so kann man scheinbar die Kaufmann´schen Experimente *erklären* - nur ist das eine wie das andere rein *virtuell-fingiert,* so als würde man etwa die Mächtigkeit der Zahl *4* in anderen (Bezugs-) Systemen nur auf *3½* ansetzen. *Ontologisch-realiter* kann dem - wenn sich dies empirisch bewährt - etwas völlig *anderes* entsprechen, was man daran sieht, dass man die Modelle `Kraft´, `virtuelle, kräftetragende Teilchen´, `Feld´, `Geometrie´... stets *ineinander transformieren* kann...

L: Wir *wissen* nicht, was `wirklich´ geschieht und unserem `ignoramus´ ist hier das `ignorabimus´ beizugesellen. Aber so phantastisch uns anmutet, was die RT macht - *wir* wagen einen noch `phantastischeren´ Gedanken: Der RT zufolge liegt unserer Welt ein eigentlich *raumzeitliches* `an sich´ zu Grunde, sie *erscheint* uns nur in Raum *und* Zeit - vielleicht ist sie aber *wirklich* ganz `anders´, als sie scheint, nämlich *doch* so wie sie scheint...

E: Wie jetzt?!

N: Nun, was mit den LT statthat, ist ja keine `Metamorphose´ von Raum und Zeit, sondern gleichsam nur *Anamorphose* - niemals `verwandelt´ sich (wie im euklidischen Raum sich für verschiedene Beobachter etwa die Länge eines Körpers in die Breite `verwandeln´ kann (bei Projektion des Körpers auf die Koordinatenachsen)) Raum *in* Zeit oder umgekehrt. Schon das sagt uns, dass die beiden Ordnungen, die *hier* strikt getrennt bleiben, auch *ontologisch-realiter* strikt getrennt *sind* - es *bleiben* zwei *verschiedene* Ordnungen. Und da die prinzipiellen (kausalen) Relationen der Weltdinge ja *unangetastet* bleiben, und da auch alle Maßbestimmung eine nur *relative* ist, kommt man zu dem Gedanken, dass das, was die RT sagt, `in Wahrheit´ Raum und Zeit `an sich´ gar nicht betrifft, dass es nur *virtuell-fingiert*

ist, etwa um *pragmatisch* gleichsam unser Unverständnis der Natur des Lichtes *handhabbar* zu machen...
E: Hm...
V i *L:* Ihre Begeisterung für die RT in Ehren - mit der KdL *ist* das System RT doch längst gefallen und mithin die RdG und das PBU... Warum partout alles auf *Beobachter* beziehen - wie sollen die *objektiv relevant* sein?!
E: Da Bewegung relativ ist, *kann* man sich nur auf Beobachter beziehen...
N: Man kann sich nur auf *Körper* beziehen...
L: Geben *Beobachter* nicht mit der RT nur noch hanebüchenen *Unsinn* von sich, wenn sie auf eine (hypothetische) objektivierende Sicht *ohne uns*, auf einen 'Blick von nirgendwo-nirgendwann' *verzichten?*
N: Ich führe das Beispiel der zusammentreffenden Beobachter einmal fort *(N. zeichnet Abbildung 19a-c):* Drei Beobachter mögen bei ihrem Zusammentreffen an näherungsweise einem Ort (zu einem Zeitpunkt) einen *Lichtblitz* erzeugen; Beobachter *A* denken wir als *ruhend*, *B* und *C* mögen sich mit unterschiedlicher Geschwindigkeit in (näherungsweise) dieselbe Raumrichtung *fortbewegen; C*, der schneller bewegte, möge sich nach einiger Zeit in relative Ruhe zu *A* versetzen ('Stop') - *B* wird *C* dann irgendwann einholen und sich an ihm vorbeibewegen. *A* und *B* werden nun zwar mit der RT (angeblich zu Recht) behaupten, dass das Licht des gemeinsam erzeugten Lichtblitzes im Folgenden von ihnen beiden *gleichweit* entfernt ist, *A* und *C* müssten sich aber mit der RT einig sein, dass es *unterschiedlich* weit von ihnen entfernt ist...

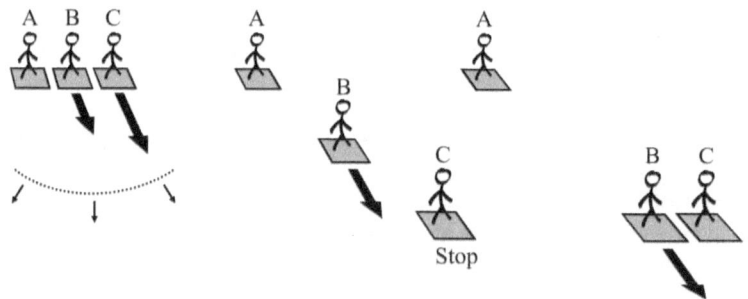

Abbildung 19a-c

E: Natürlich, *A* und *B* sind *unterschiedlich bewegt* und haben also *unterschiedliche* Sichtweisen und können so auch, wenn sie an *verschiedenen* Orten sind, zu *'demselben'* Urteil über den Lichtblitz kommen, *A* und *C* hingegen haben die gleiche Sichtweise, weil sie (nach dem 'Stop') *gleich bewegt* sind, und müssten so an *verschiedenen* Orten zu *verschiedenen* Urteilen über den Lichtblitz kommen; das alles hängt ja mit der RdG und

der Relativität der räumlichen und zeitlichen Maße zusammen...
N: Natürlich. *B* und *C* kommen aber mit der RT zu diesen Annahmen auch für *den* Zeitpunkt, wenn sie sich *wieder treffen* - vor allem die Sicht von *A* ist dann doch schizophren(ogen): Er muss mit der RT ja *B und C* recht geben, soll also, obgleich sich die beiden an *einem* Ort zu *einem* Zeitpunkt treffen, akzeptieren, dass *beide recht* haben, wenn einer sagt, das Licht sei *gleichweit*, der andere, es sei *unterschiedlich* weit von ihnen (*B* und *C*) und ihm (*A*) entfernt - *das* kommt dabei heraus, wenn die RT *Ungleiches gleich* und *Gleiches ungleich* benennt (dem überdies dann ontologisch-realiter wieder ein *absolutes* (im Sinne von 'spezifisches') Maß zugrundeliegen muss). Es ist *denkbar*, dass *B* und *C* zu verschiedenen *Eindrücken* kommen; aber wenn nun auch *A* nicht behaupten kann, *er* hätte die einzig *richtige* Sichtweise, kann er den anderen beiden doch nur sagen, dass sie von *Schein* sprechen und nicht von ontologischen *Realitäten*...
E: 'Jetzt' bedeutet für *B* und *C* jeweils *anderes*...
L: Eben *das* bestreiten wir! Sehen Sie gar nicht, zu welch' *irrationalem Weltbild* man hier kommt (das im *PBU* gipfelt)? Die RT muss behaupten, dass '*wirklich*', auch *ontologisch-realiter* etwas hinter den verschiedenen räumlichen und zeitlichen Urteilen der Beobachter steht - was die aktiv-interpretierten LT sagen *ist* so. Nur weiß niemand, was das *bedeuten* soll, ja, jeder weiß, dass es *nichts* bedeuten *kann*...
N: Sehen Sie, *A* kann *B* und *C* ihr verschiedenes Urteil ja nur *zugestehen*, wenn es ontologisch-realiter *nichts* bedeutet und wenn ihre beiden Angaben *relativ* vor einem *absoluten Hintergrund* sind, denn wenn er (*A*) - *damit* der Lichtblitz von den beiden (*B* und *C* an *einem* Ort zu *einem* Zeitpunkt) im Vergleich zu seiner Sichtweise für den *einen gleich* weit, für den *anderen* aber *verschieden* weit entfernt sein *kann* - einräumt, dass Raum und Zeit sich *B* und *C verschieden* darstellen, wenn er also die Umdatierungen und Umverortungen von Ereignissen mit der RT *zulässt*, muss er ja gleichermaßen *mit* einräumen, dass umgekehrt *beide recht* damit haben, wenn sie *ihm* (*A*) bei ihrem Zusammentreffen *verschiedene räumliche Abstände* und seinen jeweiligen Zuständen *verschiedene Zeiten* zuordnen - wie soll das für die ontologische Realität etwas *bedeuten*, wenn es für ihn (*A*) um *ein* Ereignis geht? Wir kommen immer wieder an *denselben Punkt*: *B* und *C benennen* es nur verschieden, was ontologisch-realiter nur *irrelevant* sein kann. *A* und mit ihm wir wissen, dass alles andere *Unsinn* ist - *so* aber ist Ihre RT *gegründet*. Schlimmer noch ist, dass gar keine *direkten* empirischen Befunde hierzu *vorliegen* - wir sprechen von *reinen Phantasmagorien*...
L: Ja, die RT ist eine Theorie, die Probleme löst, die man ohne sie gar nicht *hätte* - vielleicht haben Sie *1905* auch eine nur *pragmatische* Lösung im Sinn gehabt, die gleichsam *zu ernst* genommen wurde...
E: Sie *scherzen*...

N: Der Kreis zu unserer *bisherigen* Argumentation schließt sich übrigens, wenn *B* und *C* zusammentreffen und sie sich *nicht einig* sind, wo ein von *A* in der unmittelbaren Vergangenheit neu ausgesandter Lichtkegel gerade *ist*, welchen Körper dieser zwischen *A* und *ihrem* Ort des Zusammentreffens etwa gerade *überstreicht*...

E: ...es *gibt* keine spezifische räumliche Konstellation der Weltdinge (auch des Lichtes) zu *einem* Zeitpunkt, weil ob der RdG der Ausdruck `zu *einem* Zeitpunkt' nur *relativ* definiert ist...

L: A wird *B* und *C* sicher sagen können, dass er sehr wohl immer an *einem spezifischen Ort* des Weltgefüges und in *einem spezifischen Zustand* war und ist... Worauf ich hinauswill ist aber: was ist *dann* eigentlich von dem `Gesetz der Lichtausbreitung' zu halten, dass ja Ihrer Auslegung des RP zufolge für *alle* Beobachter *gleich* lauten soll, wenn sich die Beobachter bei ihrem Zusammentreffen, also an *einem* Ort zu *einem* Zeitpunkt nicht darüber *einig* sind, wo ein von einem bestimmten Körper ausgesandter Lichtstrahl gerade *ist*, aber *dennoch* beide gleichermaßen Recht haben sollen?! Auch insofern *gibt* es gar kein Lichtausbreitungs*gesetz* bzw. *wenn* man ein solches annimmt, fordert das RP hier die *Gleichheit verschiedener* Gesetze oder die Gleichheit eines Gesetzes, das für jeden *anderen*, *anders* bewegten Beobachter *falsch* ist - mit ihrer Selbstbezüglichkeit löscht die RT ihre Forderungen selbst aus. Licht ist - wie jedes andere Seiende der Welt - zu einem spezifischen Zeitpunkt an einem spezifischen Ort im Gesamtgefüge der Weltdinge (den `absoluten Raum' braucht man dafür nicht zu bemühen). Die KdL, die uns nunmehr als *widerlegt* gilt, führt über die angebliche RdG, die damit natürlich *auch* gefallen ist (wie das PBU), mit ihren *Um*datierungen und *Um*verortungen aber noch zu allerlei *anderen* Sonderbarkeiten...

N: Sehen wir anhand dieses Beispiels *(N. zeichnet Abbildung 20)* zunächst   VI a
genauer auf die *räumlichen* Urteile von Beobachtern mit der RT - hier sind
zwei MD übereinandergelegt; die üblichen Achsen*einheiten* denken wir
uns hinzu...

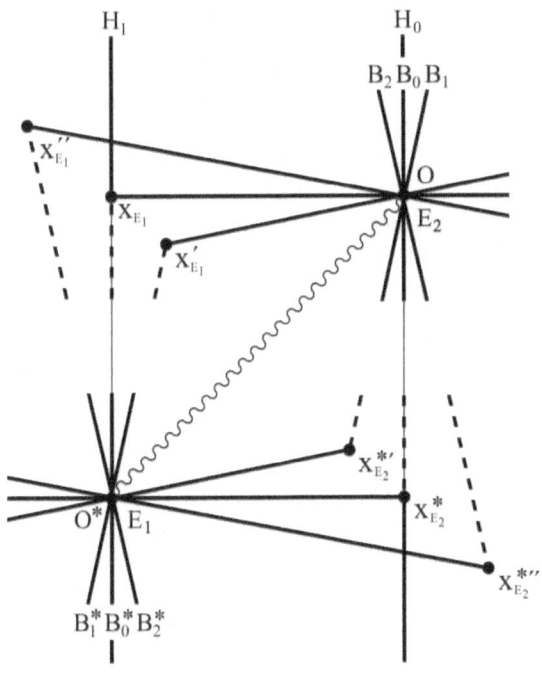

Abbildung 20

Im oberen MD sollen im Ursprung O die drei Beobachter B_0, B_1 und B_2
zusammentreffen: B_0 - ruhend dargestellt - ruht relativ zum Himmelskörper
H_1 auf einem anderen Himmelkörper H_0, während B_1 sich von H_1 *fort-*
bewege, B_2 hingegen auf H_1 *zu;* relativ zu B_0 sei ihre Geschwindigkeit
gleich. Alle drei treffen in O gerade in *jenem* Moment zusammen, wenn
ein von dem Ereignis E_1 auf H_1 herrührendes Lichtsignal dort *ankommt;*
ihre (drei) Wahrnehmungen von E_1 können wir dann (zunächst) näherungsweise als *ein* Ereignis E_2 bezeichnen - der Übersichtlichkeit halber bei der
Benennung...
E: Ja, warum nicht, um *dieses* 'näherungsweise' geht es der RT nicht...
N: B_0 ordnet nun E_1, wie auch dem Himmelskörper H_1 einen bestimmten
räumlichen Abstand zu, erzielt darüber aber keine Einigkeit mit B_1 und B_2
- *diese* kommen mit der RT zu einer *anderen* räumlichen Distanz H_1H_0.
Während die *GT* für diese Beobachter, die sich (näherungsweise) an *einem*

Ort zu *einem* Zeitpunkt befinden, für *ein-und-denselben* Körper H_1 zu *derselben* räumlichen Distanz kämen, liefern die *LT* keine irgendwie *neutrale* 'klassische' Perspektive - sie *erzeugen* diese Diskrepanzen erst künstlich...
B: Wieso 'künstlich'? Die unterschiedlichen Zuordnungen ergeben sich, weil die eigentlich *raumzeitliche* Ordnung des *RZK* von ihnen so 'zerlegt' wird...
N: ...zerlegt werden *soll - obwohl* hier alle drei (näherungsweise und vom Dopplereffekt abgesehen) *derselbe* Lichtkegel von E_1 erreicht. Klären wir ganz kurz die Frage, ob man bei der LK zwischen *Körpern* und dem *Raum zwischen Körpern* unterscheiden muss. Manchmal werden seltsame Paradoxien diskutiert, bei denen *nur* Körper, nicht aber der 'leere' Zwischenraum kontrahiert sein sollen, etwa bei manchen Deutungen des *Ehrenfest*-Paradoxons. Bei diesem geht es ja um *rotierende Scheiben*, die der SRT zufolge tangential eine LK entlang ihres Umfangs erleiden müssten, so dass das Verhältnis von Umfang und Radius nicht mehr klassisch über $U=2\pi r$ gegeben wäre, weil U um den Faktor $\sqrt{1-v^2/c^2}$ *verkürzt* sein soll, und darum ob und welche Kräfte dabei auftreten, ob es ideal-starre Körper gibt und dergleichen. Dabei wird dann angeführt, dass bei Scheiben aus *einzelnen Segmenten* diese eine LK erfahren und mithin die *Zwischenräume* größer werden müssten. Dies streitet schon im *Ansatz* der RT zuwider, denn die LT sagen ja auch für den 'leeren' Raum *zwischen* den Segmenten (so wie hier zwischen den Himmelskörpern H_1 und H_0) eine LK voraus, sie *unterscheiden* überhaupt nicht, ob man in sie die Koordinaten von *Körpern* einsetzt oder von deren *Zwischenräumen:* Denken wir uns eine segmentierte Scheibe, bei der sich ruhend randseits körperliche Segmente und leere Zwischenräume gleicher Länge abwechseln, die in Rotation versetzt wird - sehen wir idealisierend von den *Zwischenstufen* und was dabei in oder mit der Scheibe passieren mag, ab, denn darum geht es nicht. In Rotation *versetzt* darf ich gerade *nicht* finden, dass die Segment-Zwischenräume sich *vergrößern*, weil die *Segmente* sich (angeblich) *verkürzen;* wenn ich die Segmente an Anfang und Ende mit S_1-S_2, S_3-S_4, S_5-S_6 usw. bezeichne, beziehen sich ja die LT nicht nur auf die *körperlichen Segmente* und *ihre* Länge, also auf die Abstände S_1S_2, S_3S_4 usw., sondern natürlich auch auf die Abstände S_2S_3, S_4S_5 usw., also auf die *Zwischenräume;* man kann sich das einfacher noch an den Maßstäben klarmachen, wenn man derer zwei nebeneinander denkt, bei einem etwa die gegraut gezeichneten Abschnitte jedoch nicht materiell-realisiert - alles andere wäre *Lorentz'sche* RT. Und ansonsten könnte man auch mit der RT gar nicht etwa das Ergebnis des BBE mit der Sicht eines auf dem rotierenden Spiegel mitbewegten oder *wie dieser* bewegten Beobachters erklären. Dass man bei den Ehrenfest'schen Experimenten experimentell *keinen* Effekt beobachtet, wird bemerkenswerterweise *nicht* als *Falsifikation* der Annahmen der SRT gewertet - es

ist vielmehr die 'Eingangspforte' zu den (angeblich) nicht-euklidischen Räumen der *ART:* Weil die SRT einfach (in ihrer 'hermetischen Enthobenheit') *stimmen muss, muss* das Verhältnis des Umfangs zum Radius ($U=2\pi r$) verändert sein - und wenn das *nicht bemerkbar* ist, muss das daran liegen, dass der *Raum selbst* 'gekrümmt' ist, dass seine *'Metrik'* anders ist; hier gebiert also eine Phantasmagorie die nächste - aber *lassen* wir das...
B: Lassen wir das... Ansonsten haben Sie natürlich recht; und man *kann* ja auch jeden 'leeren' Raum mit Maßstäben (Körpern) auffüllen - eben das *bedeutet* konkret-operational 'Messen des Raumes'...
N: Richtig; auch *dazu* gibt es später noch einiges zu sagen - aber zurück zu unserer Abbildung *(N. deutet auf Abbildung 20):* Wir können auch im unteren MD annehmen, dass E_1 und dessen Lichtkegel, von drei Beobachtern B_0^* (der auf H_1 ruht), B_1^* und B_2^*, die *ebenso* wie B_0, B_1 und B_2 bewegt sind, hervorgerufen wird und zwar wiederum genau in *dem* Moment, wenn *diese* in O^* zusammentreffen. Auch B_0^* erzielt mit der RT dann natürlich keine Einigkeit mit B_1^* und B_2^* über die räumlichen Distanzen. In beiden Fällen hat sich bzw. soll sich das Lichtsignal aber *zwischen* den beiden Körpern H_1 und H_0 bewegen - wenn man auch in Relation zu ihren jeweiligen *BS* wiederum von *anderen* Distanzen sprechen muss, welche das *Licht* zurückgelegt hat...
B: Eben. Man kann sich ihre IS ja wie in ihrem Beispiel zur KdL *(B. zeigt auf die Abbildungen 14a/b)* wieder als relativ zueinander bewegte *Maßstäbe* vorstellen; dann muss man aber auch *hier* argumentieren, dass das Licht - ohne einen *absoluten* Bezugspunkt, wie etwa den Äther oder gar Herrn N.'s 'absoluten Raum' - relativ zu den *BS verschiedene* Strecken durchmisst...
L: ...so hatten *wir* gerade gegen die *KdL* argumentiert...
B: ...denn schon *klassisch* gibt es ja eine 'Relativität der Gleichortigkeit'...
N: So *scheint* es jedenfalls *'im Laufe der Zeit'*...
L: ...aber allemalen würde man klassisch nicht die Bestimmung räumlicher *Abstände*, hier jenem von E_1 und E_2 bzw. von H_1 und H_0, an die *Lichtausbreitung* binden, die mit der RT eben in *allen* IS mit *c* erfolgen soll; das 'bewirkt' die RdG, wohlgemerkt unerachtet des Unterschiedes zwischen dem *ersten* und *zweiten Aspekt* der LK...
B: Die *relativistische* Argumentation unterscheidet sich ja *zunächst* gar nicht von der *klassischen:* Für $B_0^{(*)}$ durchmisst das Licht zwar die gleichsam ruhende Distanz H_1H_0 - für B_2 aber etwa (und analog für B_1) stellt sich die Situation ganz *anders* dar: Er betrachtet *sich* als *ruhend* und in seinem IS geht er davon aus, dass sich Licht im *Raum* isotrop mit *c* ausbreitet (erst wenn er annimmt, dass dies in *allen* IS der Fall sein soll für *ein-und-denselben* Lichtstrahl, weicht er von der klassischen *ab*). H_1 und H_0 bewegen sich nun aber in *seinem* IS *während* der Lichtausbreitung auf ihn *zu;* die Weltlinie von B_2^* gibt hier an (ohne dass das mit B_2^* selbst etwas zu *tun*

hätte), wie B_2 den *Ursprungsort* des Lichtsignals als *zu sich ruhend* denkt, weil sich H_1 nach der Lichtemission auf ihn zubewegt; ebenso bewegt sich H_0 auf ihn zu, bis dieser ihn in O gleichzeitig mit dem Licht von E_1 als E_2 erreicht - so wird er also auch sagen, dass H_0 *während* der Lichtausbreitung dem Licht `entflohen` sei und dass sich darum das Licht über eine *größere* Strecke ausgebreitet habe (B_1 denkt den Ursprungsort des Lichtsignals analog umgekehrt und kommt mit einem `Entgegeneilen` des Lichts zu einer *kleineren* Strecke); ihm kommen H_1 und H_0 entgegen, *nicht* aber das *Licht*...

N: ...auch hier können nur *Körper* den Beobachtern in ihrer Perspektive `entfliehen` oder `entgegeneilen`, *Licht* hingegen *nicht*...

B: ...jedenfalls sind sich die Beobachter nicht einig, über welche *Distanz* sich das Licht *ausgebreitet* hat - klassisch, wie auch relativistisch (wenn auch relativistisch aus weiteren Gründen)...

L: Nun, sehen wir dies genauer an *(L. zeichnet Abbildung 21)*...

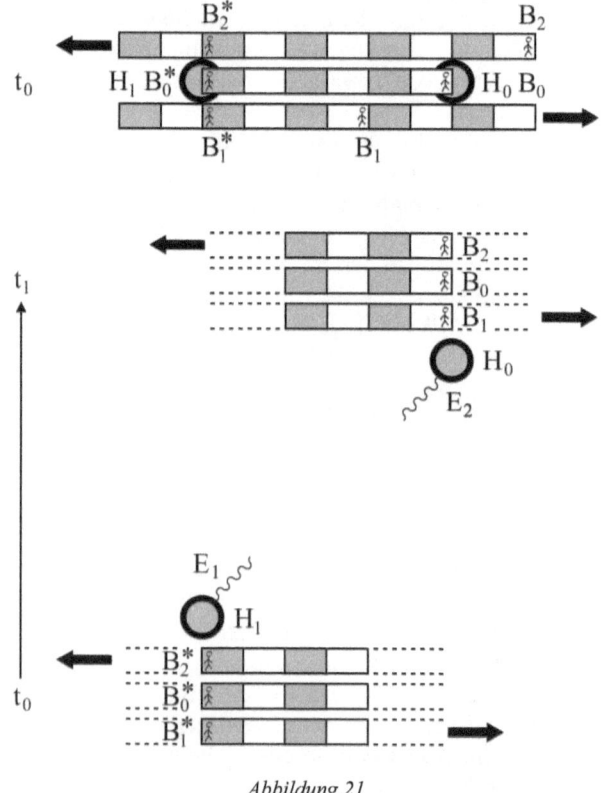

Abbildung 21

Denkt man die BS als relativ zueinander bewegte Maßstäbe, wird das Ganze *deutlicher* - die Grundsituation ist wie *oben* in der Abbildung zu t_0, wenn mit E_1 der Lichtkegel erzeugt wird. Darunter sind hier *dieselben durchgehenden* Maßstäbe dargestellt, nur zu verschiedenen *Zeitpunkten:* Der Maßstab von $B_0{}^{(*)}$ verbindet H_1 und H_0 starr ruhend, die beiden anderen sind bewegt wie $B_1{}^{(*)}$ und $B_2{}^{(*)}$; alle drei kann man sich beliebig in beide Raumrichtungen fortgesetzt denken - ganz unten sieht man das frühere Ereignis E_1 auf H_1 zu t_0, weiter oben das spätere E_2 auf H_0 zu t_1 - eine (etwaige) LK (hier) für die beiden Maßstäbe von $B_1{}^{(*)}$ und $B_2{}^{(*)}$ ist nicht dargestellt...

B: Ja; für $B_2{}^{(*)}$ ergibt sich eine *größere,* für $B_1{}^{(*)}$ eine *kleinere* Distanz auf ihren Maßstäben *im Vergleich* zu $B_0{}^{(*)}$. Die *RT* sagt nun jedoch, dass die Lichtgeschwindigkeit als eine Naturkonstante in *allen* IS den Wert c hat und im Raum gleichsam `verankert' ist; damit diese als *Relation* von Weg und Zeit für *alle* Beobachter dieselbe sein *kann*, muss man *im Vergleich* zu $B_0{}^{(*)}$ veränderte *räumliche Längen* und *Zeitdauern* bzw. *Zeitpunkte* annehmen bzw. Raum und Zeit sind *selbst* dergestalt `verändert' oder erscheinen so...

E: „Ein Beobachter [...] zerlegt [...] für sich in beobachter-abhängiger Weise [...][die] Raum-Zeit in den von ihm gemessenen Raum und die von ihm gemessene Zeit"[161] - $B_1{}^{(*)}$ und $B_2{}^{(*)}$ *bemerken* von einer LK oder ZD allerdings nichts, ihre Sicht ist jener von $B_0{}^{(*)}$ gleichwertig (so dass man auch umgekehrt argumentieren könnte)...

L: ...damit ist man von der *klassischen* zur *relativistischen* Argumentation übergegangen: Die Beobachter würden *klassisch* ob ihrer *Relativbewegung auch* zu verschiedenen Distanzen kommen, die sich das Licht relativ zu ihren *BS* ausgebreitet hat - wenn sich *irgendetwas* zwischen zwei Bezugspunkten ausbreitet, kann man natürlich verschiedene BS *denken,* in denen sich eine *gigantische* oder umgekehrt eine *winzige* Strecke ergibt. *Gedacht* kann man mit einem sozusagen `passend´ gewählten BS zu *jeder* Distanz und Geschwindigkeit kommen - statt dass man sich *300km über* die Erde bewegt, kann man auch sagen, man würde sich *300.000km* im Weltall *mit* der Erde bewegen. Nur besagt das rein gar nichts, weil es im Prinzip *als* relativ *nur im Kopf* stattfindet, aber nur *ein-und-dasselbe* Naturgeschehen *ist,* bei dem nicht irgendwie *Verschiedenes* geschieht in der ontologischen Realität, auch wenn es verschieden *erscheinen* mag...

N: Nun, entscheidend ist jedenfalls, dass *klassisch,* wenn man sich in einem `anders bewegten´ BS denkt, *alle anderen* Körper oder Zustände in Medien *auch andere* Geschwindigkeiten innehaben und *klassisch* natürlich *nicht* alle Beobachter *dieselbe* Lichtgeschwindigkeit für ein-und-denselben Lichtstrahl finden oder auch nur *annehmen* würden - bei *einem* gemeinsamen Lichtkegel um den es geht, der im Raum bzw. RZK `verankert' ist (dies wäre allerdings mit dem *Korpuskel*modell des Lichtes ebenso, man müsste nur gleichsam *umgekehrt* argumentieren - es gäbe kein `Entfliehen´ oder

165

'Entgegeneilen' des Lichtes, sondern H_1 hätte als bewegt dem Licht einen anderen Impuls, mithin den Photonen eine andere *Geschwindigkeit* erteilt)...
B: So ist es *klassisch*...
L: Mit unserem vorgehenden Beispiel *(L. deutet auf die Abbildungen 14a/b)* sehen wir die KdL, mithin die RdG und das PBU zwar schon als *widerlegt* an, wir wollten aber *gesondert* einen Blick (zunächst) auf die räumlichen Urteile von Beobachtern mit der RT werfen; 'gesondert' auch insofern, als es auch hier um den Zusammenhang des *ersten* und *zweiten* Aspekts der LK geht: Die LK kann man - wie schon ausgeführt - *nicht* aus der RdG *erklären*, weil Beobachter zwar, *wenn* sie eine RdG annehmen, bei einer Messung *verschiedene* 'Existenzschnitte' durch einen Körper oder räumlichen Abstand legen, womit sich der *zweite* Aspekt der LK ergibt, *um* die RdG aber anzunehmen, muss man die *KdL* bereits annehmen, die aber nur plausibel ist, wenn es eine LK des *ersten* Aspekts schon *gibt*, bei dem es ja bei der Lichtausbreitung zwischen einem Emissions- und Absorptionsereignis um *dieselben* 'Existenzschnitte' geht - ontologisch-realiter sollte dies zusammenfallen, wenn es um die *(absolut) identischen* Ereignisse E_1 und E_2 *auf* H_1 und H_0 geht. Die Frage wäre also, ob es bei den räumlichen Urteilen irgendwie *an sich* Sinn macht, überhaupt eine LK *anzunehmen* (später schließt sich die analoge Frage bezogen auf die *zeitlichen* Urteile an), oder ob sich hier nicht die RdG in die Längenbestimmung insofern gleichsam 'unberechtigt' 'untermischt'...
N: Bleiben wir beim Beispiel der *bewegten durchgehenden Maßstäbe* und *durchdenken* es einmal richtig; zunächst: Wie ließe sich diese Beobachtersituation eigentlich *herstellen?* Damit wir nicht irgendwelchen *Zirkeln* bezüglich der RdG ausgesetzt sind, können wir es *so* denken: Der (hier) ruhende Maßstab reicht von H_1, wo B_0^* steht, bis H_0, wo B_0 steht. Auf beiden anderen Maßstäben denken wir uns in idealisiert dichtester Reihe *überall* Beobachter; diese mögen in ihrem jeweiligen BS ihre Uhren gemäß der Einstein'schen Synchronisationskonvention *synchronisiert* haben - alle Beobachter, die auf *demselben* durchgehenden Maßstab stehen, können also gemäß RT von einander sagen, dass ihre Uhren *synchron* gehen und *dieselbe Zeit* anzeigen. Bei H_1 beschließen nun *irgendwelche* Beobachter, die dort *zusammentreffen*, den Lichtkegel als E_1 zu erzeugen - diese *nennen* wir (neben B_0^*) B_1^* und B_2^* und denken uns für dieses Szenario alle anderen *weg;* bei H_0 kommt dieser Lichtkegel *irgendwann* als E_2 an - die Beobachter, die B_0 auf den beiden 'bewegten' Maßstäben dann (wenn es für ihn ankommt) gegenüberstehen, *nennen* wir (neben B_0) B_1 und B_2 und denken uns wiederum für dieses Szenario alle anderen *weg*...
B: Gut, damit wäre dieses Szenario realisiert...
N: B_0^*, B_1^* und B_2^* mögen nun mit den anderen Beobachtern - diese denken wir nun wieder *hinzu* - auf *ihren jeweiligen* Maßstäben, mit denen sie gemäß

der RT dieselbe Gleichzeitigkeitssicht haben, verabredet haben, dass sie zu einem bestimmten Zeitpunkt zu *ihrem jeweiligen 'jetzt'* ihre Maßstäbe so *absägen*, dass sie von H_1 bis H_0 reichen (idealisiert ohne Zeitverlust; gleichbedeutend, jedoch weniger anschaulich wäre, dass sie alle nur eine *Markierung* setzen). Den Maßstab von $B_0{}^*$ und B_0 könnte man zwar als schon abgesägt betrachten, $B_0{}^*$, $B_1{}^*$ und $B_2{}^*$ mögen als 'jetzt' jedoch *den* Zeitpunkt wählen, wenn sie bei H_1 *zusammentreffen* (und als Ereignis E_1 ihren Lichtkegel erzeugen) - überhaupt *als* zusammentreffend betrachten sie sich als an *einem* Ort und zu *einem* Zeitpunkt; die anderen, korrespondierenden Beobachter sollen bei H_0 sägen. Die dergestalt hergestellten Maßstäbe sollten dann doch wohl (so bewegt, wie sie eben sind) gemäß RT in den *jeweiligen BS* die Distanz H_1H_0 repräsentieren...

B: Richtig, alle Beobachterpaare haben in *ihrem* BS einen Maßstab 'hergestellt', von dem sie sagen können: 'unser Maßstab reicht *'jetzt'* genau von H_1 nach H_0; da dieser für uns ruht, hat er die Eigenlänge $H_1H_0{}'$...

N: $B_0{}^*$ auf H_1 wird sein 'Sägewerk' dann wieder (in ihrer beiden Sicht) gleichzeitig mit B_0 auf H_1 vollbringen - natürlich wird B_0 nicht erwarten, dass auch B_1 und B_2 mit ihm zusammen sägen (diese waren als 'bewegt' ja zuvor erst nach einer bestimmten *Zeitdifferenz* (der Lichtausbreitungszeit) mit ihm zusammengetroffen)...

B: Natürlich...

N: Zu dem Zeitpunkt nun, wenn B_0 seinen Maßstab auf H_0 absägt (in *seiner* Sicht gleichzeitig mit $B_0{}^*$, $B_1{}^*$ und $B_2{}^*$), wird er finden, dass irgendein anderer Beobachter (welcher genau spielt hier keine Rolle) auf dem Maßstab von $B_1{}^{(*)}$ *diesen* Maßstab bei H_0 bereits - sagen wir - *Jahrhunderte vor ihm* abgesägt *hat* und dass irgendein anderer Beobachter auf dem Maßstab von $B_2{}^{(*)}$ *diesen* Maßstab bei H_0 erst *Jahrhunderte nach ihm* absägen *will*...

B: ...was von der *RdG* herrührt: Wenn B_0 zu dem von *ihm* zugrundegelegten 'jetzt' alle *drei* Maßstäbe - wie man einen gordischen Knoten durchhauen würde - *zugleich* absägen würde, würden die Beobachter auf den beiden *anderen* Maßstäben ja sagen, dass *ihre* Maßstäbe (in ihrer Sicht) *nicht* bei H_1 und bei H_0 gleichzeitig durchtrennt worden seien...

L: Ja, aber im vollen Bewusstsein, dass Relativisten wohl urteilen, er hätte die RT *nicht verstanden*, kann doch B_0 nur folgendes sagen: 'Ich weiß um das Dilemma der RT sehr gut; ich (B_0) kann nicht darauf bestehen, dass *ich* in irgendeinem Sinne *'wirklich'* gleichzeitig mit $B_0{}^*$, $B_1{}^*$ und $B_2{}^*$ meinen Sägeschnitt setze, *ebenso* ist es für die Beobachter auf den beiden *anderen* Maßstäben; vielleicht ist es der einzige, *pragmatische* Ausweg aus dem Dilemma, genau so mit der *RT* zu verfahren. Ich *weiß* aber, dass $B_0{}^*$, $B_1{}^*$ und $B_2{}^*$ wie verabredet bei H_1 absolut gleichzeitig, soll heißen: *zusammen* ihren Sägeschnitt setzen - *'wann'* auch immer (sie können mir das auch irgendwann im Nachhinein bestätigen); wenn ich nun jedoch hier bei H_0

nicht mit den zwei Beobachtern auf den *anderen* beiden Maßstäben, mit welchen auch immer, *absolut gleichzeitig*, also *zusammen* den Sägeschnitt setze, kann ich *unmöglich annehmen*, dass bei in einer Realität durchgängig existierenden, *durchgehenden*, nur *insgesamt bewegten* Maßstäben (die nach Ansicht aller Beobachter ihre Größe nicht verändern), die sich zwischen H_1 und H_0 *erstrecken* (vor dem Sägen sogar darüber hinaus), *gleichermaßen alle drei* von uns hergestellten Eigenlängen-Maßstäbe sinnvoll den *ontologisch-realen* räumlichen Abstand von H_1 und H_0 repräsentieren, und sei es auch *nur* in den *jeweiligen* BS - das ist *widersinnig*, auch wenn ich für das Dilemma keine andere (pragmatische) Lösung weiß, *weil* die Maßstäbe *insgesamt verschoben* werden: Niemand kann vom anderen anerkennen, dass dieser eine sinnvolle *Messkonvention* eingehalten hat - die muss zwar umgreifen, dass auch der andere `dort' wie `hier' *gleichzeitig* misst, das macht jedoch *nicht verzichtbar, dass* ein Maßstab dann auch genau von `dort' nach `hier' *reicht'* (auch als `Ereigniskomplex')...

N: Richtig; ebenso müssten die anderen beiden Beobachter urteilen, wenn sie nur überhaupt annehmen, dass es mit ihnen gleichzeitig existierende Dinge außerhalb ihres `Hier-und-jetzt-Punktes' *gibt*, in einem allgemeinen Sinne eines nicht-solipsistischen `nicht-nur-allein-Existierens', gleichsam ohne die Gleichzeitigkeit genauer *festzulegen*...

L: Nur dringen wir mit diesem Gedanken wohl nicht durch, Isaac...

N: Was auch immer die Maßstäbe repräsentieren, es ist nicht der *objektive ontologisch-reale* räumliche Abstand von H_1 und H_0...

E: Sie *beharren* damit einfach auf einer absoluten Gleichzeitigkeit...

N: Ja, in nämlichem allgemeinen Sinne - diese alles andere als `dunkle' Vorstellung kann man doch nicht *eliminieren*, nur weil sich eine gleichsam präzisierte, für vergleichende Messungen taugliche Gleichzeitigkeit nicht *realisieren* lässt...

E: ...und für die RT ist es ja eben ein nicht *nur räumlicher*, sondern *raumzeitlicher* Abstand...

N: Nein, es ist ein Abstand, der gleichsam den objektiven ontologisch-realen räumlichen Abstand mit Annahmen darüber, wie man von distanten Ereignissen *durch Licht Kenntnis* erlangen kann, `vermischt'. Mit der RT einen *raumzeitlichen* Abstand und eine *RdG* anzunehmen (und mithin - nicht zu vergessen - ein *PBU*), müssten Sie uns erst als sinnvoll *herleiten*, indem sie das Postulat der (angeblichen) KdL *plausibel* machen...

L: Versuchen wir unsere Interpretation zu *erhärten:* Damit nicht genug, nehmen wir nun einmal *Folgendes* an: B_0^*, B_1^* und B_2^* erzeugen mit E_1 den Lichtkegel und haben mit B_0, B_1 und B_2 verabredet, dass diese beim *Eintreffen* des Lichtkegels als E_2 die Maßstäbe absägen sollen, wie sie selbst dies wieder tun wollen, wenn sie den Lichtkegel *erzeugen* (den Maßstab von B_0 könnte man wieder als schon abgesägt betrachten); B_0 und B_0^*, B_1

und B_1* und B_2 und B_2* tun dies jeweils im *selben* BS; überdies werden jeweils - bei H_1 und bei H_0 - alle drei zusammentreffenden Beobachter *objektiv zugleich* (als an einem Ort zu einem Zeitpunkt *zusammentreffend*) mit Sägen beschäftigt sein; B_0, B_1 und B_2 sägen dabei in *allen* BS später als B_0*, B_1* und B_2*. Dann werden sie natürlich *verschieden* lange Maßstäbe erhalten...

B: ...weil in manchen BS die Himmelskörper H_1 und H_0 *bewegt* sind...

L: *Diese* Maßstäbe sollten nun doch die räumliche Distanz repräsentieren, über die sich das *Licht* im jeweiligen *BS* ausgebreitet hat. Um darauf zu kommen, dass sich im jeweiligen BS der Wert c als Weg-Zeit-Relation für das Licht ergibt, bietet die RT nun die komplementären Effekte LK und ZD bzw. die RdG auf. So wie die Maßstäbe als BS nun bewegt sind, könnte man sie doch bildlich-konkret als Licht*medium* betrachten, in welches jeweils das Emissionsereignis E_1 (auf H_1) 'hineingeplumpst' ist, und annehmen, dass sich dann *in* diesem 'Medium' Licht als Erregungszustand mit jeweils c *fortpflanzt* - das sollen ja Beobachter in ihren BS jeweils finden -, und dass dieser dann als E_2 (auf H_0) gleichsam aus diesem 'Medium' wieder 'herausgenommen' wird...

B: Ja, könnte man sagen...

L: ...womit wir zu der *vorhin* vorgebrachten Argumentation kommen, deren Fazit war: Die *wechselseitige Relativbewegung* der (hier drei) Maßstäbe *selbst* definiert eine *einheitliche* Inertialzeit für *alle drei* und Licht hat sich relativ zu den Maßstäben über *verschiedene* Strecken ausgebreitet - diese sind eben (so bewegt) *verschieden lang;* damit ist der Quotient $v_c = \Delta s / \Delta t$ jeweils *verschieden*, die KdL unhaltbar. Eine etwaige LK spielt hier keine Rolle: Man muss *a)* ohnedies ein übergeordnetes *objektives* Maß denken, *b)* sind sie auch relativ zueinander zur *Ruhe* gebracht *verschieden lang* (sie sind relativ zu B_0 gleich schnell, jedoch in verschiedene *Raumrichtungen* bewegt), *c)* müssen etwa B_0, B_1 und B_2 nur wissen, dass auf den nur insgesamt verschobenen Maßstäben sich bei Ankunft des Lichtkegels bei ihnen B_0*, B_1* und B_2* *nicht* mehr gegenüberstehen, womit *nicht* relativ ist, dass sich Licht über objektiv verschiedene Strecken ausgebreitet hat - das hatten wir ja alles... Dabei ist völlig gleichgültig, welchen *Gang* Uhren auf den Maßstäben haben mögen - dazu später... Fazit: Das Licht hat sich *objektiv* in *derselben* Inertialzeit über *verschiedene* Strecken ausgebreitet hat, womit die Relation objektiv *nicht* für alle drei c sein kann, auch nicht in einer 'Licht-Geometrie'...

B: Nun, aber...

N: ...an dieser Stelle beginnt dann die Diskussion gegebenenfalls *von vorne*: Mit der RdG sei das Licht, *weil* es sich über unterschiedliche Strecken ausgebreitet hat, *daher* auch zu *unterschiedlichen Zeitpunkten* emittiert oder absorbiert worden (so die Bezüge zu den x'/x''-Gleichzeitigkeits-Achsen),

obgleich die Beobachter auf der Emissions-, wie auch auf der Absorptions-Seite zu *einem* Zeitpunkt an *einem* Ort zusammentreffen. „Herauf, herab und quer und krumm [...][führen Sie Ihre] Schüler an der Nase herum"[162]...
L: Das Naturgeschehen wird von der RT gleichsam auf der einen *oder* der anderen Seite `auseinandergefaltet´ (daher die zwei übereinandergelegten MD). Hier geht es nicht mehr um die Repräsentation räumlicher Distanzen *alleine*, sondern um das `wie´ der *Lichtausbreitung;* mit der `Vermischung´ des *ersten* und *zweiten* Aspekts der LK und der räumlichen *Abstände* mit der *Kenntnisnahme* von Ereignissen durch Licht, *sollen* wir Ereignisse so deuten, dass, je *schneller* zwei inertiale Beobachter relativ zueinander bewegt sind und je *distanter* die Ereignisse sind, von denen sie sprechen, desto mehr ihre Sichtweisen *divergieren*. Diese Divergenz wird, wenn B_0, B_1 und B_2 in O zusammentreffen (zu t_1) und sie den räumlichen Abstand zum *Himmelskörper* H_1 ermitteln, hier nur zwischen B_0 und den anderen beiden sichtbar, denn B_1 und B_2 kommen hier auf *denselben* räumlichen Abstand zu H_1, weil sie *gleichschnell* relativ zu diesem bewegt sind. Dem vergangenen *Ereignis* E_1 auf H_1 schreiben sie dann jedoch einen *unterschiedlichen* räumlichen Abstand in ihrem *BS* zu...
B: ...was sie schon *klassisch* täten...
L: Richtig. Warum tun sie dies aber nicht mit den *GT*, die *nur* ihre Relativbewegung berücksichtigt, sondern mit den *LT*, wenn sie *wissen*, dass sich der räumliche Abstand *zwischen* H_1 und H_0 überhaupt nicht *verändert* hat - diese haben sich nur unter *Wahrung* ihrer Distanz in der Vergangenheit auf sie zu bzw. von ihnen wegbewegt?! Hier wird wieder das *Kumulative* sichtbar, das sich über die räumlichen Distanzen *aufsummiert* und ihre Sichtweisen `auseinanderfaltet´, aber nur das *Vermittelnde*, die Ausbreitung des *Lichtes* eben betrifft... Warum überhaupt sollten verschieden bewegte Beobachter, die zu *einem* Zeitpunkt an *einem* Ort zusammentreffen, den räumliche Abstand, den ein zu ihnen distanter *Körper* dann hat (nicht ein vergangenes *Ereignis auf* diesem Körper im eigenen jeweiligen *BS*), von *dessen Geschwindigkeit* relativ zu ihnen abhängig machen?
E: Nun, eine `Licht-Geometrie´ wäre wiederum ein solcher Grund...
N: ...für deren Annahme wir vernünftige Gründe verlangen - und das Ganze muss sich in *konsistenter* Weise *zusammenfügen*...
L: Hier zeigt sich recht *deutlich*, dass der objektive ontologisch-reale räumliche Abstand mit Annahmen darüber, wie man von distanten Ereignissen *durch Licht Kenntnis* erlangen kann, gleichsam `vermischt´ wird. Die eigentliche Frage ist hier nicht mehr, wie weit sich Licht *absolut* oder *relativ* zu den jeweiligen *BS* ausgebreitet hat, sondern welchen räumlichen Abstand man zwischen den beiden *Himmelskörpern* H_1 und H_0, *auf* denen E_1 und E_2 statthaben, anzunehmen hat, als wie - salopp formuliert - `real´ man die unterschiedlichen räumlichen Urteile der RT zu begreifen hat, weil es um

den *ersten* Aspekt der LK geht. Zwar geht es in der RT zentral um die Ausbreitung von *Licht*, dies *verwirrt* hier aber vielleicht: Die Beobachter könnten auch ein *Geschoss* von H_1 nach H_0 schießen; klassisch mit den GT würde man dann zwar in Relation zu ihren *BS* sagen, dieses hätte sich über *verschiedene* Distanzen bewegt, in Relation zu H_1 und H_0 käme man aber auf *dieselbe* Distanz; *relativistisch* hingegen kommt man für dieses *nicht* auf dieselbe Distanz. Dies lässt sich - wie gesagt - nicht durch die RdG erklären, weil es *nicht* um den *zweiten* Aspekt der LK geht, der auf der (angeblichen) RdG (also auf verschiedenen `Existenzschnitten´) beruht, denn *die* ergibt sich nur, *wenn* man den *ersten* Aspekt überhaupt annimmt - *ohne* ihn *ergibt* sich die RdG und der zweite Aspekt der LK gar nicht. Der *zweite* Aspekt mag sich mit einer erzeugten RdG *ergeben* (mit klassisch *verstellten* Uhren), für den *ersten* Aspekt muss man aber fragen, ob es überhaupt *vernünftig* ist, etwa die Distanz H_1H_0 in einem anderen BS als kontrahiert zu *begreifen* - empirisch *wurde* dies nie gefunden; es *kann* zwar nur gefunden werden, wenn schon eine Gleichzeitigkeitsdefinition *vorliegt, fände* man es aber, bräuchte man Ihre (die Einstein´sche) *RT* überhaupt nicht mehr, man würde bei der *Lorentz´schen* RT landen - wohlgemerkt geht es dabei aber überhaupt nicht um die *Äther*-Frage: Ob *mit* oder *ohne* Äther - man nimmt dann *keine* KdL und *keine* RdG an, die sind *überflüssig*, man nimmt eine *verborgene absolute* Gleichzeitigkeit an (und das *RP* fordert *nicht* die KdL, wie wir gesehen hatten); ansonsten würde man die Distanz der Himmelskörper H_1 und H_0 *zirkulär* schon *nur* mit der *RdG* betrachten, wenngleich es mit den Ereignissen E_1 und E_2 (auf H_1 und H_0) für alle Beobachter um *dieselben* `Existenzschnitte´ durch das (angebliche) RZK geht...
B: Die RT muss schon - unabhängig von der RdG - eine LK des *ersten* Aspekts für `bare Münze´ für die ontologische Realität nehmen...
N: So ist es. Wenn man diese Szenarien durchdenkt, wird hier offenbar nur ein *doppeltes Verwirrspiel* gespielt: `die LK rührt von der RdG her´ versus `die LK ist den Maßstäben bzw. dem Raum selbst zuzuschreiben´, ja, es scheint, als diskutierten wir rein hypothetische Probleme, die sich so gar nicht stellen - die LK *ist* kein empirischer Befund und *würde* als Befund die RT gar nicht *stützen*. Eine LK des *zweiten* Aspektes, die aus der (angeblichen) RdG herrühren soll, ist natürlich mithin zu verwerfen, weil die RdG die LK und die ZD *voraussetzt;* und diese, ja, alle relativistischen Effekte hängen komplementär-symmetrisch im *System* `RT´ zusammen und *stützen sich wechselseitig*, damit es überhaupt konsistent ist bzw. *erscheinen* kann - mit diesen muss daher das *ganze* System `RT´ fallen, mithin die RdG und das PBU, gleichsam nochmals *unabhängig* von unserer Argumentation, welche die KdL an sich schon ad absurdum geführt hatte...
E: Mit Verlaub - vielleicht haben Sie eine allzu *naive* Vorstellung vom Begriff `Messen´...

N: Wenden wir uns also diesem Begriff etwas genauer zu...

VI b *L:* 'Messen' bedeutet ja, den realen Größenwert einer physikalischen Größe empirisch zu bestimmen, indem das zu messende Merkmal mit dem *Normal* dieser Große verglichen und zahlenmäßig bestimmt wird - klassisch wird dieses Normal als *eines* und *absolutes* genommen. Mit der RT sollen nun aber räumliche und zeitliche Maße nicht mehr in diesem *absoluten* Sinne gelten (können) - auch wenn die RT gerade *deshalb* Raum und Zeit *ändert*, weil in den verschiedenen BS nichts von einer *Änderung* der Maßnormale *bemerkbar* ist, was unter einem *eingeschränkten Blickwinkel* betrachtet ja ganz *vernünftig* ist...

E: Soll *heißen*?

L: ...dass es sofort zu rein *logischen* Widersprüchen führt, wenn man etwa für Licht den Wert *c nicht* als reine *Relation* von zurückgelegtem Weg und dabei verflossener Zeit bei *veränderlichen* räumlichen und zeitlichen Maßen auffasst...

E: Als *Relation* hat es die physikalische Definition *seit jeher* gefasst...

L: ...nur nicht bei *veränderlichen* räumlichen und zeitlichen Maßen...

B: Das ist richtig - als ich sagte, dass Licht, wenn es von unterschiedlich inertial-bewegten, an einem Ort zusammentreffenden Beobachtern ausgesandt wird, in der Folge von ihnen *allen gleichweit* entfernt sein wird, war dabei stillschweigend vorausgesetzt, dass das bei klassischen *absoluten* (räumlich-zeitlich getrennten) Maßen *unmöglich* ist...

L: Man muss sogar sagen - was noch etwas anderes ist: 'Wenn irgendein Ding sich in BS_1 mit *v* bewegt, kann es sich in einem dazu relativ *bewegten* BS_2 nur auch mit *v* bewegen, wenn *Umverortungen* und *Umdatierungen* vorgenommen werden...

N: Bleiben wir aber bei *diesem* Gedanken: Raum und Zeit zu 'ändern', ist insofern *unvernünftig*, als der Gedanke absoluter Maße uns *nicht dunkel*, sondern völlig *einleuchtend* ist - man sagt sonst gleichsam: 'Eine Änderung der Maßnormale ist *nicht bemerkbar*, darum ändern wir *Raum* und *Zeit selbst* - damit *das* aber nicht zu Widersprüchen führt, nehmen wir *doch* an, dass die *Maßnormale* verändert sind, womit man Raum und Zeit selbst nicht zu ändern braucht' - damit sind diese allerdings nicht einmal *als* Relatives etwas *Objektives* (mithin wieder Absolutes), wie es etwa mit den relativen Maßeinheiten im *Para-Midas'schen* Falle wäre....

L: Es ergibt sich wiederum der Zirkel und mithin eine gleichsam *paradoxe Aporie* - das rührt daher, dass die Relativität der Maßnormale in der RT keine klassische 'absolute Relativität' wie in der Para-Midas'schen Welt ist (Sie gestatten mir dieses Oxymoron): Die erfasst nämlich *keine wechselseitigen* Effekte (solche sollen es ja in der RT angeblich sein), weil sie für die Weltdinge in der ontologischen Realität eine *spezifische (absolute)* Größe annimmt, die nur mit *relativen* Maßen *erfasst* wird. Eben das soll in

der RT *nicht* der Fall sein...
E: ...nicht für räumliche und zeitliche Maße *getrennt* - eine *absolute* Größe ist nurmehr der *raumzeitliche* Abstand...
N: Der *immer* eine Konstante ist, *gleichgültig* welche Geschwindigkeit man `festnagelt´ - auf das (angeblich) *raumzeitliche* `an-sich´ der RT kommen wir noch zu sprechen, mithin darauf, dass sich nur mit *raumzeitlichen* Parametern die Ordnung der Welt überhaupt nicht - in einem erkenntnistheoretischen *und* ontologisch-realen Sinne - *definieren* lässt. Und auch darauf, dass es ihr um *wechselseitige* Effekte geht, die aus einer *reinen Relativbewegung* herrühren, dennoch aber *messbar*, also *spezifisch* sein sollen - schon damit will die RT *Unmögliches* - oder `reine Relativbewegung´ wäre keine solche: Es bräuchte stattdessen eine andere `Art´ der Relativität - eine Relativität nur der relativen Maße, die in *beide* Parameter-Richtungen des `langsamer-schneller´, `kürzer-länger´, `größer-kleiner´ ginge, die damit jedoch wieder eine `absolute Relativität´ wäre; und man müsste um die `wirkliche´ (absolute) Bewegung wissen (was nicht zwangsläufig in meinem Sinne zu verstehen ist). Wenn man die LK - wohlgemerkt ist hier nur noch vom *ersten* Aspekt der LK die Rede - nicht *direkt* als rein *virtuell-fingiert* begreifen will, bleibt nur zu behaupten, es gäbe realiter *doch* eine *absolute (spezifische)* Neigung von Weltlinien relativ zur Lichtausbreitung (wie es ein MD immer konkret zeigen muss) - mit Widerlegung der KdL legt sich dies ohnehin nahe; Uhren-Synchronisationen könnte man natürlich dann nicht mehr als *äquivalent* betrachten, man *verwirft* die RdG (und alles andere, inklusive des PBU) einige Gedanken *später*...
B: Langsam...
N: Nur finden Beobachter eben *nicht* eine erkennbare *absolute (spezifische)* Neigung ihrer Weltlinien relativ zur Lichtausbreitung, so wie es in MD *gezeichnet* ist - derlei *gibt* es für die RT gar nicht, das war der *Ausgangspunkt* der RT; niemand kann eine spezifische Neigung für sich reklamieren - *jedes* BS muss `Nullpunkt´ der raumzeitlichen Zerlegung sein können und dennoch sollen die Zerlegungen des (angeblich) raumzeitlichen `an-sich´ für Beobachter auch mit der RT etwas *Spezifisches* sein, denn *irgendetwas* müssen diese realiter ja *messen*, irgendetwas muss *wahr sein;* die KdL hatten wir zwar schon verworfen, aber selbst *sie* müsste - auch nur als reine *Relation* begriffen - Quotient aus *spezifischem* Zähler und Nenner (Raum und Zeit) sein...
L: Der Begriff `Messen´ wird mit der RT allemalen - um nicht mehr zu sagen - nachhaltig *modifiziert*. Vielleicht stehen uns *tatsächlich* realiter - etwa mit *Lorentz´* Annahmen - keine *absoluten* Normale zur Verfügung, im Grunde verschieben wird damit aber die *Idee* des Maßnormals nur um eine Ebene, schon insofern wir dergleichen nur vor einem gedachten *absoluten* Hintergrund *denken* können. Einen Maßstab muss man *als* Maßstab *per*

definitionem als *unveränderlich* denken[163], als in allen BS (selbst-)identisches Ding, mit einem anderen Wort als `absolut`, damit Messungen in einem ontologisch-realen Sinne überhaupt etwas *besagen*... Umgekehrt muss auch das *Gemessene* ontologisch-realiter etwas *Spezifisches* sein...
E: Das *macht* die RT ja - nur vernachlässigen Sie wieder den *raumzeitlichen* Aspekt des Ganzen...
N: Sie versuchen wieder das *doppelte Verwirrspiel:* Die RT muss *schon - unabhängig* von der RdG - eine LK des *ersten* Aspekts (bei identischen `Existenzschnitten`) für ontologisch-real nehmen. Diesen *ersten* Aspekt der LK müssten und könnten Sie ersteinmal nur schlicht *behaupten*...
E: Mag sein...
N: ...und dann könnte sich ein Beobachter *wirklich* zunächst *naiv* stellen und folgendermaßen argumentieren: Wir haben uns ja Körper offensichtlich atomistisch aus elementaren Entitäten zusammengesetzt vorzustellen - hier kann man wohlgemerkt wieder *verschiedene* Modelle zugrundelegen, das Ganze quantentheoretisch von der *Korpuskel-* oder *Wellen*seite beleuchten, eine *Substanz-* oder *Ereignis-O*ntologie ersinnen oder die *ungeklärte* Frage aufwerfen, ob wir hier ein *Teilen ohne Ende* oder ein *Ende des Teilens*[164], oder gar zu gewahren haben, das der Begriff `Teilen` sinnlos wird... Dergleichen kann hier *offenbleiben* - und zwar insofern die Welt zweifellos ja zumindest in ihrer *phänomenalen Erscheinung* - und mithin *mit Grund - oberhalb* des subatomaren Mikrokosmos diskret gestaltet *ist*...
B: Offensichtlich - nur argumentieren Sie hier in Größenordnungen hinein, bei denen die RT *irrelevant* wird...
N: Die RT will die klassische Physik doch *nicht ergänzen*, damit bestimmte Phänomene *auch noch* erklärbar werden, *umgekehrt* will sie doch diese als Grenzfall nur kleiner Geschwindigkeiten *umfassen* - ihr Anspruch ist ein *prinzipieller*, weshalb sie diese ja als *nur näherungsweise richtig* begreift. (Ganz davon abgesehen, dass man bis zur Planck-Länge (mag diese auch nur *Gedachtes* und nicht das *wirkliche* `Skalenende` sein) vom *Mesokosmos* bis zu den *Atomen* nur einen *kleinen Teil* der Größenordnungen zurückgelegt hat...
B: *So* betrachtet richtig - und worauf wollen Sie *hinaus*?
N: *Darauf*, dass ein Beobachter auf den Gedanken kommen kann - zumal ja die *moderne* Längendefinition über *Licht* hier als *zirkulär* gelten muss -, als Längen-Normal nämliche elementaren Entitäten zu wählen - sagen wir einfach: die *Atome*. Dann kommen mit diesem Normal *alle* Beobachter für ein Ding auf *dieselbe* Länge; dem Maßstab von $B_0^{(*)}$ etwa, der H_1 und H_0 starr ruhend verbindet, oder sagen wir: einem *Abschnitt* davon, schreibt man dann eine Länge von *7 134 192 319 266 762* Atomen zu - dieses Normal unterliegt *nicht* der LK. Es sei denn, man würde den Maßstab mit *Lorentz'* Annahmen `bewegt` in der Bewegungsrichtung als *verkürzt* betrachten -

diese Annahmen machte er allerdings innerhalb der *klassischen* Raum-Zeit-Konzepte und *mit* einem *Äther*...
E: ...nicht *schon wieder*...
L: Ja, auch *Sie* könnten wie Michelson sagen: „I created a *monster*" - das sagte er von seinem Experiment (MME), weil es die *RT* nach sich zog, die er zeitlebens *ablehnte* - wie Lorentz, Mach[165]...
N: Lorentz nahm einen Äther an und `brauchte´ *dafür* die LK der LT, die er aufwendig physikalisch herleitete - ein Ding ist dann *absolut* verkürzt für *alle* Beobachter (durch Wechselwirkung der Materie des Dinges mit dem umgebenden Äther (Feld)). Hier treffen wir wieder auf die Dialektik des Äthers: Wenn man eine `tatsächliche´ LK annimmt, und behauptet, die MME-Klasse weise die LK *nach*[166], braucht man die Einstein´sche RT nicht mehr - das *hatten* wir ja schon... Umgekehrt aber ergibt sich die Frage, warum man eine LK (des ersten Aspekts) *ohne* Äther und ohne *Lorentz´* Annahmen *annehmen sollte*. Muss man nicht das Atom-Normal dann als *absolutes* Maß nehmen, *identisch* für alle, weil es gar keinen *Grund* für *andere* Annahmen gibt? Wenn das RP gilt und inertiale Beobachter keine Veränderungen an ihren Maßnormalen finden, könnte dies *absolutes* Maß sein - darum hatten wir gesagt, die RT sei nur als *verkappte Äther*-Theorie *sinnvoll*...
E: ...darum hatte ich mich nicht explizit auf das *MME* bezogen, sondern auf die Kovarianz-Eigenschaften der Maxwell´schen Gleichungen...
L: ...die (scheinbar) mit den LT gegeben sind, die Sie `aktiv´ interpretieren, womit Beobachtern der Raum selbst kontrahiert sein soll - *direkt* sagen diese allerdings auch nicht, dass ein bewegter Körper kontrahiert ist, weil man mit ihnen ja in *einem* BS bleibt...
N: Warum also *sollen* $B_1^{(*)}$ und $B_2^{(*)}$ den Maßstab von $B_0^{(*)}$ überhaupt als kontrahiert *betrachten?* Sie können *genauso* wie $B_0^{(*)}$ bewegt *gewesen* sein und sich selbst dann erst wie $B_1^{(*)}$ und $B_2^{(*)}$ in Bewegung *gesetzt* haben - dadurch sollte sich schwerlich ein räumlicher Abstand innerhalb des Maßstabs *ändern* - es kann ja nicht nur um ihre *Eindrücke* gehen...
E: Ich sage: Sie argumentieren an der Vorstellung der `Raumzeit´ vorbei...
N: ...und unser scheinbar naiver Beobachter sagt: Es *gibt* keine `Raumzeit´ (im Sinne der RT) und Sie ignorieren - blind für die Einheit der Natur - das `Zeugnis der Atome´: Der am Grunde des Seienden empirisch-phänomenal vorgefundenen Diskretheit *entspricht* etwas - Atome sind *Spezifisches* der Größe und Form nach, das es nicht auf *allen* Größenskalen gibt (wenn auch vielleicht *ähnliches*), es gibt sie nicht in *L*, *XL* und *XXL* könnte man heute beinahe sagen...
L: Er könnte auch sagen: Stellen wir uns einmal ein *Enzym* vor, bei dem dessen spezifische Struktur und *Größe* uns schon, *weil* es eine bestimmte Funktion überhaupt als Katalysator *erfüllt*, *identifizierbar* ist. Oder nehmen

wir ein schlichtes Kristallgitter - *alle* Dinge *aller* Größenordnungen sollen mit der RT der LK unterliegen - aber nicht nur kann man die Struktur und Größe dieser Dinge aus diesen *selbst* heraus mit den *in ihnen* liegenden Proportionen erfassen - ein bewegter Beobachter muss ein Enzym gar nicht *vermessen, weil* es seine Funktion erfüllt, und damit offenlegt, dass es eine bestimmte Struktur und Größe *hat*, eine *tatsächlich* (wesentlich) *veränderte* Primär-, Sekundär- oder Tertiärstruktur machte es ja schlicht *unwirksam*... Diese Phänomene müssen in irgendetwas *gründen*. Der Raum selbst liefert zwar keinerlei Maßverhältnisse, aber mit den *Dingen hat* man (absolute) Maßverhältnisse; was immer dem ontologisch-realiter *entsprechen* mag - die RT *ignoriert* dies mit der LK (des *ersten* Aspekts); selbst wenn man mit der RT eine *Ereignis*-Ontologie annimmt, *findet* man 'substanzartig- sich-Erhaltendes' in der *Zeit*dimension und *räumlich* ein *spezifisches Muster* - der RT *nimmt* es nur nicht als solches. Zumindest (vor dem Hintergrund der Lorentz'schen Annahmen), wenn man nicht den Maßstab, sondern sich *selbst* in Bewegung setzt - was die RT ja gar nicht *unterscheidet* - ist die Frage, warum man eine LK (des ersten Aspekts) überhaupt *annehmen* soll; mit der LK ist etwas *verändert*, aber *nicht verändert...*
B: Die *Zuordnung* der *Zahl* 'Länge' ist doch nur eine andere...
L: 'Nur'! Mit *Freuden* sagen wir *d'accord*, wenn *Sie* sagen 'ontologisch-realiter *entspricht* dem nichts, es ist nur *virtuell-fingiert*, es ist für uns *nur pragmatisch nützlich*, derlei anzunehmen und mithin ist die RdG und das PBU nichts als *Gedankenwerk, Phantasmagorie*' - über die KdL haben wir das ja *ohnehin* schon erwiesen...
E: Meinen Sie...
N: Bei einem *rotierenden* Körper ergibt sich ja die Merkwürdigkeit, dass, wenn im zum Mittelpunkt der Drehbewegung ruhenden BS (abgesehen von der Rotation selbst) *keinerlei* interne zwischenatomare Kräfte tangential auftreten, sich in einem relativ dazu bewegten BS durch die RdG ergibt, dass die Atome auf einer Seite *gestaucht*, auf der anderen aber *gestreckt* sein sollen - die geneigte Gleichzeitigkeitsachse des bewegten BS klassifiziert ja im ruhenden BS zeitlich *nicht-gleichzeitige*, sondern *einander folgende* Zustände des rotierenden Körpers als *gleichzeitig* - anschaulich bedeutet das bei einer Uhr, bei der sich (als Kuriosum) statt des *Zeigers* das kreisringförmige *Ziffernblatt* dreht, dass die Zahlen (davon abgesehen, dass der Ziffernkreis zur *Ellipse* gestaucht ist) auf einer Seite *dichter beisammen* liegen, auf der anderen Seite aber *weiter auseinander;* zu solch' 'überflüssigem Bild', das mit dem anderen äquivalent sein soll, führt die RT - was soll dem in der *Natur selbst ohne uns* entsprechen?
L: Hatten Sie nicht *selbst* gefordert, (Zitat) 'nur das durch die Erfahrung direkt *Gegebene* als Baustein der physikalischen Welt gelten zu lassen, unter Ausmerzung aller *überflüssigen* Bilder und Analogien, die einem

Zustand primitiverer und roherer Erfahrung entstammen'?[167]
B: Natürlich, „die Physik soll Auskunft geben über das, was *wirklich* in der physikalischen Welt geschieht, und nicht nur über die persönlichen Wahrnehmungen einzelner *Beobachter*. Die Physik muss sich daher [also] mit *denjenigen* Merkmalen eines physikalischen Prozesses [bzw. einer Struktur] beschäftigen, die er [bzw. sie] für alle Beobachter *gemeinsam* hat, da nur diese Merkmale als zum physikalischen Vorgang [bzw. zur Struktur] *selbst* gehörig betrachtet werden können"[168]...
L: Nun, dem wird ja auch unser naiver Beobachter *zustimmen*...
N: Und wir *ebenso*, nicht wahr, Gottfried? Ihnen scheint es aber nur *Lippenbekenntnis* zu sein... Wir anerkennen, dass man sich möglicherweise nicht mit einer Geschwindigkeit größer als *c* bewegen kann - abgesehen davon, dass *uns* das *nur* Sinn macht, wenn dabei der *Bezugskörper* angegeben wird (was die RT selbst *ansonsten* stets fordert, dabei aber nicht einlöst - auch ein Lippenbekenntnis). Als *Grenzwert* kann man *c* theoretisch aber *beliebig nahe* kommen, mögen Sie ihn selbst auch als *unerreichbar* verwerfen, weil man Licht dann als ruhendes räumlich-oszillierendes elektromagnetisches Feld wahrnehmen sollte (was bei *allen anderen* Wellenerscheinungen faktisch so *ist*), weil die LT versagen oder warum immer - als *Grenzwert-Betrachtung* ist dann aber die Zeit *unendlich dilatadiert*, gewissermaßen `eingefroren´ und alle räumlichen Distanzen in Bewegungsrichtung sind *unendlich kontrahiert*, sie nähern sich dem Wert *Null* - mithin auch die Distanz zwischen Emissions- und Absorptionspunkt des Lichtes...
E: Es ist *unmöglich* diesen Grenzwert zu erreichen...
N: Ja, aber worauf ich *hinauswill*, ist, dass bei *asymptotischer Annäherung* an diesen Grenzwert dennoch zwischen zwei Raumpunkten ja noch *ganze Galaxien* liegen können - schon *bevor* man den Grenzwert erreicht, ergibt sich die Frage, wieso Sie bei *anderen* Theorien - etwa zum Äther - von `überflüssigen Bildern und Analogien´ sprechen, *dieses* Bild der Welt aber *nicht dazu* zählen. Ich denke, es ist *kein* unerlaubter Anthropomorphismus, zu sagen, dass auch für ein Photon (eine Lichtwelle) die Welt irgendwie (gestaltet) *sein* muss, in dem Sinne, dass es in *spezifischen Relationen* zu anderem Seienden steht, *spezifisch* ins Ganze der Welt *eingebunden* ist - ob der LK *schwindet* das aber doch völlig: Was ist es eigentlich für ein *Unterschied* `für´ ein *Photon*, das wir aussenden, wenn es einen entfernten Körper *nicht erreicht*, weil sich *während* seiner Bewegung ein anderer Körper *zwischen* den Emissionsort und das eigentliche Absorptionsziel bewegt - `für´ ein Photon ist dieses `während´ und das `dazwischen´ nicht einmal *formulierbar*, für ein Photon *gibt* es dergleichen gar nicht, und doch sollte die Welt auch *für* ein Photon *irgendwie beschaffen sein*...
E: Ich denke, dass derartige Anthropomorphismen *unstatthaft* sind...
N: Ich denke, dass sich abermals zeigt, dass eine Grenzgeschwindigkeit

in einem Raum-Zeit-Konzept nichts *verloren* hat, weil dergleichen nicht mehr *erfasst* wird, ja, weil sich dergleichen *durch* das Raum-Zeit-Konzept *ergeben* soll. Dabei will die RT vornehmlich gerade *Licht erklären* - hier wird Licht jedoch zu gleichsam *Über*natürlichem, *Mystischem*, zu etwas *außerhalb* der Natur Stehendem...
E: Hm...

VI c N: Zurück zu unserem naiven Beobachter - was soll er von den Urteilen der Beobachter in den diskutierten Szenarien *halten?* Für B_0^*, B_1^* und B_2^* ist das Aussendeereignis E_1 eindeutig, es findet an *einem* Ort und zu *einem* Zeitpunkt statt - das Ankunftsereignis E_2 jedoch nicht, dafür soll sich das (angebliche) RZK unterschiedlich `auseinanderfalten´; die räumliche und zeitliche Ordnung der Ereignisse bzw. Weltdinge soll ihnen generell *uneindeutig* sein. Für B_0, B_1 und B_2 hingegen ist es genau *umgekehrt:* Ihnen ist das Ankunftsereignis E_2 eindeutig, das *den anderen uneindeutig* ist...
E: Ganz recht...
L: ...so kann man zwei relativ zueinander ruhende bzw. `gleichbewegte´ Beobachterensembles B_0-B_1-B_2 und B_0^*-B_1^*-B_2^* denken, die sich *nur* an einem anderen Ort zu einem anderen Zeitpunkt befinden (die RdG spielt zwischen den Ensembles *im Ganzem* keine Rolle), die wechselseitig ihre Urteile über *dieselben* Ereignisse *nicht ernstnehmen* können. Die beiden Beobachterensembles können nicht zu einer rationalen Gesamtsicht der Welt kommen, in der auch *die anderen Recht* haben *könnten:* Wenn B_0^*, B_1^* und B_2^* etwa von verschiedenen räumlichen Distanzen zwischen H_1 und H_0 sprechen, ist den *anderen* das *sinnloses Gestammel*, da sie sich selbst an jeweils *einem* spezifischen Hier-und-Jetzt-Punkt im `Gesamtgewebe der Weltdinge´ befindlich wissen; umgekehrt ist es ebenso...
N: Etwas ganz *Ähnliches* hatten wir hier *(N. deutet auf Abbildung 19)* bei den Beobachtern A, B und C gefunden. Man wünscht sich ja, Beobachter wie B_0, B_1 und B_2 einmal *tatsächlich* - nicht nur in Gedankenexperimenten - bei solch´ einer Begegnung fragen zu können, inwiefern sie *wirklich meinen*, wenn sie mit der RT `andere´ räumliche Zuordnungen vornehmen, jeweils auch in einer *ontologisch-realiter* `anderen´ räumlichen Relation zu H_1 zu stehen, wenn sie an *einem* Ort zusammentreffen; oder umgekehrt, warum sie, wenn sie sich an *eindeutig* (absolut) *verschiedenen* Orten befinden (so schwierig der Begriff auch sonst sein mag), nämlich für B_1 nach ($>t_1$) und für B_2 vor ($<t_1$) ihrer Begegnung mit B_0 in O, *dieselbe* räumliche Zuordnung vornehmen und ob sie *dann wirklich meinen*, jeweils ontologisch-realiter in *derselben* räumlichen Relation zu H_1 zu stehen (das Beispiel hat wohlgemerkt in *einer* Raumdimension statt); konkreter: Den Satz `H_1 ist jetzt *so-und-so-weit* entfernt´ sagt B_2 vor, B_1 nach und B_0 bei ihrem Zusammentreffen - und *alle drei* Aussagen sollen richtig sein...
B: ...jeweils auf ihre Weise... Es mag *gewöhnungsbedürftig* sein, aber „die

räumliche Entfernung zwischen zwei Ereignissen ist [...][mit der RT], für sich genommen, keine objektive physikalische Größe [mehr]"[169]...

E: ...und es geht doch, auch bezogen auf den - wie Sie es nennen - *ersten* Aspekt der LK, um eine ganz *andere* Frage: Sind die verschieden bewegten Maßstäbe *insofern* gleich lang, als sie durch einander *ersetzbar* wären?

N: Nun, sehen wir denn genauer zu, was *das* wohl bedeuten mag: Zu den Charakteristika des Raumes gehört doch jedenfalls seine `Extensionalität´ - nur ist uns diese nicht *direkt* erfahrbar (außer, dass wir sie mit den Weltdingen zu `sehen´ meinen), sondern nur *mittelbar* über seine `Rezeptivität´; um Distanzen von Körpern im `leeren´ Raum zu messen, müssen wir also Maßstäbe, die *selbst* ausgedehnt sind, also eine Extensionalität innehaben, zwischen zwei Orte bringen...

L: Den Begriff `leerer Raum´ brauchen wir hier nicht zu problematisieren; es sei aber angemerkt, dass sich der *Begriffsgehalt* der Extensionalität und Rezeptivität für mein *relationales* Konzept gleichsam vom `Außen´ einer `räumlichen´ Ordnung in das `Innen´ meiner `relationalen´ Ordnung des Gesamtgefüges der Welt*dinge* verlegen lässt - die *Relationen* zweier Dinge sind dann so, dass man ein Vergleichsding (einen Maßstab) so-und-so-oft dazwischenbringen kann, womit man zur `Relationalität´ der Weltdinge und unseres *Konstrukts* `Raum´ kommt. Hier ist übrigens auch nicht vom `absoluten Raum´ - sozusagen im *problematischen* Sinne - die Rede...

N: So ist es. Ihre Behauptung aber, räumliche Urteile würden losgelöst für sich selbst nichts Objektives mehr aussagen, ist in mehrerlei Hinsicht ja *unhaltbar:* Wenn B_0 tatsächlich *konkret-operational* misst und (für alle Beobachter ruhend identische) *Einheits*-Maßstäbe zwischen sich und den Himmelskörper H_1 bringt, kann unser naiver Beobachter zunächst für die anderen Beobachter die Extensionalität und Rezeptivität des Raumes nur als *unverändert* und *identisch* begreifen - sie ist `an sich´ eine ganz *spezifische*, weil man auch mit der RT noch sagen kann: `So viele dieser für B_0 ruhenden Maßstäbe kann man zwischen H_1 und H_0 bringen - *nicht mehr* und *nicht weniger´...*

B: Das stimmt...

L: Noch prägnanter: Wenn B_0 etwa ein Maßstab in seinem Messgestänge zwischen H_1 und H_0 fehlen und ein vorbei-fliegender Händler ihm diesen zuwerfen würde, *passt* der entweder oder eben nicht - selbst *wenn* dieser *dabei* hypothetisch irgendwelche Veränderungen erleiden könnte...

N: ...der Händler kann sein Angebot an Maßstäben nicht vermehren, indem er nur *beschleunigt* - sie *passen* entweder für die ruhende Situation oder eben *nicht*, weil ihre Länge eine *spezifische* ist (wenn man auch vielleicht sagen muss: `so bewegt´) - wenn man nur alleine *dies* annimmt, muss die Relativität der RT in *Absolutem gründen*, was sie *obsolet* macht...

L: Man kann nun zwar sagen `Wenn sich mit *anders* bewegten Maßstäben

etwas *anderes* ergäbe (was wir als *denkbar* (etwa mit Lorentz' Annahmen) zugestehen), muss man annehmen, dass die *ruhend identischen* Maßstäbe relativ zueinander bewegt *nicht* mehr kongruent sind...
E: Meine Rede, man „nimmt stillschweigend an, dass [...] ein bewegter starrer Körper [...][zu einem bestimmten Zeitpunkt] in geometrischer Beziehung vollständig durch *denselben* Körper, wenn er in bestimmter Lage *ruht*, ersetzbar sei"[170], was aber nicht der Fall ist - die Länge des Körpers (in Bewegungsrichtung) ist in beiden Fällen *verschieden*...
N: ...was Sie wiederum ersteinmal nur schlicht *behaupten*...
L: ...sogar im Gegensatz zu Ihren Epigonen auch *unabhängig* von der RdG. Dann würden B_1 und B_2 natürlich *deshalb* etwas anderes messen - man schreibt den *Maßstäben* zu, ob der Bewegung verändert zu sein und nicht dem *Raum;* hier haben wir den Zirkel übersprungen: Die LK (des *ersten* Aspekts) kann man nur als *absolute Kontraktion* begreifen - dafür *hatten* wir schon ein Argument angeführt (unabhängig von der KdL): Wenn sich etwa die Beobachter B_0, B_1 und B_2 treffen, nehmen sie nicht nur für sich und ihren gemeinsamen Hier-und-Jetzt-Punkt an, zu existieren, sondern, dass ihre Maßstäbe, auf denen wiederum andere Beobachter idealisiert in beliebig dichter Reihe stehen mögen, als ausgedehntes `Etwas' existieren. Dann müssen sie auch annehmen, dass bei ihrem Treffen etwa $B_0{}^*$ nur jeweils *einem* Beobachter auf den anderen Maßstäben gegenübersteht (natürlich nicht mehr $B_1{}^*$ und $B_2{}^*$), denn in der reinen Relativbewegung liegt schon eindeutig beschlossen, wer wem gegenüberliegt: dieser *oder* jener. Bei insgesamt verschobenen Maßstäben kann das nicht *uneindeutig* bleiben für die *Natur* - was *wir* davon wissen (können) ist eine andere Frage. *Wenn* Maßstäbe also kontrahiert sind, dann *absolut*, wie Lorentz es annahm - absolut wie der *Nonius*...
N: Ansonsten müsste man auch die Extensionalität oder Rezeptivität des Raumes zwischen H_1 und H_0 (oder des Maßstabs von $B_0{}^{(*)}$) davon abhängig machen, *welches wie bewegte Ding* man dazwischen bringt und landet bei dem *überflüssigen Bild*, dies dem an sich selbst gar nicht greifbaren *Raum* zuzuschreiben - mit absolut kontrahierten Maßstäben wäre dem nicht so. Denn wie gesagt *hat* es eine physikalische Bedeutung zu sagen, dass man zwischen zwei `Orte' bzw. zwei Körper nur eine ganz *spezifische* Anzahl *spezifischer* Körper bringen kann (die *so bewegten* Maßstäbe) und dass zwischen zwei `Orten' im Raum bzw. zwei Körpern - *mit* den Weltdingen - eine *spezifische* Rezeptivität oder Relationalität gegeben ist, die von einer *spezifischen* Extensionalität Zeugnis ablegt, die für *alle* Beobachter eine *identische* ist...
E: Nun, *wir bestreiten* solcherlei *spezifische* Raumpunkte oder `Orte'...
L: ... was uns die Gelegenheit gibt, diesen Punkt zu *erhärten:* Mit den Weltdingen *müssen* wir `spezifische Orte' annehmen. Überhaupt muss ich als

Anhänger eines *relativen (relationalen)* Raum-Zeit-Konzepts zugestehen, dass man gleichsam 'unterhalb' des relationalen Raumes immer schon einen abstrakt-logischen *Möglichkeits-* und *Definitions*raum, einen Raum der *dimensionalen Kategorien* denken muss, damit eine *Vielheit* der Dinge überhaupt existieren kann und damit die *Größenwerte* aller Parameter und Wechselwirkungen *definiert* sind, prägnant ausgedrückt: damit Dinge und Relationen eine *spezifische* Größe haben... Und beim 'Messen' räumlicher Abstände kommt man dazu, dass die zu vergleichenden Körper, hier etwa die drei Maßstäbe, jeweils auf beiden Seiten *koinzidieren* müssen - das tun sie am *selben Ort*, der ein *spezifischer* Ort im Gesamtgefüge der Dinge ist; *weil* diese Orte spezifisch sind, ist es nur sinnvoll, *identische* räumliche Abstände zwischen ihnen im Gesamtgefüge der Dinge anzunehmen, weshalb man eine LK (des ersten Aspekts), *wenn* man sie annimmt, nur im *absoluten* Sinne annehmen sollte (womit sich keine KdL, keine RdG und kein PBU ergibt) - oder man nimmt sie eben *gar nicht* an...

E: Nein, nein, nein - „die Vorstellung 'Ort' ist nur eine grobe praktische   VI d
Approximation: an ihr ist nichts logisch *Zwingendes*, und man kann sie nicht *präzisieren*"[171]...

N: ...was Sie wiederum nur *behaupten*, es *stimmt* nur gar nicht - unser naiver Beobachter erweist sich hier als *weniger* naiv als Sie; mir scheint es an sich schon abwegig, zu glauben, auf den Begriff 'Ort' verzichten zu können, *weil* jedes Messen ihn im 'von hier - nach dort' *voraussetzt*...

E: Der Begriff 'Ort' *erscheint* Ihnen nur als *denknotwendig*, weil uns die meisten Dinge nicht nur ziemlich dauerhaft erscheinen, sondern auch, weil unser *irdischer Standpunkt*, bei dem uns die Erdoberfläche als BS stets gegeben ist, das *nahelegt*[172]...

N: Dann müsste man sich ja wundern, warum eigentlich bisher niemand ernstlich auf den Gedanken verfallen ist, schon aus der scheinbar in den *GT* steckenden 'Relativität der Gleich*ortigkeit*' irgendwelche ähnlichen Konsequenzen zu entwickeln...

L: Dass Ihnen *Herr N.* hinsichtlich des 'Ortes' widerspricht, werden Sie wohl *erwartet* haben, aber auch *ich* halte es hinsichtlich der ontologischen Realität für unsinnig, 'spezifische Orte' *abzulehnen* - wir reden aber *zum Teil* aneinander vorbei: Es geht nämlich gar nicht um den Begriff 'Ort' zu *verschiedenen* Zeitpunkten, sondern um 'Ort' zu *einem* Zeitpunkt - was wiederum nichts mit der 'absoluten Zeit' zu tun hat. Mit der *QT* kann man 'Körper' in ihrer spezifischen 'klassischen' Charakteristik zwar *nicht* als die fundamentalen Entitäten der Welt betrachten, die folgende Argumentation 'funktioniert' aber auch mit der - im Lichte der QT betrachtet - *groben Abstraktion* 'klassischer Körper'; sie würde ansonsten unnötig kompliziert: Nehmen wir an, 'im' Raum (für mich ist das immer eine nur *verkürzende* Ausdrucksweise) würden sich gewisse Himmelskörper *K, L, M... irgendwie* umherbewegen, wie Staubteilchen...

E: Nun, dann könnte man doch *jeden* Körper herausgreifen (vornehmlich, wenn er inertial-bewegt wäre), als *ruhend* betrachten und in einem mit ihm verbundenen BS Beschreibungen der Bewegungen der anderen Körper geben, die alle *äquivalent* wären - wie sollte es dabei so etwas wie einen absoluten, spezifischen `Ort´ *geben*, wenn alles im *Bewegungsfluss* ist und der Raum selbst keinen *Bezugspunkt* bietet? Sie kommen uns doch jetzt wohl nicht mit irgendwelchen Argumenten, dass manche Körper, etwa Züge, so *beschaffen* seien, *dass* sie sich bewegen *können*, andere hingegen *nicht*, etwa Gleise?

L: Nein, das Argument ist unsinnig, denn *alle* Körper sind so beschaffen - *Bewegung ist relativ* - und hinsichtlich des *relativen* Aspektes von `Ort´ ist es natürlich *korrekt*, dass ein Körper in *einem* BS an seinem Ort *bleibt*, ihn in einem *anderen* hingegen *wechselt*...

E: Aber?

L: ...das *erschöpft* es nicht, denn wir müssen beide Male anfügen `*im Laufe der Zeit*´ - `Ort´ ist aber *nicht nur* (insofern) unser geistiges *Konstrukt*, er hat auch einen *absoluten* Aspekt in der ontologischen Realität, den die RT *einfach ignoriert*. Jeder Körper hat zu *einem* (*jedem*) Zeitpunkt einen *spezifischen* Ort im Raum inne, ein *spezifisches* `Wo´ im `Gesamtgefüge der Weltdinge´...

E: Nicht laut *RT*, alleine, da `zu einem Zeitpunkt´ *undefiniert* ist...

N: Wie Sie wiederum nur *behaupten* - den zeitlichen Urteilen werden wir uns später zuwenden; sprechen wir ruhig (noch) von einem spezifischen *Eigenzeitpunkt*. Nehmen wir an, alle diese Körper *K, L, M*... hätten einen Sender an sich, der regelmäßig zu bestimmten Eigenzeitpunkten charakteristische Signale aussenden würde, welche die jeweilige *Eigenzeit* und den *Herkunftskörper* verschlüsselt enthielten - der Körper *K* würde etwa senden ...*K317 - K318 - K319*...

E: Ja, und?

L: Denken wir uns nun, wir befänden uns auf irgendeinem anderen dieser Körper - dann würden wir aus verschiedenen Raumrichtungen alle diese Signale empfangen und korreliert zu *unserer* Eigenzeit würden wir etwa die Signale *K317, L834, M457*... *gleichzeitig* empfangen *(L. deutet auf Abbildung 22).* Es geht hier nicht um die Synchronität von Uhren oder deren Gang, sondern schlicht um die Frage: Warum empfangen wir gerade *diese* Kombination von Signalen der Körper umher und nicht etwa *K317, L834, M458?*

E: Wie jetzt?!

L: Am besten stellt man sich hier zwei (gedacht) parallele mögliche Welten vor, die ansonsten in allem identisch sind - was muss *anders* sein, damit uns die zweite Signal-Kombination mit *M458* gleichzeitig erreicht? Das hängt offenbar doch mit den *räumlichen Relationen*, mithin räumlichen Abständen zusammen, die wir zu diesen anderen Körpern haben - diese *andere* Kombination käme zustande, wenn wir zu Körper *M* eine *andere* räumliche Relation hätten (und (gedacht) zu den anderen *dieselbe*), ihm nämlich *näher* wären, weil uns dann (in Kombination mit genau *diesen anderen* Signalen) *M458 schon* erreicht hätte...

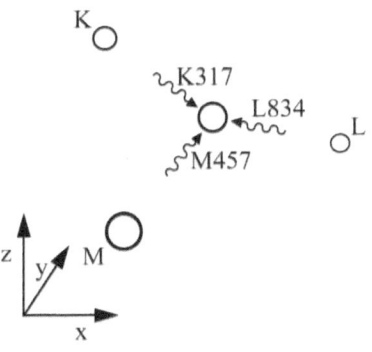

Abbildung 22

E: Es könnte mit der RT auch daran liegen, dass es zu einem anderen *Zeitpunkt* ausgesandt wurde, weil nicht der *räumliche*, sondern nur der *raumzeitliche* Abstand defini(er)t ist...
L: ...wieder der axiomatische *Zirkel*... Wir wollten sehen, ob es Sinn macht, *überhaupt* räumliche Abstände als relativ zu nehmen - nur wenn man das *zugesteht*, gelangt man überhaupt *in* das axiomatische System 'RT'. Allemalen könnte dies auch an allerlei *anderm* liegen: dass das Signal *schneller* wäre, es könnte davon abhängen, wie Sender und Empfänger *bewegt* sind oder von einem Medium und seinen Eigenschaften - das ändert jedoch gar nichts an dem *Argument:* alles Mögliche mag *auch* von Einfluss sein, für das Argument reicht es, dass der sendende und wir als empfangender Körper auch eine *spezifische räumliche Relation* im Gesamtgefüge der Weltdinge haben. Was auch immer an weiteren Einflussfaktoren hinzukommt (wir wissen überhaupt nicht, wie wir das alles für Licht richtig *denken* sollen), immer ist es die *räumliche Relation*, die einen spezifischen *Unterschied* macht; dergleichen Koinzidenzen hängen auch *erfahrungsgemäß* davon ab. Das wiederum heißt schlicht und ergreifend: Das, 'was' bei uns ankommt hängt (auch) davon ab, 'wo' wir 'im Raum' sind, und da es ein *spezifisches* 'was' ist (als Signal-*Kombination*), rührt es offensichtlich (auch) von einem *spezifischen* 'wo' im Gesamtgefüge der Weltdinge her. Wohlgemerkt: *Sie* nehmen ja *nicht* an, dass *anderes* von *Einfluss* ist, eine Impulsübertragung etwa - aber an dem Argument würde das nichts ändern, dergleichen wäre

einfach nur ein *weiterer* Einfluss-Faktor...
E: ...dass *Sie* uns jetzt *auch* mit dem 'absoluten Raum' kommen...
N: Schön *wär's* ja, aber dieses 'wo' ist doch überhaupt *nichts Absolutes* in *meinem* Sinne - es muss *nicht ohne alle* Weltdinge existieren, aber *mit* der Gesamtheit der Weltdinge *gibt* es dieses spezifische 'wo' - auch im 'relativ-relationalen Nichts' gibt es ein 'wo', sofern es überhaupt *Körper* gibt. Man könnte zwischen unseren Positionen vermittelnd sagen: Alle Weltdinge *'prägen'* gewissermaßen den gedacht noch gestaltlosen 'leeren' Raum - der dir natürlich *überflüssig* wäre, Gottfried - mit ihren auf Kräften beruhenden Relationen zu anderen Weltdingen dergestalt, dass Orte (zu einem Zeitpunkt) zu *spezifischen* Orten *werden*, durch Gravitationskräfte etwa; so ist es ja auch das Prinzip der ART, gleichsam auf einen 'Ort' des Raumes zu zeigen und zu sagen *'dort* ist die Metrik so-und-so (verändert)' - doch streiten wir nicht, was *davon* zu halten ist, bleiben wir bei der *SRT*...
L: Wenn Aristoteles 'Ort' als 'Gefäß, das man nicht wegsetzen kann' umschreibt[173], bleibt dies also gleichsam *mit* den Weltdingen und ihren Relationen richtig; Sie räumen ja *selbst* ein, dass 'Ort' eine - wenn auch unpräzise - *Bedeutung* hat, sofern man sich auf die *Erdoberfläche* beziehen kann...
E: ...nur im *leeren Raum* gestaltet sich das eben *schwierig*...
N: Ja, aber der Raum *ist* doch gar nicht *leer;* für Herrn L. oder Aristoteles gibt es ohne alle Weltdinge gar keinen *Raum* - das ist ja keine 'Erfindung' der ART (wie Sie vielleicht glauben). So betrachtet wird Ihr Argument aber zu einem *nur quantitativen:* Es ist *schwieriger*, aber nicht prinzipiell etwas *anderes*, sich auf entfernte Himmelskörper in einem (scheinbar) fast leeren All zu beziehen (wie Mach bei den Trägheitseffekten) - das 'Gesamtgewebe der Weltdinge' ist *genauso* immer 'da' wie die Erdoberfläche...
L: ...überdies ist der Kosmos *tatsächlich* erfüllt von allen möglichen 'sich-bewegenden Entitäten': Teilchenströmen, elektromagnetischer Strahlung, Kraftfeldern, oder anders betrachtet: von reellen oder virtuellen (kräftetragenden) Teilchen, Feldquanten, quantenphysikalischen Wahrscheinlichkeits-, Leit- oder Materiewellen - welches dieser (in diesem Zusammenhang: äquivalenten) Modelle wir hier zugrundelegen ist ganz *irrelevant* - *mit* diesen Entitäten sind Orte *spezifische* Orte (zu einem Zeitpunkt). Es würde im Übrigen schon ausreichen, dass man (gedacht) solcherlei Sender nur installieren *könnte*, um das Argument in sich schlüssig und akzeptabel zu machen...
B: Nun gut...
L: ...*realiter* oder auch phänomenal-empirisch *gibt* es auch die Isomorphie und Homogenität des mit den Weltdingen *erfüllten* Raumes ja überhaupt nicht - beides ist *Gedachtes*, denn nirgendwo lässt sich ein Raumpunkt finden, der *en detail* einem anderen gleichkommt hinsichtlich der 'dort'

wirksamen Kräfte, deren manche eine unendliche Reichweite haben - dies ist wiederum die Kehrseite des Begriffes ′IS′ (dabei von quantenphysikalischen Überlegungen zur ′Wellenartigkeit′ von QO, zur ′nicht-Lokalität′ bzw. ′nicht-Separabilität′ noch ganz abgesehen)...

B: Verstehe, was Sie meinen...

N: Man muss sogar sagen - auch deshalb bin ich auf den *′absoluten Raum′* verfallen - dass jede *Bewegung* eines Körpers dann eine *spezifische* ist *in Relation* zu anderen Körpern, was ich mit dem Begriff ′*absolut*′ belegen würde. Sie hatten dem ja selbst einen gewissen Sinn beigemessen, wenn die Erdoberfläche als BS *gegeben* ist - diese Einschränkung ist aber wie wir sehen unbegründet; auch für *spezifische Bewegungen* im Laufe der Zeit bedarf es nicht meines ′*absoluten* Raumes′...

E: Aber ein Körper fällt doch nicht ′*tatsächlich*′ gerade oder parabelförmig - man muss doch sagen, „dass es eine Bahnkurve *an sich* nicht gibt, sondern nur eine Bahnkurve *in bezug* auf einen bestimmten *Bezugskörper*"[174]...

L: Wir sagen gar nichts *anderes* - das sind aber ja wiederum *nur Namen;* alle diese möglichen *verschiedenen* relativen Bewegungs-Beschreibungen sagen letztlich *wegen* des RP ja gar nichts *Verschiedenes* aus, man fügt mit einer *weiteren* Beschreibung dem zu erfassenden Naturgeschehen gar nichts *hinzu* - auch *darum* wird die RT und das Thema ′Relativität′ generell *maßlos überschätzt*...

E: Meinen Sie...

N: Mein ′absoluter Raum′ ist insofern gleichsam die Sichtweise für *nur einen* gedachten Bezugskörper, welche die Redundanz der Gesamtheit aller *möglichen* Beschreibungen *auflöst*. Sehen Sie, man könnte sich einen der Körper *K, L, M*... *herausgreifen* und alle *anderen* relativ zu diesem zur *Ruhe* bringen (genaugenommen muss man dabei *alle* Entitäten im Raum einbeziehen); mit den *dafür aufgewandten* Kräften erfasst man dann auch, *welche* spezifischen Kräfte die *ursprünglichen* relativen Bewegungen umgekehrt *hervorrufen würden*...

E: Aber dabei kann man doch *jeden* Körper herausgreifen, und jedes Mal käme etwas *anderes* heraus...

N: Eben *nicht* - eben *das* durfte ich von *Herrn L.* lernen: Die derart zur Ruhe gebrachten Dinge kann man *dann* doch nicht mehr als ′*bewegt im Raum*′ betrachten, das ist *sinnlos;* welchen Körper wir auch herausgreifen, das Bild der Ruhe ist doch in allen Fällen *dasselbe*. Und wenn man *nicht* einen absoluten Raum annimmt, muss man nun doch sagen, dass hier die Dinge nicht nur *relativ*, sondern *absolut* zur Ruhe gebracht wurden (begreift man das RP als ein *Denkprinzip*, muss man allerdings *alle* Entitäten zur Ruhe bringen)...

L: Nun, der Begriff ′*absolut*′ erscheint mir ansonsten generell schwierig - er kann ja auch nichts *anderes* meinen, als ′*in Relation zu etwas*′, nur soll das 'etwas' *absolut* sein; kann man *nicht* angeben, was das sein soll, bleibt der Begriff *sinnleer; kann* man es aber angeben, hat man ein 'etwas' 'im Raum' und damit wieder einen *relativen* Bezug - ansonsten möchte ich dir aber *zustimmen,* Isaac...

E: Nun gut, aber dieses 'zur-Ruhe-bringen' müssten Sie ja *auch absolut* gleichzeitig zuwege bringen, sonst käme mit der RdG *doch* wieder etwas anderes heraus...

N: Nur, wenn man eine RdG schon (zu recht) annimmt, also eine absolute Gleichzeitigkeit *schon* (zu recht) anzweifelt - auf diesen Punkt kommen wir aber sogleich... Stellt man nun umgekehrt den *ursprünglichen* Bewegungszustand wieder her, *weiß* man, *welchem* Körper *welche Kraft* erteilt wurde, in meiner Vorstellung: welche 'eingepflanzte Kraft' in einem jeweiligen Körper 'steckt'...

E: Ja, aber je nachdem, relativ zu *welchem* ausgewählten Körper man die *anderen* Körper - wohlgemerkt nur einmal *hypothetisch: absolut* gleichzeitig - zur Ruhe gebracht hätte, käme doch bei den *Kräften* wiederum jedes Mal etwas *anderes* heraus...

N: Eben nicht - es *ist* nichts *'anderes':* Gleichgültig, auf welchen Körper man sich *bezogen* hat, die wieder in Bewegung versetzten Körper haben *relativ zueinander* doch stets *dieselbe* Wirkung aufeinander - sehen Sie, *das* ist ja das Geheimnis meines dritten Bewegungsgesetzes von *'actio und reactio'*[175] (welches Sie mit der RT, obgleich gut bestätigt, *auch* verwerfen). Wie auch immer man dann die 'eingepflanzten Kräfte' entsprechend ihrer *Erscheinung* in verschiedenen *BS* auf zwei Körper *verteilt -* in der *Summe* ergibt sich stets *dasselbe.* Von einem *Unterschied* könnte man nur etwa sprechen, wenn (vom 'absoluten Raum' abgesehen) alles Seiende *Zustand* eines *Zugrundeliegenden* wäre, etwa des quantenphysikalischen Vakuums - dann wäre *dieses* aber gerade das Absolute (wenn auch nicht der 'absolute Raum'); im Sinne der QT ist das durchaus *erwägenswert...*

E: Hm...

L: Da sich für das Naturgeschehen überhaupt *nichts ändert,* löst auch hier eine *gedachte absolute* Bewegung nur die *Redundanz* der Gesamtheit aller möglichen Beschreibungen auf. Insofern kann man auch den *'absoluten Raum'* gleichsam als *übergeordnete* (Meta-)Perspektive begreifen, in dem die BS oder Bezugspunkte *selbst* bewegt sind. Selbst Mach begriff diese *Abstraktionen -* die 'absolute Zeit' zählt auch dazu - als nur *verkürzende* Beschreibungen. Man kann zwar die Bewegung eines Körpers nur relativ zu einem BS *angeben,* muss aber dennoch gleichsam im 'Hintergrund' für das Naturgeschehen ein absolutes, ontologisches 'an sich' annehmen, das man jeweils *erfassen* will - auch dazu noch später... 'Absoluter Raum' und 'absolute Zeit' sind nun schlicht der 'Rahmen' innerhalb dessen man das Naturgeschehen als absolut *definieren* kann - wie auch immer es *erscheint,*

es *ist* ein *spezifisches* innerhalb dieses (gedachten) Rahmens. Ich glaube, dass im Grunde jede `Relativität' (in *diesem* Sinne) nicht der Welt *selbst* angehört, sondern nur unserem *Denken* - nicht nur, *weil* ich annehme, dass gleichsam *positiv* `hinter' den Ordnungen der Weltdinge nicht noch etwas *zusätzliches* `Absolutes' steht, sondern weil gleichsam *negativ* alles andere *redundant* ist und man nur von *einer* (relationalen) räumlichen und zeitlichen Ordnung der Weltdinge spricht, von *einer Realität*...
B: *So* betrachtet...
L: Die Diskussion um das RP und die Gleichwertigkeit von IS ist allerdings *trügerisch*, weil man von *Denkgesetzen* spricht, und dabei leicht verkennt, dass, wenn man auch zwei IS als gleich*wertig* betrachten kann, bei einem *anderen* Bewegungszustand ein Körper *anders* seine Relation zu anderen Körpern ändert; IS sind *nicht gleich*. Letztlich *basiert* aber die klassische Mechanik, von Trägheitsphänomenen abgesehen (für welche die ART nur ein *anderes* `als ob' aufbietet, sie jedoch ebensowenig *erklärt*), nicht auf Herrn N.'s absolutem Raum-Zeit-Konzept, weil sie dem *Galilei'schen RP* gehorcht und Phänomene *nur relativ* zu bestimmten BS beschreibt - insofern ist dein absolutes Konzept also *nur* eine ontologisch-metaphysische *Zusatzannahme*, Isaac...
N: Nun, mit meinen `eingepflanzten Kräften' stellt sich alles ohnehin etwas anders dar und für meine Bewegungsgesetze kann man das `verharrt in Ruhe oder gleichförmiger Bewegung' fassen als `ändert seine Relation zu drei Massenpunkten bei einfachen Entfernungsproportionen in stetiger Weise' oder man verlangt schlicht, dass das Geschehen in hinreichender Entfernung von störenden Einflüssen stattfindet, so dass es keinen *Grund* gibt, eine *nicht-gleichförmige* Bewegung anzunehmen (`wenn keine äußeren Kräfte einwirken')...
L: ...dass man die Wahl hat, an *welchem* Körper man ein BS `festnagelt', weil man nicht *weiß*, welche Körper `tatsächlich ruhen' bzw. weil dies keine *Bedeutung* hat, ist also eine *bedeutungslose* Frage, denn wie man sagen kann, der Begriff `absoluter Raum' erfasse - überflüssiger Weise - *rein Gedachtes*, kann man ebenso sagen, hier überhaupt eine *Unterscheidung* vornehmen zu *wollen*, welcher Körper `tatsächlich' ruht oder bewegt ist, wäre *ebenso* überflüssiger Weise rein Gedachtes, weil alles ganz eindeutig *definiert* ist... Mein relationales Konzept fragt lediglich danach, welchen *ontologischen Status* Raum und Zeit haben - aber die Ordnung der Dinge in ihrem `räumlichen' Neben- und `zeitlichen' Nacheinander ist auch für *mich* etwas *Absolutes* und nichts irgendwie *Relatives*. Was Herrn N. `im Raum' geschieht, kann ich in meinem relationalen Raum-Zeit-Konzept abstrakt `im Gesamtgewebe aller Weltdinge' ansiedeln - und das existiert *realiter*. Umgekehrt können wir uns darauf einigen, dass, wenn man *alle* Dinge aus dem Kosmos herausnähme, man sagen kann, dass *nichts* übrig

bliebe (was schon Aristoteles gedacht hat) - außer dem Vermögen Gottes, Dinge zu schaffen (die schiere *Möglichkeit, dass* Dinge sein können, kann man allerdings *wiederum* mit dem Begriff `(absoluter) Raum´ belegen)...
N: ...womit ich wiederum einhergehen kann, insofern der `absolute Raum´ und die `absolute Zeit´ ja etwas unausweisbar *Transzendentes* bzw. *Transzendentales* sind...
L: Wenn ich bei dem, was Herr N. anhand seines `Eimerversuchs´ aufgezeigt hat, wie Mach in der Formulierung `absolute Bewegung im Raum´ eine Art *Kurzfassung* von `Bewegung gegen die ganze Welt´[176], gegen die `fernen Massen´ sehe (wie schon Berkeley), liegt darin *meine* Annäherung an Herrn *N.´s* Auffassung - seinen `absoluten Raum´ als `Gesamtgewebe der Dinge´ zu begreifen...
N: ...wie ich umgekehrt dies als mögliche Erklärung durchaus anerkennen könnte - aber das führt zu weit vom Thema ab... Allemalen wird deutlich, dass diese Überlegungen sich gar nicht auf mein Konzept *gründen* müssen, ja, sogar *relational* gedacht fast noch *deutlicher* werden: Alle Weltdinge stehen untereinander zu jedem (Eigen-)Zeitpunkt in einer ganz *spezifischen, eindeutigen Relation*, innerhalb des realen `Gesamtgewebes der Dinge´ *verschwindet* alles Relative und das ist zumindest ein *Aspekt* dessen, was auch mein absolutes Raum-Zeit-Konzept *erfassen* wollte...
L: Wie dem auch sei - bezüglich Ihres Einwands, dass man das `zur-Ruhebringen´ *auch absolut* gleichzeitig zuwege bringen müsste, kann man die Überlegung auch *anders beginnen* - im Sinne dieses Wortes und im Sinne meiner Überlegungen zu `möglichen Welten´[177]: Wenn *alle* Körper zur Ruhe gebracht sind, *stellt* sich die Frage einer RdG ja gar nicht - hier muss man allerdings `Farbe bekennen´, welche Entitäten man *insgesamt* annimmt (etwa doch auch einen Äther als ontologisch-realiter gegebene Verankerung des Lichtes im Raum?) und diese *alle* einbeziehen. Nun könnte man auch mit diesen relativ zueinander ruhenden Körpern (bzw. allen Entitäten) *beginnen* und betrachten, wenn man allen diesen Körpern gewisse Impulse verleiht, in *welcher* der `möglichen Welten´ sich für die nämlichen Körper *K, L, M... dasselbe ergibt...*
E: ...wobei *hernach* verschieden bewegte Beobachter aber *wiederum* die Frage nach der RdG aufwerfen - bezüglich des jeweiligen `jetzt´-Zustandes und insofern den Körpern die Impulse in deren jeweiliger Sicht *nicht absolut gleichzeitig* verliehen worden sein werden...
L: ...weshalb man diese `möglichen Welten´ gleichsam über diesen einen Vergleichzeitpunkt hinaus immer `weiterlaufen´ lassen könnte, um *nur* zu entscheiden, ob diese sich irgendwie `auseinanderentwickeln´ oder ob sie dieselben *bleiben*...
B: ...was einen *Determinismus* des Naturgeschehens fordert...
L: ...den zumindest *Herr E.* ja nicht (jedenfalls hinsichtlich der QT) in Frage

stellt, ja, nicht einmal die QT selbst, wenn man die deterministische Schrödinger'sche Wellengleichung als *absolut fundamental* betrachtet - was aber hier zu weit führt; dies gesetzt, müssten alle Beobachter eingedenk dieses Anbeginns sich auf *eine objektive* Sichtweise *einigen* können, welche nur jeweils anders *erscheint*...
B: Gut, das mag *erwägenswert* sein...
L: Um mit dem Begriff 'Ort zu *verschiedenen* Zeitpunkten' arbeiten zu können, müsste man übrigens - wenn er nicht nur *Hilfsbegriff* sein soll, der die Kommunikation erleichtert - sagen, dass, wenn *ein* Ding seine Relation zu einem anderen Ding ändert, *alle* Dinge 'bewegt' sind - jede 'Relationsänderung' *ist* 'Bewegung'; doch wie dem auch sei... Wenn man - wie ich - einem absoluten Raum *kritisch* gegenübersteht, *ist* gerade *das*, was man sonst 'Raum' *nennt*, in einem relationalen Raum-Zeit-Konzept *dass* die Relationen zwischen den Weltdingen *systematisch* verfasst sind. Im Beispiel der signal-aussendenden Körper ist es so, dass man in anderen räumlichen Relationen zu den Signalquellen *systematisch* andere Signale empfängt - generell gilt: Die Systematik der Relationen der Weltdinge *'ist'* für mich *'der Raum'*. Der Ausdruck *'spezifischer Ort'* meint in unserer Kritik nicht im Sinne Herrn N.'s einen irgendwie *absoluten* Ort, der 'an sich' absolute Koordinaten hätte (was immer das bedeuten könnte) - *rein relational* im *'Gesamtgewebe der Weltdinge'* und auch *nur* in diesem hat der Begriff eine *Bedeutung*. Man nennt es schlicht *'Realität'*, dass man für *jeden* 'Hier-und-Jetzt-Punkt' eindeutig angeben kann (theoretisch): 'Ich bin an *diesem* Ort (etwa) *diesen* Kräften von *diesen* angrenzenden Körpern bzw. Feldern ausgesetzt, *dieses* Signal erreicht mich (jetzt), *nicht* aber *jenes*...' - das 'Gesamtgewebe der Weltdinge' ist eindeutig, zu jedem spezifischen *(Eigen-)Zeitpunkt* steht jedes Weltding in einer *spezifischen* Relation zu anderen Weltdingen (gleichgültig, welche Etiketten *wir* diesen anheften) und für die *Gesamtheit* der Weltdinge gilt *dasselbe*, wie auch für Zustände 'im Laufe der Zeit'...
N: ... und daher müssen wir auch von den Himmelskörpern H_1 und H_0, wie auch von den Beobachtern B_0, B_1 und B_2 bzw. B_0^*, B_1^* und B_2^* sagen, dass sie sich wie *alle* Weltdinge jeweils auch *ohne* einen 'absoluten Raum' zu *einem* (jedem) (Eigen-)Zeitpunkt an einem *spezifischen* 'Ort' im Gesamtgefüge der Weltdinge befinden...
B: ...und Sie wollen nun darauf hinaus, dass ontologisch-realiter, wie auch mathematisch-abstrakt gesprochen diese 'Orte' *innerhalb* dieser Systematik 'Raum' für alle Beobachter jeweils (selbst-)*identisch* sind...
N: Richtig, die RT *benennt* Orte nur verschieden, was aber *physikalisch-ontologisch* nur *bedeutungslos* sein kann, denn diese 'Namen' gibt es eben nur in unseren *Köpfen*. Es gibt austauschbare räumliche *Etiketten* (von den zeitlichen gilt dasselbe), von denen uns einige in mancher Hinsicht

nützlicher oder zu einer einfacheren Theorie zu führen scheinen als andere
- aber wir waren uns einig, dass Physik 'herausdestillieren' sollte, was den
physikalischen Phänomenen, der Struktur der Welt *selbst*, *unabhängig* von
uns als Beobachtern zukommt (wir sprechen nicht von Phänomenen der QT,
aber selbst dort ist es wohl implizites Erkenntnis*ziel*)...
L: Sehen Sie, unsere Positionen liegen gar nicht *so* weit auseinander: Den
Weltdingen haften nicht irgendwie räumliche (und zeitliche) Etiketten *an
sich selbst* an, wenn man diese wie Koordinaten als zugeordnete *Zahlen* oder
Ortsziffern begreift - dennoch gibt es *spezifische Orte* (zu jedem Zeitpunkt
mit den Weltdingen). Nun können Beobachter diese spezifischen Orte mit
verschiedenen Zahlen oder Ortsziffern kennzeichnen - dabei ist natürlich
keine richtiger als die andere: Insofern sind sie *äquivalent*. *Nonvalent* sind
sie aber hinsichtlich der *Natur*, *weil* sie menschengemacht-willkürlich sind:
Den *verschiedenen Ortsziffern entspricht* in der Natur an sich selbst und
ohne uns nichts; sie sind redundant, da sie nur *einen* spezifischen Ort (zu
jedem Zeitpunkt *mit* den Weltdingen) bezeichnen sollen. Die RT nimmt
aber (implizit) an, dass dem auch *ontologisch-realiter* etwas *entspricht*...
E: Inwiefern *das*?
L: ...insofern so Naturphänomene *erklärt* werden sollen, und insofern die
(angebliche) *KdL* darauf basiert, eine LK des *ersten* Aspekts anzunehmen
(was am Ende zum *PBU* führt) - aber ohne die *verschiedenen* Ortsziffern
funktioniert ja das ganze *System* 'RT' nicht...
N: Die RT macht im Grunde etwas, was sie selbst kritisiert: Im *Kopf* kann
man alle möglichen Operationen im *gedachten Raum* ausführen - dabei
denken wir alle Bewegung als *relativ*. Dieser gedachte Raum ist aber eben
unsere *apriorische Anschauungsform*, die den Raum als leer und absolut,
gleichsam als 'wandloses Behältnis' *ohne* die Weltdinge nimmt: Im Grunde
ein perfektes Erkenntniswerkzeug - die RT meint nun aber, eben *weil* es
in diesem Raum gleichsam keinen festen Halt gibt, dass 'Orte' (zu jedem
Zeitpunkt) *auch* etwas Relatives seien. Das ist allerdings für den *realen*
Raum...
L: ...nicht im Sinne von dessen ontologischen Status' verstanden...
N: ...mit den Weltdingen schlicht *falsch* - jedes Ding ist dennoch stets an
einem *spezifischen* Ort zu *einem* (jedem) Zeitpunkt. Man kann sogar streng
positivistisch sagen: 'Wir reden *nie* von Orten ohne die Dinge, entweder
reden wir *direkt* vom Ort eines *Körpers* oder wir geben Ort *relativ* zu einem
Körper an (der *leere* Raum - *wenn* es den überhaupt gibt - ist nicht mehr
als die gedachte *Möglichkeit*, Dinge in diesen bringen zu *können*)' - *Körper*
aber haben immer ihren *spezifischen* Ort im 'Gesamtgewebe der Dinge'; die
RT wittert hier nun eine '*Lücke*', um ihre verschiedenen Ortsbenennungen
anbringen zu können: Sie stellt nicht nur in Frage, dass man 'demselben
Ereignis stets denselben *Zeitpunkt* zuordnet' (bizarr genug), sondern auch,

dass man ʻdemselben Ereignis stets denselben *Ort* zuordnetʼ - wir hatten das wohlgemerkt eingeschränkt als ʻzu *einem* (Eigen-)Zeitpunktʼ. *Streng positivistisch* könnte man darauf beharren, dass uns auch Felder nur über Probe*körper* gegeben sind, und dass wir schlicht nicht wissen (können), was sie ʻ*an sich*ʼ sind - es geht natürlich nicht darum, die nicht-materiellen Entitäten ʻ*Felder*ʼ anzuzweifeln, sondern aufzuzeigen, dass wir eigentlich *immer* von Ereignissen sprechen, die *an Körpern* statthaben, und die sind immer - so es weitere Körper gibt - an *spezifischen Orten;* auch für Felder ist es *über* diese Argumentation sinnlos, sie *nicht* an *spezifischen* Orten zu denken... Genaugenommen müsste man es mit den Erkenntnissen der QT *umgekehrt* darstellen: Über den schon klassischen Gedanken hinaus, dass man Körper als ʻSingularitätenʼ von Feldern konzipieren kann, könnte man vereinfacht und cum grano salis sagen, dass Körper mit ihrer dualistischen ʻWellenartigkeitʼ sich der Charakteristik von Feldern (in gewissen Aspekten) *annähern;* die quantenphysikalische Sichtweise soll hier aber ja bewusst *nicht* involviert werden[178] - mit ihr würde sich sogar alles noch *nachdrücklicher* als ein *kontinuierliches* ʻ*Gesamtgewebe*ʼ darstellen...

L: So kommt man (wiederum) dahin, dass es überhaupt nicht *vernünftig* ist, die LK *ontologisch-realiter* ʻ*aktiv*ʼ zu interpretierten und in unseren Szenarien *verschiedene* mit der RT längenkontrahierte Distanzen zwischen den Himmelskörpern H_1 und H_0 anzunehmen. Schöpfen wir den ʻRahmʼ unserer Überlegungen ab: *Jedes Messen* setzt ʻOrtʼ im ʻvon hier nach dortʼ schon *voraus* - dass die LK eine letztlich *sinnleere* Aussage ist, kann uns folgende Überlegung weiter klarmachen: Wenn wir den Raum zwischen zwei Körpern messen oder zwischen zwei Punkten *auf* einem Körper, und diese *nicht* ein *spezifisches* ʻ*Wo*ʼ haben (sollen), also nicht an *spezifischen* Raumpunkten oder Orten *sind*, machen auch *unterschiedliche* Distanzen keinen Sinn, denn *um verschieden zu sein*, muss man sie zwischen zwei *spezifischen* Orten denken, sie müssen sich ontologisch-realiter zwischen diesen *erstrecken;* auch die *verschiedenen* Zuordnungen von Längen der RT basieren darauf, denn über ʻbewegte Maßstäbeʼ kann man *vergleichend* nur etwas sagen, wenn man *fixe, spezifische Orte* denkt, *zwischen* denen sie sich erstrecken - nur, wenn sie relativ zueinander *ruhen*, kann man sie *direkt* aneinanderlegen, *bewegt* nicht. Zum *vergleichenden* Messen braucht es für alle Beobachter *spezifische*, im Sinne von *verbindliche* Orte...

N: ...und *alles* Messen ist ʻVergleichenʼ. Warum sollte man sich über die räumliche Distanz zweier in diesem Sinne *nicht-fixer, nicht-spezifischer* Orte (Körper) eigentlich sonst überhaupt *unterhalten*?

B: Nun gut, das sei zugestanden...

L: ...*umgekehrt* zielt das auf die Frage: Warum sollte man zwischen zwei *spezifischen* Orten (Körpern) *verschiedene* Distanzen denken? Das ist doch insofern sinnlos, als dass die Spezifik ja eben von den spezifischen räum-

lichen Abständen *herrührt* - es bedingt sich wechselseitig... Dies lässt sich auch von der *anderen* Seite her beleuchten - nicht von der `Spezifik´ der einzelnen Raum-Zeit-Punkte, sondern von dessen *Gesamtgestalt* her...
E: Wie jetzt?!
L: Sehen Sie, das Drei-Körper-Problem der klassischen Physik ist nur die *Kehrseite* dieser Überlegung: Betrachten wir nur einmal in der Theorie des deterministischen Chaos folgenden ganz simplen Versuch: Wir hängen ein Magnetpendel über einer Anordnung von Magneten auf, dergestalt, dass es an verschiedenen Raumpunkten losgelassen nach scheinbar chaotischer Bewegung schließlich über einem dieser Magnete zum *Stillstand* kommt. Wenn wir nun jedem festen Magneten etwa eine Farbe zuordnen und diese Farbe wiederum den *Startpunkten* zuordnen, wenn das Pendel bei diesem Magneten zum Stillstand gekommen ist - etwa in einer Rechnersimulation -, erhalten wir ein *fraktales*, zumeist unendlich fein strukturiertes *Muster* der Attraktionsbereiche[179], ein im Grunde klassisch *raum-zeitliches* Muster der Pendelbewegung, von dem nur der *Anfangs-* und *End*punkt erfasst wird - an *diesem* Startpunkt landet es bei *jenem* Endpunkt. Wir finden hier nun *gleichermaßen* visualisiert - und darum geht es - wie der Raum *durchwirkt* ist von Kräften. Hinsichtlich der viel *komplexeren* Beschaffenheit unserer Welt, der Realität, muss man *a fortiori* sagen, dass jeder Raumpunkt *mit* den Weltdingen `individualisiert´ ist (man kann es in *beide* Richtungen denken: dass die Weltdinge den Raum individualisieren oder umgekehrt, dass der Raum die Weltdinge individualisiert, das führt aber zu weit[180])...
B: Hm...
L: Man stelle sich die Welt, die Körper, Felder und Kräfte, *alle Entitäten* einmal visualisiert als komplexe *Landschaft* vor (wohl gar mit der QT als einander durchdringende *Materiewellen*), den Darstellungen in der ART *ähnlich*, nur, dass nicht die *Metrik* des *Raumes* verändert sei, sondern dass die Geometrie der Landschaft (gleichsam *nicht*-relativistisch geometrodynamisch), die Körper als Singularitäten, die verschiedenen Potentiale aller bekannten Felder und Kräfte als Landschaft - *Gedachtes* als *Modell* für das uns unbekannte `an-sich´ hinter den erscheinenden Naturphänomenen (wieder kommt es nicht auf das ursprüngliche *Modell* an: Kraft, Feld, Geometrie, virtuelle Teilchen). Die Welt *ist* dann diese Landschaft in ihrer spezifischen Gestalt - und man kann es nur tautologisch ausdrücken: Die Körper-Singularitäten, die Potential-Maxima und -Minima der Felder und Kräfte *sind da, wo* sie eben *sind* - die `Landschaft´ *ist,* wie sie *ist*. Was sagt hier eine *LK* aus, wenn diese `Landschaft´ unter strenger Wahrung der Proportionen *nur* gestaucht oder gestreckt wird, die *relativen* Abstände also *dieselben* sind, aber alle Maße *aus* dieser Landschaft *selbst* genommen sind, selbst *Teil* der Landschaft sind, weil der Raum selbst keinerlei Maß hergibt (täte er das, wäre die LK *erst recht* zu verwerfen). Wenn man *alle*

Maßverhältnisse als (nur) *relative* begreifen muss[181], die von den Dingen im Raum *selbst* hergenommen sind, ist die `Topik´ der Weltdinge im Grunde nicht nur als `relative´, als reine Anordnung, als *unverändert* zu begreifen, sondern auch als `absolute´, als `Metrik´...

N: Warum Beobachter mit ihren verschiedenen Zuordnungen auch ontologisch-realiter nicht verschiedenes *meinen wollen* können, wird sich noch beim (angeblich) raumzeitlichen `an-sich´ zeigen. Jedenfalls: Sind *dies* nicht `*überflüssige* Bilder und Analogien´, wenn nichts wirklich *verändert* ist? Produziert man mit der LK nicht völlig sinnleer-redundante Sätze? Welche greifbaren Fakten sollten ontologisch-realiter der LK entsprechen?

L: Ganz im Gegenteil müsste man (mit einer `tatsächlichen´ LK des *ersten* Aspekts) das $1/r^2$-Abstandsgesetz der räumlichen Proportionalitätsabhängigkeit aller Kräfte *verwerfen*, Zeiten und Massen dem Lorentzfaktor entsprechend *jeweils* ändern, ähnlich steht es um die Impulserhaltung und das actio-reactio-Gesetz, man würde für *dieselben* Phänomene *verschiedene* Ursachen in verschiedenen BS annehmen, diese verschieden *(be)gründen* - (auch) damit macht man das Gegenteil von dem, was das RP *eigentlich wollte*, auch so löscht es sich selbst aus (das Argument bleibt auch in Kraft, wenn wir annehmen, dass *diese* Gesetzmäßigkeiten möglicherweise von *anderen überlagert* werden). Es scheint insgesamt wenig plausibel, dass bei alledem von den *objektiven* räumlichen Distanzen zwischen Körpern, von der *objektiven* Extensionalität, Rezeptivität oder Relationalität des Raumes bzw. der Ordnung des `Gesamtgefüges der Weltdinge´ die Rede ist und nicht nur von der *zweckmäßig-pragmatischen Umrechnung* von Abstands-Zuordnungen zwischen zwei BS, dass mit der RT nicht nur ein künstlich anamorphes Wirklichkeitsbild *erzeugt* wird, um unser Unverständnis der `Natur´ des Lichtes *handhabbar* zu machen, wodurch man natürlich *keine* tiefe Erkenntnis der Natur von Raum und Zeit erlangt...

N: ...und bei den *zeitlichen* Urteilen der RT wird sich etwas ganz *Ähnliches* ergeben, denn auch *die* `ticken´ etwas anders, wie wir jetzt sehen werden...

VII a N: Wie es bei den räumlichen Urteilen um Orte und Abstände ging, geht es auch bei den zeitlichen Urteilen - natürlich in einem etwas anderem Sinne - um *zwei Aspekte (N. zeichnet Abbildung 23)*...

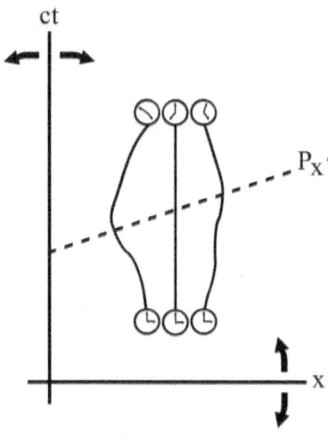

Abbildung 23

Zum *einen* geht es darum, was eine bewegte Uhr *anzeigt*, bis zu welchem Zustand also ein physikalischer Prozess fortgeschritten ist; bei 'Uhren' ist das die eigentliche *Zeigerstellung*, was das Zeitparameter der sogenannten 'Eigenzeit' τ erfasst - eine beliebig bewegte Uhr soll der RT gemäß ja gleichsam automatisch die Zeiten, die sie in den verschiedenen jeweiligen BS als ihren jeweiligen *Ruhe*systemen 'verbringt', *aufsummieren*, so dass diese 'Eigenzeit' gleichermaßen die Länge der Weltlinie, die sie im RZK beschreibt, angibt (klassisch-heraklitisch: mit ihrer sich zeitlich entfaltenden Bewegung im Raum)...
B: ...und diese Länge der Weltlinie ist *invariant* in verschiedenen BS, insofern kann man Uhren als 'Weltlinienmesser' begreifen[182]...
N: ...sonst wäre das System 'RT' schon *rein mathematisch* inkonsistent; und es heißt banalerweise ja nur, dass die tatsächliche Zeigerstellung einer Uhr, die sie jeweils innehat, in allen BS *dieselbe* sein muss - in der Abbildung und ontologisch-realiter zeigen die Uhren jeweils an, was sie eben anzeigen (quasi-tautologisch ausgedrückt)...
L: Zum anderen ist hier nun die (angebliche) RdG als *zweiter* Aspekt zu berücksichtigen, da die zu diesen *bewegten* Uhren in ihren jeweiligen BS *ruhend* gedachten Uhren nämlich laut RT *nicht übereinstimmen*: Ob der verschiedenen Gleichzeitigkeitsebenen, gewissermaßen 'Zeitzonen', stellt sich die Frage, *wann* eine bewegte Uhr *abgelesen* wird, denn das 'wann' meint laut RT in den verschiedenen BS ja *Verschiedenes* - wie man in der Abbildung sieht, divergiert nicht nur der Gang der Uhren bei deren Wieder-

zusammentreffen, sondern zuvor schon ist an den verschiedenen Orten des Raumes die Frage, wie die *Gleichzeitigkeitsachsen* (in der Zeichnung etwa die gestrichelte Parallele P_x· zu einer möglichen x'-Achse) zum *Ablesen* der Uhren jeweils *liegen*...
E: Richtig, diese beiden Aspekte könnte man unterscheiden...
L: Der erste Gedanke der Aufsummierung ist im Prinzip nachvollziehbar, bringt aber den ganzen *kategorialen 'Missbrauch'* der RT ans Licht, denn er selbst setzt ja voraus, dass die Uhr dafür in jedem jeweiligen BS einen *spezifischen Gang* hat, der in *spezifischer Relation* zu jenem in *anderen* BS steht und also untereinander *vergleichbar* ist - man redet also nur von *Prozessgeschwindigkeiten;* gutwillig könnte man Herrn N.'s relative Zeit dafür bemühen - im Hintergrund aber setzt dies eine (gedachte) *absolute* Zeit voraus (als unser Konstrukt); wir werden das alles aber noch genauer betrachten... Im Grunde gibt es also *zwei kategoriale Zeitebenen:* 'Welche *Zeigerstellung* hat eine Uhr jeweils inne' und 'Wann *gilt* diese Ablesung in den *jeweiligen BS';* man kann das eine abgebildet in den gestreckten Einheiten der t'-Achse (dem Faktor $\sqrt{1-v^2/c^2}$), das andere in der (neuen) Neigung der x'-Achse (dem Term $-vx/c^2$) finden, insofern man die Länge $c\Delta t'$ eines Teilstücks einer gekrümmten Weltlinie direkt an der jeweils deckungsgleichen t'-Achse ablesen kann...
E: Wenn Sie so wollen...
N: Nun, eigentlich nicht - zynisch könnte man sagen, dass hier alles noch *schlimmer* als bei den räumlichen Urteilen kommt: Lorentz hatte seine 'Ortszeit' noch als virtuell-fingiertes reines *Gedankenwerk* betrachtet, die RT aber interpretiert die LT ja als '*aktiv*' - wenn diese also einen 'anderen' Uhrengang und damit 'anderen Zeitfluss' in bewegten BS nahelegen - die RT setzt beides ja *ineins - ist* dem auch *ontologisch-realiter* so, die LT oder deren Effekte werden *ontologisiert: Die Zeit selbst* läuft langsamer...
B: Nun, „inzwischen ist die Zeitverzögerung bewegter Uhren experimentell gut *nachgewiesen*, sogar so gut, dass sicher geschlossen werden kann, es mit einem *Naturphänomen* und nicht mit einer seltsamen theoretischen Vorhersage zu tun zu haben"[183]...
N: Ja, die Befunde *selbst* gilt es auch nicht anzuzweifeln, sondern deren *Deutung* - erlauben Sie einige Bemerkungen dazu, auch wenn es um *ganz anderes* geht, wie wir noch sehen werden... *Zum einen* gibt es Experimente zur Lebensdauer von Elementarteilchen - die 'Lebensdauer' von Myonen etwa wird dann über die Zählrate der dabei nur nachweisbaren zerfallenden Elektronen errechnet, welche in Richtung des Myonenspins ausgesandt werden, also über die Präzession des Spins in einem Magnetfeld[184]...
B: Zugegebenermaßen sind das recht komplizierte Zusammenhänge...
N: ...unvermeidlich - darum sind es auch nur *indirekte Befunde*, bei denen die Gefahr der *Fehl-* oder *Wunsch*deutung groß ist; sehen Sie, oft wird ja

der Lorentz-Faktor $\sqrt{1-v^2/c^2}$ über zum MME scheinbar analoge Situationen verständlich gemacht, bei denen etwa die Bewegung des Mediums Luft die senkrechte und parallele Bewegung von Schallwellen oder eines Flugzeugs *in* diesem Medium eben auf diesen Faktor führt[185]...

B: Ja, wenn auch der Zusammenhang ein *anderer* ist, dieser spezielle Faktor tritt auch *dort* auf...

N: Eben, der Faktor tritt in *allen möglichen* Zusammenhängen auf, man sollte also vorsichtig sein, gleich `ZD´ zu rufen... Noch deutlicher wird das bei jenen Experimenten, die es *zum anderen* gibt: Messungen mit makroskopischen Uhren, wie etwa beim HKE. Man braucht sich nur einmal zu überlegen, wie wohl der Gang von Atomuhren *beeinflusst* wird, wenn wir die Apparaturen (undogmatisch) als *relativ zur Bewegung* der elektromagnetischen Wellen oder Photonen - mithin also gleichgültig ob mit oder ohne Äther - *bewegt* begreifen, was die RT ja nicht *gestattet*...

L: ...wie sie es aber selbst absurderweise bei der `Lichtuhr´ macht...

N: Die *Gangrate* der Uhren ist über die *Frequenz* der elektromagnetischen Wellen (oder des Photonenstromes), die von Cäsiumgas absorbiert werden sollen, *rückgekoppelt.* Was würde hier also etwa ein *Dopplereffekt* bewirken, eine Kompaktifizierung des elektromagnetischen Feldes oder dergleichen? Immer sind ja auch *physikalische* - im Gegensatz zu *realkategorialen,* mit der RT auf *Raum* und *Zeit* bezogenen - Erklärungen möglich: Sprechen wir hier also von einer ZD?

E: Das scheint mir etwas *spitzfindig*...

N: Es kann gar nicht spitzfindig *genug* sein - wir werden nämlich bald sehen, dass es eine ZD im Sinne der RT als wechselseitigen Effekt *nicht gibt,* und dass alles andere nur eine *Gang*-Dilatation bei Uhren ist (die es dann *anders* zu erklären gilt) - *die* führt aber nicht zu einer *RdG* und zum *PBU*...

E: Das müssten Sie schon etwas *genauer* ausführen...

L: Das werden wir - nur Geduld... Eine Erklärung *könnte* - wir wollen das gar nicht positiv behaupten, sondern aufzeigen, wie *unklar* die Befundlage eigentlich ist - mit einer Bewegung relativ zum *elektromagnetischen Feld* zusammenhängen; gestatten wir uns, im *Gedankenexperiment* einmal auf eine *eigene Bewegung relativ* zum *Licht* zu sehen - die wird einerseits im jeweils eigenen BS bei Uhrensynchronisationen von der RT kategorisch *ausgeschlossen,* andererseits soll sie etwa bei der `Lichtuhr´ statthaben...

E: Wie jetzt!?

VII b *L:* Nun, in dieser breitet sich Licht doch angeblich über *unterschiedliche* Strecken aus, je nachdem wie diese *bewegt* ist - für die RT selbst ist das ein sinnloser, ja, *widersprüchlicher* Gedanke...

B: Inwiefern *das*?

L: Nun, *ohne* absoluten Raum, *ohne* `Ort´ und *ohne* Äther - die RT streitet derlei ja ab - macht es etwa in meinem *relationalen* Raum-Zeit-Konzept überhaupt keinen Sinn von *unterschiedlichen* Strecken `im Raum´ in einem ontologisch-realen Sinne zu sprechen - die `Lichtuhr´ ist ein *Mysterium:* In dieser läuft ja ein `Lichtpuls´ zwischen zwei in konstantem Abstand befindlichen Spiegeln *A* und *B* auf und ab, der von einem Detektor mit Zählwerk an einem der beiden Spiegel registriert und gezählt wird *(L. zeichnet Abbildung 24a und 24b)*(wir *beobachten* eigentlich nicht, wie Licht sich *zwischen A und B bewegt*, sondern *erschließen* dies nur aus Ereignissen an den *Körpern A* und *B*, das tut hier aber nichts zur Sache)...

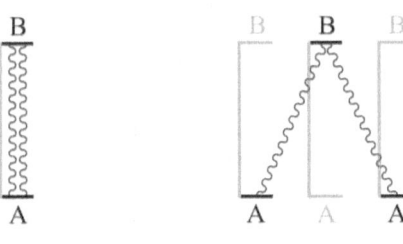

Abbildung 24a   Abbildung 24b

E: Richtig, und wenn wir relativ zu dieser `Uhr´ ruhen *(E. deutet auf Abbildung 24a)* ist uns damit ein bestimmter Zeittakt gegeben; bringen wir diese `Uhr´ aber in *Bewegung (E. deutet auf Abbildung 24b)...*
L: ...oder *uns selbst...*
E: Ja... ...hat die Lichtgeschwindigkeit *immer noch* den Wert *c*, das Licht läuft aber nicht mehr senkrecht auf und ab, sondern in einer *Zickzacklinie.* „Das heißt, in der sich bewegenden Uhr benötigt das Licht *längere Zeit* als in der ruhenden Uhr, um von Spiegel zu Spiegel zu gelangen"[186] - hier muss die *Zeit selbst* dilatadiert sein, mithin müssen alle `Uhren´ (physikalischen Prozesse) betroffen sein, denn sonst könnte ein Beobachter, der zu dieser Uhr ruht, mit einer Uhr anderer Bauart aus der sich fortwährend ergebenden Differenz auf seine *absolute* Bewegung *schließen*, was dem *RP* widersprechen würde...
N: Wiederum soll dies *wegen* des RP nicht *möglich* sein und es wird ohne empirischen Befund nur *behauptet* - richten wir unser Augenmerk aber auf Folgendes: So schlicht argumentiert müsste man den Herren Hafele und Keating oder umgekehrt den Erdbeobachtern eigentlich doch die Augen verbinden, da zwangsläufig *eine* der Parteien - hätten sie `Lichtuhren´ bei sich - etwas *anderes* `sehen´ oder *Schein* annehmen muss, damit sich das Ergebnis des HKE ergibt...
E: Dieses Experiment kann als einfache, *direkte Bestätigung* der RT gelten: Hafele und Keating flogen *(1971)* mit vier Cäsium-Atomuhren an Bord eines Flugzeugs einmal *ost*- und einmal *west*wärts um die Erde, um den

Gang dieser Uhren mit auf der Erde befindlichen zu vergleichen, wobei *sowohl* berücksichtigt wurde, dass auch die *irdischen* Uhren am offensichtlichsten etwa durch die Erdrotation eine Bewegung ausführen, *als auch* dass nach der ART das Gravitationsfeld der Erde Einfluss auf den Gang der Uhren hat; hier sind also speziell- und allgemeinrelativistische Effekte *vermischt*. Die gemäß den Annahmen der RT errechneten Zeitdifferenzen betrugen Δt_{Ost} = *(-236+/- 23) ns* und Δt_{West} = *(+79+/- 21)ns*. „Die *experimentellen* Ergebnisse aus den Mittelwerten von jeweils *4* Atomuhren pro Gruppe lauteten: Δt_{Ost} = *(-255+/- 10)ns* und Δt_{West} = *(+77+/- 7) ns*"[187] - was will man *mehr*? Und das Experiment wurde später ja noch mit höherer Genauigkeit *wiederholt*...

N: Nun, gerade *weil* die angeblich relativistischen Effekte `durcheinandergemischt´ sind, ist die *Interpretation* des Experiments schwierig; es kann natürlich nicht darum gehen, diese Befunde *anzuzweifeln* - aber: erklärt die *RT* sie? Was *bedeuten* sie? Bleiben wir bei der `Lichtuhr´: Einerseits soll man als *bedeutsam* nehmen, was man (angeblich) in der `Lichtuhr´ `sieht´, andererseits `sehen´ beim HKE beide Beobachterparteien *dasselbe:* die Beobachter auf der Erde bei den Uhren im Flugzeug und die Beobachter im Flugzeug bei den Uhren auf der Erde - der Effekt, dass das Licht in einer Zickzacklinie läuft, kann also nicht relativ *und* absolut, wechselseitig *und* real sein...

E: Mit der *RdG* meint `real´ anderes als sonst...

L: Was `real´ dabei meint, sehen wir gleich beim *ZwP*...

N: Die RT nimmt hier an, dass das Licht `tatsächlich´ eine andere Strecke zurücklegen muss - zwar greift es *scheinbar* zu kurz, zu argumentieren `wenn das Licht tatsächlich `längere Zeit braucht´, ist gar nicht mehr von *derselben Uhr* mit demselben Prozesszyklus, mithin von der `absoluten Zeit´ die Rede´, weil das *scheinbar* an der Vorstellung der RT einer `Raumzeit´ und des raumzeitlichen Gebildes `Uhr´ *vorbeiargumentiert*...

E: Ganz recht, dasselbe `*SEIN*´ wird nur anders `zerlegt´...

N: ...aber sehen wir *genauer* zu: Auch hier wird gar nicht *unterschieden*, ob ein Beobachter *sich* in Bewegung versetzt oder die `Lichtuhr´ - Sie tun das einfach als *relativ*, mithin *irrelevant* ab...

E: ...weil derlei nicht unterscheidbar *ist*...

N: Auch *für uns* ununterscheidbar *gibt* es einen *Unterschied:* Setzt sich der *Beobachter* in Bewegung, kann man *klassisch* nicht ernsthaft annehmen, dass sich dadurch der Gang der Uhr *selbst* ändert; nur *relativistisch* kann man zu einem anderen Gang kommen, wenn und weil man Uhren (mit ihrem Gang) als *raumzeitliche* Gebilde begreift, die jeweils verschieden `zerlegt´ werden; damit aber ordnet man den Emissions- und Absorptionspunkten *andere* zeitliche und räumliche Abstände zu: Die Argumentation wird *zirkulär* - man landet wiederum bei den *verschiedenen*, aber *(selbst-)*

identischen Ereignissen, die eine ´Erklärung´ des MME liefern sollten - diesen Punkt *diskutieren* wir ja letztlich immer noch... Setzt man aber die *Uhr* in Bewegung, ist die Frage, was ´*in ihr*´ passiert - klassisch, wie auch relativistisch gedacht; hier knüpfen wir im Grunde an die beiden *parallelbeschleunigten* Uhren an...
L: Sie bemerken offenbar gar nicht, welches *Dilemma* sich hier *eigentlich* ergibt: Betrachten wir die ´Lichtuhr´ doch einmal in meinem *relationalen* Raum-Zeit-Konzept - dann gibt es *nur* die Weltdinge und die Relationen zwischen ihnen; die sind eindeutig durch den Abstand der beiden Spiegel gegeben und bestehen ´an sich´ völlig unabhängig davon, von welchem BS aus man dies *betrachtet* - man *denkt* einen bestimmten ´Hintergrund´ und es sieht so aus, *als ob* das Licht hier anderes täte, aber darum kümmert sich die *Natur* natürlich nicht...
E: Wie jetzt!?
L: Ohne absoluten Raum, *ohne* ´Ort´, *ohne* Äther oder ähnliches haben Sie konsequent gedacht doch *jeglichen* ´Hintergrund´ ad acta gelegt - und *ohne* einen solchen ist es *sinnlos*, zu sagen, das Licht lege einen *anderen* Weg zurück - es *gibt* nichts *vor*, *in* oder *zu* dem sich Licht dann ausbreitet und der einzige *physikalische Bezug*, um von der Weglänge zu sprechen, liegt dann nur noch in der *Relation* der beiden *Spiegel* zueinander und ist *unverändert* (senkrecht zur Bewegungsrichtung selbst *mit* der RT)...
E: Aber der Außenbeobachter ´*sieht*´ eben...
N: ...prinzipiell *nicht* die *Bewegung* des Lichtes, sondern erschließt nur die Emissions- und Absorptionsvorgänge an den Spiegeln und *nimmt* diese *an* - die Aussage, das Licht nehme einen *anderen*, nämlich einen ´Zickzack´-Weg, ist nur noch *sinnlose Mystik*, nur gedachtes ´als ob´ - darum hatten wir ja angemahnt, die RT *sei* eine Äthertheorie und ´*mache*´ den Äther nur unbeobachtbar...
L: ...und strenggenommen müssten wir ansonsten nun *weiterfragen*, ob wir das Ding ´Uhr´ für die verschiedenen Beobachter noch als (dieselbe) ´Uhr´, nämlich als *dasselbe Ding* begreifen dürfen. Man kann ja eine gewisse *Analogie* zwischen dieser *Licht*pendel-Uhr und einer *gewöhnlichen* Penduhr ausmachen; und bekanntlich kann man bei der letzteren Uhrwerk und Pendel *isoliert* noch gar nicht *als Uhr* begreifen, weil das Gravitationsfeld *mit* zur Uhr als *System* zu rechnen ist - eine Pendeluhr geht auf der Erde ja schneller als auf dem Mond; einen *spezifischen Gang* hat eine Pendeluhr also nur in einem *spezifischen Gravitationsfeld*...
E: Ja, und?
L: ...ohne einen physikalisch *verbindlichen* ´Hintergrund´ - den die RT ja ablehnt - kann man auch eine ´Lichtuhr´ noch gar nicht *als Uhr* begreifen - außer man nimmt an, dass Licht sich wie *Korpuskeln* ausbreitet; dann hat eine ´Lichtuhr´ immer *denselben* Gang (mit dem RP), kann aber natürlich

nicht regelrecht *paradigmatisch* für die RT und den ZD-Effekt herhalten. Ansonsten ergibt sich zwangsläufig, dass, *wenn sie überhaupt 'tatsächlich'* einen *verschiedenen* Gang für die verschiedenen Beobachter *haben* soll, wie die RT behauptet, dass sie *ohne* 'Hintergrund' ebensowenig einen *spezifischen* Gang wie eine Pendeluhr ohne Gravitationsfeld hat - es macht ja - wie gesagt - gar keinen Sinn, zu sagen, die Uhr *sei* für verschiedene Beobachter *verschieden* bewegt, gerade *weil* 'bewegt' nur Relatives oder Relationales meint und daher auch 'anders bewegt' nur *mit* einem Bezug, also *mit* einem Hintergrund etwas *meint* - das Ununterscheidbare ist *identisch* - auch das (angebliche) RZK ist hier als ein solcher Hintergrund zu begreifen. So ergibt sich, dass eine 'Lichtuhr' *ohne* Hintergrund keinen spezifischen Gang hat, dass sie *mit* Hintergrund aber bewegt gleichsam verschieden lange *Lichtpendel* hat, also gar nicht gleichschnell gehen *muss*...

N: *Entweder* meint 'anders' eine reine *Beobachter-Illusion oder* 'anders' meint *'tatsächlich'* ontologisch-realiter etwas, und der Uhrengang hängt von *Weiterem* ab, als nur von dem Abstand der beiden Spiegel - dann geht eine *'wirklich'* bewegte 'Lichtuhr' zwar anders, ansonsten *'scheint'* sie aber nur anders zu gehen, etwa, wenn sich nur der Beobachter in Bewegung versetzt...

L: Vor allem aber ergibt sich ein 'tertium non datur': *Ohne* Hintergrund bleibt die Argumentation haltlos, *mit* Hintergrund aber kann man nicht an der KdL (in einem ontologisch-realen Sinne) festhalten - man muss dann den Raum hinsichtlich der Lichtausbreitung als *anisotrop* begreifen und kann nicht alle (Einstein-)Synchronisationen von Uhren, die Beobachter durchführen, als *äquivalent* betrachten. Und wenn Sie nun wiederum die *'andere'* Zerlegung des (angeblichen) RZK anführen, ist das nicht nur - wie gesagt - ein Zirkel, es *ändert nichts:* Auch wenn man eine verbindliche absolute *Lichtgeometrie* annimmt, zu der Körper anders in Relation stehen (sollen), ergibt sich dasselbe, denn damit sind quasi nur Hintergrund und Vordergrund *ausgetauscht:* Die 'Lichtuhr'-Argumentation basiert auf einer Verankerung des Lichtes im Raum und dem *Kontrast,* den bewegte Körper oder Körpersysteme wie die 'Lichtuhr' dazu zeigen sollen...

N: ...was sogar doppelt widersinnig für die RT ist - als i-Tüpfelchen sollten wir noch einen Blick auf die Empirie und auf die Frage wagen, wann man eigentlich Uhren, hier speziell 'Lichtuhren' als *äquivalent* betrachten kann. Fraglich muss mit *Ihrer* Argumentation ja sein, ob zwei 'Lichtuhren', die man im rechten Winkel zueinander anordnet, in ihrem Gang *kongruent* bleiben oder nicht...

L: ...damit aber reden wir von nichts anderem, als dem *MME:* Im Prinzip *ist* das MME nichts anderes, als die Anordnung zweier solcher 'Lichtuhren' im rechten Winkel, wobei man bekanntlich mutmaßte, dass ihr Gang ob der Erdbewegung im Äther *nicht* kongruent bliebe, da das Licht *effektiv*

verschiedene Wegstrecken zurückzulegen habe, die über den nämlichen Lorentz-Faktor $\sqrt{1-v^2/c^2}$ zusammenhängen sollten...
B: Stimmt - und das Ergebnis des Experiments kennen wir - es ergab sich *keine* Änderung des Interferenzmusters...
L: Eben; nach der gängigen Deutung des MME auch durch die RT sollten wir mithin generell den Gang einer `Lichtuhr´ *nicht* als `anders´ annehmen, sie *scheint* höchstens einen anderen Gang zu haben - somit also in *beiden* Fällen, ob der Beobachter nun *sich* in Bewegung setzt oder die `Lichtuhr´...
N: Und im MME nun wiederum einen Beleg für die *LK* zu sehen, macht die RT mit ihrer RdG *überflüssig*. Ja, mehr noch: Sollte man empirisch *doch* einmal finden, dass eine in Bewegung versetzte `Lichtuhr´ *tatsächlich* `anders´ geht, vermag *sie* doch, was das MME *nicht* vermochte - sie *weist* dann einen *Hintergrund* (ehedem `Äther´ genannt) *nach*, einen Kontrast zwischen bewegten Körpern und der Lichtausbreitung - das MME *ist* eben nichts anderes als eine besondere Annordnung von `Lichtuhren´. Damit muss die Isotropie des Raumes (in dieser Hinsicht) und die Äquivalenz der Beobachter fallen. *Wohlgemerkt*, die Behauptung, Licht lege in bewegten `Lichtuhren´ andere Strecken zurück und habe daher einen *anderen* Gang, ist *mit der RT* und der *Abschaffung* des Äthers sinnlos - *klassisch* oder mit der *Lorentz´schen* Theorie würde derlei *Sinn* machen, aber eben nur den *Gang* von Uhren betreffen und *nicht* zur RdG und zum PBU führen; die `Lichtuhr´ bleibt ein Mysterium *ohne* Hintergrund und *mit* Hintergrund gibt es eine verborgene *absolute* Gleichzeitigkeit...
B: ...etwas bedenklich...
E: ...aber das HKE weist die ZD doch *nach*... VII c
L: Eigentlich *nicht* - das HKE müssten Sie der RT zuliebe *verheimlichen*, anstatt damit *herumzuprahlen*...
E: Tatsächlich!?
N: Sicherlich kann man die Erde oftmals näherungsweise als *inertiales* BS auffassen und eine pedantische Kritik ist (auch) hier fehl am Platze; gerade *diese* Experimenteklasse ist aber in dieser Hinsicht nicht unproblematisch: Während man bei *Inertial*bewegungen bei Experimenten interferometrisch *keinen* Einfluss bemerkt, zeigt sich bei *Rotations*bewegungen etwa beim Sagnac-Effekt *(1913) sehr wohl* ein Einfluss, der die KdL *in Frage* stellt...
B: Eigentlich nicht...
N: Bei diesem Effekt wird wiederum der Strahl einer Lichtquelle in zwei *Teilstrahlen* aufgespalten, die in *entgegengesetzter* Richtung über Spiegel im Kreis und in ein Interferometer geführt werden - die ganze Anordnung wird in *Rotation* versetzt, so dass sich verschieden lange *Wege*, mithin Lichtlaufzeiten für die Teilstrahlen ergeben: Es zeigt sich eine *Phasenverschiebung* in Abhängigkeit von der *Rotationsgeschwindigkeit*...
B: Die RT kann für sich doch reklamieren, dass die Unabhängigkeit des

Lichtes von der Bewegung der Quelle (BBE-Klasse) bestätigt wird und nur *Rotations*bewegungen absolut nachgewiesen werden, nicht aber *inertiale* Bewegungen...

N: ...kritisch muss man hingegen reklamieren, dass das Licht auch in einem *mit*rotierenden BS, in dem alle Teile der Apparatur zueinander *ruhen*, *im Raum 'stehenbleibt'*, und dass es mithin eine Bewegung relativ zum Licht *gibt* - auch hier zeigt sich vielleicht, was sich beim MME nicht zeigen *kann*...

L: ...das Licht bleibt dabei doch offensichtlich gewissermaßen 'im Raum stehen', ist dort verankert - was sollte der ontologisch-reale physikalische Unterschied sein, dass nicht auch bei *inertialer* Bewegung eine Bewegung *relativ zum Licht* vorliegt (gar auf der *Tangente* des Sagnac-Versuchs)?

N: ...darum geht es aber nicht direkt, sondern darum, dass sich auch für den Gang von *Uhren* bei *Inertial*bewegungen anderes ergeben könnte, als bei *Kreis*bewegungen - der logische Zirkel, den wir für Signallaufzeiten diskutiert hatten, könnte auch den Gang von Uhren betreffen, so dass in *beiden* Fällen die Wege *AB* und *BA nicht* als gleichwertig zu betrachten sind. Die *eigentliche* Schwierigkeit für die RT ist nun aber die folgende: Bei der Auswertung der experimentellen Daten des HKE wird - von den allgemein-relativistischen Effekten ganz abgesehen - einberechnet, *wie* die Uhren im Flugzeug relativ zu den irdischen Vergleichsuhren *bewegt* sind...

B: Natürlich, in *West-* und *Ost*richtung - mithin also einmal *entgegen* der Drehung der Erde, einmal *mit* ihr - müssen die Uhren im Flugzeug einmal *langsamer*, einmal *schneller* gehen...

E: ...weil sie einmal *mehr*, einmal *weniger* bewegt sind, als die irdischen Vergleichsuhren bei *ihrer* Drehung (mit der Erde) - das ist doch noch ganz *klassisch* gedacht...

N: Natürlich, das ist auch an sich vernünftig, weil Kreisbewegungen als absolute, nicht-inertiale Bewegungen *identifizierbar* sind...

E: Aber?

N: ...das HKE muss überhaupt auf *inertiale* Bewegungen *übertragbar* sein, denn um *die* geht es, wenn hier die *SRT* bestätigt werden soll - ist es *nicht übertragbar*, kann es ja kaum zur Untermauerung der ZD herhalten, *ist* es aber übertragbar, ist die Frage, was es *aussagt;* es geht überhaupt nicht darum, das HKE als *nicht*-übertragbar zu diskreditieren - schlimmer ist es, wenn man es übertragen *kann:* Man muss sich dann die *Kreis*bewegungen ja gleichsam zu *Inertial*bewegungen 'geradegebogen' vorstellen...

B: Ja, sozusagen...

N: ...da uns *inertiale* Bewegungen nun aber nur als *relative* (*relationale*) konstatierbar sind, überhaupt nur solche *sein* sollen, könnte ich die Erduhr ja auch nicht als 'bewegt', sondern als 'ruhend' betrachten. Dann setzt sich dem Experiment entsprechend aber das *eine* Mal das Flugzeug in die *eine*

Raumrichtung in Bewegung und die Uhren gehen *langsamer*, was der RT *gemäß* ist, das *andere* Mal aber setzt es sich in die *andere* Raumrichtung in Bewegung und die Uhren gehen dann *schneller*...
L: ...was der RT *widerspricht*, da es das RP über die Isotropie des Raumes, die (in dieser Hinsicht) nicht mehr gegeben wäre, in Frage stellt...
E: Nun ja, die Erduhr im HKE kann man aber nicht einfach als *ruhend* betrachten, denn man *weiß* ja, *dass* sie bewegt ist - Sie sagen ja selbst, dass man das bei *Kreis*bewegungen *feststellen* kann: Sie *dürfen* also die Erduhr nicht als ʿruhend' betrachten...
L: Gut, das mag sein, aber damit machen Sie alles ja nur noch *schlimmer* (für die RT), denn *wenn* das HKE *übertragbar* sein soll, *darf* man also *manche* Standpunkte - zumindest diesen - *nicht* einnehmen, weil man dann zu *falschen* Voraussagen kommt. Wie wir gesehen hatten, verlangt die RT aber gerade, dass ein Beobachter *sich selbst* stets als *ruhend* betrachtet, nie als bewegt; und umgekehrt kann man argumentieren: Wenn man sich *hier* nicht als stets ruhend betrachten darf, könnte das doch hinsichtlich der *Lichtausbreitung ebenso* sein. Implizit jedenfalls sagt man, dass Uhren ʿwirklich' bewegt oder ruhend sein *können*...
B: Verstehe, worauf Sie hinauswollen...
N: Man müsste dann auch einen *schnellsten* Uhrengang und damit einen *Scheitelpunkt* des Uhrengangs finden bzw. annehmen, wenn das Flugzeug entgegen der Drehung der Erde ʿimmer weniger' und schließlich gerade ʿ*so* schnell bewegt' ist, dass es ʿwirklich ruht' und *keine* Kreisbewegung wie die Erduhren ausführt - von den *anderen* überlagerten Bewegungen wiederum *abgesehen*. Und über diesen Ruhepunkt hinaus in die andere (Kreis-) Raumrichtung bewegt müsste man einen *wiederum langsameren* Uhrengang finden...
B: Ja, das sollte empirisch so sein - bei Kreisbewegungen...
N: Nun, Sie können nun einen *unüberbrückbaren Unterschied* zwischen Kreis- und Inertialbewegungen konstruieren, dann ist das Experiment *nicht übertragbar*. Oder aber man muss dies in *beiden* Fällen annehmen, also auch bei *Inertial*bewegungen - dann müsste man den Scheitelpunkt des *schnellsten* Uhrengangs doch der ʿ*absoluten Ruhe*' im Raum zuordnen...
L: ...oder im ʿGesamtgewebe der Weltdinge', Isaac. Jedenfalls: *Wenn* das HKE übertragbar ist, überträgt man gleichsam auch die Anisotropie des Raumes bei absoluten (nicht-inertialen) Kreisbewegungen, das ʿschneller-langsamer' bekommt eine *Raumrichtung*. Die Isotropie des Raumes und das RP (in der speziellen Deutung der RT) stehen dann in Frage: es *gäbe* absolute Bewegung und Ruhe, wenn auch nicht zwangsläufig in *Herrn N.*'s Sinne, und um die müsste man *wissen*, um zu *richtigen* Voraussagen zu kommen, was Uhren an distanten Orten anzeigen werden; da wir um diese *nicht* wissen, sagt die RT nur, dass man *irgendetwas* finden kann, dass wir

203

Uhren *verstellen;* im Hintergrund muss aber ein *absoluter Bezug* existieren
- *Inertial*bewegungen wären dann verborgene *absolute* Bewegungen...
E: Ach, was...
L: Zumindest müssten Sie einräumen, dass es ein `schneller´ - `langsamer´
und *damit* einen absoluten Bezug *gibt,* denn es geht ja um den *Gang* der
Uhren und nicht um das *Ablesen* der Uhren: Bewegung muss *spezifische*
Effekte nach sich ziehen, weil die Uhren (jeweils) *irgendeine bestimmte*
Zeigerstellung haben müssen. Damit wird die Uhrentransport-Methode zur
Synchronisation von Uhren wenn nicht praktikabel, so doch prinzipiell
akzeptabel, dazu aber später...
N: Seit langem weisen Kritiker (u.a.) auf einen damit verwandten Punkt
hin, der als `Dingles Syllogismus´ bekannt ist: Ein *absoluter*, empirisch
nachweisbarer Effekt (als welche die ZD oder LK ja gelten sollen) kann
nicht aus ontologisch-realiter *Relativem* herrühren, *gleichgültig*, ob *wir*
derlei erfassen bzw. unterscheiden können[188]. Auch die schon erwähnte
Selbstbezüglichkeit der RT gehört hierher, auf die wir gestoßen waren...
L: Das zeigt sich auch beim ZwP - mit ihrem *relativen*, auf einer *drei-stelligen* Relation beruhenden Zeit- und Raumbegriff im Gegensatz zum
klassischen absoluten, auf einer *zweistelligen* Relation beruhenden unter-gräbt die RT ihr eigenes Fundament, wenn sie relativistische Effekte, etwa
LK und ZD, als *wechselseitig*, aber dennoch als *real* und *nachweisbar* zu
interpretieren versucht...

VII d   *E:* Jetzt kommen Sie uns wohl mit dem *sogenannten ZwP*...
L: `Sogenanntes ZwP´... Obwohl: richtig*, da nicht auflösbar, müsste man
es *Widerspruch* nennen - was die RT dabei veranstaltet, kann *auch ich*, der
ich gar kein Verfechter eines absoluten Raum-Zeit-Konzeptes bin, nur als
bitterste Selbstironie oder *tiefes Desinteresse* an der Natur verstehen...
E: Also, *bitte*...
L: Erklären Sie uns doch einmal, was es eigentlich *bedeuten* soll, zumal für
eine *Relativitäts*theorie, dass `bewegte´ Uhren *langsamer* gehen sollen als
`ruhende´...
E: Nun, der Gang *einer* für uns bewegten Uhr eines anderen (relativ zu uns
bewegten) BS, muss immer mit *mehreren* synchronisierten Uhren in unserem
eigenen (ruhend gedachten) BS verglichen werden; umgekehrt gilt dasselbe
- daher wirkt sich die RdG auch auf die Messung von Zeit*intervallen* aus:
Für uns *bewegte* Uhren gehen langsamer als für uns *ruhende* Uhren...
L: Ein Beobachter in dem bewegten BS würde natürlich sagen, dass wir
unsere Messung mit für ihn *nicht-synchronen* Uhren vorgenommen hätten
- somit drehen wir uns also im Kreise, denn wir streiten unsererseits nicht
um den *Gang* von *Uhren*, da wir diesen nicht wie *Sie* mit der *Zeit selbst*
ineinssetzen...
N: Ich denke, es ist zumindest *irreführend*, einfach zu sagen `(nur) die RdG

zieht die ZD nach sich´; man kann viel darüber streiten (und aneinander vorbeireden), inwiefern derlei als Sein oder Schein zu begreifen ist - uns geht es ja vornehmlich um *Gleichzeitigkeit;* auf die RdG werden wir zwar auch noch gesondert zu sprechen kommen, diese (angebliche) ZD hängt aber mit ihr ja zusammen...

E: Natürlich, die Annahmen der RT über den Gang von Uhren habe ich ja darüber hergeleitet, dass - von einem ruhend gedachten BS_1 aus betrachtet - in einem *bewegten* BS_2 ruhende Uhren diese-und-jene ganz spezifischen Zeitkoordinaten haben müssen, damit sich *auch dort* der Wert c ergibt - über die RdG ließ sich dies erreichen - und dass umgekehrt diese in BS_1 bewegten Uhren, die in BS_2 ruhen, wenn sie etwa bei $x_0=0$ noch synchron mit den in BS_1 ruhenden Uhren sind, bei den verschiedenen x-Werten eben jene gemäß den LT abweichenden Zeiten *anzeigen* sollten - „sind in den Punkten A und B [...][des ruhenden BS_1] ruhende, im ruhenden System betrachtet synchron gehende Uhren vorhanden, und bewegt man die Uhr in A mit der Geschwindigkeit v [...][auf beliebigem Wege] nach B, so gehen nach Ankunft dieser Uhr in B die beiden Uhren nicht mehr synchron [sondern die bewegte Uhr A geht gemäß den LT gegenüber der ruhenden Uhr in B nach]"[189]...

N: ...bewegte Uhren sollen mithin genau einen *solchen* Gang aufweisen, der sich ergäbe, wenn man die Vergleichsuhren gleichsam im *anderen* bewegten BS mit Lichtsignalen *synchronisieren* würde, die sich scheinbar mit c+v / c-v ausbreiteten[190]; merkwürdig ist schon einmal, dass *´beliebige Wege´* dies ergeben sollen - aber wie auch immer. Das ganze entspricht einer *aktiven, ontologisierenden*[191] Interpretation der LT: Die errechneten Koordinatenwerte - die Lorentz noch für virtuell-fingiert hielt - sollen von den Uhren *tatsächlich* angezeigt werden...

E: So ist es, die LT gewähren uns eben doch einen tiefen Einblick in die wahre Struktur des RZK...

N: ...und obwohl Sie bei den Lorentz´schen Annahmen kritisieren, alles sei nur so ´zurechtgeschneidert´, ist hier der *physikalische Zusammenhang* völlig unklar, warum Uhren das überhaupt *tun* sollten, ja, den gibt es gar nicht, weil Raum und Zeit *selbst* dergestalt verfasst sein sollen - zweifellos ein geschickter Schritt von der ontologischen Realität ins axiomatisches System ´RT´ zurück...

L: Wenn die Uhren sich derart verhalten, sollte uns das gerade mit der Argumentation über die RdG vielleicht eher als Beleg dafür gelten, dass sich *tatsächlich* c+v bzw. c-v hinter dem empirisch auch im *bewegten* BS (mutmaßlich) gefundenen c verbirgt. Aber sehen wir davon ab - ob etwa das HKE das alles untermauert, *hatten* wir kritisch beleuchtet und ob man derlei als ZD oder nur als anderen Gang von Uhren verstehen muss, *wird* uns noch beschäftigen: Ist es aber überhaupt eine *konsistente* Annahme, die

ZD für *rein relative* Bewegungen als für Beobachter *wechselseitigen* Effekt anzunehmen?
E: Sie wollen auf die alte Kritik hinaus, die einwendet, dass gerade *weil* Bewegung nur *relativ* zu konstatieren ist, *wechselseitig* ein Langsamergehen der Uhren zu konstatieren sei: Zwei Zwillinge, deren einer eine Reise mit entsprechender Geschwindigkeit unternimmt, müssten *wechselseitig* voneinander behaupten, der andere altere langsamer...
L: ...was ja ein *Widerspruch* wäre...
E: Eben *nicht*, denn dazu sind zwei Einwendungen zu machen: *Zum einen* ist die Annahme falsch, Bewegung sei *generell* relativ - die Symmetrie zwischen den beiden Zwillingen ist nämlich *gebrochen: Reisend*, mithin *wirklich bewegt* ist nur *derjenige* Zwilling, der bei Start, Wendemanöver und Rückkehr *Beschleunigungen* erfährt - *er* wird weniger gealtert sein...
B: „Als `Paradoxon´ wird das nur von Menschen bezeichnet, die glauben, *alle* Bewegung sei relativ" [192]...
L: War das bei der Synchronisation von Uhren und beim ZP nicht der *Ausgangspunkt* der RdG, ist das nicht der *Zentralpunkt* der RT?
B: ...*Inertial*bewegungen betreffend...
N: Irgendwie müssen auch die ja *entstehen*... Da wir vom HKE sprachen: Was, wenn man die *Flugzeuge* gleichsam im Raum stehenlassen und die *Erdrotation* abbremsen könnte - wie steht es *dann* mit der Übertragbarkeit des Experiments auf Inertialbewegungen: Sollen die negativ *beschleunigten* Erduhren dann *langsamer* gehen und die Rechnung *falsch* sein?
E: Nein...
N: Aber mag dies alles *dahingestellt* bleiben und unseren Sinn dafür schärfen, experimentelle Befunde *zurückhaltender* zu interpretieren; versuchen wir auch hier Scheingefechte zu vermeiden. Die *Beschleunigungen brechen* die Symmetrie - fügen wir aber sogleich an, dass die Beschleunigungen *nicht ursächlich* für den unterschiedlichen Uhrengang sein sollen...
B: Ganz recht, man kann ja zwei Fälle mit *identischen Beschleunigungs-* phasen, aber zeitlich *unterschiedlich langen* Phasen *inertialer* Bewegung konstruieren, so dass erstere bei einer vergleichenden Differenzbildung *herauszurechnen* sind [193] - dabei ergibt sich laut RT eben (dennoch) ein Unterschied für die beiden Fälle...
L: Je schneller und länger die rein *inertialen* Reisezeiten, desto größer am Ende die Diskrepanz des Alters der Zwillinge - so zeigt es jedes MD: Der *Grad* der *Neigung* der Weltlinie und deren *Länge* ist entscheidend, nicht der *Akt* der Neigung selbst...
E: Ganz recht; *zum anderen* berücksichtigen Sie jedoch die RdG nicht: Ähnlich, wie man bei dem Versuch, die Einweg-Lichtgeschwindigkeit zu messen, in einen logischen Zirkel gerät, kann man das Alter der Zwillinge hier *direkt* nur vergleichen, wenn der reisende Zwilling *umkehrt* - und die

RT argumentiert doch schlüssig, dass *dann* auch eindeutig ist, *wer* von beiden *bewegt* war; wenn der andere *hinterherfliegt ebenso*, da er um seinen Bruder einzuholen, *schneller* als dieser fliegen muss...
B: Eine rechnerische oder graphische Analyse (unter Berücksichtigung des Dopplereffekts) zeigt uns überdies für den Fall, dass die beiden sich wechselseitig *Zeitsignale* zusenden, dass sie zu *demselben* Ergebnis kommen, *wer* von ihnen beiden *wie* altert[194] - hier etwa *(B. zeichnet Abbildung 25a und 25b)* ergeben sich *25* zu *20* empfangenen Signalen...

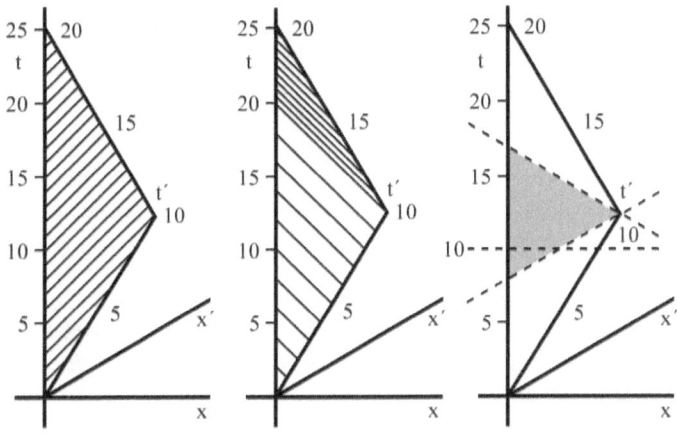

Abbildung 25 a-c

E: Nun, *zunächst* allerdings, während sie sich relativ zueinander inertial *bewegen*, werden sie sich aufgrund der RdG *wechselseitig* ein langsameres Altern zuschreiben - man muss hier nämlich die verschiedenen *Gleichzeitigkeitsachsen*, also die Parallelen zur *x*-Achse (für den ruhenden, daheimgebliebenen Zwilling) und zu den *x'*-Achsen (für den reisenden Zwilling mit unterschiedlicher Neigung für Hin- und Rückflug) mitdenken; ich zeichne sie hier einmal gestrichelt ein *(E. zeichnet Abbildung 25c)*...
B: 'Wechselseitig langsamer' heißt aber weder 'gleichschnell', noch ist dies für die RT widersprüchlich...
L: Im Bilde gesprochen peilen die beiden einander nicht wechselseitig 'waagerecht' an, sondern jeweils schräg zum anderen 'hinunter' oder 'hinauf' - in *räumliche* Begriffe gefasst, wie es die Gleichzeitigkeitsachsen nahelegen. Auch hier - beim PBU und den dreistelligen Relationen der RT waren wir schon darauf gestoßen - gilt, dass es einen *gemeinsamen Standpunkt*, nämlich eine *absolute* Gleichzeitigkeit, (angeblich) gar nicht *gibt*, der den logischen *Schluss* 'wechselseitig langsamer bedeutet gleichschnell' oder einen *Widerspruch* zuließe - die Standpunkte müssen *nebeneinander*

stehenbleiben; dennoch gibt es *eine* Realität...
B: Richtig. Aus der Sicht des reisenden Zwillings ergeben sich hier zwar *zwei Abschnitte* auf der *t*-Achse, zwischen denen eine *Lücke* klafft, die hier die graue Fläche markiert *(B. deutet auf Abbildung 25c)*, für den daheimgebliebenen Zwilling existiert diese aber natürlich *nicht*...
L: Ja, *eben;* und wenn sich bei der Umkehr des reisenden Zwillings dessen Gleichzeitigkeitssicht *so* ändert, dass sein Erdenbruder (erst dann) *massiv nachzualtern scheint* - die Gleichzeitigkeitsachse *überstreicht* dabei die graue Fläche - wie erklären Sie *das?*
B: Eigentlich *gar nicht*, „für den Zeitabschnitt [...][des Wechsels des BS und mithin für die Gleichzeitigkeitssicht beim Umkehren] auf der Weltlinie von Z_1 [dem daheimgebliebenen Zwilling] hat Z_2 [der reisende Zwilling] keine physikalische *Erklärung* (außer der, dass er eine *Beschleunigung* erfahren hat)"[195]...
L: Mir ist schleierhaft, warum Sie die KdL nicht spätestens *hier* wieder in Zweifel ziehen und eine andersartige Bewegung des Beobachters *relativ zur Lichtausbreitung* annehmen, auch wenn diese *nicht* nachweisbar ist - es besteht doch gar kein Zweifel, dass der Lücke bzw. dem 'Nachaltern' ontologisch-realiter überhaupt nichts *entspricht* - die Kehrseite davon, dass Beobachter das Prädikat 'bewegt' immer nur *anderen* zuschreiben, *nie sich selbst*. Beobachter, die derlei tatsächlich empirisch *erführen*, würden das wohl *tun* - für die RT ist das *undenkbar*, da mit der KdL unvereinbar: Der Zwilling beschleunigt (wendet), aber er denkt sich immerzu als *ruhend* (von der Beschleunigungsphase *selbst* natürlich abgesehen); was *wir* hier als zeitlich *verschieden dichte* Zeigsignale *sehen, weil* die beiden Zwillinge *an sich*, wie auch Z_2 *vor* und *nach* der Beschleunigung relativ zum Licht verschieden *orientiert* sind, *existiert* für Z_2 gar nicht: Licht breitet sich stets mit *c* aus und fertig - der Dopplereffekt wird *umgedeutet*...
E: Ja, nur Raum und Zeit sind *je anders*...
N: Raum und Zeit *sollen* je anders sein, damit die Zwillinge in unseren Gedankenexperimenten das nicht *bemerken* können...
L: Dabei liegt - wie angedeutet - auf der Hand, dass, wenn der reisende Zwilling beschleunigt, weil es *nicht* um die Beschleunigung selbst, etwa die Kräfte dabei gehen soll, *nicht* der *Akt* der Veränderung der Neigung der Weltlinie im (angeblichen) RZK das Entscheidende ist: *Nach* dem Akt ist etwas *anders* - darum ergibt sich ein *kumulativer* Effekt; die Weltlinie muss hernach eine *andere spezifische* Neigung *haben* (nicht nur im Gedankenexperiment) - was wiederum ein umfassendes *absolutes* Raum-Zeit-System voraussetzt, innerhalb dessen diese *definiert* ist; womit man nicht mehr von *relativistischen* Effekten spricht...
E: ...aber das *hatten* wir doch schon alles...
N: Beim ZwP begreifen Sie offensichtlich das *eigentliche* Problem gar nicht

(mehr) - denken wir uns doch einmal folgendes Szenario *(N. zeichnet die Abbildungen 26a-c)...*

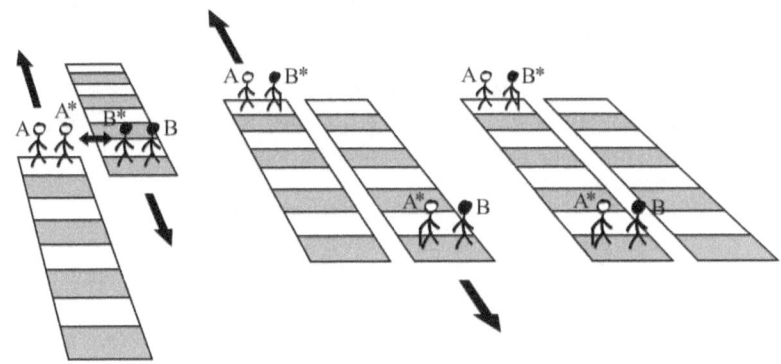

Abbildung 26a-c

Um die *Parität* der Zwillinge stärker hervorzuheben, denken wir uns *zwei* Zivilisationen, die sich inertial mit ihren BS - das seien hier wieder zwei Maßstäbe - durch den Raum bewegen mögen und aneinander vorbeigleiten. Man weiß um eine Begegnung in der nahen Zukunft und plant den Austausch von Zwillingen, um die SRT zu überprüfen. Diese können im Prinzip einfach von *ihrem* ins *andere* BS 'hinüberspringen', wenn man sich die Beschleunigungen, die sie dabei erfahren, entsprechend abgedämpft denkt, was physikalisch damit gleichwertig wäre, in Raumschiffen dergestalt zu beschleunigen und neben dem jeweils anderen BS herzufliegen *(N. deutet auf Abbildung 26a)* - BS oder Beobachtern wird in der RT generell bei *allen* Gedankenexperimenten 'eine Bewegung erteilt'[196] - ohne dies könnte man dieses *Standardbeispiel* der RT *gar nicht* anführen und überdies ist dies ja auch keine irgendwie *'para-physikalische'* Situation...

B: ...um diesen *Akt* der Beschleunigung soll es ja auch *nicht* gehen...

N: Da die Zwillinge uns gleichsam als 'Uhren' gelten sollen, mögen sie physiologisch völlig gleich beschaffen sein und es mögen *alle vier* auch *beim* Hinüberspringen *gleich alt* sein (weniger reißerisch heißt das, dass 'Uhren' gleiche Zeigerstellungen aufweisen mögen). Wir nehmen *mit* der RT *nicht* an, dass sie schlagartig *durch* die Beschleunigung altern würden - das ließe sich auch feststellen, wenn sie hin- und zurückspringen würden, wäre allerdings kein *relativistischer* Effekt. Nur die folgende rein inertiale *reine Relativbewegung* soll ja laut RT für ihr unterschiedliches Altern verantwortlich sein...

L *(leise):* Was für ein *völlig unsinniger* Satz...

N: ...überdies lässt sich ja die Beschleunigungsphase relativ zur inertialen Reisezeit beliebig *kurz* denken und würden die Zeiten am Start-, Wende-

und Zielpunkt durch (und an) inertial-bewegte Uhren `übergeben´...
B: ...wäre das *auch* als IS-Wechsel zu werten...
N: ...es fänden jedoch (außer in Gedanken) keine *Beschleunigungen* statt; und ob Wechsel oder nicht - uns geht es darum, ob sich *bis* zum Wechsel eine Differenz ergibt oder nicht - *ontologisch-realiter*, nicht *scheinbar*...
L: Beide daheimgebliebenen Zwillinge (*A* und *B*) werden der RT zufolge annehmen, dass jeweils der *hinübergesprungene* Zwilling (*A** und *B**), nämlich eben jener, der die Beschleunigungen erfährt und `wirklich bewegt´ ist, *weniger altern* wird...
E: Richtig...
L: Mit der (angeblichen) RdG kann die RT einem Widerspruch zunächst auch *entgehen*: Die Zwillinge *dürfen* sich *wechselseitig* ein langsameres Altern zuschreiben, weil sie relativ zueinander *bewegt* sind und laut RT eine *unterschiedliche* Definition von *Gleichzeitigkeit* haben *(L. deutet auf Abbildung 26b)*...
E: Ganz meine Rede...
L: Genaugenommen könnte man schon hier einen Widerspruch annehmen, aber lassen wir das... Nun nämlich sollen die beiden (nicht verwandten) Zwillinge des einen Maßstabs (hier etwa *A** und *B*) *irgendwann beide* auf den anderen Maßstab springen, so dass alle vier relativ zueinander ruhen bzw. gemeinsam gleich bewegt sind *(L. deutet auf Abbildung 26c)*. Offen gesagt kann ich mich des Gedankens nur schwer entwinden, dass es vollkommen *irrational* ist, wenn die beiden Zwillinge nun ihre Sichtweise - sofern diese nur irgendwie der *ontologischen Realität* und *nicht* einer *pragmatischen Herangehensweise* verpflichtet ist - auf ihre Brüder *überhaupt ändern*...
E: Sie müssen hier bedenken, dass die RT eine *absolute* Gleichzeitigkeit *verwirft* - insofern *gibt* es nicht eine für *alle* Beobachter verbindliche und insofern objektive räumliche und zeitliche Ordnung der Welt und da die Zwillinge *sukzessive* bei Beschleunigungen ihren *Bewegungszustand* ändern, müssen sie auch der RT gemäß *sukzessive* ihre Annahmen über das *Alter* ihrer Brüder ändern...
L: Nun gut, obgleich das schon eine *arge* Zumutung ist, denn sie können ja den einfachen Gedanken *fassen*, dass dadurch, dass *sie* (*A** und *B*) beim Hinüberspringen beschleunigen, sich bei ihren *Brüdern* (*A* und *B**) schwerlich etwas *realiter ändern* wird und diese *tatsächlich* etwa `nachaltern´ - nur *ihre Sichtweise* könnte sich ändern...
E: Nun, Sie legen damit *implizit* wiederum *eine* Sichtweise zugrunde - im `*tatsächlich*´ steckt ein `*jetzt*´...
N: Allerdings, der Welt liegt *ein* objektiver, realer ontologischer Zustand zugrunde - aber dieser Gedanke ist der RT eben *fremd* (obwohl auch sie *ein* raumzeitliches `an sich´ zugrundelegt) - aber fragen wir lieber danach,

was wir nun über die Zwillinge und ihr Alter annehmen müssen: Zunächst doch wohl, dass hier *(N. deutet auf Abbildung 26b)* (jeweils) der hinübergesprungene Zwilling und der (jeweils) daheimgebliebene Zwilling, also die (nicht verwandten) Paare *A* und *B** einerseits, andererseits *B* und *A** nebeneinander *gleichschnell* gealtert sind, denn es gibt ja keinen Grund, etwas *anderes* anzunehmen, *weil* sie sich eben *gleichschnell* (gleichartig) bewegt haben. (Wenn man *das* empirisch fände, müsste man sich eine wesentlich *bizarrere* Theorie als die RT ausdenken.) Bei ihrem *zweiten* Sprung haben wiederum *beide* Zwillinge (hier *A** und *B*) *gleichartig* beschleunigt...

E: So muss man sagen...

L: Und da nunmehr *alle vier* Beobachter relativ zueinander *ruhen* (je zwei sogar am selben Ort), sollten sie alle *dieselbe* Gleichzeitigkeitsvorstellung bezüglich der Ereignisse ihrer Welt haben - ihnen ist nur gleichsam in der Vergangenheit *verschiedenes widerfahren*...

E: So könnte man sagen...

L: Nun wird mit der RT jeder *gereiste* (jeweils 'außerirdische') *-Zwilling (*A** und *B**) mit der RT sagen: 'Schau einmal dort, mein Bruder da hinten ist *älter* als ich, denn *ich* bin gereist, schließlich habe *ich* die Beschleunigungen erfahren - *ich* bin also *jünger* geblieben, *er* aber ist mehr *gealtert*'. Und jeder *daheimgebliebene* Zwilling (*A* und *B*) wird ebenso mit der RT sagen: 'Schau einmal dort, mein Bruder da hinten ist *jünger* als ich, denn *er* ist gereist, schließlich hat *er* die Beschleunigungen erfahren - *ich* bin also mehr *gealtert*, *er* aber ist *jünger* geblieben'...

E: So sagt die RT...

L: Nur: Sie *widersprechen* einander: Sie wissen einerseits, dass sie bei ihrer gemeinsamen Begegnung *alle vier gleichalt* waren (so die *Voraussetzung des Gedankenexperiments*), andererseits jedoch, dass die *anderen beiden* nebeneinander stehenden Zwillinge ebenso wie *sie selbst*, die sie nebeneinander stehen, *gleichalt* sein müssen, wie auch immer *sie* in Relation *zu ihnen* gealtert sind - sie halten also hinsichtlich ihres Alters jeweils etwa folgendes für 'wahr':

t_0 *(zu Abb. 25a):* $A=A^*=B=B^*= 20J.$

$t_{1.1}$ *(zu Abb. 25b):* $A=50J., A^*=40J.$
                              $B=50J., B^*=40J.$
                              aber:
                              $A=B^*$ und $B=A^* \neq$ Widerspruch (RdG)

$t_{1.2}$ *(zu Abb. 25c):*   dito   = Widerspruch!

Nur wenn sie annehmen, dass sie alle vier *gleichschnell gealtert*, also *gleich alt* sind, ergibt sich *kein* Widerspruch, ansonsten muss die Aussage jeweils *eines* der Zwillinge *falsch* sein (mithin beider). Bei der Widerlegung der

KdL hatten wir ja schon ein ähnliches Szenario bemüht und festgestellt, dass die Inertialzeit dabei *gleichschnell* `verfließt´...

N: Alles was Sie anführen könnten, warum hier die SRT nicht zuständig sein könnte, ist den Beobachtern *symmetrisch gleich* widerfahren - darum *kann* es also nicht gehen: Die Beschleunigungsphasen sollen zwar ohnehin *nicht* irgendwie *ursächlich* wirksam sein, aber selbst *wenn* sie *doch* irgendeinen Einfluss haben *sollten*, ergibt sich für die nebeneinander stehenden Zwillinge nur, dass der *eine* sagt (*B*): `*Mein Bruder* da hinten (*B\**) ist *aufgrund* der ersten Beschleunigung beim Hinüberspringen jünger als ich geblieben, ich bin als nicht-Reisender also der ältere´ - der *andere* aber sagt (*A\**) `*Ich* bin *aufgrund* der ersten Beschleunigung beim Hinüberspringen jünger geblieben, also *mein Bruder* da hinten (*A*) *nicht*, *er* ist älter´, wenngleich die beiden (nicht-verwandten) Zwillingspaare auf den beiden Maßstäben *gleichalt* sein müssen. Und die *zweite* Beschleunigung, um die es gehen könnte, haben wieder *beide* (zwei) (nicht-verwandten) Zwillinge (*A** und *B*) erfahren, als sie auf den anderen Maßstab (zurück)gesprungen sind - sie waren stets *denselben* Einflüssen ausgesetzt. Man kann also nicht sagen `wer *überhaupt beschleunigt*, ist der *bewegte* Zwilling, der weniger altert´ - es ergibt sich hier *immer* ein Widerspruch...

B: Hm...

N: Der (jeder) zu seinem Bruder *zurückkehrende* Zwilling soll laut RT weniger gealtert sein, und bei (jeweils) gleicher (positiver oder negativer) Geschwindigkeit relativ zum daheimgebliebenen Zwilling sollte man in einem *isotrop* angenommenen Raum doch annehmen, dass dieser auf dem Hin- und Rückweg *gleichschnell* altert und sich mithin im Umkehrpunkt der *halbe Effekt* ergibt - und nimmt man den Raum *anisotrop* an oder schlichtes *Unwissen* über die `Verteilung´ auf Hin- und Rückweg, sollte sich *überhaupt irgendein* Effekt schon (nur) beim *Hinweg* ergeben...

L: Dennoch können die vier Beobachter insgesamt *keine widerspruchsfreie Aussage* über die simple Frage machen, ob *sie* oder *ihre Brüder* auf dem anderen Maßstab mehr Runzeln im Gesicht haben und einen Gehstock benötigen - hier können *nicht* (mehr) alle Recht haben, wie die RT gerne behauptet: Es ist *immer* widersprüchlich...

N: Hoffnungslos! Für die (nicht verwandten) Zwillinge (*A** und *B*), die zu ihren Brüdern springen, können Sie irgendwelche Ausflüchte suchen, dass sich wiederum deren Gleichzeitigkeitssicht *ändert*, wenn sie ihren Bewegungszustand ändern - aber sehen wir einmal auf die beiden (nicht verwandten) Zwillinge, die am Ende auf ihrem Maßstab *bleiben* (*A* und *B**): Sie `*machen*´ selbst gar nichts (seit dem Zwillingsaustausch), außer die Welt umher zu betrachten und jeweils etwas über ihre Brüder auszusagen: Sie sagen natürlich analog *dasselbe* - aber *ob sie* einander widersprechen, hängt (angeblich) davon ab, was die *anderen beiden* machen: Wenn diese

sich weiter mit *v* auf dem anderen Maßstab von ihnen *entfernen, dürfen* sie sich (laut RT) mit der RdG *wechselseitig* als weniger gealtert betrachten, wenn diese aber zu ihnen *hinüberspringen* und schließlich relativ zu ihnen *ruhen*, müssen sie einander *widersprechen* (mit der RT)...
E: Moment, hatten *Sie* nicht argumentiert, dass man die Sichtweisen verschiedener Beobachter nicht *kombinieren* darf - entsteht nicht auch *hier* das Paradoxe erst *dadurch?*
N: Nein, denn die Zwillinge *A* und *B**, wie auch *A** und *B* sollten doch an *einem* Ort und relativ zueinander *ruhend dieselbe* Sicht auf die Welt haben - man kombiniert hier doch gar keine *verschiedenen* Sichtweisen...
L: Um es noch prägnanter zu machen: Die beiden Zwillinge (der gereiste und der daheimgebliebene) stehen nebeneinander. Gleichgültig, was der gereiste Zwilling anführt, um die Symmetrie zu *brechen*, weiß der andere, dass sein Bruder `da hinten´ exakt *dasselbe* sagt - es ist für ihn daher so, *als ob sein Bruder selbst* neben ihm stünde (also zu ihm ruhte) und sagte, die Welt sei für ihn *anders:* Uhren gehen langsamer, Maßstäbe verkürzen sich und dergleichen mehr - wie soll er das *ernstnehmen?* Über irgendeine *primitive Intuition* hinaus haben die Zwillinge (und wir) die *Gewissheit*, dass einer von ihnen *unrecht* haben muss, da auch ihre Brüder jeweils in einem *spezifischen* `Jetzt´-Zustand sein müssen - die *Wechselseitigkeit* der relativistischen Effekte muss *zumindest* falsch sein, allerdings: *ohne* die Wechselseitigkeit sind es keine *relativistischen* Effekte, sondern *absolute*...
N: Überdies könnten sich dann ja auch *A* und *B** oder *A** und *B* noch an einen *Ort* begeben, auch dabei widerführe jeweils beiden *dasselbe*...
E: Nun, beim `Zurückspringen´ und `Zurückkehren´ tauchen natürlich immer *Beschleunigungen* auf, wird immer wieder das *BS* gewechselt, so dass die SRT gar nicht mehr *zuständig* ist...
N: ...dann soll sich aber das relativistische unterschiedliche Altern schon *ergeben* haben, und alles was *hernach* noch geschieht, geschieht *A** und *B gleichermaßen*, daher ist es vollkommen *gleichgültig, was* dann geschieht - es hat doch dann kein irgendwie `para-physikalisches´ Geschehen statt, umgekehrt kann die RT das inertiale Geschehen doch nicht nach Belieben aus dem *Gesamt-Naturgeschehen* gewissermaßen `herausschneiden´ - das ist *inakzeptabel*...
B: Scheint beinahe so...
N: Zwar wollten wir nur über Raum und Zeit sprechen, erlauben wir uns aber kurz, das Szenario etwas *abzuwandeln:* Für das Zusammentreffen mögen beide Zivilisationen ein *elementares Masseteilchen* derselben Art derart beschleunigen, dass es sich, in diesem Moment aus dem jeweiligen Beschleunigerring entlassen, jeweils *neben* einem gleichartigen Teilchen der anderen Zivilisation *herbewege*, dass es also zu diesem relativ *ruhe*. Für die ZD ergäbe sich hier derselbe Widerspruch, etwa für die Lebens-

VII e

dauer von Myonen; sehen wir aber einmal auf die (angebliche) *rMZ* - die Raumzeit-Geometrie der RT erfordert ja auch eine Modifikation der physikalischen *Dynamik* (mit der sich das berühmte *E=mc²* ergibt)...
L: ...eine Raum-Zeit-Geometrie *generell* - denke an die 'Nimbus-*1905*'...
N: Wechselseitig schreiben die beiden Zivilisationen jedenfalls 'bewegten' Teilchen mit der RT eine *rMZ* zu: 'In einem IS ist die dynamische Masse *m* eines mit *v bewegten* Körpers größer als seine Ruhemasse': $m = m_0/\sqrt{1-v^2/c^2}$ - hier nun hilft keine Relativität oder 'Dialektik' der Gleichzeitigkeit mehr, denn es *geht* überhaupt nicht um irgendwelche *Zeitpunkte*. Sagen wir, das 'ruhende' Teilchen auf Maßstab *1* habe die Masse m_{M1r}, das 'bewegte' dort m_{M1b}, das 'ruhende' Teilchen auf Maßstab *2* m_{M2r}, und das 'bewegte' dort m_{M2b}. Nun müsste sich mit der RT *paritätisch-wechselseitig* als *rMZ* für die Teilchen jeweils ergeben:

$$m_{M1b} > m_{M1r} \quad \text{und} \quad m_{M2b} > m_{M2r} \qquad (\text{VII.1/2})$$

Für die sich nebeneinander herbewegenden, mithin zueinander *ruhenden* (gleichartigen) Teilchenpaare *kann* man hier aber ja nur annehmen (nur dann *sind* sie gleichartig):

$$m_{M1r} = m_{M2b} \quad \text{und} \quad m_{M2r} = m_{M1b} \qquad (\text{VII.3/4})$$

Setzt man (VII.4) in (VII.1) und (VII.3) in (VII.2) ein, ergibt sich dann aber ein *klassischer Widerspruch*, nämlich:

$$m_{M2r} > m_{M1r} \quad \text{und} \quad m_{M1r} > m_{M2r} \qquad (\text{VII.5a/b})$$

Latent betrifft die RdG der RT auch immer die *Logik* der Aussagen (etwa beim Satz des Widerspruchs), ich kann hier aber nicht sehen, dass die RdG bei der Kombination der Sichtweisen irgendeine *Rolle* spielt: Jeweils zwei Teilchen ruhen zueinander an nahezu einem Ort und man kann sich die inertiale Bewegung der beiden Teilchen-Paare ja über *Äonen* erstreckt denken, so dass nicht wirklich in Frage steht, dass die Sichtweisen *zugleich* richtig sein sollen, wenn die RT mit uns von *einer* Realität ausgehen will - es ist schlicht (wiederum) gar nicht von ontologischen *Realitäten* die Rede, sondern nur von zweckmäßig-pragmatischen *Umrechnungen*, von *Schein* oder es ist (was man empirisch fände) zumindest *nichts BS-Übergreifendes*, mithin ist nicht von einem *wechselseitigen* Effekt die Rede. Da aber alle relativistischen Effekte etwa über die Impulserhaltung zusammenhängen, kann man nicht nur bei *diesem* (angeblich) relativistischen Effekt die Wechselseitigkeit als *widersprüchlich* begreifen, bei der ZD und LK aber an ihr *festhalten* wollen - und für die ZD hatten wir ja anhand des ZwP dies gerade *unabhängig* aufgezeigt...
L: Die RT ist ja mittlerweile ein *Dickicht*, in dem zwischen *empirischen Befunden* und *deutenden*, weitergehenden *Annahmen* nur *unzureichend* unterschieden wird - hier etwa geht es vornehmlich um geladene Teilchen

und deren Verhalten in starken Magnetfeldern...
N: Es kann wohlgemerkt aber *nicht* darum gehen, die *empirisch gefundene* MZ von Teilchen (die ehedem als Zunahme einer *elektrodynamischen Masse* im elektromagnetischen Feld begriffen wurde), anzuzweifeln, was sinnlos wäre. Der Zusammenhang von ZD, LK und rMZ, welchen die RT insgesamt annimmt, ist aber keiner der ontologischen Realität - *diese* angeblichen Effekte (wie schon die KdL) sind *rein virtuell-fingiert*. Und *jedenfalls* ist das, was die *RT* sagt, offenbar Unsinn, denn die empirischen Belege hängen *insofern* in der Luft, als dass der hier zugrundegelegte *Denkmechanismus* völlig unsinnig ist...
E: Wie jetzt!?
L: Nun, es wäre offensichtlich doch *absurd*, zu behaupten, ein *rechts* von uns stehendes Glas würde sich *physikalisch anders verhalten*, als ein *links* von uns stehendes. Selbst wenn ich dazu diverse 'empirische Beweise' beibrächte, würden Sie diese wohl *dennoch* nicht akzeptieren, weil es eben bereits *logisch* unsinnig ist, weil und insofern 'rechts' und 'links' *relative* Begriffe sind und keine *absoluten* Relationen erfassen (wir glauben, dass die Parität, die sich bei bestimmten Zerfallsprozessen *nicht erhält*, auf einer gleichsam tieferen Ebene wieder als *komplexere* Symmetrie *aller* Parameter gegeben ist; überdies geht es ja um *makroskopische* Vorstellungen und den 'Raum')...
E: Allerdings...
L: Sie würden *entweder* an den empirischen Belegen zweifeln *oder* eine Hypothese entwickeln, dass im Hintergrund irgendein anderer *absoluter* Zusammenhang wirksam sein muss - etwa, dass man *als* Beobachter die Raum-Symmetrie irgendwie *bricht* und dadurch derlei *hervorruft*, womit 'rechts' und 'links' zu *absoluten* Begriffen *würden*...
E: Ja, zum Beispiel...
N: Eben *so* müssen wir die Effekte der RT betrachten: Die relativistischen Effekte können nicht *sowohl real, als auch BS-übergreifend wechselseitig* sein - einseitig-absolute Effekte *sind* aber keine *relativistischen* Effekte, weshalb man *empirisch* immer nur Effekte finden kann, die man als *nichtrelativistische* begreifen muss...
L: Es gibt zwei Möglichkeiten, die empirischen Befunde *anzuerkennen*, ein Dilemma aber zu *vermeiden*: Bei der rMZ etwa kann man *entweder* die *Wechselseitigkeit* als falsch begreifen - eine in dem einen BS (angeblich relativistisch) erhöhte Masse hat im anderen BS *tatsächlich* diese Masse und für dieses ergibt sich umgekehrt eine Massen*erniedrigung*, was mithin einem *absoluten BS-übergreifenden* Effekt entspräche, *oder* man begreift die Masse in dem einen BS als erhöht und in dem anderen BS *ebenso* und BS-übergreifend ist *dieselbe* Masse gemeint, was mithin einem *relativ-relationalen nicht-BS-übergreifenden* Effekt entspräche...

B: Aber woher sollen solcherlei Effekte denn physikalisch *rühren* und wie sollen sie *zwischen* den BS zusammenhängen?
L: Eine *gute* Frage, die mithin von der RT weder *gestellt*, geschweige denn *beantwortet* wurde - für sie *ist* es einfach eine Eigenschaft der Raum-Zeit-Masse-Geometrie. Ersteres könnte mit einem *ruhenden*, aber verborgenen Äther zusammenhängen, letzteres mit einem *bewegten*, aber verborgenen Äther - der Äther ist hier wohlgemerkt als *Denkmodell* zu begreifen, man kann es auch komplizierter anders fassen, etwa relational (relativ) bezüglich der beteiligten Dinge, reeler und virtueller Teilchen oder was immer...
B: Sie haben also *kein alternatives* Erklärungsmodell...
L: Nein, und das *brauchen* wir Ihnen hier auch nicht zu *bieten* - sehen Sie, Ihre *Formulierung* ist ja schon schief: Die RT *ist* kein Erklärungsmodell! Es geht um das *Gläserargument* - wann ergeben sich überhaupt sinnvolle, widerspruchslose *Aussagen?* Die Aussagen `bewegte Massen sind größer´, `bewegte Uhren gehen langsamer´ oder `bewegte Körper sind kontrahiert´ sind zunächst schlicht *undefiniert* und *sinnlos*, insofern `bewegt´ *Relatives* meint - man muss sich entweder auf ein *alles umfassendes* BS beziehen oder nur auf *jeweils ein* BS. Jedenfalls aber nützt es nichts, wie die RT *beide* Augen *zuzudrücken* - mit `bewegt´ als *relativem* Begriff *bleiben* die Sätze sinnlos, aber mit `bewegt´ als *nicht*-relativem Begriff (`absolut´ im Sinne von `spezifisch´) sind es keine *relativistischen* Sätze mehr...
N: Die RT wäre entweder mit solcherlei Sätzen von *vorneherein* Unsinn, oder sie wäre *heuristisch trotz* dieser sinnlosen Sätze *wertvoll*, insofern sie zur Entdeckung bestimmter empirischer Phänomene - etwa beim HKE - *beigetragen* hat, *dann* jedoch *wegen* dieser Phänomene zu verwerfen, weil diese *über* nur *relative* Bewegung hinaus *absolute* Effekte *nachweisen* (*als* relative gedeutet sind sie ja *sinnlos*)...
L: Nehmen wir ein abschließendes Szenario: Die beiden sich begegnenden Zivilisationen mögen nicht nur *Zwillinge* austauschen, sondern bei ihrer Begegnung die Enden zweier identischer *Seilrollen* verknoten, die sich sukzessive *abrollen*. Bei einer bestimmten Distanz soll das dann stramm gespannte (zweiteilige) Seil die *Stecker* der Apparaturen *herausziehen*, welche die hier *(L. deutet auf die Abbildungen 25a/b)* eingezeichneten Zeitsignale aussenden: *Wer* soll dann *weniger* Signale erhalten? Hier müssen - wenn das RP gilt - beide Zivilisationen ja *gleichviele* Signale erhalten, denn die *Grundannahme* ist schlicht, dass unter *denselben Umständen dasselbe geschieht* und diese ist schlecht *verhandelbar*, weil sie eine rein *logische* Forderung ist (außerhalb der Quantenphysik). (Als kleiner Nachtrag zur Lichtausbreitung: Die müsste man als *anisotrop* begreifen, wenn sich hier *unterscheidet*, *wann* die Signale ankommen.) Beiderorts könnte so auch ein Photoapparat ausgelöst werden: Wer soll dann der *ältere* Zwilling sein? Wie legen Sie in dieses Szenario eine *Asymmetrie*, damit die Stecker bzw.

Auslöser nicht *absolut gleichzeitig* gezogen bzw. betätigt werden? Und die Seilrollen müssten auch mit *unterschiedlicher Geschwindigkeit* abrollen - an sich ist das nicht unmöglich, etwa mit den *Lorentz'*schen Annahmen; was immer man sich aber *ausdenken* mag, etwa, dass sich die Seilspannung erst durch das Seil (mit maximal *c*) *fortpflanzen* muss, wohlmöglich gar in *beiden* Sichtweisen gegenläufig, löst das Paradoxon nicht *auf* - es *können* nicht *alle* Recht haben mit ihren *relativistischen und wechselseitigen* Annahmen. Derlei `Ausflüchte´ wären nur `an den Haaren herbeigezogene´, reine Behauptungen ohne empirische Grundlage (im Gedankenexperiment), ja, man könnte ihren *Sinn* nicht einmal angeben, weil sie den logischen Widerspruch bergen, dass es überhaupt keinen *Grund* für eine Asymmetrie gibt...

E: Das Szenario ist mir zu absurd...

L: Aber den *Kern* des Problems sollten wir noch genauer herausarbeiten: VII f
Die Symmetrie zu *brechen* macht alles nämlich noch `schlimmer´ für die RT, denn es ergibt sich für die relativistischen Effekte - sehen wir wieder auf die ZD beim ZwP - ein weiteres Dilemma und *tertium non datur:* Wenn wir empirisch `*gleiches Alter*´ bei den Zwillingen finden (an einem Ort) oder aufgrund der (angeblichen) RdG annehmen, widerspricht das ohnehin der ZD der RT; wenn wir aber empirisch `*ungleiches Alter*´ finden oder annehmen, ergibt sich die Frage, woher dies *rührt* - zunächst ist die Situation ja *streng symmetrisch*...

B: ...oder sie erscheint uns so...

L: Als symmetrische Situation ist sie paradox, das bestreitet auch die *RT* nicht - man *muss* also beim ZwP die *Symmetrie brechen,* um etwa überhaupt für beide Zwillinge eine unterschiedliche Rechnung aufzumachen und es (scheinbar) seines Namens Lügen zu strafen. Wir haben zwar gerade das *Gegenteil* gesehen, nehmen wir aber einmal an, das *ginge: Wenn* man die Symmetrie bricht, ist es ganz *gleichgültig, wie* man dies macht - zielt man etwa auf den IS-Wechsel ab, darf dies *nicht nur rein Gedachtes* meinen; alleine *dass* die Symmetrie gebrochen sein muss, bedeutet, sich auf so etwas wie eine *absolute* (*spezifische*) Neigung der Weltlinien zu beziehen und *nicht* auf eine *relative* Neigung *zueinander,* denn *relativ zueinander* sind (oder erscheinen) sie ja ohne einen Bezug auf einen *absoluten Hintergrund* wie den `absoluten Raum´ oder das `Gesamtgewebe der Weltdinge´ nur *symmetrisch gleich* geneigt...

B: Das ist wahr...

L: Wir hatten schon gesagt, dass nicht der *Akt* der Neigung entscheidend sein soll, sondern dass der Akt etwas *ändern* muss. Bei der scheinbaren `*Bewältigung*´ des ZwP wird also das *nächste* Paradoxon gleich *geschaffen,* denn alle Gedankenexperimente der RT, bei denen ja gerade *nicht dynamisch,* sondern *rein kinematisch* argumentiert wird, werden damit `über den

Haufen geworfen´ - man müsste etwa in den üblichen Szenarien sagen: ´In einem *wirklich bewegten* Zug werden zwei Uhren vom Zugschaffner synchronisiert - das beobachtet ein *wirklich ruhender* Bahnwärter am Bahndamm´. Wie sollen wir dann aber die Herleitung der RdG *akzeptieren*, wenn wir *nicht* mehr vernünftigerweise annehmen können, *dass* eine *symmetrische* Situation vorliegt, um anzunehmen (als Postulat), dass sich Licht mit konstant c *isotrop* in alle Raumrichtungen ausbreitet?

N: ...nur zur Erinnerung: Die KdL hatten wir *ohnehin* schon als unhaltbar aufgezeigt...

L: ...hier wird die *Grundlage* der RT *selbst* (weiter) untergraben, denn auch *inertiale* Bewegungen, wie jene der beiden Zwillinge, müssen dann - wenn wir das HKE *ernst* nehmen und im Sinne der ZD der RT *deuten* - *absolute* sein. Jeder *Symmetriebruch* bedeutet, dass *nicht alle* ´Recht haben´, wie die RT behauptet - manches *muss* zu ´Schein´ degradiert werden, etwa, wenn der reisende Zwilling eine zur Erde ruhende ´Lichtuhr´ betrachtet...

N: Ich könnte gar reklamieren, dass man sich *direkt* oder *indirekt* auf die *Beschleunigung* beziehen muss, um von einer rein *kinematischen* Sicht zu einer *dynamischen* überzugehen - nur so kommt man dazu, dass der eine Zwilling ´wirklich´ (absolut) bewegt ist. Und da diese absolute Neigung der Weltlinien indirekt am absoluten Effekt der *Beschleunigung* als dem physikalisch einzig *Greifbaren* festgemacht werden muss, muss man sie just an *dem* Effekt festmachen, der seit jeher den ´absoluten Raum´ auswies - *wenn* hier etwas naheliegt, dann wohl die Existenz oder das Wirken entweder meines ´*absoluten Raumes*´ oder eines *Äthers*, die sich ansonsten zu verbergen wissen. Zumindest kann man dann nicht mehr sagen, „dass dem Begriffe der absoluten Ruhe nicht nur in der Mechanik, sondern auch in der Elektrodynamik *keine Eigenschaften* der Erscheinungen entsprechen"[197], denn dem ist entgegenzusetzen, dass man hier von ´wirklich´ bewegten (und *darum* langsamer gehenden) Uhren sprechen muss - *ohne* die Metaphysik der RT ist *das* der empirische Befund des HKE...

L: Vorsicht, Isaac! Auch in meinem *relationalen* Raum-Zeit-Konzept (und gleichsam mit dem Mach´schen Prinzip) lässt sich dies denken, man muss den Begriff ´absolut´ nur anders *fassen* - legen wir einmal ein der Feldvorstellung äquivalentes Modell alternativ zugrunde: Wir können uns die Welt auch als komplexes Gesamtgewebe reeler und kräfteübertragender virtueller *Teilchen* (mithin *Dinge*) in ihrer Gesamtheit vorstellen - dieses Gesamtgewebe *ist* dann das, was du den ´absoluten Raum´ nennst, aber eben nur *mit* diesen Dingen und ohne sie ist ´der Raum´ gleichsam *nichts* oder nur *Gedachtes*. Die Geschwindigkeit, in der physikalische Prozesse hier abliefen, könnte mit diesem ´*Gesamtgewebe der Dinge*´ *zusammenhängen*, innerhalb dessen die Bewegung stattfindet...

N: Ja, auch möglich, Gottfried, wir sind ja *beide* in unseren Vorstellungen

offener geworden - ob wir diese *absolute* `Neigung´ der Weltlinien als eine spezifische Relation zu einem Äther, Feld oder Quanten-Vakuum, zu meinem `absoluten Raum´ oder zu deiner `Gesamtheit der Weltdinge´ und ihrer Ordnung begreifen, bedeutet ja nur, *dasselbe* Phänomen damit in ein *anderes* `Bild´ zu fassen. Wenn sich beim Trägheitsgesetz der Gedanke (mit Mach und Berkeley) nahelegt, dass die Trägheit von Körpern irgendwie mit den *anderen* Körpern des Universums *zusammenhängen* könnte, warum nicht der Gedanke, dass die *Geschwindigkeit*, mit der physikalische Prozesse ablaufen, mit dem `Gesamtgewebe der Dinge´ zusammenhängt - immerhin ein *physikalischer* Erklärungsversuch, obgleich ich einige *Einwände* hätte...
L: Kann ich mir denken, Isaac...
N: Was die RT annimmt, mag auch *dynamisch* betrachtet falsch sein, eine *Raum-Zeit-Theorie* muss aber im Grunde rein *kinematisch* argumentieren, da Raum und Zeit - wie gesagt - nur Urteile betrifft, bei welchen von allem speziellen `Sosein´ der Dinge *abstrahiert* wird; und so muss sie auch *widerlegt* werden. Prägnanter formuliert: Um die `Welt´ zu verstehen, muss man *dynamisch* argumentieren, um die *RT* (als *Raum-Zeit-Konzept*) zu widerlegen aber *kinematisch*...
L: Jedenfalls ergibt sich, um es nochmals deutlich zu sagen, dass wir so, wie wir den Symmetriebruch *hier* laut RT vornehmen sollen, ihn auch bei allen *Uhren-Synchronisationen* vornehmen müssten, weil diese dann eben *nicht* mehr als *äquivalent* gelten könnten - kann man in dem *einen* Falle (beim HKE oder ZwP) sagen, was `ruhend´ oder `bewegt´ bedeutet, sollte man das auch bei *Uhren-Synchronisationen* oder beim *ZP* können - oder man kann es in *beiden* Fällen *nicht*, dann müssen wir einen anderen Zeitfluss in anderen BS als *nur virtuell-fingiert* begreifen...
N: Wir sehen also, dass die RT (in ihrem eigenen Sinne) überhaupt keine *vernünftigen* Aussagen mit Sätzen wie `bewegte Uhren gehen langsamer´ macht...
L: Wie wären nun empirische Befunde - etwa das HKE - zu *deuten*, wenn es VII g sich *nicht* um *wechselseitige* Effekte handeln kann? Wir gewahren, dass synchrone, gleichbeschaffene Uhren, die an einem Ort übereinstimmende Zeigerstellungen aufweisen, wenn sie mit verschiedener Geschwindigkeit *bewegt* werden und dann wieder an einem Ort *zusammentreffen*, sodann *verschiedene* Zeigerstellungen aufweisen - folgen wir hier dem empirischen Befund des HKE, *sei* dies so...
E: ...da mir eben *das* möglich schien, hielt ich es für erwägenswert, ob nicht „alle die Definition der `Zeit´ betreffenden Schwierigkeiten *dadurch* überwunden werden [könnten][...], dass ich an Stelle der `Zeit´ die `*Stellung* des kleinen Zeigers meiner *Uhr*´ setze", wenngleich natürlich „diese Definition [...] *nicht* mehr [genügt], sobald es sich darum handelt, an *verschiedenen*

219

Orten stattfindende Ereignisreihen miteinander zeitlich zu verknüpfen"[198]...
N: Ja, und eben hier taucht im Gegensatz zur relativistischen 'pragmatisch-nominalen *relativen* Zeit und Gleichzeitigkeit' die klassische 'ontologisch-reale *absolute* Zeit und Gleichzeitigkeit' auf - was ich nicht auf Raum und Zeit selbst und ihren *Status* beziehen möchte, sondern darauf, dass *realiter* vom Natur*geschehen*, das an den Weltdingen 'wirklich' statthat, die Rede ist, und nicht nur *idealiter* von unserer Natur*beschreibung*, bei der Körper, Uhren, Maßstäbe usw. die realen Weltdinge nur *repräsentieren* sollen... Muss man nicht auch mit der *RT* sagen, dass die Uhren, *obwohl* sie verschiedene Zeigerstellungen aufweisen, ontologisch-realiter zu *einem* Zeitpunkt zusammentreffen, und also *dieselbe* Zeit verflossen ist?
E: Eigentlich: *nicht wirklich* - und zwar *insofern*, als dass sich diese so selbstverständlich klingende Formulierung *nur* ergibt, *wenn* man das RZK in Raum und Zeit *zerlegt*...
N: Behaupten Sie - es *gibt* nur kein RZK (im Sinne der RT)... Und hier offenbart sich Ihr völlig anderes *Verständnis* von 'Zeit', man muss sogar - mit Verlaub - sagen '*Unverständnis*', das auf der pseudo-positivistischen Identifizierbarkeit der Zeigerstellung einer *idealen Uhr* mit der *Zeit selbst* als fundamentaler Real-Kategorie unserer Welt beruht...
E: Zeigerstellungen sind nun einmal das dem Physiker einzig *Fassbare*, mit dem er *arbeitet*...
N: Weshalb ich '*pragmatisch-nominal*' gesagt hatte...
L: ...desto besser, dass wir es einmal *naturphilosophisch* durchleuchten...
N: Alle Weltdinge stellen ja in gewisser Hinsicht 'Uhren' dar, insofern sie *Veränderungen* ausgesetzt sind; eine 'Uhr' ist doch im Grunde *jeder* von uns aus dem Naturgeschehen herausgegriffene, uns geeignet erscheinende physikalische Prozess (vornehmlich ein zyklischer), den wir anderen von uns beobachteten Prozessen als Vergleichs-Normal *zugrundelegen*...
B: Aber: '*geeignet*', sofern wir von dessen hinreichender *Gleichförmigkeit* überzeugt sind...
N: Ganz recht - ähnliches ließe sich von der '*Inertialzeit*' sagen, bei der sich nur *räumliche Relationen* von Körpern durch inertiale Bewegung verändern; Denkprinzip ist dabei, Gleichförmigkeit *anzunehmen*, 'wenn keine äußeren Kräfte einwirken...'
E: ...von allen dabei dräuenden Definitionszirkeln *abgesehen*...
L: Was wir 'Zeit' nennen, ist die *Veränderung* der Dinge (oder die schiere *Möglichkeit* dazu) und die resultiert aus den wirkenden *Kräften*...
N: ...inertiale Bewegung rührt dann aus einem '*Weiterwirken*' der zuvor 'eingedrückten Kräfte' her (heute formuliert man ja meist anders, dass *keine* Kräfte einwirken, was so betrachtet - 'Veränderungen werden von *Kräften* hervorgerufen' - *unlogisch* ist); die Formulierung '*äußere* Kräfte' erlaubt, dass die '*inneren*' Kräfte (ehedem der '*Impetus*', heute als '*Trägheit*' um-

interpretiert) noch *weiterwirken* können; das führt vom eigentlichen Thema aber fort - im Modell ʾKraftʾ nennen wir jedenfalls den *gedachten Grund* von Veränderungen ʾ*Kraft*ʾ. Das erschöpft wohl nicht, was ʾZeitʾ *ist*, mag aber hier als minimale Arbeitshypothese *hinreichen...*
E: Hm...
L: Um Zeit zu *messen*, setzen wir zwei physikalische Prozesse *in Relation* - wir *quantifizieren* Zeit, indem wir einen *neutralen*, nämlich *gleichförmigen* Vergleichsprozess zugrundelegen, da wir dem zu messenden Prozess sonst *fälschlicherweise* irgendwelche Schwankungen unterstellen würden; wohlgemerkt sagen wir das mit der gedachten *absoluten* (neutralen) Zeit. Alle Einflüsse, die zu *Unregelmäßigkeiten* führen könnten, sollen *vermieden* werden, denn wir können schlicht und ergreifend ʾnacheinanderliegendeʾ Zeiten nicht zum Vergleich ʾnebeneinanderlegenʾ - wir können nur alle *mutmaßlich* relevanten Einflüsse *in Betracht* zu nehmen versuchen, wobei wir annehmen (das steht *eigentlich* hinter dem RP), dass unter *denselben Bedingungen dasselbe geschieht...*
E: Das ʾKausalprinzipʾ im weiteren Sinne...
B: ...eine andere, *abweichende* Annahme dürfte schlicht *sinnlos* sein (ohnerachtet *quantenphysikalischer* Fragen)...
E: ...darum sollte eine Uhr, als „ein Mittel zur Messung der Zeitdifferenz", ein „*in sich determinierter periodischer Prozess*"[199] sein...
N: So *sollte* es sein - in der Tat; Ihre relativistische ʾLichtuhrʾ fällt dann allerdings schon einmal *nicht* unter diese Definition, wie wir eben gesehen hatten...
L: ...und das mag uns auf die richtige *Fährte* führen: Was wir etwa beim *HKE* beobachten, ist nämlich für die *klassische* Vorstellung von Zeit, und wohlgemerkt ganz unabhängig davon, ob vom *absoluten* oder *relationalen* Raum-Zeit-Konzept die Rede ist, lediglich ein neuer, bisher unentdeckter *physikalischer* Zusammenhang: Wir nehmen an, dass alle physikalischen Prozesse spezifischen *Naturgesetzen* gehorchen und den dabei relevanten *Randbedingungen* entsprechend verlaufen, dass also Temperatur, Druck, Feldwirkungen, Strahlung, Gravitation und manches andere und in *diesem* Falle auch *absolute Bewegung* im - ʾRaumʾ möchte ich nicht sagen - ...im ʾGesamtgefüge der Weltdingeʾ einen physikalischen Prozess *beeinflussen* - so die schlichte empirische Feststellung, wenn man das Ergebnis des HKE nimmt (sofern wir nicht auf einen *Äther* rekurrieren wollen)...
E: ...ʾ*absolute* Bewegungʾ?!?
L: Eben *darüber* haben wir doch beim *ZwP* ausführlich *gesprochen:* Wir können *keine Wechselseitigkeit* der empirischen Effekte annehmen, und wenn diese *messbar-real* sind, müssen es also *einseitig-absolute* Effekte sein - statt ʾabsolutʾ könnte man auch ʾ*spezifisch*ʾ sagen, denn um Herrn N.ʾs *absolutes Raum-Zeit-Konzept* geht es dabei *nicht*, wie wohl noch deutlich

wird...
N: Um aber wirklich zu begreifen, was ein Uhr eigentlich *ist* oder *macht*, sage ich einmal provokativ: `Jede Uhr zeigt sozusagen `implizit´ auch die `absolute Zeit´ an, *gleichgültig* welchen Gang sie hat - wir können sie nur nicht korrekt *ablesen´*...
E: Wie jetzt!?
N: Nun, denken wir einmal eine elektro-mechanische Uhr (ohne Quarz, ohne Unruh) mit einer sich langsam *erschöpfenden Stromquelle* - sie geht immer *langsamer*, bis sie schließlich *stehenbleibt*... Wir sagen, die Uhr `verliert´ Zeit - allerdings eben exakt jene, die ich `*relative* Zeit´ genannt hatte, und bezüglich der ich gefordert hatte, sie von der `absoluten Zeit´ zu *unterscheiden*[200]. Vielleicht muss man die Neigungen der Weltlinien gegen die absolute Zeit(achse) mit dieser relativen Zeit identifizieren, so wir das HKE richtig deuten - wie dem auch sei... Man könnte hier einfach den *Ladungszustand* der Stromquelle beim *Ablesen* der Uhr *berücksichtigen* oder die Uhr *nachregeln* (bis die Stromquelle sich *ganz* erschöpft hat). Bei oszillierenden *chemischen* Uhren ist es *ähnlich:* Wenn man zwei solche Uhren bei *ansonsten identischen* Randbedingungen bei *unterschiedlichen Temperaturen* ablaufen lässt und sie *divergieren*, sagt man nicht, die Zeit *selbst* sei *anders* verlaufen. *Im Gegenteil* - man sagt: `Siehe, unter diesen speziellen *Umständen* wirken die Naturgesetze bzw. Kräfte *gerade so*, wie wir es *beobachten´*. Wir nehmen an, dass die Naturgesetze bzw. Kräfte unter den jeweiligen speziellen Umständen - eben den *Randbedingungen* - auf ihre ganz *spezielle Weise* wirken, und unterwerfen alle Prozesse *einem* (gedachten) absoluten Zeitmaßstab - so können wir also sagen: Eine *Uhr* zeigt an, was ihr `widerfährt´...
L: Ich sehe in der Zeit zwar eine Ordnung, welche in der Veränderung der (oder an den) *Weltdinge(n)* gegeben ist, die sich hier eben unterschiedlich *schnell* verändern, aber auch *ich* nehme an, dass die Naturgesetze bzw. die hier verantwortlichen Kräfte an sich sozusagen `*gleichmäßig´* wirken, aber eben den jeweiligen *Randbedingungen* entsprechend, so dass *daraus* unterschiedliche, also divergierende Entwicklungen resultieren - alles *cum grano salis* formuliert. Lässt man alle Metaphysik einmal *fort*, müsste man sagen: Eine `*anders-gehende´* Uhr denken wir gemeinhin so, dass wir das Wirken der Naturgesetze bzw. Kräfte *absolut* setzen und damit ebenso die `Zeit´ als Konstrukt aus der Veränderung der Weltdinge. Wir betrachten die *Randbedingungen* als andere - eben *weil* die andere sind, hat die Uhr einen anderen *Gang;* und die Randbedingungen *müssen* bei den zur Diskussion stehenden Effekten andere sein, weil die Beobachter-Symmetrie *gebrochen* sein muss, um der *widersprüchlichen Wechselseitigkeit* zu entgehen...
N: ...was auch immer man *ansonsten* unter `Zeit´ zu verstehen geneigt ist. Insofern ist nun die Vorstellung - wie gesagt - ganz absonderlich, dass es

eine Uhr gäbe, die *nicht* die `absolute Zeit´ anzeigt...
L: ...abermals in *deine* Begriffe gefasst. Verwenden wir ruhig immer *deine anschaulicheren* Begriffe, Isaac, mögen wir aber *eingedenk* bleiben, dass damit hier nichts über den *ontologischen Status* von Raum und Zeit gesagt sein soll...
E: Wie jetzt - `die *nicht* die *absolute* Zeit anzeigt´?
N: Nun, wenn eine Uhr anzeigt, was ihr `widerfährt´, muss insofern *jede* Uhr, auch etwa eine mit verharztem Uhrwerk, die `absolute Zeit´ anzeigen: Eine verharzte Uhr mag zwar für uns als Zeitmesser *ungeeignet* sein, das ganze *System* `Uhr´ aber zeigt die *ihm* (unter eben *diesen* speziellen Randbedingungen) *widerfahrenden Veränderungen* an - nichts anderes. Sehen Sie, niemand würde hier doch sagen, dass bei der *verharzten* Uhr die *Zeit selbst* anders *liefe*, oder dass bei einer *defekten* Uhr gar die *Zeit selbst stehenbliebe*. Als Uhr *geeignet* wäre auch die *verharzte* Uhr, wenn man die speziellen Randbedingungen exakt *reproduzieren* und *einberechnen* könnte (würde). Selbst von der *defekten* Uhr könnte man sagen - so absurd das zunächst klingt -, `dass der Zahn der Zeit auch an *ihr* nagt´ und es sei, etwa so verrostet, wie sie sich uns zeigt, gewiss, dass eine bestimmte Zeit `*verflossen*´ sein müsse - wir glauben nicht der *Zeigerstellung*, die uns ja sagen müsste, dass die *Zeit selbst stillesteht*...
E: ...was ja auch *absurd* wäre...
N: Aber genau *das macht* die RT doch etwa beim `*corps obscur*´...
L: Die RT nimmt nicht nur hinsichtlich der Zeit*punkte* eine Art `multiple VII h Realität´ an, wie wir gleich sehen werden, sondern generell der `*Zeitflüsse*´: Was die RT letztlich macht, wenn sie für verschiedene Weltdinge `*Eigenzeiten*´ definiert, ist, dass sie diese gleichsam voneinander *isoliert* - jedes Weltding soll seine *eigene* Zeit haben. Alles Naturgeschehen hat aber in *einer*, alles *umgreifenden* Realität statt, dessen `Zeit´ das `Destillat´ aus dem *Gesamtgeschehen* der ontologischen Realität ist (natürlich *heraklitisch* gedacht); wir können und sollten daher alle Ereignisse in *einen* gedachten *absoluten* `Zeitfluss´ einordnen...
N: Es heißt ja etwa auch, dass für `Schwarze Löcher´ jenseits des Schwarzschild-Radius „eine Singularität der Raum-Zeit auf[tritt]": Die Zeit bleibt stehen und der Raum wird unendlich"[201] - so als `*endete*´ dort die Zeit. In Wahrheit aber ist der Teil des Kosmos, wo sich ein solcher `*corps obscur*´ befindet, nur *informativ* vom Rest des Kosmos abgetrennt, was ja schon Laplace und andere im Rahmen der *klassischen* Physik (spekulativ) entwickelt hatten, als Massenansammlungen, deren Gravitationsfeld *so stark* ist, dass auch *Licht* ihm nicht `entkommen´ kann.[202] Die Materie ist dann aber nicht `aus der Welt´ (wie `denaturiert´ sie auch sein mag) - sie `wirkt´ gravitativ *weiter* und steht in *Relation* zu den anderen Weltdingen umher. Der `*corps obscur*´ ist die existierende *Feldquelle* der Gravitation - ohne

223

ihn würde dieses Feld gar nicht *existieren*. Natürlich kann man alle Begriffe *umdefinieren* - nur was will man damit *anderes* sagen? Um eine totale Begriffs-`Anarchie´ zu vermeiden, muss man die Existenz der Materie doch als `*fortdauernd*, während sich *andere* Weltdinge *verändern´*, mithin als `in einer *gemeinsamen* Zeit stehend´ begreifen. Generell müssen wir die *Existenz* von Seiendem als `*Fortdauern* in der *Zeit*´ begreifen und Seiendes, das eine *Wirkung auf anderes* `zeitigt´ - hier passt das Wort besonders gut - müssen wir als `*existierend*´ denken: Es gibt insofern (von Platons `Ideenwelt´ abgesehen) also keine `zeitlose Existenz´, beide Begriffe *schließen* einander *aus*. Die Formulierung `die Zeit bleibt stehen´ ist insofern also widersinnig - der `Fluss der Zeit´ wird ja von uns aus der *Gesamtheit* der Veränderungen der Weltdinge erst `*herausdestilliert´*...

L: ...insofern kann man `Zeit´ und `Veränderung´ auch nur miteinander identifizieren, wenn man *alles* Naturgeschehen in den Blick nimmt, denn gemeinhin sagt man eben nicht, die *Zeit* stünde still, wenn *ein* Ding oder ein *Teil*bereich des `Seins´ sich nicht verändert; und dass *alles* stillesteht, ist *als Gedanke* - insofern er immer einen materiellen Träger zu brauchen scheint - in-sich *widersprüchlich*...

N: Richtig; ähnliches ergibt sich zu `der Raum wird unendlich´ - hier soll ein *unendlicher* Raum im ansonsten (je nach Friedemann´scher Lösung) *endlichen* Raum eingebettet sein - uns beiden ist der Raum als `Mannigfaltigkeit der Orte, an denen Dinge sein *können*´ oder als `Inbegriff der Systematik der möglichen (tautologisch: räumlichen) Relationen der Weltdinge´, mithin als *Kontingenzraum* ohnehin nur *unendlich* denkbar, obgleich wir es - wie schon Aristoteles - als *sinnlos* betrachten, von ihm als einem `Seienden´ zu sprechen, wohl gar dort, wo keine Weltdinge (mehr) sind...

L: Aber lassen wir die ART auch weiterhin aus dem Spiel...

B: Das ist wohl *besser*...

N: ...sie erledigt sich als *konventionell* mit der SRT ganz von selbst...

B: Ich denke, wir *definieren* den Begriff `Zeit´ anders...

L: So *möchten* Sie es betrachten - führen wir eben *deshalb* den Gedanken konsequent zu Ende; man könnte also sagen: `Im Wirken der Naturgesetze bzw. Kräfte liegt die Zeit´...

N: ...und insofern wir das Wirken der Naturgesetze bzw. Kräfte (mithin die Gründe) absolut setzen und sagen: `*Jede* Uhr unter *denselben* Umständen würde *dasselbe* anzeigen´, würde es also auch hinreichen, wenn wir alle Einflüsse *kennen* und *einberechnen* würden. Die Suche nach `*der*´ `*idealen*´ Uhr bedeutet damit aber nichts anderes, als die Suche nach einer für *uns geeigneten, uns korrekt ablesbaren* Uhr. Jede `ungenaue´ altmodische Uhr zeigt so betrachtet die `absolute Zeit´ *ebenso* exakt an, wie die `genaueste´, modernste Atomuhr - sie lässt sich gleichsam nur nicht *adäquat ablesen*, da man *dafür* alle relevanten Einflüsse kennen und einberechnen *müsste* -

könnte und *täte* man das aber, muss man sie als *ebenso exakt* bezeichnen. Das scheint manchem nicht klar zu sein, der mit der Suche nach immer *präziseren Uhren* auch der `absoluten Zeit´ immer *näherzukommen* meint - diese liegt immer schon direkt *vor uns*...
L: So in *deine* Begriffe gefasst - entscheidend ist nun, dass sich mit dem angeblich *relativistischen* Effekt einer *ZD*, der sich etwa beim HKE zeigen soll (die divergierenden `Zeigerstellungen´ zweifeln wir wohlgemerkt *nicht* an), daran überhaupt nichts *ändert* - der Satz `Jede Uhr unter *denselben* Umständen würde *dasselbe* anzeigen´ umfasst jetzt nur *auch* `Jede *ebenso bewegte* Uhr´...
B: Nun gut, so betrachtet... Wenn aber schlicht *alle* Prozesse langsamer verlaufen, warum dann nicht *sagen*, die *Zeit selbst* sei langsamer?
L: ...weil das einen (Real-)Kategorienfehler darstellt: Prozess und Zeit sind *nicht ineins* zu setzen[203] - wir wollen Sie aber mit einer *Kategorialanalyse* nicht *überfordern*, man kann sich das *im Ansatz* ganz *einfach* klarmachen: Was Sie zugrundelegen - `dass *alle* Prozesse langsamer verlaufen...´ - ist schlicht gar nicht der *Fall*, denn *wenn alle* Prozesse langsamer verlaufen würden, wäre uns das doch gar nicht *bemerkbar* - das bekannte Paradoxon (ähnlich der Annahme eines `zeitlichen Vakuums´, in dem nichts geschehen soll)...
B: Sie meinen, es scheinen bzw. sogar: *sind* hier nur die Prozesse in *einem* BS langsamer als in einem *anderen*...
L: Ja; dann aber können und müssen wir alle Ereignisse *einem gedachten absoluten* `Zeitfluss´ einordnen - denken Sie an den `corps obscur´...
N: Sehen Sie, lauthals lachten *damals* die Kritiker der RT über den Käfer in der Schachtel, der durch Schütteln der Schachtel länger leben sollte[204] - und *heute* lachen die Anhänger der RT, weil dies (zumindest bei einigen Phänomenen) empirisch *tatsächlich* so zu sein scheint. *Beide* lachen aber zu *unrecht*, da derlei kein *wechselseitiger*, also auch kein *relativistischer* Effekt sein kann, und - wichtiger noch - weil es dabei gar nicht um die (gedachte) absolute Zeit selbst *geht*, sondern um *Prozess*fortschritte, die *relative* Zeit. Der `ruhende´ und der `geschüttelte´ Käfer befinden sich in *einer* Realität und daher stehen die beiden verschiedenen `Zeitflüsse´ in einer *spezifischen Relation* zueinander; einzelne herausgegriffene Prozesse - dieser *oder* jener Käfer - betreffen nur die *relative* Zeit, die ich von der (gedachten) *absoluten* Zeit *unterscheide*. Der *Inbegriff* dieser spezifischen Relationen *ist* die `absolute Zeit´...
L: ...ich begreife dies auch als ein *Konstrukt*, das aus der Gesamtheit des Naturgeschehens gleichsam von uns `extrahiert´ wird - insofern ist `Zeit´ nichts, das überhaupt langsamer oder schneller sein *könnte*, weil sie *als* Konstrukt gleichsam die *Resultante* der einzelnen (relativen) `Zeitflüsse´ bzw. Prozessfortschritte ist (auch *darum* liegt ein Kategorienfehler vor,

nicht nur, weil `langsamer´ und `schneller´ für die Zeit selbst *undefiniert* sind) - `absolut´ im Sinne von `spezifisch´ verstanden, spricht man jedoch von tatsächlich *ontologisch-realiter* Gegebenem; es geht *nicht nur* um *unser Denkschema:* Uhren haben einen *spezifischen* Gang - an sich und untereinander, sie müssen gleichsam `wissen´, was sie jeweils *anzuzeigen* haben, wenn sie einer anderen Uhr *begegnen* und *divergieren;* da sie aber *gesetzhaft* anderes anzeigen sollen, muss ihr *Gang* in einer *spezifischen Relation* zueinander stehen - es liegt also *ein gemeinsames* Zeitmaß zugrunde. Die Absurdität der Selbstbezüglichkeit der RT, dass Raum und Zeit Funktionen *rein relativer* Geschwindigkeiten sein sollen, *um eine spezifische Größe* zu haben, aber eines *absoluten* Bezuges im Sinne von `*spezifisch*´ bedürfen, hatten wir ja bereits erwähnt - man landet wieder bei Dingles Syllogismus; hier geht es darum, dass sie Teil *einer* Realität sind...
E: Wie jetzt!?
L: Nun, wir hatten ja schon den absurden Gedanken zurückgewiesen, dass sich Weltlinien in irgendwie *separate(n)* Welten entwickeln (natürlich alles *heraklitisch* gedacht) - sie *können* sich wechselseitig *beeinflussen;* wenn sie sich schneiden, geschieht dies zu *einem* Zeitpunkt, denn wenn die RT auch annimmt, dass die (relative) Zeit für verschieden bewegte Weltdinge unterschiedlich schnell `verfließt´, so heißt das *nicht*, das sie sich damit in `separate Realitäten´ bewegen - es ist *nicht so*, wie eine *andere räumliche Bewegung* ein Ding an einen *anderen Ort* bringt, oder wie zwei Körper nur an verschiedenen Orten sein können - es ist *nicht so*, dass der gereiste Zwilling bei seiner Heimkehr gleichsam vor den verschlossenen Türen einer `anderen Zeit´ stünde und nicht zu seinem Bruder *gelangen* kann... Alles hat in *einer gemeinsamen* Realität statt, steht in *einer gemeinsamen* Zeit - alle Prozesse (Ereignisse) bilden in ihrer Gesamtheit einen *gemeinsamen* `Zeitfluss´, den wir mit dem gedachten *Konstrukt* `absolute Zeit´ zu *erfassen* trachten; die sich verändernden Weltdinge selbst bzw. ihre sich verändernden Relationen *sind* der `Fluss der Zeit´. Zwei *getrennt* ins Auge gefasste Prozesse können daher einen *unterschiedlichen relativen* `Zeitfluss´ aufweisen - das bedeutet nichts anderes, als unterschiedliche Eigenzeit-*Geschwindigkeiten* vor einem gedacht *absoluten* (spezifischen) `Zeitfluss´ anzunehmen...
N: ...womit wir exakt zu *dem* kommen, was ich immer *gefordert* hatte, nämlich, Raum und Zeit zur Aufhebung gewisser Vorurteile „zweckmäßig in absolute und relative, wirkliche und scheinbare, mathematische und landläufige Größen [zu scheiden]"[205]...
L: Gemach, Isaac! Auch für mein *relationales* Raum-Zeit-Konzept lässt sich dies ja formulieren - unsere Konzepte stehen sich hier aber in der Tat recht nahe. Es geht jedenfalls nur um einen anderen *Gang* von *Uhren*, um eine *Gang*dilatation bei Uhren als *physikalischen Prozessen* und nicht um

eine *Zeit*dilatation - weniger Prozesse hatten in *derselben* Zeit statt...
E: ...*Ihren* Begriffsdefinitionen gemäß...
L: Damit machen Sie es sich zu *einfach;* das dahinterstehende (apriorische) Denkschema gibt komparativen Begriffen wie `langsamer-schneller´ oder `weniger-mehr (Zeit)´ den notwendigen *Bezug*, damit sie überhaupt etwas *bedeuten* und damit man derlei überhaupt *denken* kann. Als mithin *relativen* Begriffen liegt `weniger´ und `mehr´ dennoch ein *absoluter* Bezugs- oder Grundmaßstab *zugrunde*...
N: ...der ganze Begriff `Dilatation´ etwa macht doch nur Sinn, wenn man `Dehnung´ als zwischen zwei *identischen, spezifischen, fixen* Zeitpunkten mit in übergeordneter Perspektive *ein-und-demselben* Abstand versteht - gleichsam als `*Verschiedenes*´ vor dem Hintergrund des *Gleichen*´...

VII i

B: Ja, analog hatten Sie schon bei der LK und den räumlichen Abständen argumentiert...
N: ...ebensowenig Sinn macht es natürlich umgekehrt, zeitliche Abstände zwischen *nicht-identischen, nicht-spezifischen* und *nicht-fixen* Zeitpunkten erfassen zu wollen. Es geht um das Wesen von `*Messung*´ *selbst:* Bevor man eine Messung überhaupt *beginnt*, muss man schon identische, fixe, spezifische Punkte und einen spezifischen Abstand dazwischen *annehmen* - das ist noch *jenseits* aller *empirischen* Fragen, da alles andere *sinnlos* ist... *Wenn* die Punkte aber identisch, spezifisch und fix *sind* - auch hier fragen wir analog der LK - was soll dann ein `*verschiedener*´ Abstand überhaupt ontologisch-realiter *bedeuten*? `Verschieden´ kann dann nur pragmatisch-nominal etwas bedeuten - denn *wenn* dieses `verschieden´ ontologisch-realiter etwas bedeuten *würde*, wäre die vergleichende Messung *sinnlos*...
L: Bei den räumlichen Urteilen hatten wir daher `Ort´ (zu *einem* Zeitpunkt *mit* den Weltdingen) schon als identischen Fixpunkt `reanimiert´ - bei den zeitlichen Urteilen werden wir uns dem sogleich zuwenden; so es derlei im relativistischen Sinne *gibt*, muss man jedenfalls zwischen den zwei Zeitpunkten des Zusammentreffens divergierender Uhren sinnvollerweise *eine* Zeitspanne annehmen, wenn auch möglicherweise *verschiedene Prozessfortschritte* (relative Zeitspannen). Es ist ganz gleichgültig, ob wir sagen können, *welche* Uhr dabei die `richtige´ oder (insofern) `absolute´ Zeit anzeigt - ich würde sagen: `*keine*´, da ich eine `absolute Zeit´ in *diesem Sinne* ablehne...
N: Nun, es lässt sich eigentlich überhaupt nicht sinnvoll *fragen*, welcher Prozess die `absolute Zeit´ `richtig´ anzeigt - da wir eben nur *zwei Prozesse in Relation* setzen; wir fragen letztlich: `Wie *koinzidieren* die Fortschritte zweier physikalischer Prozesse jeweils?´
E: Aber Sie müssen doch dann (in Gedanken) eine Uhr und ihren Gang *bevorzugen* und Ihrem Messen zugrundelegen - welche soll das denn bitte sein?

L: *Irgendeine* - auch dabei *haben* und *brauchen* wir keine *absolute* Skala: Das ist doch nicht geheimnisvoller, als wenn wir etwa statt in `Metern´ in `Meilen´ oder in `Fuß´, `Elle´ oder sonstetwas messen - dabei bevorzugen wir doch auch nicht *mit Grund* die eine oder andere Einheit als `absolut´ (nur ob historisch-pragmatischer Zusammenhänge) - nur dass es bei `Zeit´ um unterschiedliche *Randbedingungen* von *Prozessen* geht, und nicht wie bei den räumlichen Urteilen darum, welches `Ding´ wir als Maßstab verwenden...

N: Die RT steigert sich hier ja beinahe in einen *Wahn* hinein - *isolieren* wir auch *dieses* Problem: Angenommen man hätte beim MME *doch* einen Äther gefunden, so dass man eine absolute Gleichzeitigkeit `herstellen´ könnte, und nehmen wir ebenso an, dass relativ zu diesem *bewegte* Uhren einen langsameren Gang aufweisen und bei Bewegung `Zeit verlieren´ würden - würden wir dann eine absolute Gleichzeitigkeit in *Frage* stellen und *verschiedene* `Zeitflüsse´ annehmen?

B: Wohl nicht...

N: Eben - oder denken wir uns, dass die vorhin erwähnten Körper *K, L, M...* sich dergestalt *kreisförmig* um ein Zentrum bewegen, dass sie sich immer wieder allesamt an (nahezu) einem Ort begegnen. Ihre Eigenzeiten denken wir uns von Uhren angezeigt, die - so nehmen wir mit dem HKE an - jeweils einen *unterschiedlichen Gang* aufweisen, Sie sagen: `der ZD unterliegen´...

B: Ja, in Abhängigkeit von ihrer Bewegung wird sich dann zeigen, dass die Uhren zwischen zwei Begegnungen *divergieren*, so sie nicht zufällig in *derselben* Weise bewegt waren...

N: Moment - alleine zu sagen `in *derselben* Weise bewegt´ setzt ja einen absoluten (spezifischen) Bezug in *irgendeinem* Sinne voraus - zeigen sie *dasselbe* bei der *Wieder*begegnung, muss ihnen *dasselbe widerfahren* sein (jedenfalls in summa), womit man einen *absoluten* Bezug hat (ontologisch-realiter). Ich möchte aber auf etwas *anderes* hinaus - manchmal wird ja angeführt: `Hätte c einen *mesokosmischen* Wert, wären uns die (angeblich) relativistischen Effekte also *alltäglich bemerkbar*, wäre die RT schon viel *eher* formuliert worden und *allen* auf Anhieb *einsichtig*´ - das *Gegenteil* ist der Fall: Es kann doch eigentlich keinen Zweifel geben, dass - wenn man sich auf diesen Körpern etwa verschiedene Zivilisationen denkt - diese sich für ein `Miteinander´ einigen würden, die Uhren so zu *präparieren*, dass sie alle *denselben* Gang haben und bei allen Begegnungen *dieselben Zeigerstellungen* aufweisen. Man würde nicht von einer geheimnisvollen ZD sprechen, sondern annehmen, dass die *Randbedingungen* der Prozesse in den Uhren verschieden sind, und *deshalb* ihr *Gang* ein anderer wäre...

L: Man würde schlicht sagen `Bewegung beeinflusst den *Gang* von *Uhren*´. Man würde nur mit einem *gemeinsamen* `Zeitfluss´ diese Gang*relationen* überhaupt *ausdrücken* können, wenn man etwa sagte `die eine Uhr geht ½ oder ¼-mal so schnell wie die andere'. Das wäre nicht nur etwas *von uns* dem Naturgeschehen willkürlich Hinzugefügtes, sondern etwas, das in der Natur selbst (`an sich´) auch *ohne uns verankert* ist - für das ontologisch-reale Gesamtgeschehen existiert eine gemeinsame (absolute) Denk- *und* Realkategorie `Zeit´...

N: Insofern ist es auch völlig unsinnig, wenn behauptet wird, `sogar´ beim Global Positioning System (GPS) müsse man die RT berücksichtigen und das weise sie *empirisch* als *richtig* aus; gesetzt, dass dies sachlich richtig ist (und abgesehen davon, dass es - hier wie dort - um nicht-wechselseitige Effekte bei nicht-inertialen Bewegungen geht) berücksichtigt man nur den mathematischen Formalismus *LT* (`wie genau´ lässt sich gar nicht sagen, weil sich hier (angeblich) allgemein-relativistische Effekte untermischen), weil der *Gang* der *Uhren* ein anderer ist. Gerade hier wird deutlich, dass *nicht* von der *Zeit* die Rede ist, weil es *irrelevant*, man könnte auch sagen *ontologisch-realiter redundant* ist, wenn Uhren für *einen* Zeitpunkt (als *einem* Zustand der Weltdinge) *mehrere Zeitetiketten* vergeben - eben *weil* dies bei der Positionsbestimmung etwa eines Autos *keinen Sinn* macht, da es *ein* spezifisches `wo´ und `wann´ innehat...

L: Mehr noch - das GPS ist gleichsam der praktische *Beleg, dass* man die (angeblich) *relativistischen* Zeitangaben auf einen *absoluten* Zeitmaßstab umrechnen *kann*, wodurch die verschieden `Zeitflüsse´ zu klassischen verschiedenen *Gangraten* von Uhren vor dem Hintergrund einer *gemeinsamen* (absoluten, spezifischen) Zeit werden - wohlgemerkt hat das rein gar nichts mit *der* `absoluten Zeit´ im Sinne Herrn N.´s zu tun. Es *besagt* einfach nichts, den verschiedenen Gang der Uhren als - wie bei den LT gleichsam `aktiv´ - `*verschiedene Zeitpunkte klassifizierend*´ zu begreifen - welcher Nutzer des GPS zweifelt daran, dass er ein spezifisches `wo´ und `wann´ innehat?

B: Gut, zugegeben - umgekehrt halten wir es auch für sinnlos, von zwei `wirklich´ unterschiedlich schnell verlaufenden Prozessen zu behaupten, sie liefen `in Wahrheit´ gleichschnell, weil die `dahinterstehende´ Zeit *selbst* `anders´ liefe...

L: Eben, aber es macht in *beiden* Richtungen keinen Sinn, denn *weil* die Symmetrie *gebrochen* sein muss, meint `wirklich´ bei der angeblichen ZD *dasselbe*... In einer Welt mit einem *mesokosmischen* Wert für *c* wäre die RT *nicht* allen unmittelbar *einleuchtend* - man würde sie sofort *verwerfen* (hinsichtlich der räumlichen Urteile hatte sich dasselbe ergeben)...

N: Ich hatte - wie bereits erwähnt - schon dazumalen gesagt: „Es ist möglich, dass es keine gleichförmige Bewegung *gibt*, durch die die Zeit genau gemessen werden kann. Alle Bewegungen können *beschleunigt* oder *verzögert* sein; aber der Fluss der *absoluten* Zeit kann sich *nicht ändern*", „die *relative* Zeit [aber], die *unmittelbar sinnlich* wahrnehmbare und landläufig so genannte, ist [nur] ein beliebiges sinnlich wahrnehmbares und äußerliches Maß der Dauer, aus der *Bewegung* gewonnen"[206]... *Ein gemeinsamer* Zeitfluss bei unterschiedlichen physikalischen Prozessfortschritten hat natürlich nicht den *esoterischen Kitzel* der RT...

L: Fassen wir das alles noch etwas systematischer: Bei Messungen von Zeitdauern oder zur Klassifizierung von Zeitpunkten versuchen wir, *rein system-intern-determinierte identische* physikalische Prozesse zugrundezulegen, etwa Atomschwingungen (was natürlich weitere Annahmen über diese Prozesse beinhaltet). Die von der RT ins Feld geführten *empirisch-nachgewiesenen* Effekte der ZD, etwa beim HKE, müssen wir allerdings nun als *nicht*-system-intern-determiniert oder *nicht*-identisch interpretieren, denn *wären* es solche, führte dies zwangsläufig mit den von der RT als *symmetrisch-wechselseitig* aufgefassten Effekten zu *Widersprüchen* - eben *das* hatten wir beim ZwP gesehen: Die Symmetrie muss *gebrochen* sein...

E: Ja, *und?*

L: Nun, ein *system-interner* Symmetriebruch ist ja widersinnig, weil er ja bedeutet, *nicht dieselben*, sondern *verschiedene*, mithin *inkommensurable* Prozesse zugrundezulegen - prägnant: *verschiedene* Zwillinge oder Uhren. Sind die Prozesse andererseits *system-intern-identisch*, dürfen sie nicht rein *system-intern-determiniert* sein, *weil* die Symmetrie eben *gebrochen* sein soll - prägnant: es *soll* sich etwas unterscheiden, damit Unterschiedliches *herauskommen kann*. Bei einem *system-externen* Symmetriebruch aber, der also gewissermaßen `von außen´ kommt (so offenbar beim HKE und angeblich bei der `Lichtuhr´), sind aber die Vergleichsprozesse natürlich *ebenso inkommensurabel*, die *Randbedingungen* sind ja eben *andere*. So erfasst man nur Herrn N.´s *relative* Zeit - die *gedachte absolute* Zeit muss man aus dem Gesamt-Naturgeschehen erst gleichsam `extrahieren´...

N: Um diese *absolute* Zeit von solchen (system-intern-identischen) Uhren *abzulesen*, muss man die *system-externen Einflüsse*, die unterschiedlichen *Randbedingungen* also, die eben die Symmetrie brechen, *herausrechnen;* gleichgültig ob man das nun praktisch kann oder nicht: Die Uhren *würden* dann natürlich *dasselbe* anzeigen - sie zeigen implizit *immer* die (gedachte) `absolute Zeit´ an, wir können sie nur nicht richtig *ablesen*...

E: Wenn man es *so* sehen will...

N: Man kann nicht sagen: `Wir finden die *Randbedingungen gleich*, also ist der *Zeitfluss* selbst ein *anderer*´, sondern es ist umgekehrt: `Wenn wir den Zeitfluss anders *finden, sind* die Randbedingungen andere´...

L: Die Zeitvorstellung der *RT* kann also die überkommene und altbewährte, notwendige Vorstellung einer gedachten absoluten Zeit (als eines aus dem Gesamtgeschehen extrahierten *Konstrukts*) *nicht ersetzen;* sie *ist* zwar ein Konstrukt, aber eben *elementar*, da sie den `Fluss der Zeit´ (als Metapher verstanden) und das `stete Wirken der Kräfte, das Veränderung hervorruft´

als *identisch* begreift - *dafür* steht sie *ontologisch-realiter...*

N: Allemalen aber kann man auf verschiedene Zeitpunkte, die nur einem verschiedenen *Gang* von *Uhren* entspringen, nicht eine RdG und ein PBU gründen; wollte man partout den Begriff `Zeit´ im Sinne der RT definieren, wird, was dieser *ehedem* erfasste, *nicht obsolet*. Man kommt nur zu einem Bündel völlig *redundanter Zeitetiketten*, die alle *denselben Zustand* der Weltdinge, den man gerade in Betracht nimmt, bezeichnen - *darum* geht es bei *Zeitpunkten...* Dabei *konstruiert* unser Denken *eigenständig* aus dem Gesamtgeschehen einen `absoluten´ Zeitfluss und man könnte sich von der Evolution weder bei `Zeit´, noch `Raum´ eine andere Anschauungsform *wünschen...*

L: Kommen wir also von den Zeit*dauern* zu den Zeit*punkten*, dem *zweiten* VII j Aspekt bei den zeitlichen Urteilen: Die Beobachter B_1 und B_2 sind relativ zu B_0 ja *gleichschnell* bewegt, wenn auch in unterschiedliche Raumrichtungen - *nur* Ihrem *Uhrengang* nach müssten sie insofern zu *denselben* zeitlichen Urteilen kommen; die RT nimmt jedoch mit den LT (neben den diskutierten Umver*ortungen*) regelrechte *Umdatierungen* von Ereignissen vor - sehen wir zunächst auf diese Variante unseres Beispiels *(L. zeichnet Abbildung 27)*:

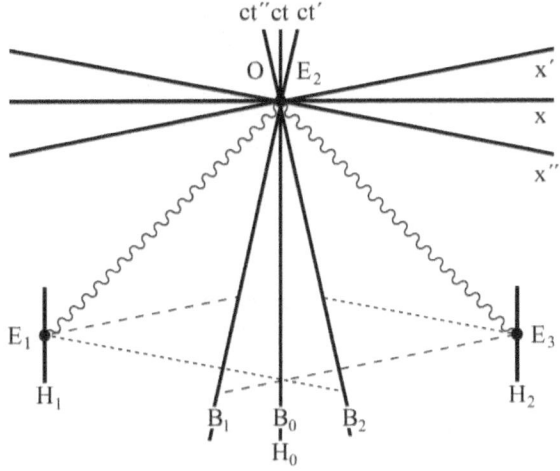

Abbildung 27

Stellen wir uns in derselben Entfernung, aber in der anderen Raumrichtung wie H_1 noch einen Himmelskörper H_2 vor, auf welchem das Ereignis E_3 stattfinde; die drei Beobachter in O erreichen also bei ihrem Zusammentreffen die Lichtsignale der Ereignisse E_1 und E_3. Weil diese auf einer Parallele zur *x*-Achse liegen, betrachtet sie Beobachter B_0 als zu einem

bestimmten eigenen vergangenen Zeitpunkt *gleichzeitig* - er weist diesen beiden Ereignissen einen spezifischen (*denselben*) Zeitpunkt zu und behauptet etwa, sie hätten beide vor sieben Stunden in der Vergangenheit stattgefunden. Die Beobachter B_1 und B_2 betrachten laut RT nun *andere* Ereignisse auf H_1 und H_2 als zu einem bestimmten eigenen (vergangenen) Zeitpunkt gleichzeitig, *diese* hingegen als *nicht-gleichzeitig* - mit den LT datieren sie diese vielmehr *systematisch um* (wie sie schon räumliche Abstände *umverortet* haben), nämlich *vor* und *zurück* und sagen, das eine läge *weniger*, das andere *mehr* als sieben Stunden in der Vergangenheit; nur *so* kann man auf den Wert *c* in allen BS kommen. Insofern sich dies auf den (mutmaßlich) anderen *Gang* von *Uhren* beziehen soll, haben wir ja gerade Argumente vorgebracht, dass dies ontologisch-realiter *bedeutungslos* ist, und dass man *einen gemeinsamen* `Zeitfluss´ annehmen kann und muss...
B: Hm...
L: ...aber es kann auch *deshalb* hier *nicht nur* um den Gang der Uhren gehen, weil B_1 und B_2 für B_0 ja *dieselbe* Geschwindigkeit haben und also *denselben* (mutmaßlich veränderten) Uhrengang haben - B_0 kann also nicht sagen: `nur weil B_1 und B_2 bewegt sind (relativ zu ihm), nehmen sie ihre anderen Zuordnungen vor´. Hier taucht wieder das Problem auf, dass B_1 und B_2 (ohne RdG und ohne dass es um Licht ginge) untereinander *nicht* denselben Uhrengang empirisch finden und errechnen können, wie es der Sicht von B_0 entspräche - auch hier muss man also fragen, ob die mit der RT errechneten Zuordnungen der objektiven ontologischen Realität verpflichtet sind; B_0 errechnet für beide einen *gleichermaßen* verlangsamten Zeitfluss, untereinander sehen B_1 und B_2 das natürlich *nicht* so - einzig die RdG kann hier ins Feld geführt werden, womit man allerdings *zirkulär* argumentiert. Allemalen `erklärt´ das aber etwa für B_0 nicht, *wieso* die beiden *verschiedene* zeitliche Zuordnungen vornehmen: Für B_0 hängen deren zeitliche Zuordnungen - bei *demselben* von ihm angenommenen Uhrengang - davon ab, in welche Raum*richtung* die Beobachter B_1 und B_2 bewegt sind und in welcher Raumrichtung die jeweils betrachteten Ereignisse liegen. Dies kann er aber doch den Ereignissen E_1 und E_3 *selbst* (`an sich´) nicht zuschreiben, denn Raum*richtungen* unterscheiden sich sonst ja nicht irgendwie objektiv voneinander, das reine `auseinander´ des Raumes selbst wird *isotrop* angenommen...
N: Wir müssen also fragen, *warum* das eigentlich so sein soll, wenn von der ontologischen Realität *selbst* die Rede sein soll: Warum werden die beiden Ereignisse unterschiedlich behandelt und erfahren unterschiedliche Zuordnungen, da sie doch auf den Himmelskörpern H_1 und H_2 stattfinden, die B_1 und B_2 als in *demselben* räumlichen Abstand begreifen...
B: Bei ihrem *Zusammentreffen* in *O*, aber ja nicht bei der Aussendung der Signale - das Licht hat sich eben *nicht gleichweit ausgebreitet*...

L: ...in ihren *BS*, bezüglich der Himmelskörper H_1 und H_0 bzw. H_0 und H_2 schon - das hatten wir doch alles gerade... Es kann hier nur darum gehen, wie *Licht* sich *mutmaßlich ausbreitet* und wie das für relativ zueinander bewegte Beobachter *umzurechnen* ist; warum sollte man *sonst* zwischen Ereignissen auf H_1 und H_2 in verschiedenen Raum*richtungen* überhaupt *unterscheiden?* Man kann das wieder nur damit begründen, dass *nicht* in allen Raumrichtungen ´wirklich´ der Wert *c* gilt - wie ja in der Herleitung der LT auch mit $c+v$ / $c-v$ *gerechnet* wird; damit geht es um die Ausbreitung von *Licht* und nicht um die Ereignisse *selbst* und deren Ordnung. Bezüglich des spezifischen Gangs von Uhren ergibt sich nämlich folgendes Problem für die RT, wenn man beide Synchronisationsverfahren betrachtet: Uhren müssen einen spezifischen, für alle Beobachter verbindlichen Gang haben - - kurz gesagt muss eine Uhr stets eine bestimmte ´Eigenzeit´ anzeigen, eine bestimmte Zeigerstellung *haben*. Wir hatten zwar das Synchronisationsverfahren über *transportierte* Uhren ad acta gelegt, da sich gegenüber dem Verfahren mit vermittelnden Signalen keinerlei *Vorteil* zu ergeben schien - dieses Verfahren ist aber ja *ebenso legitim*. Mag eine Uhr, die wir an einen distanten Ort transportieren, ruhig nachgehen, sie tut dies in *spezifischer* Weise für *alle* Beobachter - jedem Prozessfortschritt ´hier´ entspricht immer ein spezifischer Prozessfortschritt ´dort´ (das hatten ja auch die inertialbewegten Maßstäbe deutlich gemacht *(N. zeigt auf die Abbildungen 14a/b)* - wenn *A* und *B* einander begegnen, steht *C* genau *ein* Beobachter gegenüber). Nun könnte man auf den Gedanken kommen, für die Synchronisation zweier Uhren die zu transportierende Uhr gerade *so weit* in ihrem *Gang* nachzuregeln, dass sie *mit* dem errechneten ´Zeitverlust´ durch die ´Bewegung´ immer, auch an allen distanten Orten die ´richtige´ Zeit anzeigt, und *so* distante Uhren synchronisieren...
E: Was immer wir als die ´richtige´ Zeit betrachten mögen...
N: Nun, *Ihre Theorie* steht eigentlich darzulegen in der Schuld, inwieweit der Gang dieser transportierten Uhr ein *anderer* ist; wir hatten den unterschiedlichen Gang von Uhren (so es den gibt) *nicht* als unterschiedlichen *Zeitfluss* begriffen, sondern als *physikalische Gangdilatation* - wenn man *die* aber *berücksichtigt*, gibt es eigentlich keinen Grund, Uhren *nicht* so zu synchronisieren. Hier dreht man sich mit der RT im Kreise bzw. man versteht ihr *eigentliches* Ansinnen nicht: Die Situation der drei Beobachter B_0, B_1 und B_2 ist *die* Grundsituation der RT, sie lässt sich *stets*, auch für alle sich-treffenden Uhren einander-durchgleitender BS denken, nur *dürfen* sich die Beobachter nicht einig werden und bei diesem Synchronisationsverfahren die Zeit, welche die transportierte Uhr verliert, *einberechnen*, da man nur mit ´anderen´ relativistischen Zeitziffern den Wert *c* in allen BS *erreichen* kann. Es geht hier nicht um *Physik*, sondern um *Pragmatismus* - die Zeiten anderer BS *sollen* virtuell-fingiert anders benannt werden, auch

ohne physikalischen *Grund;* eben *den* müsste man ja nur einberechnen (um den Faktor, den die Uhr (angeblich) *langsamer* geht, müsste man den Gang der Uhr *schneller* regeln). Auch *so* betrachtet ist die Konstanz von c nur eine scheinbare, denn es geht hier ganz eindeutig um die *unterschiedliche Ausbreitung* des *Lichtes* und nicht um 'die Zeit' selbst - das Problem ist *nicht nur* (wie es oft dargestellt wird), dass 'bewegte' Uhren einen anderen *Gang* haben...

L: Die RT kritisiert ja vielleicht zu recht, dass etwa dem Zuordnungs*akt* bisher die gebührende Aufmerksamkeit nicht zuteil wurde, die *klassischen* Raum-Zeit-Konzepte *wollen* aber etwas über die Ordnung der Weltdinge *selbst* ('an sich') aussagen, sie *wollen* von den *wirklichen (absoluten)* Abständen und Zuständen sprechen. Die klassischen Raum-Zeit-Konzepte wollen jeweils *ein* Etikett vergeben und Orte und Zeitpunkte für alle Beobachter *gleich* benennen, weil die Weltdinge sukzessive jeweils nur *einen* Ort und *einen* Zustand innehaben...

E: Das will die *RT nicht...*

N: ...und *das* ist das tiefste Rätsel der RT - wie man in *Frage* stellen kann, dass klassisch 'zwei Beobachter *demselben* Ereignis stets *denselben* Zeitpunkt zuordnen'[207]...

L: Wir müssen also generell fragen, was diese Umdatierungen *bedeuten* und vor allem was sie *nicht* bedeuten können: Betrachten wir dazu auch die Ereignisse E_1 und E_2 in unserem alten Beispiel, indem ich die alte Abbildung nochmals mit den *zeitlichen* Etiketten versehen zeichne *(L. zeichnet Abbildung 28)...*

E: Hier sehen Sie explizit, wie es zu den auch unterschiedlichen *räumlichen* Distanzen kommt; wenn B_0, B_1 und B_2 etwa die Distanz H_1H_0 ermitteln, müssen sie Anfangs- und Endpunkt *gleichzeitig* bestimmen - das *bedeutet* aber für sie *verschiedenes...*

B: ...denn *korrekt synchronisierte* Uhren in den BS von B_1 und B_2 würden an dem zu bestimmenden distanten Ort von H_1 (oder H_2) jeweils etwas *anderes* anzeigen - daher ist für sie seit der Aussendung des Lichtsignals eine *andere Zeitspanne* vergangen und weil *beide* (alle) den Wert c finden und mit diesem rechnen, ergibt sich, dass das Licht eine *andere Distanz* zurückgelegt haben muss...

N: Nun, nicht *rational*, aber *rationell* - Sie benutzen das Argument in *beide* Richtungen: Zum *einen* sagen Sie, weil es andere *räumliche Distanzen* seien, aber alle mit c rechnen, müsste man andere *Zeitpunkte* annehmen - zum anderen sagen Sie umgekehrt, weil es andere *Zeitpunkte* seien, aber alle mit c rechnen, müssten es andere *räumliche Distanzen* sein; das hatten wir doch eigentlich alles - dennoch zielen Sie damit (implizit) wiederum auf den *zweiten* Aspekt der LK ab. Es liegen aber ja *keine* verschiedenen 'Existenzschnitte' zwischen E_1 und E_2 (bzw. E_2 und E_3) vor - nur *wenn* und *weil* sie beim *ersten* Aspekt der LK der *RT* folgen, werden sie mit ihrer Uhrensynchronsation (und der RdG) den *zweiten* `erzeugen´, *obwohl* die Distanz H_1H_0 (bzw. H_0H_2) eine *spezifische*, für sie *identische* ist und die Körper H_1 (bzw. H_2) und H_0 an *spezifischen* Orten (zu jeweils einem Zeitpunkt) liegen, dies also unsinnig ist, wie wir gesehen hatten (und E_1 und E_2 (bzw. E_3) finden *auf* H_1 und H_0 (bzw. H_2) statt)...

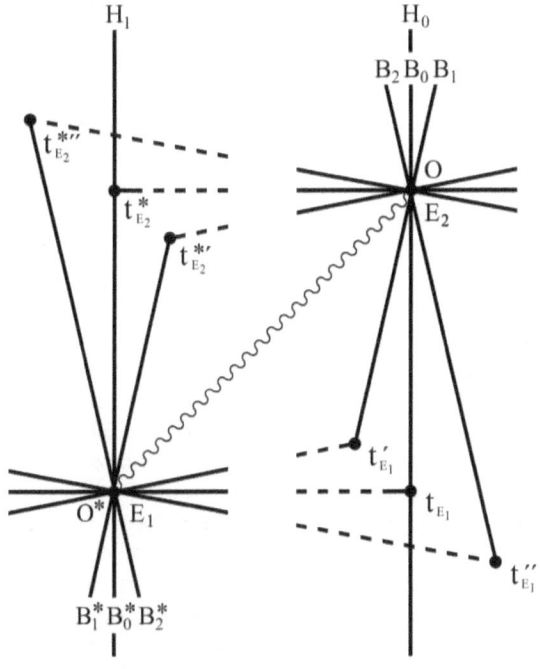

Abbildung 28

L: ...dass die drei Beobachter Uhren, die (gedacht) über ihre BS verteilt sind (wohl unvermeidlich) unterschiedlich *synchronisieren*, geht höchstens auf ihr *Unvermögen* zurück, eine absolute Gleichzeitigkeit zu *realisieren*, mag es auch ein *prinzipielles* sein - wir drehen uns hier also im *Kreise*, denn wir streiten mit Ihnen ja darüber, ob die *Voraussetzungen* ihrer hier offenbar `hermetischen´ Theorie überhaupt *akzeptabel* sind...

E: Ich hatte das mit den über die BS verteilten Uhren ja *erklärt*...

N: Dass man `Zeit´ und `Uhren´ nicht einfach miteinander *identifizieren* kann, hatten wir *auch* bereits diskutiert - hier sieht man, dass die *zeitlichen* Zuordnungen, welche die drei vornehmen, *ebenso* `virtuell-fingiert´ sind, wie die *räumlichen* (was wir, wenngleich alle Effekte komplementär sind, *unabhängig* voneinander aufzeigen) - sie sagen überhaupt nichts über die

Ereignisse *selbst* (`an sich´) *aus:* Was sollte es etwa für einen Beobachter auf H_1 (oder H_2) bedeuten, *er* habe das Lichtsignal von E_1 (oder E_3), das die drei Beobachter in O gleichzeitig erreicht, zu (für diese) *verschiedenen* Zeitpunkten (und an einem (für diese) *verschiedenen* Ort) abgesandt? Auch in dieser Hinsicht soll den Beobachtern wechselseitig die Situation *uneindeutig* sein: Für $B_0{}^*$, $B_1{}^*$ und $B_2{}^*$ ist das Aussendeereignis E_1 in O^* *eindeutig*, es findet zu *einem* Zeitpunkt und an *einem* Ort statt, nicht aber das Ankunftsereignis E_2 in O - für dieses faltet sich das (angebliche) RZK unterschiedlich *auseinander*. Für B_0, B_1 und B_2 ist es wieder umgekehrt: Das Ankunftsereignis E_2 in O ist ihnen eindeutig, es findet zu *einem* Zeitpunkt und an *einem* Ort statt, nicht hingegen das Aussendeereignis E_1 auf H_1. Auch hinsichtlich der *zeitlichen* Urteile ist den Beobachterensembles also das, was die jeweils anderen sagen, nur *sinnloses Gestammel* - das Lichtsignal sei nicht nur etwa zu für $B_0{}^*$, $B_1{}^*$ und $B_2{}^*$ *verschiedenen Orten* nach B_0, B_1 und B_2 in O unterwegs gewesen (obwohl `Ort´ zu *einem* Zeitpunkt im `Gesamtgewebe der Dinge´ defini(er)t ist), sondern habe auch E_2 zu *verschiedenen Zeitpunkten* ausgelöst...

E: Spott ist zu wenig der Kritik...

N: Wie könnte dies *ontologisch-realiter* irgendeine *Bedeutung* haben? Die Beobachter reden von *identischen* Aussende- oder Ankommensereignissen der Lichtsignale (an jeweils *einem* Ort zu *einem* Zeitpunkt), aber wechselseitig soll ihnen die Situation mit der RT auch bezüglich der Zeitpunkte *uneindeutig* sein - wiederum fragen wir, als wie `real´ man diese verschiedenen Zuordnungen eigentlich jenseits der Frage, ob diese *pragmatisch* irgendwie sinnvoll sein könnten, begreifen soll. Alle reden hier - wie gesagt - von *denselben* (kausal-verknüpften) Ereignissen, nur eben aus der unterschiedlichen Perspektive ihrer unterschiedlichen `Bewegtheit´ - so, wie sich die Koordinatenachsen in unserer Abbildung auseinanderfalten, soll sich ihnen laut RT auch wiederum gleichsam das RZK für distante Ereignisse auseinanderfalten. Es sind aber nur *irgendwelche* Zuordnungen, die *irgendwelche* Beobachter vornehmen, weil die ihnen *zweckmäßig* erscheinen - es hat für die Welt *selbst* (`an sich´) aber ja überhaupt *keine Bedeutung*, dass sie diese Ereignisse verschieden *benennen*, als ob sich dadurch das Ereignis *selbst* in der Zeit irgendwie `verschieben´ würde...

E: Sie legen wieder einfach eine *absolute* Zeit und Gleichzeitigkeit zugrunde, wenn sie so von diesen zeitlichen Etiketten sprechen - wir haben das ja *eben* bereits zu erklären versucht: Uhren, die man sich über *ihre* BS x'/ct' und x''/ct'' *verteilt* vorstellen kann, und auf welche die Synchronisations-Konvention korrekt angewendet wurde, *würden* für die Orte dieser Ereignisse *andere* Zeigerstellungen aufweisen, es sind also gewissermaßen `andere´ Uhren mit denen sie ihre Zuordnungen vornehmen...

N: Abgesehen davon, dass diese Konvention mit der KdL zu *verwerfen*

ist, wie wir gesehen hatten, sagen Sie selbst: Es sind *Zuordnungen* - *nur* Zuordnungen. *Lassen* wir sie ruhig ihre 'anderen' Uhren, jene *ihrer* BS zugrundelegen, die *tatsächlich* andere Zeigerstellungen aufweisen mögen - sie sagen damit doch *wiederum* nichts über die Ereignisse *selbst* ('an sich') aus - denken wir das doch einmal *zu Ende*: Stellen wir uns *tatsächlich* diese Uhren vor, die über die Maßstäbe - so hatten wir ihre BS ja hier *(N. zeigt auf Abbildung 21)* gedeutet - verteilt und jeweils (in ihrem BS) korrekt nach der Synchronisations-Konvention in Gang gebracht worden wären: Wir hätten an den Orten der Ereignisse E_1, E_2 und E_3 dann zu dem Zeitpunkt, von dem wir jeweils reden, jeweils *drei* Uhren mit *unterschiedlichen Zeigerstellungen;* nicht erst der *Uhrengang* bringt im Laufe der Zeit diese *hervor*, sondern vom Moment der *Synchronisation* an - in dem sie ja noch gleich sein *könnten*, wenn es nur um diesen *ginge* - sind diese anders, weil sich *Licht* je anders *ausbreitet* (faktisch). Strenggenommen würden die Uhren - wenn wir das 'näherungsweise' fortlassen und die Maßstäbe in der *y/z*-Dimension (um die es ja nicht geht) als *unausgedehnt* begreifen - nicht einmal aneinander *vorbeigleiten*, sondern am *exakt selben Ort*, für den wir um die richtige *Zeitzuordnung* streiten, ja jeweils miteinander *kollidieren* und es ist doch auch eine *rein* 'virtuelle' Aussage über diese Uhren, dass sie dabei zu *verschiedenen Zeiten kollidieren; so* ist es für die Ereignisse E_1, E_2 und E_3 *selbst* ('an sich') - diese Aussagen der RT haben überhaupt keinen *Sinn* und keine *Bedeutung* für die Weltdinge *selbst* ('an sich')...
E: ...aber für die jeweiligen *BS*...
L: Gleichzeitigkeit zweier Ereignisse muss in irgendeiner Weise für jedes einzelne Ereignis einbegreifen, dass es zu einer *bestimmten* Zeit statthat, die eben *gleich* ist; es kann aber überhaupt nichts für die Natur *selbst* bedeuten, dass ein anderer Beobachter zu dem, was ich konstatiere, sagt, es sei *nicht* so, wenn wir von *einem Zustand* der Weltdinge reden und nicht von *unseren Etiketten*. 'Zeit ist, was man an der *Uhr* abliest' - in gewisser Hinsicht stimmt das, wenn es den *einen Zustand* des Weltdinges 'Uhr' meint, *ein* 'Sosein'. Wenn zwei Uhren mit divergierenden Zeigerstellungen zusammentreffen, könnten sich so zunächst Zeitdauern anders darstellen, klassisch legt man allerdings eben zwischen zwei *identische Zeitpunkte* (sonst braucht man nicht über sie mit einem anderen Beobachter zu sprechen) auch eine *identische Zeitspanne*, wie wir besprochen hatten. Jedenfalls aber ist es *eine Koinzidenz - verschiedene Zeigerstellungen* zu *einem Zeitpunkt;* wollte man Uhren als gleichsam 'aktiv' - 'verschiedene Zeitpunkte klassifizierend' begreifen, welcher *Sachverhalt* soll dem in der Natur *ohne uns* eigentlich *entsprechen?*
N: Muss man nicht einen fiktiven *äußeren, objektivierenden Standpunkt* einnehmen und wenn der nicht *erreichbar* ist, versuchen, sich ihm so weit wie möglich zu *nähern?* Alles andere führt doch ins *Irrationale*...

L: Und diese fingierte Virtualität, die wir mühsam herausgearbeitet haben, liegt *offen vor uns*, wenn wir etwa ein MD *verschieben* - man kann zwar immer den Ursprung O auf ein beliebiges Ereignis verschieben, so dass diesem dann jeweils *eine* Zeit- und Ortsziffer zugeordnet wird, dann faltet sich aber für *alle anderen* Ereignisse das (angebliche) RZK *auseinander*: Die Beobachter B_0, B_1 und B_2 etwa treffen dann nicht mehr an *einem* Ort und zu *einem* Zeitpunkt zusammen hinsichtlich der Zeit- und Ortsziffern. Es ist natürlich an sich ganz harmlos, aus pragmatischen Erwägungen heraus wie die RT zu verfahren - sie misst dem aber ja, insofern dergestalt etwas *erklärt* werden soll oder etwa bei der Konstruktion des PBU, *ontologisch-realiter* ein *Gewicht* bei; nur *deshalb* sitzen wir hier beisammen: Es sollen uns ja mit der RT revolutionäre Vorstellungen von *Raum* und *Zeit selbst* nahegebracht werden...

E: Wenn Sie aber das KS *verschieben* - schon in Gedanken vom oberen zum unteren MD zu *wechseln* (oder umgekehrt), *ist* ja ein Verschieben des KS in Gedanken - ergeben sich doch auch *klassisch* zumindest verschiedene *räumliche* Koordinaten...

L: Richtig, da KS aber nur *Gedachtes* sind, *bleiben* die Dinge klassisch dabei an ihrem spezifischen 'Ort' (zu *einem* Zeitpunkt *mit* den Weltdingen) - realiter entspricht dem, dass ein Beobachter von einem anderen räumlichen *Standpunkt* aus auch zu anderen räumlichen *Urteilen* kommt - die *LT* liefern aber *im Gegensatz* zu den *GT* auch für die räumlichen Distanzen *zwischen* den Dingen unterschiedliche Werte und zeitlich *zwischen* zwei Ereignissen, wie auch *unterschiedliche* zeitliche und räumliche Koordinaten, wenn die Beobachter in O bzw. O* *zusammentreffen*, und nicht *erst* oder *schon*, wenn sie *noch nicht* oder *nicht mehr* zusammentreffen - die GT rechnen *nur* die Standortveränderung heraus und auch nur für die *räumlichen* Urteile, nicht für die Zeitpunkte. Es geht nicht darum, dass sich *beim Verschieben selbst* andere Koordinaten ergeben, das kann nicht anders sein, sondern, dass die Koordinaten eines Ereignisses hinsichtlich der übereinandergelegten KS in einem MD für die Beobachter B_0, B_1 und B_2 'auseinanderklaffen' sollen - je *distanter* die betrachteten Ereignisse sind und je *schneller* die Beobachter relativ zueinander bewegt sind, desto *größer* die relativistische Differenz für *an sich identische* Ereignisse - klassisch mit den GT würde sich ein Ereignis für alle drei *räumlich* um *dieselbe* Distanz und *zeitlich gar nicht* verschieben...

N: Realiter kann man dieses Verschieben des Ursprungs auch so deuten, dass Beobachter an einem Ort zu einen Zeitpunkt *zusammentreffen* - dann *können* sie nur für Ereignisse an diesem infinitesimal-kleinen räumlichen und zeitlichen 'Hier-und-Jetzt-Punkt' zu *denselben* Urteilen kommen. Mit der RT werden distante Ereignisse jedoch nicht an sich *selbst* betrachtet, sondern damit verquickt, wie die *Kenntnis* der distanten Ereignisse zum

Ort eines Beobachters *transportiert* und von diesem *gedeutet* werden - *das* führt zu den Diskrepanzen; anders gesagt können wir uns in Gedanken mit anderen, relativ zu uns bewegten Beobachtern an alle Orte des Raumes begeben und kommen dann dort *nicht* zu divergenten Urteilen (eben *das* wollen auch die *GT*) - genau das sagen sich auch B_0, B_1 und B_2, wenn sie sich in $B_0{}^*$, $B_1{}^*$ und $B_2{}^*$ *hineinversetzen* (und *umgekehrt*): Sie *verwerfen* den Gedanken, für ihr Urteile mit der RT eine Divergenz zu *erzeugen* - phänomenal-empirisch *gegeben* sind ihnen die relativistischen Differenzen ja *nicht*...
L: ...und schon gar nicht `Raum´ und `Zeit´ *selbst*...
N: Sehen Sie, zum *einen* werden wohl nirgends sonst derart *unbedarft* indirekte empirische Befunde, die auch ganz *anders* deutbar sind, und rein virtuelle Befunde aus Gedankenexperimenten miteinander *vermengt;* zum *anderen* können uns Gedankenexperimente wohl tatsächlich nützlich sein - *wir* kommen allerdings durchweg zu ganz *anderen Ergebnissen* als Sie... Und immerzu sprechen wir über `*Erfahrungen´*, die man überhaupt nicht machen *kann*, etwa von *raumzeitlichen Abständen*, eines *multiplen* `wo´ oder `wann´, *multipler räumlicher* und *zeitlicher Abstände* und dergleichen mehr, bis hin zur *anti-empirischen* KdL und zum *nicht-erfahrbaren PBU* - muss ich alles aufzählen?
E: Nein, lassen Sie ab...
L: Grähmen Sie sich nicht - auch *hier* liegen unsere Positionen ja gar nicht so weit *auseinander:* Wir hatten gesagt, dass den Weltdingen nicht irgendwie räumliche (und zeitliche) Etiketten *an sich selbst* anhaften, wenn man sie wie Koordinaten als zugeordnete *Zahlen* oder *Zeitziffern* begreift - dennoch gibt es *spezifische Zeitpunkte*. Hier muss man überlegen, was `Zeitpunkte´ eigentlich sind, was sie erfassen - das ist doch wohl ein bestimmter *Zustand* der Weltdinge innerhalb der Reihe der sich verändernden Weltdinge - das *erschöpft* vielleicht nicht, was `Zeit´ ist, *das* ist uns aber *physikalisch* nur *gegeben:* Die Weltdinge *verändern* sich, und jedem *neuen* Veränderungszustand ordnen wir *einen neuen* Zeitpunkt zu. Insofern muss man auch hier sagen, dass Zeitpunkte auch ohne Herrn N.´s `absolute Zeit´ *spezifisch* sind: Einem Zustand - etwa: `die Zeigerstellung *12.00* von Uhr *1´* - ordnen wir *einen* Zeitpunkt zu. *Divergierende* Uhren klassifizieren nun keine anderen *Zeitpunkte*, sie haben einen anderen *Gang*, andere *Prozessfortschritte*, denn man spricht wiederum nur von *einem* Zustand, mag der auch etwa lauten: `Uhr *1* des einen BS mit Zeigerstellung *12.00 kollidiert* mit Uhr *2* eines anderen BS mit Zeigerstellung *13.00´*. Mit diesen beiden Uhren - korrekt gemäß RT synchronisiert - könnten Beobachter solch einen spezifischen Zeitpunkt (die `Kollision´) nun zwar mit *verschiedenen Zahlen* oder *Zeitziffern* belegen - wieder ist dabei natürlich *keine richtiger* als die *andere:* Insofern sind sie *äquivalent*. *Nonvalent* sind sie aber wieder hinsichtlich

der *Natur*, *weil* sie menschengemacht-willkürlich sind: Den *verschiedenen* Zeitziffern *entspricht* in der Natur an sich selbst, ohne uns nichts; sie sind redundant, weil sie nur *einen* spezifischen Zustand der Weltdinge bezeichnen sollen. Dennoch nimmt - wie gesagt - die RT (implizit) an, dass dem auch *ontologisch-realiter* etwas *entspricht*, insofern so Naturphänomene *erklärt* werden sollen, und insofern die (angebliche) *KdL* darauf basiert, welcher wiederum das *PBU* entspringt...

B: ...und doch: *ohne* die verschiedenen Zeitziffern funktioniert das ganze *System* `RT' nicht...

L: Ja; und auch hier kann man sich nur wünschen, Beobachter wie B_0^*, B_1^* und B_2^* einmal *tatsächlich* fragen zu können, inwiefern sie, wenn sie ihr Lichtsignal aussenden, meinen, dass den *verschiedenen* Zeitetiketten, die sie dem *einen* Ankunftsereignis E_2 verleihen, *irgendein Sachverhalt* in der ontologischen Realität *entspricht* (umgekehrt für B_0, B_1 und B_2)...

N: ...E_2 ist *ein* und *nur ein* Ereignis (als *ein* Zustand der Weltdinge), das man mit *einem* Zeitetikett versehen sollte, weil alles andere hinsichtlich der ontologischen Realität *redundant* ist, schlicht `aus den Fingern gesogen' - *das* steht *klassisch* dahinter, nicht komplizierte Überlegungen, dass die Zeit (und der Raum) `absolut' sind...

L: Was `Zeit' ansonsten auch *sein* mag, dem sollte weder etwas *widersprechen*, noch sollten wir dem *willkürlich* etwas *hinzufügen*. Sonst müssten Sie etwa beim ZP behaupten, dass es bezüglich der *ontologischen Realität* einen Sinn macht, dem *einen* Zustand der beteiligten Weltdinge `Blitzeinschlag durch den Zug in die Schienen' (also gleichzeitig in beide BS) - *verschiedene* Zeit- und Ortsetiketten zu verleihen (*jeweils*, nicht etwa den beiden Blitzen im Vergleich zueinander); man kann überlegen, *welches* Zeitetikett einem Ereignis zuzuordnen ist, aber es ist *a priori* gewiss, dass man nichts mehr über die Natur *selbst* (`an sich') aussagt, wenn man *mehrere* Zeitetiketten vergibt, wie die *RT* es macht - `a priori' meint, dass es *sinnlos* ist, darüber die Empirie überhaupt *befragen* zu *wollen*. Hier zeigt sich wiederum die *Beobachterzentrierung* der RT: Befinden sich Beobachter an *einem Ort*, gesteht die RT dafür Gleichzeitigkeit im *absoluten* Sinne zu, wenn aber an *distanten* Orten Beobachter zusammentreffen (oder Uhren kollidieren oder beim Blitzeinschlag beim ZP) werden *verschiedene* Zeitziffern zugeordnet, was bedeutet, sie *nicht* als gleichzeitig in verschiedenen BS zu betrachten, wenngleich es für die Natur *selbst* nur um *einen* Zustand geht...

L: Getrost können wir wohl sagen, dass wir einen ʻNominalismus-Disputʼ VIII a der ganz *speziellen Art* geführt haben - bleiben wir bei der *geometrischen Interpretation* der RT, die eine reine *Visualisierung* der LT ist und ihnen nichts *hinzufügt (L. zeichnet Abbildung 29a-c)...*

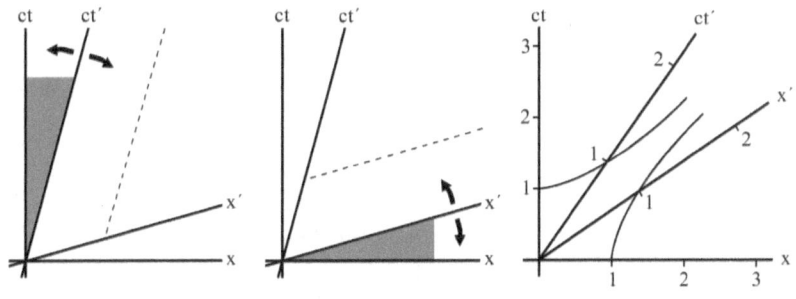

Abbildung 29a-c

Die Neigung der *ct*-Achse (zur neuen *ctʼ*-Achse) ist uns aus *klassischen* Diagrammen bekannt - sie bedeutet: Wenn zwei (inertiale) Beobachter in Relativbewegung zueinander befindlich sind, wird (in Abhängigkeit von der Relativgeschwindigkeit, welche sich im Neigungs*grad* der *ctʼ*-Achse widerspiegelt), je länger diese zeitlich stattfindet, auch die räumliche Distanz der beiden Beobachterstandpunkte wachsen, und in gleichem Maße muss die Diskrepanz etwaig ermittelter räumlicher Abstände *mitwachsen* - dies ist (natürlich) etwas, das wir *nicht* der ontologisch-realen Ordnung der Weltdinge *selbst* zuschreiben können, denn wir *wissen*, dass es nur aus dem Wechsel des räumlichen Beobachter*standpunktes* herrührt; deshalb *berücksichtigen*, d.h. *neutralisieren* wir es durch die Neigung der *ctʼ*-Achse, wie auch rechnerisch mit dem Term *-vt* der GT und der LT...
N: Diese Achse wird geneigt, *weil* man klassisch *absolute* Werte für die räumlichen (und zeitlichen) Abstände annimmt - was *dies* bedeutet, ist uns ganz klar und es hat überhaupt *nichts* mit meinem absoluten Raum-Zeit-Konzept zu tun, höchstens mit einem Mess-Konzept...
B: Nun gut, aber „insbesondere ist [doch] die feste Lage oder Invarianz der *x-Achse* merkwürdig"[208] und die RT sagt uns nun, „dass diese Unsymmetrie des Verhaltens der Weltkoordinaten *x* und *t* [...] tatsächlich gar nicht *vorhanden* ist. [...][Sie wurde daher durch die] Relativierung des Zeitbegriffs *beseitigt*"[209] - die Neigung der *x*-Achse ist ja das *eigentlich* von der RT hinzugefügte[210]...
L: Richtig, *neben* den anderen, ʻgestrecktenʼ *Einheiten* der beiden Achsen - allerdings finde selbst *ich*, der ich einem absoluten Raum-Zeit-Konzept eher *kritisch* gegenüberstehe, rein gar nichts an der Invarianz der *x*-Achse *merkwürdig* - genau hier beginnt nun der ʻmetaphysische Schöpfungsaktʼ

241

der RT, denn was soll die Neigung der x-Achse (zur neuen x'-Achse) eigentlich ontologisch-realiter *bedeuten?* Formulieren wir einmal analog: Wenn zwei (inertiale) Beobachter in Relativbewegung zueinander befindlich sind, wird (in Abhängigkeit von der Relativgeschwindigkeit, welche sich im Neigungs*grad* der x'-Achse widerspiegelt), je räumlich distantere Ereignisse beide Beobachter betrachten, auch die *zeitliche* Differenz ihrer beiden Beobachterstandpunkte wachsen, und in gleichem Maße muss die Diskrepanz etwaig ermittelter zeitlicher Abstände (wohlgemerkt in beiden Raumrichtungen unterschiedlich) *mitwachsen...*
B: Hm, warum nicht...
L: ...und dann fahren wir fort, dass dies (natürlich) etwas ist, das wir *nicht* der ontologisch-realen Ordnung der Weltdinge *selbst* zuschreiben können, denn wir *wissen, dass* dies nur aus dem Wechsel des zeitlichen Beobachterstandpunktes herrührt; deshalb *berücksichtigen*, d.h. *neutralisieren* wir es durch die Neigung der x'-Achse, wie auch rechnerisch mit dem (neuen) Term $-vx/c^2$ der LT. `Wechsel des zeitlichen Beobachterstandpunktes´ bedeutet analog fortgeführt, dass man - gleichsam `bewegt in der Zeit´ - mit wachsender räumlicher Distanz etwaig betrachteter Ereignisse fortwährend andere *zeitliche Standpunkte*, sozusagen `Zeitzonen´ einnehmen bzw. konstatieren wird - und *das* rührt daher, dass in dieser Neigung der `*andere*´ Wert von c, der bei der Herleitung der RdG im $c-v$ und $c+v$ Anwendung fand[211], *berücksichtigt* wird; hier wird gleichsam *eingewoben*, dass c in verschiedenen BS *nicht* in einem *absoluten* Sinne gleich ist...
B: Hm...
L: Um rechnerisch eine Konstanz von c in allen BS zu erreichen, müssen überdies noch die unterschiedlichen Achsen-Einheiten bzw. rechnerisch der Lorentz-Faktor $\sqrt{1-v^2/c^2}$ bzw. $1/\sqrt{1-v^2/c^2}$ der LT hinzukommen, damit in der empirischen Erscheinung (im Gedankenexperiment) in allen BS konstant c *erscheinen* bzw. mit den LT *zweckmäßig* so *gerechnet* werden kann. Wohlgemerkt könnten etwa mit Lorentz' Annahmen Maßstäbe und Uhren *tatsächlich* `verändert´ sein, man spricht damit aber nicht von Raum und Zeit *selbst* als den Realkategorien der ontologisch-realen Ordnung der Weltdinge *selbst* (`an sich´) - mit der RT werden nur *unsinnigerweise* die LT `*aktiv*´ interpretiert...
E: Nein. ...weil sie etwas Relevantes über Raum und Zeit *aussagen*, anders als die GT, die nur einen räumlichen *Standortwechsel* `neutralisieren´...
N: Insofern mag *zunächst* unbestritten bleiben, dass man in Ermangelung einer *realisierbaren* oder *konstatierbaren* `absoluten Gleichzeitigkeit´ eine `relative Gleichzeitigkeit´ definieren und mit ihr arbeiten *kann*, und ebenso, dass die RT möglicherweise *pragmatisch sinnvoll* verfährt, da man keinen Beobachter *begründet bevorzugen* kann - dann aber macht die RT `viel Lärmen um Nichts´, denn man kann diese nur als `*pragmatisch-nominale*

relative Gleichzeitigkeit´ begreifen, auch wenn sie praktisch *alternativlos* sein könnte - denn man kann die klassische `ontologisch-reale absolute Gleichzeitigkeit´* damit *nicht* als *obsolet* verwerfen - im Gegenteil ist diese tiefer- und weiterreichend, unverzichtbar in ihrer Bedeutung und natürlich *irreduzibel* auf die erstere. Die RT aber vermag in ihrem `Übermut´ offenbar weder *hier* zwischen beidem klar zu unterscheiden, noch *generell* zwischen Schein und Sein - sie versucht vielmehr (dies dunkel ahnend) den Schein zum Sein zu *ontologisieren*, womit sie sich jedoch nur immer *weiter* in Widersprüche verstrickt...
E: Das scheint mir noch nicht ausgemacht... Zugestanden sei aber, dass man einen mathematischen Formalismus wie die LT allein noch überhaupt nicht als *naturwissenschaftliche Theorie* betrachten kann - man muss diesen *deuten* und dazu *denken* und insofern auch in irgendeiner Weise in *Denkbares* transformieren; wohlgemerkt muss das nicht *zwangsläufig* in *Anschauliches* bedeuten...
L: Richtig; ansonsten hat man lediglich einen *nützlichen*, aber *rätselhaften Rechenmechanismus*, der zwar brauchbare numerische *Werte* liefert, über die Welt aber *wenig* oder gar *Unsinniges* sagt - zu schweigen davon, dass er irgendetwas zu *erklären* vermöchte...
N: Wir können immer nur zu einer partiell isomorphen *Modell*vorstellung von der Welt kommen - bestenfalls, und nur *während*, ohne zu *wissen*[212] - aber gerade bei der Minkowski´schen geometrischen Interpretation der RT ist es wohl besonders verführerisch, die *Modell*vorstellung mit der Welt *selbst* zu identifizieren...
E: ...jedenfalls war Minkowskis Interpretation recht *inspirierend*...
L: Was Beobachter mit der RT so von sich geben, wenn sie ein *getrenntes spezifisches* `Wo´ und `Wann´ im Gesamtgefüge der Weltdinge zurückweisen, ist aber nicht mehr als *irrationales Gestammel:* Für die Natur selbst (`an sich´) ist das, was die RT sagt, völlig *bedeutungslos:* Beim berühmten ZP etwa geht es um ein ganz *spezifisches* `Wo´, um eine bestimmte Stelle des Schienenstücks, etwa: *dort, wo´* man `DB´ eingraviert findet - den absoluten Aspekt von `Ort´ hatten wir ja erläutert: Es geht um die spezifische Relation zu anderen Weltdingen, die obwaltenden Kräfte, die Spezifik die mir der `Raum´ *ist - darum* schlägt `dort´ einer der Blitze ein; mithin geht es um eine *spezifische Stelle* der (wohlgemerkt *heraklitisch nur gedacht-existierenden*) Weltlinie dieses Schienenstücks, nämlich um ein *spezifisches* `Wann´, beim ZP um das `dann, wenn´ die elektrische Entladung erfolgt und wohl gar das Eisen der Schienen mit jenem des darüber fahrenden Zuges kurzzeitig *verschmilzt* - `dann´ mögen gedachte oder auch reale Uhren irgendwelcher BS dieses-oder-jenes anzeigen, weil sie diesen-oder-jenen *Gang* haben, oder weil wir sie auf diese-oder-jene Weise *synchronisiert* haben, sie klassifizieren dadurch aber nicht gleichsam `aktiv´

verschiedene Zeitpunkte. Für die Natur selbst meint Zeitpunkt nur *einen Zustand* der Weltdinge und dass dieser ontologisch-realiter `relativ´ sein könnte, ist überhaupt kein sinnvoller Satz - für Orte *und* Zeitpunkte fragen wir, welcher Sachverhalt dem in der *Natur ohne uns* eigentlich *entsprechen* soll; mit ihrer pragmatisch-nominalen Gleichzeitigkeit *benennt* die RT rein pragmatisch ontologisch-realiter *Gleiches ungleich* und *Ungleiches gleich* - alleine das macht die räumlichen und zeitlichen Urteile schon zu *virtuell-fingierten* Urteilen, die schließlich nichts mehr über Ereignisse selbst oder über die räumliche und zeitliche Ordnung der Weltdinge `an sich´ in einem *absoluten* - soll heißen *ontologisch-realen* - Sinne *auszusagen* vermögen, und auf die man die RdG und das PBU *nicht gründen* kann, selbst wenn man ein eigentlich raumzeitliches `an-sich´ zugestünde...

VIII b   *N:* ...was wir allerdings nicht *tun*, denn das raumzeitliche `an-sich´, auf welches die RT implizit rekurrieren muss, ist uns gar nicht *gegeben* - wir stehen mit der (angeblich) *raumzeitlichen* Struktur der Welt ja gleichsam vor dem unzerlegten, nicht empirisch-erfahrbaren, sondern von uns als nur hypothetisches `an sich´ konstruierten *raumzeitlichen* Gebilde `Welt´ in jeder Hinsicht *unverständig*...

E: ...`an sich´ - das ist für die RT nur *eitles Gerede*, ebenso wie Raum und Zeit etwa mit Kant ins *Apriorische* oder *Transzendentale* zu erheben - „es ist [...] eine der verderblichsten Taten der Philosophen, dass sie gewisse begriffliche Grundlagen der Naturwissenschaft aus dem der Kontrolle zugänglichen Gebiete des *Empirisch-Zweckmäßigen* in die unangreifbare Höhe des *Denknotwendigen* (Apriorischen) versetzt haben. Denn wenn es auch ausgemacht ist, dass die Begriffe nicht aus den Erlebnissen durch Logik (oder sonst wie) *abgeleitet* werden können, sondern in gewissem Sinn *freie Schöpfungen* des menschlichen Geistes sind, so sind sie doch ebenso wenig *unabhängig* von der Art der Erlebnisse, wie etwa die *Kleider* von der Gestalt der menschlichen *Leiber*. Dies gilt im Besonderen auch von unseren Begriffen über *Raum* und *Zeit*, welche die Physiker - von Tatsachen gezwungen - aus dem [`]Olymp des Apriori[´] herunterholen mussten, um sie *reparieren* und wieder in einen brauchbaren *Zustand* setzen zu können"[213]...

N: Das würde auch ein hübsches *Selbst*gespräch abgeben - die RT bezieht sich doch *selbst* auf ein *raumzeitliches* `an-sich´...

L: Sie scheinen Kant nicht recht zu begreifen - Apriorisches, mithin Transzendentales betrifft das, was Erfahrung erst *ermöglicht* - `zuunterst´ die Anschauungsformen `Raum´ und `Zeit´, als Ordnungen, welche unserem Wahrnehmungs- und Erkenntnisprozess zugrundeliegen. Offenbar können wir doch *nicht* anschaulich vierdimensional oder ohne dabei einen `Zeitfluss´ *mitzusetzen denken* - die Evolutionäre Erkenntnistheorie (oder der Konstruktivismus) rückt hier noch einiges kritisch-weiterdenkend ins rechte Licht (etwa, wenn ontogenetische Apriori als phylogenetische Aposteriori gedeutet werden). Es bleibt aber ein genialer Gedanke Kants (zu welchem auch ich beigetragen hatte mit meinem `nihil nisi ipse intellectus´), das, was `aus uns´ kommt, von dem zu *sondern* zu versuchen, was man den Dingen `an sich selbst´ zuschreiben kann - hier macht er nun (in gewissem Sinne) Halt (er sagt *nicht*, Raum und Zeit seien Illusionen und entsprängen *nur* unserem Erkennen[214]). Wir hingegen sprechen auch von dem, was Raum und Zeit außerhalb unseres Geistes als Ordnungen der Welt `an sich´ sein *könnten*. Aber Ihre Formulierungen sind einigermaßen *missverständlich* - und *bezeichnend:* Raum und Zeit gehören dem Gebiet des „Empirischen" an - inwiefern aber dem „*Zweckmäßigen*" und inwiefern *können* sie *als* Empirisches „*freie Schöpfungen* des menschlichen Geistes" sein?

N: Mögen unsere *Denk*kategorien `Raum´ und `Zeit´ auch abhängig sein von unserem evolutionär entstandenen Denken - als solche Hilfsmittel interessieren sie uns ja hier gar nicht, sondern als *Real*kategorien...

B: Natürlich, wie könnte die RT sonst auch etwas *erklären* (wollen)?

L: Eben; verfolgen wir einmal diesen Gedanken: Ein `an sich´ anzunehmen, heißt doch nicht, sich irgendetwas *Mystisches* auszudenken - im Gegenteil ist uns dieses `an sich´ (so Kant) *letztlich unzugänglich*, und etwas davon aussagen zu wollen, muss fruchtloses Bemühen bleiben, da das, was wir von der Welt zu Gesicht bekommen, gleichsam nur die strukturelle `Kontur´ dieses `an sich´ darstellt, die maßgeblich auch von unserem Sinnes- und Denkapparat abhängig ist.[215] Konsens dürfte wohl sein, dass die Grundgedanken des Empirismus und Positivismus für unsere Naturerkenntnis unverzichtbar sind - hielten wir uns *streng* an diese Leitlinien, wäre unsere Natur*erkenntnis* aber nurmehr rein phänomenale Natur*beschreibung*. Wir *müssen* uns also behutsam auf diese strukturelle `Kontur´ der `Weltdinge an sich´ beziehen. Vielleicht könnte man sagen, dass wir das `an sich´ im `als ob´ *einzufangen* versuchen - in Bezug auf `Felder´ waren wir darauf schon zu sprechen gekommen; überdies würde uns ein rein phänomenal-deskriptives Konzept wohl gar nicht *befriedigen...*

E: Argumentieren Sie nun *für mich?* Die RT geht den Schritt von reiner Natur*beschreibung* zu Natur*deutung* und *-erklärung* bezogen auf Raum und Zeit doch mit Erfolg *weiter...*

N: ...dass Sie sich das immer noch `unentwegt´ zu sagen trauen - lassen Sie das alles doch erst einmal *einwirken...* Prinzipiell muss man für *alle* Transformationen zwischen BS im Hintergrund ein *identisches* `an sich´ annehmen: Lässt man etwa in einem Zug einen Körper fallen, beobachtet man einen *senkrechten* Fall, jemand am Bahndamm hingegen einen *parabelförmigen* - heute sagt man leichthin, dass es dem klassischen RP zufolge eine Bewegung `an sich´ dabei *nicht gäbe*, dass es diese nur *relativ* zu einem *bestimmten* BS gäbe - das hatten wir aber ja anhand des Begriffes `Ort´ schon diskutiert, dass ein Körper jeweils *spezifische* Orte durchfällt. Ich möchte auf etwas *anderes* hinaus: Es muss hier überhaupt von *demselben* Naturgeschehen die Rede sein, *jeder* Transformation muss *vorgängig* sein, dass man überhaupt *eine* Realität `an sich´ annimmt, um diese darauf zu *gründen* - man könnte dies *conditio sine qua non* jeglicher Naturerkenntnis nennen. Ich hatte ja auch *deshalb* einen `absoluten Raum´ angenommen, weil Darstellungen in relativen BS letztlich *redundant* sind, wie wir sahen; hier jedenfalls muss man *überhaupt* annehmen, dass es sich bei der Reihe der senkrechten und der parabelförmigen Fall-Ereignisse um *dieselbe* Reihe handelt...

B: Sie meinen schlicht: Wir verknüpfen nicht *irgendwelche* Ereignisse...

N: Richtig; dabei geht es nicht um die Verknüpfung von *Beobachtungen* - der *Berechtigungsgrund, dass* wir eine `ontologische Gleichsetzung´ im Hintergrund hier überhaupt für *sinnvoll* erachten, kann nur die (kritisch-realistische) Annahme sein, dass es dabei überhaupt ein dahinterstehendes identisches `an sich´ *gibt*. Man hat also eine Gratwanderung zu bestehen zwischen sinnlos-puristischer, rein phänomenaler Natur*beschreibung*, die uns `*blind*´ lässt und ebenso sinnloser, da wildwachsend-spekulativer Natur*erkenntnis*, die uns `*umnebelt*´. Wir betrachten ein Natur*geschehen* dabei als absolutes, ontologisches `an sich´, unsere Natur*beschreibung* oder -*erkenntnis* hingegen als nur relatives, aus den Phänomenen extrahiertes, hypothetisches `*als ob*´ - und wir hoffen dabei natürlich auf eine partielle Isomorphie, was auf dieser Ebene etwas *hochgestochen* klingt...

B: Gut, und die RT nimmt nun eben ein *raumzeitliches* `an sich ´ an...

N: Und *wir* sagen nun eben provokativ: Gesetzt, es gäbe drei verschieden inertial-bewegte Beobachter wie B_0, B_1 und B_2, die (näherungsweise) in einem Raum-Zeit-Punkt *zusammentreffen* und die dann in gemäß der RT *verschiedenen* räumlichen und zeitlichen Abständen drei wie sie sagen `in Wirklichkeit´ völlig *verschiedene* Ereignisse ansetzen (`ansetzen´, da sie dies *für* diesen Zeitpunkt erst später rückblickend, wenn sie Kenntnis von den Ereignissen erlangt haben, so betrachten), also ähnlich wie in der Para-Midas´schen Welt. Nun sei dabei ontologisch-realiter aber *ein-und-dasselbe* Ereignis gemeint: Wie machen Sie diesen eigentlich klar, dass es *nicht* ein vollkommen *abwegiger* Gedanke ist, ihre Beobachtungen über irgendwelche Transformationen (ob nun die GT, die LT oder irgendwelche) zu *verknüpfen*, weil die drei Ereignisse *ein-und-dasselbe* Ereignis sind?

E: Wie jetzt?!

L: Was `*macht*´ Ereignisse *identisch*, dass für verschiedene Beobachter ein *Berechtigungsgrund* gegeben ist, um *irgendwelche* Transformationen *anzuwenden*? Mir scheint, die RT übernimmt diesen hier *stillschweigend* aus der *klassischen* Physik...

E: Inwiefern?

L: Nun, die GT veranlassen uns doch nicht, klassisch eine `Relativität der

Gleich*ortigkeit*' anzunehmen, weil sie nur evidente räumliche *Standortwechsel* korrigieren; wenn sich verschiedene Beobachter aber am selben Ort (zu einem Zeitpunkt) befinden, kommen sie zu *denselben* räumlichen und zeitlichen Urteilen, sie können dann etwa sagen: `den Himmelskörper meine ich - in dieser Richtung so-und-so weit entfernt´. Nun will aber die RT ja nicht die klassische Physik *ergänzen*, sondern als Grenzfall *umfassen* - was also, wenn *nur noch* die RT `gilt´? Für die RT ist eben nur noch der *raumzeitliche* Abstand zu einem Ereignis etwas Objektives - aber über diesen ist uns die Ordnung der Weltdinge ja gar nicht *erfassbar* und auch ob sie ontologisch-realiter so *verfasst* sein kann, ist *fraglich* - im Grunde ist hier *alles* fraglich: Zunächst ist uns ein raumzeitlicher Abstand empirisch überhaupt nicht gegeben; wir *erfahren* keine raumzeitlichen Abstände, sondern räumlich und zeitlich *getrennte* Ordnungen - wir *verlassen* hier also (wie desöfteren in der RT) den Boden des empirisch-positivistisch *Gegebenen*. Überdies verlassen wir den Boden des *Denkbaren*, denn wenn uns auch gleichsam als `Produkt´ zweier Raumrichtungen die `Ebene´ oder dreier der `Raum´ selbst denkbar sind, ist uns analog ein `Produkt´ aus Raum und Zeit doch *nicht denkbar*, der `raumzeitliche´ Abstand ist uns insofern nicht einmal ein rein gedankliches *Konstrukt*...
B: Ist das nicht einfach nur ein Manko unseres *Erkenntnisapparates*, deren Unvollkommenheit die RT uns offenbart - *beinhalten* das nicht schon *Kants* Überlegungen?
L: Kann man es als dergleichen *abtun* - was soll man mit einer *undenkbaren* Theorie über empirisch *nicht-Gegebenes*? (Vielleicht liegt der Fall bei der nicht-euklidischen Geometrie ähnlich)...
E: Die Theorien der modernen Physik sind *allesamt* nicht mehr anschaulich - über diesen Punkt scheinen wir *hinaus* zu sein...
L: Es geht hier nicht um *Anschaulichkeit*, sondern um die *Kategorialität*: Man müsste dabei ja die *relativen Abstände* und *jeweiligen Zustände* der Weltdinge als völlig verschiedene fundamentale Realkategorien miteinander *kombinieren;* man erzeugt damit - auch die geometrische Interpretation ändert daran nichts mit ihrer `verräumlichten´ Zeit - ein ganz sonderbares Kategorien*gemenge*, wenn man etwa sagt: `fünf-solche-Vergleichskörper-und-elf-Prozesszustände-weiter´ wäre das raumzeitliche Maß zu sagen `*das* Ereignis meine ich´. Niemand weiß, was das - wohlgemerkt: als *kombiniertes raumzeitliches* Maß - *bedeuten* soll...
E: Sie denken es eben begrifflich mit der *klassischen* Axiomatik...
L: ...weil sich ansonsten bezüglich der *Identität* von Ereignissen *Schwierigkeiten* ergeben: Im dreidimensionalen Raum kann man etwa den `Ort´ eines Körpers auf zweierlei *Art* angeben: Zum *einen* kann man drei euklidische Koordinaten $x/y/z$ relativ zu einem Bezugskörper angeben; die vier relativistischen Koordinaten $x/y/[i]ct$, die analog den *raumzeitlichen* Abstand

eines Ereignisses angeben, sollen aber *getrennt* in räumliche *und* zeitliche der RT zufolge *nichts Objektives* mehr darstellen - wie kann man dann aber aus diesen Komponenten überhaupt einen objektiven `raumzeitlichen´ Abstand bzw. einen Vektor *zusammensetzen* wollen? Zum *anderen* kann man direkt in *genau eine* Raumrichtung weisen und den räumlichen Abstand angeben; im vierdimensionalen Ordnungsrahmen der RT müsste man analog in eine *raumzeitliche Richtung* weisen - das *kann* man jedoch nicht und man müsste auch immer noch absurderweise den invarianten *raumzeitlichen* Abstand zu einem Ereignis, der uns überhaupt nicht empirisch-phänomenal gegeben ist, wiederum aus den *nicht-objektiven* räumlichen und zeitlichen Maßen *konstruieren* (*Raum*richtung wäre ob der Thomas-Präzession hier doppelt falsch; zu dieser sei angemerkt, dass auch *diese* nicht zu Zweifeln an der RT Anlass gab, obgleich Transformationen zwischen BS in verschiedene nicht-parallele Raumrichtungen nicht durch eine `resultierende´ Transformation *ersetzt* werden können mit den LT)...

N: ...und a fortiori ist die Frage, *ob* es überhaupt für die Natur selbst (`an sich´) etwas bedeutet, ob es so etwas `*gibt*´, uns scheint derlei eher *reines Gedankenwerk* zu sein...

L: ...ohne *tatsächlich* in eine *raumzeitliche Richtung* zu deuten, besagt ein raumzeitlicher Abstand zu einem Ereignis nämlich rein *gar nichts* - dieser ist als Differenz bzw. als Linienelement definiert als:

$$(x_v)^2 - ([i]ct)^2 \quad \text{bzw.} \quad ds = \sqrt{c^2 dt^2 - dx^2} \qquad \text{(VIII.1a/b)}$$

Damit aber kommen unsere drei Beobachter B_0, B_1 und B_2 (um nur dieses Beispiel anzuführen) etwa für *alle* Ereignisse auf einem Lichtkegel ja zu *demselben* raumzeitlichen Abstand - als lichtartig verbundenen Ereignissen nämlich zum Abstand *Null* (analoges gilt für Ereignis-Mannigfaltigkeiten mit *anderen* raumzeitlichen Abständen). Und wenn sie der Lichtkegel eines distanten Ereignisses erreicht, können sie ohne *tatsächlich* in eine `*raumzeitliche Richtung*´ zu weisen, was sie ja nicht können, mit einem von ihnen nur *konstruierten* und kategorial undenkbaren raumzeitlichen Abstand ohne Bezug auf ihre *getrennten* räumlichen und zeitlichen Urteile das Ereignis überhaupt nicht eindeutig *identifizieren* - mit dem nur *raumzeitlichen* Abstand können doch *alle möglichen* Ereignisse gemeint sein, die man als ontologisch-realiter *nicht identische*, sondern als *verschiedene* Ereignisse begreifen muss, die man gar nicht mit irgendwelchen Transformationen verknüpfen *würde (L. zeichnet Abbildung 30)...*

N: Die lichtartigen Ereignisse E_1, E_2, E_3, ...E_n, die in nur einer Raumrichtung liegen, haben etwa *alle* den *raumzeitlichen* Abstand *Null* - die Beobachter *müssen* sich also auf *getrennt* räumliche und zeitliche, also *klassische* Angaben `zurückziehen´; der raumzeitliche Abstand der RT allein ist ihnen in dieser Grundsituation von Beobachtern doch nur ein *nutzloses Konstrukt*

für empirisch *nicht-Gegebenes*...
E: Müssen die Beobachter damit nicht nur einen *pragmatischen Rückgriff* tun, um die objektive raumzeitliche Ordnung *doch noch* erfassen zu können, oder um sich *verständigen* zu können?

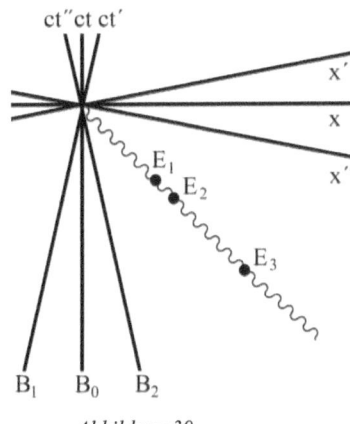

Abbildung 30

L: Die Frage ist vielmehr, ob die Ordnung der Welt überhaupt als raumzeitliche *verfasst* sein *kann*. Beim räumlichen Analogon gibt es einen spezifischen räumlichen *Abstand* im 'reinen auseinander' des Raumes in einer Raum*richtung* und wenn man das BS *verschiebt* bzw. *verdreht*, ändert sich dieser nicht, weil eine Komponente zwar wachsen mag, andere dann aber schrumpfen, so dass sich über die (räumliche) pythagoreische Formel als Wurzel der *Summe* der Komponentenquadrate ($s=\sqrt{x^2+y^2+z^2}$) eine *Invariante* ergibt, wie es bezüglich der ontologischen Realität ja auch eine Invariante *erfassen* soll - wie man ein BS auch drehen und wenden mag, ein Stab hat klassisch *eine spezifische* Länge...
E: Natürlich... Man kann aber ja auch einen *mathematischen Raum* über $i=\sqrt{-1}$ konstruieren, also mit Minkowski die reele Zeitkoordinate (die Lichtzeit ct) in die imaginäre $x_4=ict$ verwandeln, und somit zu den *gleichwertigen* Komponenten x_{1-4} kommen, über die man wiederum die *Summe* bildet, etwa für die Lichtfortpflanzungsgleichung:

$$\Sigma_{(4)} = \Delta x_1^2+\Delta x_2^2+\Delta x_3^2+\Delta x_4^2 = 0 \quad \text{mit } x_4=ict \qquad (\text{VIII.2})$$

L: ...womit Sie immer weiter in mathematische *Kunstwelten* abdriften...
B: Nun, aber „die Nichtspaltbarkeit des vierdimensionalen Kontinuums der Ereignisse involviert [...] keineswegs die *Gleichwertigkeit* der räumlichen Koordinate[n] mit der Zeitkoordinate"[216] - das sei zugestanden...
N: Eben; die vierdimensionale Mannigfaltigkeit wird auch in allen *Kompo-*

nenten als vollständig *defini(er)t* genommen...
L: ...aber diese mathematische `Akrobatik´ verschleiert schlicht, was das alles *ontologisch-realiter* meint. Ursprünglich *ist* der raumzeitliche Abstand als *Differenz* definiert und *als solche* ist er eine Invariante; mithin geht es nicht um eine (räumliche) *Drehung* des KS, sondern um die relativistische *Neigung* der *Achsen* zueinander und die Modifikation der *Achseneinheiten*, um die Wurzel der *Differenz* der Komponentenquadrate (VIII.1b) - darum entspricht auch der direkten Verbindung zweier Ereignisse in einem MD der *größte* raumzeitliche Abstand, während alle `Umwege´ einen *kleineren* haben. Es bleibt dabei - selbst wenn man in eine raumzeitliche Richtung weisen *könnte* (was man nicht kann): *Alle* Ereignisse auf dem Lichtkegel können von den drei Beobachtern *gemeint* sein. Was *macht* für die RT nun also ein Ereignis wie E_1 zu *diesem einen spezifischen* Ereignis und umgekehrt: was *macht* E_2, E_3 oder E_n für die RT zu *anderen*, von diesem *verschiedenen* Ereignissen?
E: Nun gut, es können nur die einzelnen defini(er)ten Komponenten sein...
L: Am einfachsten können wir es wohl so ausdrücken: Als Gott unsere Welt erschaffen hat, konnte er den Weltdingen *klassisch* (quasi zunächst) eine eindeutige *räumliche* Ordnung geben, die sich ob gewisser obwaltender Kräfte dann verändert und sukzessive eine *zeitliche* Ordnung erstehen lässt. Wie aber hätte Gott *nur* über *raumzeitliche* Abstände, die als *Differenz* definiert Ereignisse überhaupt *nicht eindeutig bezeichnen*, die Welt schaffen können? Als *Differenz* definiert können *raumzeitliche* Abstände überhaupt keine Ordnung *konstituieren;* so wie wir uns das raumzeitliche PBU vorstellen - nämlich *klassisch* als *räumlich* bzw. *verräumlicht gedachtes* Gebilde - ist es nur mit *defini(er)ten einzelnen* Komponenten *eindeutig*...
N: ...was bedeutet, dass hier *(N. deutet auf Abbildung 30)* die beiden Komponenten klassisch *doch* etwas *Spezifisches* bedeuten - dann wäre alles, was die LT `anstellen´, nur *virtuell-fingiert*, wie bei den GT *nur* eine *Beobachterperspektive* (auf ein *nicht* nur raumzeitlich definiertes Seinsgebilde) - dass eben *das* der Fall ist, dürfte ja mittlerweile deutlich geworden sein...
E: Das denke ich nicht...
N: ...diesem Gedanken und jenem, dass es hinsichtlich der ontologischen Realität nur *sinnlos* sein kann, *Gleiches ungleich* und *Ungleiches gleich* zu benennen, wie die RT es tut, können wir uns auch von der *anderen* Seite her nähern, wenn wir überlegen, was verschiedene Beobachter, etwa B_0, B_1 und B_2, die zusammentreffen und über irgendwelche Ereignisse sprechen, eigentlich genau *machen:* Ihr jeweils eigener `Hier-und-Jetzt-Punkt´ des Zusammentreffens ist ihnen eindeutig, um ihn geht es nicht - aber *distante* Ereignisse sind ihnen nur vermittelt über Signale als *bereits vergangene* gegeben; um nun räumliche und zeitliche Urteile über diese zu fällen, müssen die Beobachter gleichsam in Gedanken ihre Maßstäbe - wie auch immer die

verändert sein *könnten*, ist ganz *irrelevant* - bis zu dem in Rede stehenden *spezifischen Ort* oder `wo´` (zu jeweils *einem* Zeitpunkt) eines Ereignisses verlegen...
B: ...darunter verstanden: die spezifische *Relation* eines Dinges zu allen anderen Weltdingen, deren Systematik bzw. Ordnung selbst *Herr L.* `Raum´` nennt...
N: Ja; und zwischen *spezifischen* Orten kann man nicht *unterschiedliche* räumliche Abstände annehmen wollen - jedenfalls in einem ontologisch-realen Sinne, derlei kann nur als *virtuell-fingiert* gelten. Ebenso ist es bei den *Zeitpunkten* - Uhren mögen wie auch immer *synchronisiert* sein oder welchen *Gang* und welche *Zeigerstellung* auch immer aufweisen, auch das ist ganz *irrelevant:* Beobachter müssen schlicht *ein-und-denselben Zustand* der Veränderung der Weltdinge, das Ereignis im engeren zeitlichen Sinne, *meinen* und ihre Gedanken zu *diesem einen identischen spezifischen Zustand* oder `wann´` zurücklaufen lassen; wiederum: Zwischen *spezifischen Zeitpunkten* - mithin *einem* `wie´` (Zustand) und einem *anderen* `wie´` (Zustand), die zudem kontinuierlich mit anderen `wie´s` (Zuständen) lückenlos kausal verbunden sein können, wie beim hin- und herlaufenden Licht beim MME oder BBE - kann man ebenso nicht *unterschiedliche* zeitliche Abstände annehmen wollen, jedenfalls nicht in einem ontologisch-realen Sinne, auch derlei kann nur als *virtuell-fingiert* gelten; man sagt in beiden Fällen nichts über die *Natur* aus; alle Beobachter meinen *dasselbe* `wie´`, den *Zustand* eines angeregten Atoms, von dem sich Licht löst, wenn ein Photon emittiert wird und auch *dasselbe* `wie´`, wenn das Licht hernach absorbiert wird - um *dieses* `wann´` geht es...
B: ...darunter verstanden: der spezifische *Zustand*, das `wie´` der Weltdinge, das sich verändert, deren Systematik bzw. Ordnung selbst *Herr L.* `Zeit´` nennt...
L: So ist es - alle müssen alle *dasselbe* `wo´` und `wie´` meinen...
N: Soviel nun von der Koinzidenz von Ereignissen und Zeigerstellungen in der RT auch die Rede ist - hier ergibt sich cum grano salis formuliert doch, dass dieses räumliche und zeitliche Zurücklaufen der Gedanken der Beobachter bei *je einem spezifischen* `wo´` und `wann´`(`wie´`) koinzidieren muss, damit sie überhaupt von *denselben* Ereignissen sprechen - wie nutzlos das raumzeitliche `an-sich´` der RT in dieser Hinsicht ist, hatten wir ja gesehen (bzw. es *gibt* derlei gar nicht), wie andererseits, dass ein *Berechtigungsgrund* von Transformationen *unhintergehbar* ist. Es macht überhaupt keinen Sinn, wenn die Beobachter dabei ihre Gedanken zu einem ontologisch-realiter *verschiedenen* `dort-dann´` zurücklaufen lassen: Für die drei Beobachter B_0, B_1 und B_2 bedeutet das konkret, wenn sie ihre Maßstäbe in Gedanken verlegen, müssen sie an *ein-und-demselben spezifischen* Ort (O) *beginnen* und an *ein-und-demselben spezifischen* Ort (H_1) ankommen,

'dort' müssen die Enden ihrer Maßstäbe jeweils *koinzidieren;* ebenso müssen sie alle von *ein-und-demselben* 'Soseins'-*Zustand* der Weltdinge sprechen, dem 'wann' das ein 'wie' ist - etwa 'wenn' auf H_1 *das-und-das* der *Fall* ist; die gedachten Uhren ihrer BS koinzidieren dort mit *irgendwelchen* Zeigerstellungen (die selbst wieder ein 'wie' sind) - *verschiedenen Benennungen eines identischen Zustandes* kann man keine ontologisch-reale *Bedeutung* beimessen. Man muss doch für zwei gerade zusammentreffende Uhren auf den relativ zueinander bewegten Maßstäben, wenn ein Lichtsignal diese in Gang bringt und man *nur* auf den zeitlich infinitesimalen Moment der Synchronisation *selbst* sieht, sagen, dass die Uhren dann *absolut gleichzeitig* in Gang gebracht wurden: Das Zusammentreffen der Uhren und die Ankunft des Lichtsignals bei beiden ist doch (nur) *ein* Ereignis, (nur) *eine* Koinzidenz, *ein* 'wie' der Wechselwirkung...

L: So die Koinzidenzen, um die es *wirklich* geht für die Natur ohne uns - und so auch beim - mithin - *Fehlschluss* auf ein PBU...

N: Auch das System der RT der *veränderlichen* Maßstäbe und Uhren bzw. der veränderlichen Raumzeit ruht wiederum auf *Absolutem* - alles andere macht gar keinen *Sinn:* Man kann nicht sinnvoll einerseits einem Ereignis *ontologisch-realiter* einen irgendwie 'anderen' Raumort und Zeitpunkt zuschreiben, ein anderes 'wo' und 'wann' im 'Gesamtgefüge der Weltdinge' annehmen, es aber *dennoch* mit Transformationen *verknüpfen wollen* - ohne *spezifisches* 'wo' und 'wann' braucht man sich über Transformationen *irgendeiner* Art ja gar nicht zu *unterhalten,* wie wir gerade gesehen haben. Prägnanter formuliert ergibt sich das *Paradoxon,* dass man die LT nur anwenden *wollen* kann, wenn sie für das ontologisch-realite 'wo' und 'wann' *nichts* bedeuten - so ist es ja auch bei den *GT* und genau so ist es auch *hier:* Die divergierenden räumlichen und zeitlichen Abstande der RT können wir nur als *virtuell-fingiert* begreifen...

E: Mein Ansatzpunkt war: „wenn die Lichtgeschwindigkeit für alle Systeme *gleich groß* ist, dann müssen bewegte Stäbe ihre *Länge* und bewegte Uhren ihren *Gang* ändern, und diese Veränderungen müssen ganz bestimmten *Gesetzen* unterliegen. Es ist gar nichts *Mysteriöses* oder *Widersinniges* an alledem"[217]...

N: ...*ist* es eigentlich auch nicht - mit den *Lorentz'schen* Annahmen, wenn nämlich ontologisch-realiter die Lichtgeschwindigkeit *nicht* in allen BS gleichgroß ist, wie sich ja unabhängig von diesen letzteren Überlegungen ergeben hatte. Sehen Sie, in *jedem* Fall ergibt sich, dass die RT als Raum-Zeit-Konzept unhaltbar ist, ob man nun Maßstäbe und Uhren *sogleich* als verändert denkt oder (da man in den BS nichts bemerkt) erst *später,* weil sich *Widersprüche* wie hier *(N. deutet auf Abbildung 19)* bei den Beobachtern *A, B* und *C* ergeben: Und *wenn* man sie 'verschieden' denkt, darf man keine (Re)Kombination zum PBU vornehmen, das alles hatten wir ja auch bereits, schon zu Beginn unserer Diskussion. Das Dilemma löst sich also ganz einfach auf: Es *gibt* keine KdL, damit auch keine RdG, damit auch kein PBU...

L: ...hier geht es nicht um unser Denken oder Vermögen, sondern darum, was wir für *vernünftig* halten: Wir *wollen* zwischen spezifischen Punkten - Zeitpunkten und Orten - *identische* Abstände annehmen, da allem anderen nichts ontologisch-realiter *entspricht*. Man kann das *anders handhaben* - es ergibt sich dann aber nicht *ontologisch-realiter* etwas anderes: Es wird nur mit *verschiedenerlei Maß* gemessen - dieser Gedanke ist uns *fassbar*, womit RdG und PBU `auf Treibsand gebaut´ sind. Beides, den spezifischen `Ort´ (zu einem Zeitpunkt mit den Weltdingen) und den spezifischen Zeitpunkt (selbst) *können* alle Beobachter gleich bezeichnen, also jeweils mit *einem* Etikett versehen - und eben das machen die *klassischen* Raum-Zeit-Konzepte (von der Korrektur des räumlichen Beobachterstandpunktes durch die GT abgesehen)...

N: ...es ergibt sich dann nur, dass nicht *BS-übergreifend* der Wert *c* gilt...

L: ...was ohnedies kein empirischer Befund ist für *ein-und-denselben* Lichtstrahl für *alle* Beobachter...

N: Die klassischen *GT* - gleichgültig ob in einem absoluten oder relativen (relationalen) Raum-Zeit-Konzept - nehmen *Zeitpunkte* als *absolut, Wege* (mithin `Orte´) und *alle Geschwindigkeiten in BS* jedoch als *variabel;* die relativistischen *LT* nehmen die *Lichtgeschwindigkeit* als *absolut, Wege* (mithin `Orte´), *Zeitpunkte* und alle *anderen* Geschwindigkeiten als *variabel*. Wir machen nun aber die *Erfahrung*, dass, wenn wir relativ zu einem anderen Beobachter bewegt sind, die *Wege* die Körper im jeweiligen *BS* zurücklegen, für uns *verschieden* sind - eben *das* rechnen die GT heraus, indem sie schlicht sagen: `wenn ich mich zu einem bestimmten Zeitpunkt am Ort x_0 befinde, kann ich an einem bestimmten distanten Ort einen Körper bei der Koordinate x_v und damit in einem bestimmten räumlichen *Abstand* finden und wenn nun ein anderer Beobachter sich mit der Geschwindigkeit *v* von meinem Ort x_0 während der Zeit Δt um die Distanz $d = v \cdot \Delta t$ relativ zu diesem Körper bewegt (in dieser Raumrichtung), muss dessen ermittelter Abstand genau um diese Distanz *d abweichen*´ - die Bewegung, die ein anderer Beobachter macht, wird einfach *neutralisiert* - die GT korrigieren unseren räumlichen *Standortwechsel* als *evident*. Die Evidenz hängt aber nicht vom *Wert der Geschwindigkeit* ab; wenn die RT sagt, *alle* inertialbewegten Beobachter, die zusammen einen Lichtblitz erzeugen, würden im *Mittelpunkt* des Lichtkegels bleiben, wissen wir, dass wir dann die Maßeinheiten bzw. Raum und Zeit für verschiedene Beobachter als *verändert* betrachten müssen, dass dem ontologisch-realiter aber nichts *entspricht*. Die GT bleiben hingegen im *Einklang* mit unseren Erfahrungen: Wir können im Raum willkürlich verschiedene Positionen einnehmen und dabei ergeben

VIII c

sich andere Relationen zu den Weltdingen - an *einem* Ort kommen wir aber zu *denselben* Relationen. Und die andere Erfahrung ist hier, dass wir uns innerhalb der Zeit *nicht* willkürlich positionieren können - sie ist überhaupt *keine wirkliche Dimension*, die sich *aktual erstreckt*. Wichtiger noch ist: die Erfahrung, dass uns immer nur *ein* `Sosein´ der Weltdinge gegeben ist, *ein jeweiliger Zustand* als *ein Zeitpunkt* (an einem spezifischen Ort)...
L: Darum auch fasst Kant die `Zeit´ (u.a.) als die Anschauungsform, die gleichsam dafür Sorge trägt, dass wir ein *verschiedenes* Sosein *derselben* Weltdinge *nicht* als *Widerspruch* begreifen müssen - ähnlich hatte *ich* es ja gefasst; das Veränderte `reiht sich in der Zeit auf´ (in räumliche Begriffe gefasst). Diese transzendentalen Annahmen wollen wir hier nicht selbst diskutieren, sondern im Gegenteil *realistisch* wenden - den *Anschauungs-* und *Denk*kategorien entsprechen nämlich fundamentale *Real*kategorien: In meinem relationalen Raum-Zeit-Konzept sagte ich: „Der Raum ist die Ordnung des Koexistierenden, oder die Ordnung der Existenz für alles, was *zugleich* ist" und: „Die Zeit ist die Ordnung des *nicht zugleich* Existierenden", denn „gesetzt, es existiert eine Mehrheit dinglicher Zustände, die einander nicht ausschließen, so werden sie als *zugleich existierend* bezeichnet", „sie ist somit die *allgemeine* Ordnung der Veränderungen, in der nämlich nicht auf die bestimmte Art der Veränderungen [oder der Weltdinge] gesehen wird."[218] Eben *so* ist uns Zeit nämlich nur gegeben im `Außen´: Ein Zustand, ein `Sosein´ *ist* ein Zeitpunkt - zunächst nur bei einem Ding, mithin an einem Ort gedacht. *Deshalb* ist klassisch der Zeitpunkt absolut, *ein spezifischer Zeitpunkt* ($t=t´$), weil alles andere nichts über die ontologische Realität *aussagt* (geschweige denn etwas *erklären* könnte) - wie *ein* Ding *ein* Ding ist und bleibt, gleichgültig, wie man es in verschiedenen Sprachen nennen mag; die Mehrfach-Benennungen der RT besagen als menschengemachte soviel, wie eine *physikalische[!]* Theorie, die darauf aufzubauen trachtet, dass ein-und-dasselbe Ding `Baum´, `boom`, `tree´, `arbre´ oder wie auch immer *benannt* werden kann...
N: ...*das* ist das `tiefere´, ernüchternde Geheimnis der RT...
E: Mir scheint, Sie argumentieren mit immer *allgemeineren* Argumenten...
N: Nun, zum einen dürfen wir die *bisher* vorgebrachten Argumente nicht aus den Augen verlieren, zum anderen aber liegt das in der Natur der Sache - man *muss* immer allgemeinere Argumente bringen, *weil* man immer tiefer zu den Denk- und Real*kategorien* vordringt, zu *transzendentalen, konventionellen* Vorentscheidungen, *proto*-physikalischen Zusammenhängen, *weil* immer deutlicher wird, dass man für die Natur *selbst* eine absolute Gleichzeitigkeit gar nicht *sinnvoll anzweifeln kann:* Wir zünden dieses Streichholz an, von dem aus sich ein Lichtkegel in den umgebenden Raum ausbreitet - nun fragen wir, was es für die *Natur selbst* bedeuten könnte, diesem *einen* Zustand *eines* Weltdinges von anderen Beobachterwarten aus *verschiedene*

Zeit- und Ortsziffern zuzuordnen. Antwort: *Nichts.* Für die *Natur ohne uns* sind die relativistischen Diskrepanzen schlicht *sinn-* und *bedeutungslos*... Sehen Sie, was die RT eigentlich *macht*, ist, dass sie mit ihren `Eigenzeiten´ gleichsam *zuerteilte* `Fremdzeiten´ definiert, wie man diese entgegengesetzt nennen könnte, die ontologisch-realiter aber *irrelevant* sind. Dass Sie Instantanität, Uhrengang und dergleichen überhaupt *erwähnen*, zeigt, dass Sie weder mit der relativistischen `Eigenzeit´ des Uhrengangs, noch mit der signalvermittelten, zuerteilten `Fremdzeit´, von dem, was `Zeit´ hinsichtlich der ontologischen Realität ist, überhaupt *reden*. `Eigenzeit´ ist ein ganz *irreführender* Ausdruck, weil er in der RT genau das *Gegenteil* von dem, was er nahelegt, *meint:* Alle Beobachter sprechen bei einem Ereignis von *einem* Zustand, *einem* `wie´ eines gerade in Betracht genommenen Weltdinges, also von *einem* Zeitpunkt - aber mit der RT wird `von außen´ eine relativistische Zeit *ziffer´* als `Fremd*zeit´* an dieses Ereignis herangetragen. Gedachte oder tatsächliche Uhren anderer BS am Ort des Ereignisses *würden* bzw. *sollen* nur jeweils anderes anzeigen, damit sich der Wert *c* ergibt. Für die Natur *selbst* ist das aber *gleichgültig* - die Frage der spezifischen Orte und Zeitpunkte, welche die Dinge `innehaben´ und welche Beobachter `meinen´ müssen (also idealiter und realiter) hatten wir ja ausführlich behandelt. Ein Ding ist eben `da´, `wo´ es ist - man kann über diese *Tautologie* gar nicht *hinauskommen:* Es ist an einem Ort im Sinne einer (jeweils) spezifischen Relation, die *nur* `dort´ im Zusammenhang aller Weltdinge herrscht. Der Begriff `Ort´ ist eine *hinweisende* (Hilfs-) Relation für das, was `Ort´ ontologisch-realiter ist und eine Relativität ist hier schlicht *sinnlos.* Bei Zeitpunkten ist das alles *noch offensichtlicher:* Sinn*voll* könnte es noch sein, zu sagen, dass Beobachter ihre Uhren gegeneinander verstellen, sofern ihnen eine Bewegung relativ zur `absoluten´ Ausbreitung des Lichtes nicht *feststellbar* ist, oder gar *prinzipiell* nicht feststellbar ist, und dass *daraus* relativistische Effekte resultieren; das erklärt aber *nicht* die Befunde (etwa das MME oder das BBE) - vor allem kann man nicht sagen, was dem ontologisch-realiter *entsprechen* soll - was Zeit auch ansonsten noch `sein´ mag: Es gibt offenbar verschiedene Dinge, die sich verändern und *einen* Veränderungszustand, *ein* `wie´ bezeichnen wir dabei mit *einem* Etikett - alles darüber hinaus kann nur *pragmatisch* sinnvoll sein, was aber sollte es `mehr´ bedeuten?
L: Es ist eine *irrational-mystische* Vorstellung, wenn Sie annehmen, dass derlei eine *physikalische* Bedeutung haben soll - es ist ja gleichsam so, als wären die relativistischen Zeitziffern `Beschwörungsformeln´, bei denen Worte über die inhaltliche oder psychologische Wirkung hinaus mystisch etwas *bewirken* sollen...
N: Zeitpunkte als *Zustände*, als `wie´, *misst* man insofern auch gar nicht - man könnte sagen, sie seien unmittelbar *evident* im Sinne von (englisch)

prägnant: Ein Zustand liegt schlicht *vor* oder eben *nicht;* man *stellt ihn fest...*
E: Wie jetzt?!
VIII d *L:* Wenn man die Realität, als das, was an einem Raumpunkt zu einem Zeitpunkt der Fall ist, zu erfassen trachtet, *täuschen* uns die Modi `absolut´ und `relativ´ (relational) darüber, worum es eigentlich geht - stets muss man sagen `dort´ ist `dann´ `das-und-das der *Fall´.* Das `dort´ ist rein ostentativ (hinweisend), denn es bezieht sich zunächst auf *Dinge* (und seien es Probekörper in Feldern) - das `dort´ muss *dasselbe* Ding meinen, *das* Ding und *nicht jenes;* auch Koordinatenangaben machen nur einen *Umweg* über *andere Dinge,* wenn sie sagen `*dieses* Ding ist so weit von *jenem* Ding entfernt, dass dann-und-dann *dieses* Ding *so-und-so-oft* dazwischengebracht werden *könnte´.* Was nun könnte daran *relativ* sein (für die Natur selbst)? Und wenn `Raum´ der Inbegriff der möglichen `Orte´ (zu einem Zeitpunkt) ist, an denen ein Ding sein kann: Wie können Abstände zwischen spezifischen Dingen *relativ* sein? Und das `dann´ ist im Grunde ebenso *ostentativ* bzw. *indikativ* (feststellend) - es meint *denselben Zustand* als dasselbe `wie´, das schlicht *festgestellt* wird; man stellt fest, *dass* `das-und-das´ der Fall ist (oder eben nicht) - selbst BS-übergreifend: *das* Ding (Uhr *1*) in *dem-und-dem* Zustand (`Zeigerstellung *1´*) *koinzidiert* mit *dem* Ding (Uhr 2) in *dem-und-dem* Zustand (`Zeigerstellung *2´*). Das `dann´ bezieht auch betrachtete *Prozesse* komparativ (vergleichend) auf *andere* Prozesse; auch bei Zeitdauern, wo physikalische Prozessfortschritte in Relation gesetzt werden, ergibt sich jeweils *eine* (mithin absolute) Zustands-Relation; für die Natur selbst fällt das `*dann´* und das `*das-und-das-ist-der-Fall´* zusammen - auch daran kann nichts *relativ* sein. Beim ZP etwa hieße es dann in einem *nicht-*relativen Sinne: `wo DB eingraviert ist, *wenn* der Blitz einschlägt´...
N: Nicht, dass sich die ontologische Realität, die *Welt* darauf beschränken *ließe* (wie uns `Felder´ und quantenphysikalische Phänomene lehren), dass dies *erschöpfte,* was wir unter `Raum´ und `Zeit´ verstehen sollten, oder dass man sich derart in der Erkenntnis *beschränken* sollte. Aber alles, was über das rein phänomenal-empirisch Deskriptive hinausgeht, betrifft nicht mehr die Denk- und Realkategorien `Raum´ und `Zeit´ - es ist dann *interpretativ* und betrifft etwa die Dynamik oder es ist *pragmatisch* motiviert. Die verschiedenen Etiketten sind so nicht nur bezüglich der ontologischen Realität *redundant,* der ganze Spuk verschiedener Gleichzeitigkeitsebenen *ergab* sich nur aus ihnen - mithin weisen wir natürlich auch eine nur *relative* Gleichzeitigkeit zurück. Jeder bzw. alles ist in seinem `Hier-und-Jetzt´-Punkt an einem *spezifischen Ort* innerhalb der *Mannigfaltigkeit* der Orte, die wir `Raum´ nennen...
L: ...was nicht bedeuten muss, dass Orte *absolute* Koordinaten haben...
N: ...und innerhalb der *Veränderungen* der Weltdinge, die wir `Zeit´ nennen, in einem jeweils *spezifischen Zustand* (quantenphysikalische Erwägungen

außer Acht gelassen bzw. dort auf Überlagerungszustände bezogen)...
L: ...was nicht bedeuten muss, dass Zeitpunkte *absolute* Koordinaten haben...
N: Die Welt kritisch-*realistisch* zu betrachten heißt nun (unter anderem) anzunehmen, dass es um uns herum noch *andere* `Hier-und-Jetzt´-Punkte gibt, deren Gesamtheit wir `Realität´ nennen; mit einer Heraklitschen Welt des `WERDENs´ nehmen wir an, dass in *allen* diesen `Hier-und-Jetzt´-Punkten sukzessive *ein* spezifischer Zustand der Dinge in einen *anderen* übergeht, der *stattdessen* zur Existenz gelangt (denn eben *das* erfahren wir ständig in unserem eigenen `Hier-und-Jetzt´-Punkt); so hat auch die *Gesamtheit* der `Hier-und-Jetzt´-Punkte eine räumliche und zeitliche Ordnung, unabhängig davon, was Maßstäbe und Uhren tun oder was wir von ihr wissen...
L: Versuchen wir `absolute Gleichzeitigkeit´ aber auch *positiv* zu fassen: Ontologisch-realiter kann nur eine *solche* Transformation zutreffend und *nicht-redundant* sein, die *denselben* Zuständen *dieselben* Zeitetiketten verleiht, und *demselben* Weltding *denselben* Ort (zu einem Zeitpunkt mit den Weltdingen) zuschreibt, wie es die *GT* machen (wieder von der Korrektur des räumlichen Beobachterstandpunktes abgesehen); umgekehrt kann man die *LT* - etwa aus pragmatischen Gründen - nur anwenden *wollen*, wenn sie ontologisch-realiter *nichts* bedeuten...
B: Eine gewagte These...
L: ...insofern wird hier auch nicht eine ganz neue Sicht auf `Zeit´ aus der Taufe gehoben - derlei war schon *immer* Sinn einer gedachten *absoluten, spezifischen Zeit* (in diesem Sinne) und nur *das* ist auch im Einklang mit einer empirisch-positivistischen Sichtweise - mag diese ihre eigenen Grenzen haben: hier sagt sie, dass uns nichts anderes phänomenal-empirisch gegeben ist als *wechselnde Zustände verschiedener Weltdinge*...
N: `Es gibt *verschiedene* Weltdinge´ - schon um *das* als wahr anzunehmen, braucht man eine absolute Gleichzeitigkeit... Die verschiedenen Weltdinge an verschiedenen Orten des Raumes verändern sich - diese Formulierung macht auch Sinn, *ohne* über den *ontologischen Status* von `Ort´ zu streiten - wohlgemerkt *hatten* wir `Ort´ (zu einem Zeitpunkt mit den Weltdingen) auch ontologisch-realiter eine Bedeutung zugeschrieben. Offenbar geschieht die Veränderung `hier´ wie `dort´ gesetzhaft und untereinander wechselwirkend...
E: Gut, dann entwickeln sich eben `hier´ wie `dort´ die Weltdinge jeweils in ihrer `*Eigenzeit*´... Uns kann völlig gleichgültig sein, wie das *zusammenhängt*, weil es eben *nicht kausal* zusammenhängt...
N: Nicht ganz. Es geht darum, *dass* es - gleichsam `mengentheoretisch´ - zu einer Realität *gehört*. Hinsichtlich einer *Heraklit'schen* Welt - zumal wir nur eine *solche* Welt *annehmen* können nach unserer Kritik des PBU - ergibt sich nämlich die Notwendigkeit, Zeitetiketten *so* zu verleihen, dass die jeweils *gleichzeitig* ins Sein tretenden Zustände der Weltdinge *dasselbe*

Zeitetikett bekommen; alle Ereignisse *der* `Jetzt´-Schicht, die jeweils `*in* die Existenz *eintaucht´*, die zuvor *noch nicht* waren und danach *nicht mehr* sein werden (mit dem Status `ontologisch-*real zu sein´*) - dies betrifft den für die RT amorphen Bereich der relativistischen `*Gegenwart´*...
L: Eine *Heraklit´sche* Welt des `WERDENs´ definiert nun wie gesagt *selbst* (`an sich´) eine absolute Gleichzeitigkeit, *jenseits* unserer Fähigkeit, diese zu *konstatieren* - wir hatten darüber ja ausführlich gesprochen. Gleichsam die *Dialektik* eines strengen Empirismus oder Positivismus erlaubt uns ja zu sagen - ob man nun für oder gegen ein PBU argumentiert -, dass *weder* eine Heraklit´sche, *noch* eine Parmenidische Welt *erweisbar* ist, da man nie *direkt nachweisen* kann, dass die Weltlinie eines Dinges an einem distanten Ort zu einem spezifischen (Eigen-)Zeitpunkt *schon* oder *noch* existiert (oder eben nicht), da uns das `Werden´ oder `Sein´ der Weltdinge an distanten Orten nicht *unmittelbar* gegenwärtig ist. Es gibt keine instantanen Signale und was `dort´ geschieht, kann uns nur *vermittelt* zur Kenntnis gelangen und diese Vermittlung muss in ihrer zeitlichen Dauer *gedeutet* werden; eigentlich reden wir mit der RT *nur* von dieser Vermittlung und Deutung, nicht von den Ereignissen *selbst*. Eine Heraklit´sche Welt sollten wir daher annehmen, wenn keine vernünftigen Gründe *gegen* sie sprechen, da sie sich hinsichtlich aller von uns beobachteten Naturphänomene *empfiehlt*. Eine Welt des Heraklit´schen `WERDENs´ darf nun nicht so geartet sein, dass Beobachtern - etwa B_0, B_1 und B_2 - vergangene oder zukünftige Zustände noch oder schon empirisch *gegeben* wären. Das ist natürlich auch nicht der Fall - man kann einem Signal *nicht insofern* entgegeneilen oder entfliehen, dass man dadurch *noch* oder *schon* vergangene oder zukünftige Zustände der Welt zu *Gesicht* bekommen würde, die anders bewegte Beobachter am *selben* Ort *nicht* sehen könnten...
N: Auch *das* nimmt mancher *kluge Kopf* an: Für das *Zusammentreffen* eines in der geometrischen Mitte zweier Ereignisse *ruhenden* Beobachters und eines schnell in einem Raumschiff *bewegten* Beobachters (eine zu unserer analogen Situation), wird etwa ausgeführt „Der Pilot widerspricht heftig [dem anderen Beobachter, der zwei Ereignisse - Vulkanausbrüche auf der Erde und auf einem anderen Planeten - als *gleichzeitig* betrachtet] und ist bereit, notfalls durch *Filmaufnahmen* zu *beweisen*, dass der Vulkan auf der Erde deutlich früher ausbrach als der andere"[219]...
L: Die Beobachter erreicht schlicht *derselbe* Lichtkegel *desselben* Ereignisses am *selben* Ort ihres Zusammentreffens - nur ihre *Deutung* ist mit der RT bewusst eine andere. *Das* ist das eigentlich Absurde an der RT, dass die Beobachter unterschiedlich urteilen *sollen* - und zwar *nicht pragmatisch*, sondern für die *ontologische Realität*. Für eine *absolute Gleichzeitigkeit* müssen wir annehmen, dass, wenn wir an einem Ort das `WERDEN´ wahrnehmen, dem `Zeitfluss´ der Veränderung der Dinge `hier´, jedem *Zustand*

'hier' eindeutig ein Zustand in jedem distanten Ort 'dort' *zugehörig ist* (nicht, dass wir diese Schichten auch *erkennen* können müssen) - eben das zeigte sich etwa bei den beiden Maßstäben *(L. zeigt auf die Abbildungen 14a/b):* Wenn *A* und *B* zusammentreffen, muss auch *C genau ein* Beobachter gegenüberliegen. Wie soll man das *bezweifeln*, selbst, wenn man nicht weiß, ob das *E, F* oder *G* ist; und für alle folgenden Zeitpunkte ist das *ebenso - einem* Zusammentreffens-Zustand 'hier' entspricht genau *ein* Zusammentreffens-Zustand 'dort' (wie überall auf den Maßstäben) - was wäre *sonst* absolute Gleichzeitigkeit? Auch die Beobachterensembles B_0-B_1-B_2 und B_0^*-B_1^*-B_2^* können nicht sinnvoll zu dem Ergebnis kommen, dass für den Zeitpunkt ihres Zusammentreffens an *identischen* distanten Orten *verschiedene Zustände existieren*. Dabei geht es wohlgemerkt *nicht* darum, dass ihnen diese gegenwärtigen Zustände natürlich nicht empirisch-phänomenal (instantan) *gegeben* sind - Signale von 'dort' würden sie natürlich relativ zueinander bewegt an verschiedenen Orten *erreichen;* es geht darum, dass sie für diese Signale - wie erwähnt - immer wieder die nämliche Grundsituation des *Zusammentreffens* dreier *wie sie* bewegter Beobachter, die ebenso *dasselbe* Signal *desselben* Ereignisses erreichen würde, *denken* können - es geht *immer* um diese Grundsituation. Zu einem *spezifischen* Zeitpunkt E_1 hat sich der Lichtkegel des Ereignisses gelöst, E_1 war ein eindeutiges 'wie', wie B_0^*, B_1^* und B_2^* bezeugen sollten, und es kommt zu einem späteren *spezifischen* Zeitpunkt E_2 als ein eindeutiges 'wie' an, wie B_0, B_1 und B_2 bezeugen sollten - zwischen dem 'hier' und 'dort' besteht eine *eindeutige* Relation...
N: Man ist ja geneigt, die nicht-lokale 'Wellenartigkeit' von QO, etwa im Bild des deBroglie-Bohm'schen 'Quantenpotentials' anzuführen, das sich an allen Orten *instantan* ändert - aber wir wollten die QT nicht involvieren und es geht auch *nicht* um Instantanität, sondern um die Frage: Müssen wir nicht annehmen, dass, auch wenn gewisse Wirkungen von Entitäten erst *zeitversetzt* an distanten Orten ankommen, eine *spezifische* Zeitverzögerung vorliegt? Müssen wir nicht annehmen, dass Licht für die *Natur selbst* eine *spezifische* Zeit 'unterwegs' war - auch wenn Beobachter sich mit der RT nicht darüber *einig* sind? Zumal wir ja schon eine *identische Inertialzeit* anhand der beiden Maßstäbe *nachgewiesen* haben...
E: Es ist nur die Frage, ob man diese Vorstellungen auf eine gleichsam im Raum 'zerstreute' *Mannigfaltigkeit* von 'hier-und-jetzt'-Punkten erweitern darf...

VIII e

N: Nicht erst bei der *Wahrheit* (als 'adaequatio ad rem') kommt 'Gleichzeitigkeit' ins Spiel; entscheidend ist, dass die Weltdinge (und Vergleichsprozesse) an *verschiedenen* Orten ('hier und 'dort') miteinander *zusammenhängen* - man muss verschiedene, miteinander zusammenhängende Weltdinge überhaupt *annehmen*, die *eine* Realität bilden, mithin bei Veränderung *einen* gedachten Zeitfluss. Zeitverläufe und mithin Zeitpunkte stehen ja an

zueinander distanten Orten auch in einer *spezifischen Relation* zueinander: Nehmen wir einmal an, wir präparierten einen langen Stab so, dass wir eine Uhr an unserem *eigenen* Ort und eine andere Uhr an einem *distanten* Ort durch dessen Bewegung *gleichermaßen* in Gang bringen könnten...
E: Wie jetzt?! Sie wissen ja wohl selbst, dass die RT dann einwendet, dass die Uhren dann *nicht* als *absolut gleichzeitig* synchronisiert gelten können, denn den Stab, der das bewerkstelligen soll, müssen wir als *nicht-starren* Körper auffassen, durch den sich der Bewegungsimpuls, der die distante Uhr in Gang bringen soll, erst *fortpflanzen* muss...
B: ...und wie lange das *dauert*, ist uns - ohne wieder in den bekannten Zirkel zu geraten - nicht `absolut´ ermittelbar...
L: Ganz recht, das *bestreiten* wir gar nicht... Aber wenn Sie eine *Kritik* an *diesem* Synchronisationsvorhaben überhaupt nur *formulieren*, setzen Sie doch im Prinzip bereits eine absolute Gleichzeitigkeit *voraus* - dass wir beide nämlich wissen, was umgekehrt etwa mit `nicht-gleichzeitig´ gemeint ist und dass absolute Gleichzeitigkeit in der Natur selbst *verankert* ist, denn Sie erkennen diese Synchronisation doch *deshalb* nicht an, *weil sie zeitverzögert* erfolgt...
E: ...wodurch sie *falsch* ist...
L: Natürlich, aber der Begriff `falsch´ umfasst doch (ebenso) bereits, dass die *Natur* etwas spezifisch *anderes* macht, als *wir errechnen*...
E: ...wir wissen nur nicht *was* sie macht...
L: Das bestreiten wir *auch* nicht - wir *brauchen* es aber auch gar nicht zu wissen, denn der Begriff `falsch´ ist auch *ohne uns definiert*, weil die Natur etwas `*spezifisches*´ macht - deshalb *gibt* es eine ontologisch-reale absolute Gleichzeitigkeit...
N: Wir könnten auch einfach fordern: Wenn *Sie* uns sagen, wie groß die *Zeitverzögerung* ist, sagen *wir* Ihnen, welche Zeitpunkte man hier *stattdessen* als *absolut gleichzeitig* aufzufassen und zu korrelieren hat...
B: Sie scherzen... Woraufhin *wir* dann natürlich einwenden, dass dies ob des logischen Zirkels *prinzipiell* gar nicht möglich ist...
L: Was wir *ebenfalls* nicht bestreiten - es *ändert* nur überhaupt nichts an der eigentlichen *Frage:* Es geht *nicht* darum, ob *wir* praktisch eine absolute Gleichzeitigkeit realisieren *können* (sogar ob wir dies *prinzipiell* können), sondern ob wir diese für die *Natur*, für die *ontologische Realität* annehmen müssen... In der Natur geschieht *Spezifisches*, nur *wir* können es *für uns* nicht spezifizieren. Wir reden damit doch von Problemen, welche die Natur selbst (`an sich´) überhaupt nicht *hat*: Sie werden ja wohl kaum abstreiten wollen, *dass* die Uhr *irgendwann* in Gang gesetzt *wird*...
B: Ja, natürlich - `irgendwann´...
L: ...aber dieses `irgendwann´ bezieht sich doch nur auf *unsere Unkenntnis* - für die Natur selbst (`an sich´) ist die Zeitverzögerung eine *spezifische*,

für sie ist es *kein* 'irgendwann' (in diesem Sinne), denn es ist wohl kaum in einem *willkürlichen, probabilistischen* Sinne zu verstehen - aber selbst *das* würde an einer in der Natur selbst realisierten absoluten Gleichzeitigkeit nichts *ändern*. Nehmen wir einmal an, Gott - auch hier ist immer 'sive natura' zu denken - würde uns, weil kurzfristig die Kausalität 'ausgefallen' ist, den Auftrag und die Macht übertragen, das 'in-Gang-bringen' der distanten Uhr, wie auch die ganze *Vermittlung* des *Impulses* durch den nicht-starren Stab jeweils 'im richtigen Zeitpunkt', wie es sich für die Natur 'von selbst' ergäbe, zu bewerkstelligen - *wir könnten* es nicht...
B: Wir könn(t)en dem Zirkel nicht entkommen und nicht angeben, wann der Bewegungsimpuls 'wirklich' (absolut) ankommt...
L: Ja; und dennoch 'wissen' wir, was 'im richtigen Zeitpunkt' *bedeuten* soll, wie auch die Natur selbst - anthropomorph gesprochen - dies 'weiß'. Wir nehmen an, dass eine *spezifische Zeitverzögerung* statthat und dass während der Ausbreitung des Impulses die *Zeit* (bzw. Uhren) bei uns und dort in *spezifischer* Weise 'weiterläuft'. Nun müssten Sie ja *bestreiten, dass* diese Ausbreitung für die *Natur* eine *spezifische* Zeit braucht - das widerspricht doch allen unseren *empirische Erfahrungen*. Wir sprechen - wie gesagt - doch gleichsam nicht von einem Problem, dass die *Natur selbst* hätte - *sie kann* die distante Uhr 'im *richtigen* Zeitpunkt' in Gang bringen, denn sie *macht* es - die Uhr *wird* in Gang gesetzt, die 'richtige' Zeitverzögerung wird ontologisch-realiter im Naturgeschehen *selbst* gleichsam 'von selbst' berücksichtigt und *realisiert* - was die Natur selbst *macht, ist* der richtige Zeitpunkt. Unser ganzes vielleicht sogar *prinzipielles* 'nicht-Wissen' und 'nicht-Vermögen' ist nicht der Maßstab für die *Natur* - als richtete sich die Natur *nach uns*, und als suchten nicht umgekehrt *wir* uns in der Erkenntnis nach der *Natur* zu richten. Die RT redet von *unseren Erkenntnis*problemen - im Grunde erklimmen wir hier (wie auch in manchen Deutungen der QT) einen neuen einsamen Gipfel des *Anthropozentrismus* - hier wird noch überboten, was man sich früher etwa hinsichtlich der Stellung der Erde im Kosmos oder des Menschen in der Schöpfung anmaßte... Aber der Natur liegt auch *ohne uns* eine spezifische räumliche und zeitliche Ordnung der Weltdinge zugrunde (wir arbeiten heute allerdings fleißig an dem 'Beweis', dass und was die Natur *tatsächlich ohne uns* ist)...
B: Hätten *Sie* hier nicht - als *Verfechter* einer absoluten Gleichzeitigkeit - die Beweislast zu tragen?
N: Nun, das haben wir die ganze Zeit über ja *getan*, aber *selbstverständlich* ist das auch nicht: Wie bei den relativ zueinander bewegten Maßstäben hat doch auch hier der Gedanke, dass der sich dabei durch den Stab fortpflanzende Bewegungsimpuls, der die distante Uhr in Gang bringen soll, relativ zu einem anderen Maßstab, der als unser BS fungiert, im Laufe der Zeit stets *einem bestimmten* Ort auf diesem gegenüberliegt, sich also mit

spezifischer Geschwindigkeit fortpflanzt, die *allergrößte Evidenz* für sich. *Sie* müssten Argumente vorbringen, diese in *Zweifel* zu ziehen und dabei können auch *wir* einfordern, dass Sie diese *konkretisieren:* Was auch *immer* Sie dann aber mit der RT *einwenden* - jede Kritik an der Synchronisation mit dem Stab, der die distante Uhr in Gang setzen soll, muss schon *beinhalten,* wie man eine absolute Gleichzeitigkeit *doch* herstellen *könnte* - der *Grund* des *Infragestellens* gibt implizit ja an, wie man diese *stattdessen* herstellen könnte. Es geht nicht darum, was wir praktisch *vermögen*, sondern jedes *begründete* Infragestellen der Möglichkeit, eine absolute Gleichzeitigkeit herzustellen, macht sich selbst *überflüssig* und mithin eine *relative* Gleichzeitigkeit *sinnlos*...

B: Ist das nicht ein *Zirkel?*

L: Nicht dieser *Einwand* ist zirkulär - die RT verfährt *selbst* zirkulär... Aber setzen wir nochmals bei `wechselnde Zustände verschiedener Weltdinge' ein - das trifft es nicht *genau* genug, denn es besagt ja gleichsam nur: `hier' entwickeln sich die Dinge und `dort' - damit gäbe es *keine* absolute Gleichzeitigkeit, sondern nur einen Zeitfluss `hier' und einen anderen `dort'...

E: Das war *mein* Ansatzpunkt, als ich sagte: „Es ist [...] ohne weitere Festsetzung nicht möglich, ein Ereignis in *A* mit einem Ereignis in *B* zeitlich zu vergleichen; wir haben [...] nur eine `A-Zeit' und eine `B-Zeit', aber keine für *A* und *B gemeinsame* verbindliche `Zeit' definiert"[220]...

L: Hier zu einer *pragmatischen* Definition zu kommen, mag sinnvoll sein - Sie nehmen aber ja an, *dass* dies nur eine Sache der Definition *ist* und das ist *absurd*...

B: Da sich mit der RT der Zusammenhang *kausal-verbundener* Ereignisse *nicht ändert*, könnte man aber ja fragen, warum uns überhaupt *interessieren* sollte, wie Ereignisse mit (relativistisch) *räumlichem* Abstand, die überhaupt nicht kausal zusammenhängen *können*, zeitlich zusammenhängen...

L: ...zumal man `Zeit' nicht als einen `Fluss der Zeit' begreifen darf, der gleichsam `zentralgesteuert' Ereignisse *hervorbrächte*, gleichsam allesamt `mitrisse'...

B: Bei beliebigem Nullpunkt könnte man kausal-verbundene Ereignisse mit fortschreitenden Zeitziffern versehen, über welche sich alle Beobachter auch mit der RT *einig* wären...

N: Insofern die Gleichzeitigkeitsebenen im Lichtmaßstab niemals über *45°* hinaus *geneigt* werden, liefern aber die verschiedenen Beschreibungen verschiedener Beobachter *rein redundant dasselbe* Naturgeschehen - haben wir in einem BS eine korrekte Beschreibung des Weltgeschehens *gefunden,* müssen wir ja sogar *a priori* davon ausgehen, *dass* wir in einem anderen BS *dasselbe* Naturgeschehen beschreiben, *wenn* wir es *vergleichen*. Wir gewahren übrigens, dass Beobachter sich auch über *faktisch nicht* kausalverbundene Ereignisse, die aber kausal-verbunden sein *könnten*, hinsichtlich der zeitlichen Topologie *einig* sind, wenn diese nur weit genug in der Zukunft oder Vergangenheit liegen - das zeigt abermals, dass es nur um die *Lichtausbreitung* und das *zur-Kenntnis-gelangen* gehen kann und nicht um die Ereignisse und ihre Ordnung *selbst* (`an sich´), denn warum *sonst* sollte dies so sein, was unterscheidet *sonst* diese Ereignisse objektiv physikalisch von zeitlich *näheren?* Warum soll überhaupt ein *Licht*kegel hierfür relevant sein?

L: Nun, wie dem auch sei, es geht bei einer absoluten Gleichzeitigkeit um den mit der RT uneindeutigen Bereich eben der Ereignisse mit *räumlichem* Abstand. Hier nun wird nahegelegt, dass *wir* eine *Verbindung* zwischen *A* und *B* erst *herstellen* müssten - so als ob es `hier´ und `dort´ *getrennt* einen Zeitfluss gäbe, für jedes Weltding einen *eigenen* Zeitfluss (so begreifen manche wohl gar die `Eigenzeit´ der RT). Da uns `Zeit´ in der Veränderung der Weltdinge entgegentritt, diese selbst *ist*, muss man jedoch sagen, *dass* diese Zeitflüsse in Relation zueinander stehen, *weil* die Weltdinge sich wechselseitig beeinflussen *können* - was wir `ontologische Realität´ nennen, *ist* dieses `in-Relation-zueinander-stehen´ der Weltdinge (das an sich selbst und auch *ohne uns* statthat)...

N: Die Dinge `hier´ und `dort´ *können* nämlich *wechselseitig aufeinander einwirken*, weil sie in *einer* Welt `angesiedelt´ sind - alleine (nur) *deshalb* gibt es für manche Ereignisse die Relation der *absoluten Gleichzeitigkeit*, weil ein spezifisches `Sosein´ der Weltdinge `hier´ ein spezifisches `Sosein´ der Weltdinge `dort´ *beeinflussen kann*...

L: Ein `Sosein´ (Ereignis) an einem Ort geht in *ein anderes* über (`Zeit´) - ob mit oder ohne Einfluss irgendeines `umher´ (gegebenenfalls wirkt sich dies später oder früher aus) - wenn ein Signal `hier´ zu einem *spezifischen* Zeitpunkt abgeht, kommt es `dort´ zu einem *spezifischen* Zeitpunkt an; um Gegenteiliges anzunehmen, wenn man überhaupt sagen kann, was das *bedeutet*, bräuchte es eines *Grundes*, den es aber nicht *gibt*, denn Zustandsveränderungen `hier´ laufen gesetzmäßig ab, und mutmaßlich ist es `dort´ *ebenso*. Aber nicht nur, dass jeder Grund, der sich anführen lässt, warum es früher oder später ankommen sollte, schon beinhaltet, wie eine absolute Gleichzeitigkeit *stattdessen* herzustellen wäre, oder dass dieser Gedanke nur *fassbar* ist und die Begriffe `früher´ und `später´ nur etwas *bedeuten*, wenn man sie schon *voraussetzt* - Sie müssten als Verfechter einer RdG *generell zurückweisen*, dass eine *spezifische* Relation zwischen Ereignissen an distanten Orten `hier´ und `dort´ oder *spezifische* Relationen zwischen den verschiedenen Weltdingen und den Prozessen, die an ihnen statthaben, gegeben ist. Sehen Sie einmal hier *(L. zeichnet Abbildung 31):* Nehmen wir schlicht *zwei Uhren* - als solche Weltdinge (Körper), an denen bestimmte physikalische Prozesse periodisch statthaben: Denken wir diese wiederum im `nichts´ wahllos relativ zueinander bewegt. Wenn eine Uhr nun ein Zeitsignal aussendet, muss man doch sagen, dass schon beim *Aussenden feststeht*, dass dieses zu einem *bestimmten* eigenzeitlichen Punkt bei der anderen Uhr *ankommen* wird...

E: ...was auf die Tautologie hinauszulaufen scheint: ´*wenn* es ankommt, *kommt* es an´ - aber eine Uhr dort hat dann selbst natürlich eine bestimmte *Zeigerstellung*...

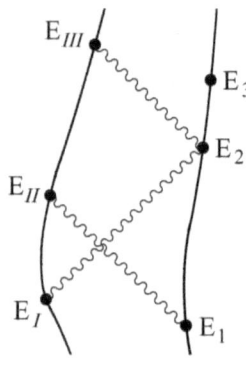

Abbildung 31

L: Wir stellen bei zueinander *ruhenden* Uhren ja fest, dass Signale immer *dieselbe* Zeit für den Hin- und Rückweg brauchen (wenn wir das auch nicht weiter für *einen* Weg zergliedern können, nehmen wir doch eine spezifische *Verteilung* zwischen beiden Wegen an, sogar eine gleiche, wenn wir für eine *andere* Annahme keinen *Grund* haben). Wenn der Emissions- oder Absorptionskörper oder andere Körper, Felder, Kräfte... von Einfluss wären und das Signal beschleunigen oder verzögern würden, wenn Signale den Körpern enteilen oder entgegeneilen würden oder es ein Medium gäbe, zu dem die Körper in bestimmter Weise bewegt sind (gleichgültig, ob wir das feststellen *können* oder sogar prinzipiell *nicht* feststellen können) oder was immer man sich ausdenken kann - *unabhängig von uns* ist irgendetwas der Fall ontologisch-realiter - ´*wenn* es ankommt, *kommt* es an´. Doch selbst *das* reicht noch nicht: Es könnten sogar *probabilistische* Effekte das Signal beeinflussen, die unverhersehbar sind (gesetzt es gäbe dergleichen) oder gleichsam physikalisch ´*transkausale*´ Effekte bewusster Willensakte (wieder gesetzt es gäbe dergleichen). Wenn aber das Signal angekommen *ist*, *ist* post factum *realisiert*, dass *das-und-das* dann *Einfluss hatte* - man legt im Prinzip *wiederum* einen quasi-kausalen Zusammenhang zugrunde...

B: Ja, das ist gewissermaßen die *Dialektik* jeden Indeterminismus´ oder jeden Willensaktes, dass solche Effekte stets im *Nachhinein denselben* Status wie deterministische Effekte erlangen...

L: Selbst, wenn wir bei einem zu uns ruhenden Körper empirisch feststellen würden, dass Signale *unterschiedlich* lange für einen Hin- und Rückweg brauchen, *unterstellen* wir, dass es dafür einen *Grund* gibt, *dass* etwas die Signale beeinflusst *hat* - das *ist* Naturwissenschaft. Mithin nehmen wir an, dass auch die *Beeinflussung* ein bestimmtes *Maß* hatte, womit wir wiederum eine absolute Gleichzeitigkeit voraussetzen. Selbst *dann* nimmt man also eine *spezifische Relation* der `Zeitflüsse´ `hier´ und `dort´ an, die nur eben durch einen probabilistischen oder `transkausalen´ Effekt `verschoben´ wäre, der aber *post factum* eine spezifische Größe *gehabt* haben muss, also eine spezifische Verschiebung *verursacht* haben muss (selbst, wenn wir prinzipiell nicht genauer darum wüssten). Was wir also *berücksichtigen müssten*, um *doch* eine absolute Gleichzeitigkeit herzustellen, *ist* in der Natur schon berücksichtigt *als* `realisiert´ - wie wir es für den Stab, der zwei Uhren in Gang bringen soll, ausgeführt haben...

N: Wenn man dies alles *nicht* annimmt, schon diese Gedanken als totaler Skeptizist ablehnt, braucht man eigentlich gar keine Naturwissenschaft zu *betreiben* oder *überhaupt* über die Welt nachzudenken - man kann sich nur *solipsistisch* im *ego-anthropozentrischen Wahn* `einigeln´...

L: ...wenn man überhaupt einen Solipsismus zu einem Realismus *überschreiten* will, muss man sagen, dass es nicht nur ein sich wandelndes `Hier-und-Jetzt´ gibt, sondern dass es auch ein `dort´ mit *anderen* Weltdingen gibt, die mit uns in Relation stehen: `Raum´ ist ja nicht nur das *trennende* `Auseinander´, sondern auch das *verbindende* `Zusammengehören´ der Weltdinge in einer Realität[221], und dabei muss man stets `gleichzeitig´ anfügen, um zu sagen, was man sagen *will*...

N: Auch für die *Uhrentransport*-Methode kann man so argumentieren: Eine Uhr muss an jedem Ort etwas *Bestimmtes* anzeigen; wenn Uhren divergieren, dann - so nehmen wir an - aufgrund gesetzhaft *spezifischer* Zusammenhänge (die auf die Uhr als *nicht* system-intern-determiniertem periodischen Prozess einwirken). Auch die transportierte Uhr hat in der Distanz stets *eine* Zeigerstellung, der *eine* Zeigerstellung *vor Ort* entspricht - welche das ist, kann man nicht eindeutig bestimmen, da man in einen Zirkel gerät. Für die Natur *selbst stellt* sich diese Frage aber überhaupt nicht - sie `weiß´ um die Abweichung, denn sie `berücksichtigt´ diese stets in dem, was sie `tut´ - anthropomorph formuliert - und wenn wir um sie *wüssten*, *könnten* wir eine absolute Gleichzeitigkeit herstellen: Es *gibt* somit eine absolute Gleichzeitigkeit...

L: ...insofern könnte man für die Beobachter B_0, B_1 und B_2 auch sagen, dass *bis* zu ihrem jeweiligen *Wahrnehmungs-* und vor allem *Deutungsakt* (an *einem* Ort zu *einem* Zeitpunkt[!]) die Natur selbst für *sie* und für *sich selbst* - wiederum anthropomorph formuliert - *dieselbe* Ordnung innehat, *gleich* ist, ja, gleich sein *muss*, damit sie von *demselben* Ereignis reden - *dann* erst *erschaffen* sie die relativistischen Diskrepanzen, wenn sie sich mit der RT der *scheinbaren* Kovarianz der Naturgesetze verpflichtet fühlen - für die Natur selbst *hatte* dann aber die Ausbreitung vom Emissions- zum Absorptionsort bereits statt, es *betrifft* die Natur selbst (`an sich´) gar nicht mehr, sondern die Rede geht von *anderem*...

N: Ist es alles in allem nicht geradezu *tragisch*, wie die Naturphilosophie in großem gedanklichen Bogen die RT *einzuordnen* trachtet, *einen* wunderbaren Gedanken auf den *anderen* türmt[222] (oder umgekehrt sich um die *RT* herum *neuzustrukturieren* bemüht), obgleich das ganze Gedankengebäude überhaupt kein wirkliches Fundament in der *ontologischen Realität* hat, Gottfried?

VIII f *L:* In der Tat, Isaac; und rhetorisch wäre nun ein *Resümee* gefordert, damit die vorgebrachten kritischen *Haupt*aspekte nicht von diesen *allgemeineren* Aspekten überlagert werden - das birgt allerdings die Gefahr, die Diskussion *im Kreise* herumzuführen, weil es *als* solches alle `wenn´s´ und `aber´s´ *unterschlagen* muss, die in ihrer mehrschichtigen Verwobenheit gar nicht gerafft resümiert werden *können*...

B: ...dann begönne unsere Diskussion schlicht von vorne...

N: Bitte *nicht* - es liegt ja alles klar *vor uns:* Beim PBU, dem eigentlichen Stein des Anstoßes haben das *Leib-Seele-Problem*, die zugrundeliegende *nicht-Kausalität* und die *zusätzlichen Zeitflüsse* gezeigt, wie unannehmbar irrational es ist, unsere Welt als eine des Parmenidischen `SEINs´ und nicht als eine des Heraklit´schen `WERDENs´ zu deuten; und da eine Heraklit´sche Welt mit einer nur *relativen* Gleichzeitigkeit ein Widerspruch *in sich* ist, stellte sich nicht mehr die Frage, *ob* etwas an der RT falsch ist, sondern *was*. Neben Aspekten wie der *Ätherfrage*, dem Begriff `Messen´, dem Zeugnis der *Atome*, springt deutlich ins Auge, dass die räumlichen und zeitlichen Urteile von an einem Ort zusammentreffenden Beobachtern rein *virtuell-fingiert*, mithin *redundant* für die ontologische Realität sind - nirgends wäre Ockhams Messer sinnvoller zu gebrauchen, als bei den pragmatisch-nominalen Etiketten der RT, die nur ontologisch-realiter *Gleiches ungleich* und *Ungleiches gleich* benennen (aber selbst *damit* keine Erklärung etwa des MME oder BBE liefern). Bei den räumlichen Urteilen sahen wir, dass es sehr wohl *spezifische* `Orte´ (zu einem Zeitpunkt mit den Weltdingen) gibt, mithin spezifische Abstände - alles andere ist `überflüssiges Bild´. Bei den zeitlichen Urteilen wurde die `Lichtuhr´ ohne Äther zum *Mysterium*, das HKE müsste die RT eigentlich *verheimlichen* und das ZwP hat gezeigt, dass die angenommene *Wechselseitigkeit* der relativistischen Effekte zu *Widersprüchen* führt, wobei das eigentliche Problem ist, die Beobachter-Symmetrie *überhaupt* zu *brechen*. Hinter alledem steht generell ein Unverständnis, was Uhren `machen´ und was eine gemeinsame `absolute Zeit´ ist (für Herrn L. als unser *Konstrukt*), die Urteile über spezifische Zeit*punkte* einbegriffen. Jedenfalls kann man dergestalt nicht den Schluss auf ein PBU gründen (auch ohne (Re-)Kombination der Urteile); bei alledem rekurriert die RT auf ein *nicht-erfahrbares* und *nicht-denkbares* raumzeitliches `ansich´ (als *Berechtigungsgrund* für Transformationen), das aber überhaupt keine Ordnung eindeutig *konstituieren* kann. Woher das alles rührt, zeigte unsere Kritik der beiden *Prämissen* der RT: Das *RP* fordert *keineswegs* die KdL - dieses klassische Denkprinzip wird sogar *verkehrt* und die *Selbstbezüglichkeit* der RT, die sich an diversen Stellen zeigte, macht es sogar noch *nachträglich sinnlos*. Bei der *KdL* zeigte sich, dass diese nicht auf empirische *Befunde* zurückgeht, ja, dass solche Befunde gar nicht *erhebbar* sind. `Ruhe´ wird so zu dem einen und einzigen Prädikat, das Beobachter sich selbst zuschreiben *müssen* - bekannte Naturphänomene werden dafür *umgedeutet;* die Forderung, stets den *Bezugskörper* anzugegeben, wird aber *ignoriert:* `Ruhe´ taucht nunmehr im `Gesetz der Lichtausbreitung´ auf - davon abgesehen, dass die RdG zirkulär für die KdL *vorausgesetzt* wird, dass eine LK des ersten Aspekts schon eine `tatsächliche´ LK sein muss, dass eine Grenzgeschwindigkeit in einem Raum-Zeit-Konzept *per se* `fehl am Platze´ ist usw. usf. Klarheit schafften dann aber die relativ zueinander inertial-bewegten Maßstäbe...

L: ...weil alle Kritik im Kern hier wiederzufinden ist *(L. zeigt auf die Abbildungen 14a/b)*...

N: Kann bei *insgesamt* verschobenen inertial-bewegten Maßstäben in der Distanz zweifelhaft sein, dass jedem Punkt auf dem einen Maßstab nur *ein* Punkt auf dem anderen gegenüberliegt? *Nein*, einem Zustand `hier´ entspricht genau ein Zustand in jedem `dort´. Kann a fortiori zweifelhaft sein, dass diese sich relativ zueinander *gleichschnell* bewegen und alles andere nichts für die Natur *selbst bedeuten* kann? *Nein*, sie definieren eine *identische Inertialzeit* (wiederum davon abgesehen, dass eine `absolute Zeit´ aus dem *Gesamt*-Naturgeschehen von uns als *identisch* `herausdestilliert´ wird). Da sich Licht in *derselben* Zeit über eindeutig *verschiedene* Strecken in den beiden BS ausbreitet, kommt man zu *verschiedenen* Quotienten $v_c = \Delta s/\Delta t$ (dabei sind immer der erste und der zweite Aspekt der LK vermischt) - auch die Beobachter *A, B, C* kommen wie die reisenden Zwillinge zu absurden Urteilen. Somit muss man die KdL, mithin die RdG und das PBU als *reine Phantasmagorien* begreifen und für die ontologische Realität, mithin für die Naturphilosophie *verwerfen* - schlussendlich sieht man hier auch, dass mit *sich-entwickelnden Dingen* (Plural!), die in *Wechselwirkung* miteinander stehen (die also mithin *einer* Realität zugehören) *per se* eine absolute Gleichzeitigkeit gegeben ist. Räumliche und zeitliche Erstreckungen beim Messen sind (*gedanklich*) *schwer fassbar* - es ist aber absurd, dass gerade *Zeitpunkte* als konstatierbare *Zustände* der Weltdinge *nicht* (mit dem $t=t´$) klassisch als absolut-identisch für *alle* Beobachter genommen werden... Damit habe ich natürlich *doch* eine Art unvollständiges Resümee gegeben -

mag es unsere *ausführliche* Argumentation jedenfalls *nicht ersetzen...*
B: Nun, sie rücken `Ort´ und `Zeitpunkt´ im physikalischen Sinne in ein ganz anderes *Licht:* als spezifisches `*wo*´ der `*Eingebundenheit*´ eines Dinges ins `Gesamtgewebe der Weltdinge´ und mehr noch als spezifisches `*wie*´ des jeweiligen *Zustands* eines Dinges - so betrachtet geht es in der RT *tatsächlich* nur um Maßstäbe und Uhren, mithilfe derer wir an etwas *Absolutem relative Größen-Zuordnungen* vornehmen; und bemerkenswerterweise hätte gerade die *relativ-relationale* Sichtweise dies erhellt...
E: Ich bin von alledem noch *nicht* überzeugt...
L: Vielleicht kann man es auch so sehen: Verschiedene Beobachter werfen mit der RT gleichsam verschieden gewobene `Erkenntnisnetze´ über die Ordnung der Weltdinge, und können nicht entscheiden, welches `richtig´ ist; aber das, *worüber* sie dieses Netz werfen - die ontologische Realität - hat eine *bestimmte* Gestalt und zwar in räumlicher und zeitliche Hinsicht *getrennt* und als *Werdendes* - sie erscheint *aufgrund* der Verschiedenheit dieser Erkenntnisnetze nur gleichsam *verzerrt*. Es scheint, dass uns die RT nur - ob unserer *Unkenntnis* der Natur des Lichtes - der Welt einen offensichtlich bisher unauflösbaren räumlichen und zeitlichen *Anamorphismus* der *eigentlichen*, räumlich und zeitlich getrennt verfassten Ordnung (`an sich´) der Weltdinge zugrundelegen lässt... Oder *mehr noch:* die RT *erzeugt* diesen ganz bewusst - das dürfen Sie aber als ganz *versöhnlichen Ausklang* verstehen...
E: Inwiefern das?!
L: Nun, gewöhnlich gewinnen wir Erkenntnis, indem wir gleichsam über die uns phänomenal gegebene Erscheinung der Weltdinge ein *neutrales, allen verbindliches* `Erkenntnisnetz´ mit (absoluten) räumlichen und zeitlichen Maschen werfen; die Maxime unserer Naturerkenntnis ist: `Unterwerfe die Naturphänomene einem neutralen räumlichen und zeitlichen Grundraster und trachte zu erfassen, welche Muster warum *wiederkehren*´ - etwa wenn wir konstatieren `*diesem* (räumlichen) Muster folgt stets (zeitlich) *jenes*´, so kommen wir zu Naturgesetzen usw. usf. Aber das ist im Einzelnen nicht das, worauf ich hinauswill, sondern Folgendes: Was die RT der Welt als einer `*an sich*´ *raumzeitlichen* Ordnung zuzuschreiben bemüht ist, rührt in Wahrheit daher, dass sie diese `Erkenntnisnetze´ *selbst* als *relativ*, mithin als *veränderlich* denkt, *damit* die Naturgesetze gewissermaßen *schöner, einfacher* und *symmetrischer erscheinen...*
E: Nun, cum grano salis gesprochen sind `Schönheit´, `Einfachheit´ und `Symmetrie´ Erkenntniskategorien, die mir nicht ganz *fremd* sind, denn bei Naturgesetzen sind sie Ratgeber, mit denen man nicht oft *fehlgeht...*
L: Ontologisch-realiter entspricht diesen relativen, mithin veränderlichen `Erkenntnisnetzen´ aber nichts in der Natur *selbst, ohne uns*. Es ist nicht so, dass man hier nun wohlwollend davon *absehen* könnte, dass dies auch

epistemologisch-methodisch *nicht sinnvoll* erscheint, da man *abermals* ein 'darunter-liegendes' *neutrales* 'Erkenntnisnetz' *denken* muss - es ist vielmehr so, dass die *größtmögliche* Schönheit, Einfachheit und Symmetrie in der *einen, absoluten* ontologischen Realität *an sich* liegt, deren verschiedene Beschreibungen verschiedener Beobachter mit verschiedenen Orts- und Zeitetiketten nur *rein redundant dasselbe* 'an sich' erfassen... Nun sehen Sie einmal hier *(L. zeichnet Abbildung 32)*...

Abbildung 32

E: Hm, das soll ja wohl *ich* sein, eine *Karikatur* von mir...
L: Richtig, hier wurden Ihre Gesichtszüge *anamorph verzerrt*, was dem Ganzen etwas *Komisches* verleihen soll. Gleichsam in der einen Richtung gedacht erkennen wir ohne Weiteres, dass es sich um *Sie* handeln soll - unser Verstand '(re)konstruiert' die 'wahre Gestalt' Ihrer *wahren unverzerrten* Gesichtszüge...
E: ...und worauf wollen Sie *damit* nun wieder hinaus?
L: ...dass man auch in die *andere* Richtung denken kann - beim *Zeichnen* der Karikatur habe ich das gemacht: Sehen Sie, schon in der Renaissance hat man nicht nur die *Perspektive* als Darstellungsform 'erfunden' und damit gespielt, sondern sich auch mit Proportionen und mit der Technik auseinandergesetzt, wie man es bewerkstelligen kann, dass man etwa ein Deckengemälde als Beobachter am Boden *unverzerrt* genießen kann, wenn man es nicht auf eine Zeichen*ebene*, sondern auf eine Gewölbekuppel, also eine *Sphäre* zeichnen muss - dazu muss man es eben *anamorph verzerrt* zeichnen. So kommen wir zu dem maximalen Zugeständnis unsererseits an die RT: Die räumlichen und zeitlichen Urteile der RT (und mithin alle relativistischen Effekte) müssen wir als solchen *Anamorphismus* begreifen, der nicht der ontologischen Realität *an sich* zugrundeliegt, den uns die Natur *selbst* darbietet, sondern den die RT mit ihren Annahmen gleichsam 'in guter epistemologisch-methodischer Absicht' *erzeugt*, um ein *zweck*-

mäßig dergestalt verzerrtes Bild der Ordnung der Weltdinge zu erzeugen, dass unsere *Naturgesetze* etwa hinsichtlich ihrer Kovarianz für verschiedene inertiale Beobachter *unverzerrt erscheinen* und eine bestimmte Schönheit, Einfachheit und Symmetrie aufweisen (was allerdings der ontologischen Realität an sich mithin *verlustig* geht). Vornehmlich die angebliche *KdL* soll dies bewerkstelligen - aber eben weil *sie* eine *Phantasmagorie* ist, dürfen wir das uns von der RT dargebotene Bild der Welt *als* künstlich-erzeugten Anamorphismus der `eigentlichen´ getrennt räumlichen und zeitlichen Ordnung der Weltdinge selbst (`an sich´) begreifen...

B: Nun, dass wir zum Ende hin etwas *stiller* geworden sind, heißt allemalen, dass wir auch *nachdenklicher* geworden sind...

E: Patati-patata...

N: ...und das Einzige, was es *nun* noch zu sagen gibt, ist: „*Der vernünftige Mensch hat gewisse Zweifel nicht*"[223]...

ENDE

ANHANG I: Abkürzungen

ART = Allgemeine Relativitätstheorie
BBE = Babcock-Bergman-Experiment
BS = Bezugssystem
GT = Galilei-Transformation
HKE = Hafele-Keating-Experiment
IS = Inertialsystem
KdL = Konstanz der Lichtgeschwindigkeit
KS = Koordinatensystem
LK = Längenkontraktion
LT = Lorentz-Transformation
MD = Minkowski-Diagramm
MME = Michelson-Morley-Experiment
PBU = Parmenidisches Blockuniversum
QT = Quantentheorie
RdG = Relativität der Gleichzeitigkeit
rMZ = relativistische Massezunahme
RP = Relativitätsprinzip
RT = Relativitätstheorie
RZK = Raum-Zeit-Kontinuum
SRT = Spezielle Relativitätstheorie
ZD = Zeitdilatation
ZP = Zugparadoxon
ZwP = Zwillingsparadoxon

Die Abkürzungen gelten für *alle* Deklinationsformen, `BS´ also etwa auch für `die Bezugssysteme´ oder `des Bezugssystems´.

ANHANG II: Literaturverzeichnis

Aristoteles: *Philosophische Schriften. Band 6: Physik. Vorlesung über die Natur.* Übersetzt von H.G.Zekl. Hamburg (Meiner) 1995
Augustinus: *Confessiones / Bekenntnisse.* Frankfurt a.M. (Insel) 1987
Bartels, Andreas: *Grundprobleme der modernen Naturphilosophie.* Paderborn (UTB) 1996
Baumann, Kurt / Sexl, Roman U.: *Die Deutungen der Quantentheorie.* Braunschweig (Vieweg) 1987
Born, Max: *Die Relativitätstheorie Einsteins.* Berlin (Springer) 1969
Brandes, Jürgen: *Die relativistischen Paradoxien und Thesen zu Raum und Zeit.* Karlsbad (VRI) 2001 *(vgl. auch Selleri)*
Cassirer, Ernst: *Gesammelte Werke Band 10: Zur Einsteinschen Relativitätstheorie.* Darmstadt (Wissenschaftliche Buchgesellschaft) 2001
Capelle, Wilhelm [Hg.]: *Die Vorsokratiker.* Stuttgart (Kröner) 1968.
Davis, P.C.W. / Brown, J.R. [Hg.]: *Der Geist im Atom. Eine Diskussion der Geheimnisse der Quantenphysik.* Frankfurt (Insel-Verlag) 1993
Drewermann, Eugen: *Im Anfang... Die moderne Kosmologie und die Frage nach Gott. (Glauben in Freiheit Band 3/III).* Düsseldorf (Walter) 2002
Drieschner, Michael: *Moderne Naturphilosophie. Eine Einführung.* Paderborn (mentis) 2002
du-Bois-Reymond, Emil: *Über die Grenzen der Naturerkenntnis.* Berlin (deGruyter) 1967
Eigen, Manfred / Winkler, Ruth: *Das Spiel. Naturgesetze steuern den Zufall.* München (Piper) 1985
Einstein, Albert (1916): *Über die spezielle und die allgemeine Relativitätstheorie.* Berlin (Springer) 1988
Einstein, Albert (1922): *Grundzüge der Relativitätstheorie.* Berlin (Springer) 2002
Einstein, Albert (1920): *Äther und Relativitätstheorie. Rede gehalten am 5. Mai 1920 an der Reichsuniversität zu Leiden.* Berlin (Springer) 1920
Einstein, Albert / Infeld, Leopold: *Die Evolution der Physik.* Köln (Anaconda) 2007
Einstein, Albert [Hg. Carl Seelig]: *Mein Weltbild.* Frankfurt a.M. (Ullstein) 1983 [unvollständig u.a. ohne seinen Brief vom 18.07.1914 an seine Ehefrau Mileva Einstein-Maric]
Esfeld, Michael: *Einführung in die Naturphilosophie.* Darmstadt (Wissenschaftliche Buchgesellschaft) 2002
Esfeld, Michael: *Naturphilosophie als Metaphysik der Natur.* Frankfurt (Suhrkamp) 2008
Feynman, Richard P.: *Physikalische Fingerübungen für Fortgeschrittene.* München (Piper) 2004

Filk, Thomas / Giulini, Domenico: *Am Anfang war die Ewigkeit*. Darmstadt (WBG) 2004
Fritzsch, Harald: *Eine Formel verändert die Welt. Newton, Einstein und die Relativitätstheorie*. München (Piper) 1990
Galeczki, Georg / Marquardt, Peter: *Requiem für die Spezielle Relativität*. Frankfurt a.m. (Haag+Herchen) 1997
Goenner, Hubert (1996): *Einführung in die spezielle und allgemeine Relativitätstheorie*. Heidelberg (Spektrum Akademischer Verlag) 1996
Goenner, Hubert (1997): *Einsteins Relativitätstheorien. Raum, Zeit, Masse, Gravitation*. München (C.H.Beck) 1997 (N2002)
Goenner, Hubert (2004): *Spezielle Relativitätstheorie und die klassische Feldtheorie*. München (Elsevier/Spektrum Akademischer Verlag) 2004
Goethe, Johann Wolfgang: *Faust. (Werke Band III)*. München (Beck) 1981
Grehn, J. / Krause, J. (Hg.): *Metzler Physik*. Hannover (Schroedel) 1998
Heisenberg, Werner: *Physik und Philosophie*. Stuttgart (Hirzel) 1984
Hartmann, Nicolai: *Philosophie der Natur. Abriss der speziellen Kategorienlehre*. Berlin (deGruyter) 1950
Hoffmann, Banesh: *Einsteins Ideen. Das Relativitätsprinzip und seine historischen Wurzeln*. Heidelberg (Spektrum Akademischer Verlag) 1997
Israel, Hans [Hg.]: *Hundert Autoren gegen Einstein;* Leipzig (Voigtländers Verlag) 1931 [Reprint: ALO]
Jonas, Hans: *Macht oder Ohnmacht der Subjektivität?* Frankfurt a.M. (suhrkamp) 1987
Kant, Immanuel: *Kritik der reinen Vernunft*. Hamburg (Meiner) 1998
Kant, Immanuel: *Prolegomena zu einer jeden künftigen Metaphysik, die...* Hamburg (Meiner) 1993
Leibniz, G.W. [Ü.: A. Buchenau / Hg.: E. Cassirer]: *Hauptschriften zur Grundlegung der Philosophie. Band I und II (Streitschriften zwischen Leibniz und Clarke. [Band I; S.120ff] und Monadologie [Band II; S. 435ff])* Hamburg (Meiner) 1966 (oder: Clarke, S. [Hg.: Ed Dellian]: *Der Briefwechsel mit G.W. Leibniz von 1715 / 1716*. Hamburg (Meiner) 1990)
Lorentz, H.A. / Einstein, A. / Minkowski, H: *Das Relativitätsprinzip. Eine Sammlung von Abhandlungen*. Darmstadt (Wissenschaftliche Buchgesellschaft) 1974
Mach, Ernst: *Die Mechanik in ihrer Entwicklung. Historisch-kritisch dargestellt*. Berlin (Akademie-Verlag) 1988
Mainzer, Klaus: *Zeit. Von der Urzeit zur Computerzeit*. München (Beck) 1995
Michelson, Albert A. / Morley, Edward W.: *On the Relative Motion of the Earth and the Luminiferous Ether*. American Journal of Science: Third Series, Vol. XXXIV, No. 203 (Nov. 1887)
Mohrmann, Holger: *Was ist ein Quantenobjekt? Ein fiktiver Dialog zu Aspekten der Atom- und Quantenphysik*. Norderstedt (bod) 2017

Newton, Isaac: *Mathematische Grundlagen der Naturphilosophie.* Ausgewählt, übersetzt und herausgeg. von Ed Dellian. Hamburg (Meiner) 1988[I]
Newton, Isaac: *Über die Gravitation...* Übersetzt und erläutert von Gernot Böhme Frankfurt a.M. (V.Klostermann) 1988[II]
Popper, Karl: *Vermutungen und Widerlegungen.* Tübingen (M.-Siebeck) 1994
Platon: *Werke I-III. Parmenides.* Darmstadt (WBG) 2004
Prigogine, Ilya: *Vom Sein zum Werden.* München (Piper) 1979
Reichenbach, Hans: *Gesammelte Werke Bd. 3. Die philosophische Bedeutung der Relativitätstheorie.* Braunschweig (Vieweg) 1979
Riedl, Rupert: *Die Strategie der Genesis.* München (Piper) 1984
Russell, Bertrand: *Das ABC der Relativitätstheorie. Neu herausgegeben von F. Pirani.* Reinbeck (rororo) 1988
Schilpp, Paul Arthur (Hg.): *Albert Einstein als Philosoph und Naturforscher.* Braunschweig (Vieweg) 1979
Selleri, Franco / Brandes, Jürgen /...: *Die Einsteinsche und Lorentzianische Interpretation der Speziellen und Allgemeinen Relativitätstheorie.* Karlsbad (VRI) 1998
Shakespeare: *Sämtliche Werke Bd. III: Macbeth.* Darmstadt (WBG) 2005
Sexl, Roman / Schmidt, Herbert Kurt: *Raum - Zeit - Relativität.* Braunschweig (Vieweg) 1991
Schwinger, Julian: *Einsteins Erbe. Die Einheit von Raum und Zeit.* Heidelberg (Spektrum Akademischer Verlag) 2000
Stegmüller, Wolfgang: *Hauptströmungen der Gegenwartsphilosophie. Eine kritische Einführung. Band III.* Stuttgart (Kröner) 1987 (Bd. 409)
Theimer, Walter: *Die Relativitätstheorie. Lehre Wirkung Kritik.* Graz (Edition Mahag) 2005
Vollmer, Gerhard: *Was können wir wissen? Bd. 1 und 2.* Stuttgart (Hirzel) 2003
von Ditfurth, Hoimar: *Am Anfang war der Wasserstoff.* München (dtv) 1986
Weyl, Hermann: *Philosophie der Mathematik und Naturwissenschaften.* München (Oldenbourg) 2000
Weyl; Hermann: *Raum - Zeit - Materie.* Darmstadt (WBG) 1961
Wittgenstein, Ludwig: *Über Gewissheit.* Frankfurt a.M. (Suhrkamp) 1970

ANHANG III: Anmerkungen (Endnoten)

Die allermeisten Kursivierungen im Text - die, wie man bemerken will, innerhalb der Dialogform *Betonungen* kennzeichnen - sind *hinzugefügt;* nur einige wenige entstammen dem Original; originale S p e r r u n g e n sind *ebenfalls* kursiv gesetzt. Auslassungen und Zusätze stehen in eckigen Klammern [...]. Die Schreibweise wurde teilweise (undogmatisch) der neuen Rechtschreibung angepasst.

---

[1] Paraphrasiert ([„]...[„]) nach: Platon 2004; S. 485
[2] Jonas 1987; S. 8
[3] Wittgenstein 1970; S. 62
[4] vgl. Goenner 2004; S. VII
[5] vgl. Einstein in: Lorentz/Einstein/Minkowski 1974; S. 51 (Original-)Fußnote 2
[6] vgl. Einstein 1916; S. 11f
[7] Einstein 1922; S. 6
[8] Newton 1988[I]; S. 43ff
[9] Newton 1988[I]; S. 43ff
[10] vgl. den Briefwechsel Leibniz-Clarke
[11] vgl. den Briefwechsel Leibniz-Clarke
[12] vgl. Esfeld 2002; S. 18ff
[13] Minkowski in: Lorentz/Einstein/Minkowski 1974; S. 54
[14] Paraphrasiert ([„]...[„]) nach: Einstein in: Schilpp 1979; S. 12
[15] vgl. Israel 1931
[16] Einstein 1922; S. 28f
[17] Einstein 1922; S. 6
[18] vgl. Born 1969; Fußnote S. 191
[19] vgl. Hoffmann 1997; S. 109
[20] vgl. Goenner 1997; S. 54f
[21] Einstein in: Lorentz/Einstein/Minkowski 1974; S. 51 (Original-)Fußnote 2
[22] vgl. etwa: Born 1969; S. 193)
[23] Born 1969; S. 195
[24] vgl. Einstein in: Lorentz/Einstein/Minkowski 1974; S. 35f
[25] vgl. den Briefwechsel Leibniz-Clarke
[26] vgl. Newton 1988[II]
[27] vgl. Esfeld 2002; S. 18ff
[28] vgl. Hoffmann 1997; S. 137ff
[29] Russell 1988; S. 56ff
[30] vgl. Bartels 1996; S. 63ff
[31] vgl. Esfeld 2002; S. 29ff
[32] vgl. Diels/Kranz oder Capelle 1968.
[33] Goenner 2004; S. 63
[34] Einstein / Infeld 2007; S. 224f
[35] Einstein / Infeld 2007; S. 227f
[36] Einstein / Infeld 2007; S. 227f
[37] vgl. etwa: Cassirer 2001; S. 114ff oder: Gauss in: Schilpp 1979 oder Weyl 2000...
[38] Cassirer 2001; S. 85f
[39] Cassirer 2001; S. 114ff
[40] Popper 1994; S. 123
[41] Esfeld 2008; S. 51 | vgl. auch: Bartels 1996; S. 63ff
[42] vgl. etwa: Eigen / Winkler 1985 und: Conways `Spiel des Lebens´
[43] vgl. Leibniz 1966
[44] Esfeld 2008; S. 50

[45] vgl. Weyl 1961
[46] Einstein in einem Kondolenzbrief von 1955; zitiert nach: Prigogine 1979; S. 210
[47] Sexl / Schmidt 1991; S. 186 (Zitiert nach Popper: *Intellectual Autobiography*)
[48] vgl. Ed Dellian: Einleitung und Anmerkungen zu: Newton 1988[I]
[49] vgl. Jonas 1987
[50] Selleri / Brandes /... 1998 ; S. 62f
[51] Esfeld 2002; S. 35
[52] vgl. Esfeld 2002; S. 34ff
[53] vgl. Esfeld 2002; S. 34ff
[54] Weyl 2000; S. 150
[55] Neues Testament: *1. Korintherbrief 13; 12*
[56] vgl. du-Bois-Reymond 1967
[57] vgl. Riedl 1984
[58] vgl. Augustinus 1987; S. 602ff (XI. Buch)
[59] vgl. Vollmer 2003; S. 39ff
[60] vgl. Russell 1988; S. 15ff
[61] vgl. Born 1969; S. 94f
[62] Shakespeare 2005 [Macbeth, 5. Szene]; S. 469
[63] Reichenbach 1979; S. 309
[64] Feynman 2004; S. 161
[65] vgl. Esfeld 2002; S. 31
[66] Gödel in: Schilpp 1979; S. 407
[67] Bartels 1996; S. 66
[68] Schwinger 2000; S. 18 / vgl. Einstein 1922; S. 28f
[69] vgl. Einstein 1916; S. 13ff
[70] Einstein in: Grehn / Krause 1998; S. 345
[71] vgl. Newton 1988[I]; S. 38
[72] vgl. Brief Newtons an Bentley vom 25.2.1692 in Anmerkung 42,22 in: Newton 1988[I]; S. 234 und Def. VIII, S. 41f / vgl. Hoffmann 1997; S. 51
[73] vgl. Ed Dellian: Einleitung und Anmerkungen zu: Newton 1988[I]
[74] vgl. Mohrmann 2017
[75] vgl. Lorentz/Einstein/Minkowski 1974 | Michelson/Morley 1887 | Goenner 2004; S. 13f
[76] Born 1969; S. 192
[77] Born 1969; S. 192
[78] vgl. Hartmann 1950 / vgl. Kant 1993 und 1998
[79] vgl. den Briefwechsel Leibniz-Clarke
[80] vgl. Einstein in: Lorentz/Einstein/Minkowski 1974; S. 27
[81] Born 1969; S. 192
[82] vgl. Born 1969.
[83] Einstein in: Lorentz/Einstein/Minkowski 1974; S. 35f
[84] Born 1969; S. 193
[85] vgl. Einstein 1920
[86] Heisenberg 1984; S. 103
[87] vgl. Goenner 1997; S. 26
[88] vgl. Hoffmann 1997
[89] vgl. Einstein 1922; S. 32
[90] vgl. Goenner 1997; S. 26f
[91] Baumann / Sexl 1987; S. 11 und S. 4ff
[92] Einstein 1922; S.32
[93] Born 1969; S. 195
[94] Born 1969; S. 196

[95] Born 1969; S. 197
[96] vgl. Born 1969; S. 205f
[97] Born 1969; S. 197
[98] Born 1969; S. 198
[99] Born 1969; S. 197f
[100] Einstein 1916; S. 16ff
[101] vgl. Einstein in: Lorentz/Einstein/Minkowski 1974; S. 30ff
[102] vgl. Einstein in: Lorentz/Einstein/Minkowski 1974
[103] vgl. Einstein 1916; S. 13ff
[104] vgl. Ushenko in: Schilpp 1979
[105] K. Popper, zit. nach: Vollmer 2003; S. 83
[106] vgl. Selleri / Brandes /... 1998
[107] vgl. Brandes 2001
[108] Born 1969; S. 194
[109] Lorentz zit. nach: Selleri / Brandes / ... 1998; S. 51f
[110] vgl. Brandes 2001 und Selleri / Brandes /... 1998
[111] Minkowski in: Lorentz/Einstein/Minkowski 1974; S. 55
[112] vgl. Augustinus 1987
[113] vgl. Filk / Giulini 2004; S. 139ff
[114] vgl. Filk / Giulini 2004; S. 139ff
[115] vgl. Mohrmann 2017
[116] vgl. etwa: Davis / Brown 1993
[117] Drewermann 2002; S. 458
[118] vgl. Hoffmann 1997 oder: Schwinger 2000
[119] Einstein in: Lorentz/Einstein/Minkowski 1974; S. 26
[120] Einstein 1916; S. 9f
[121] Einstein 1916; S. 9f
[122] Einstein 1916; S. 9
[123] Einstein 1916; S. 12
[124] Einstein 1916; S. 12
[125] vgl. Einstein 1922; S. 30
[126] vgl. Israel 1931
[127] Einstein in: Lorentz/Einstein/Minkowski 1974; S. 27
[128] Reichenbach 1979; S. 347f
[129] Reichenbach 1979; S. 345f
[130] Hoffmann 1997; S. 177ff
[131] Einstein 1916; S. 3 und S. 5
[132] Esfeld 2002; S. 31
[133] Russell 1988; S. 34f
[134] vgl. Einstein 1916; S. 13ff
[135] Einstein 1916; S. 15
[136] vgl. Reichenbach 1979
[137] vgl. Reichenbach 1979
[138] Sexl / Schmidt 1991; S. 27
[139] vgl. Sexl / Schmidt 1991; S. 26 und Einstein in: Lorentz/Einstein/Minkowski 1974
[140] Einstein in: Lorentz/Einstein/Minkowski 1974; S. 28
[141] vgl. Einstein in: Lorentz/Einstein/Minkowski 1974; S. 30
[142] vgl. Einstein / Infeld 2007; S. 233ff
[143] Einstein 1916; S. 16ff
[144] vgl. Ushenko in: Schilpp 1979; S. 450ff...
[145] Einstein in: Lorentz/Einstein/Minkowski 1974; S. 29

[146] Leibniz 1966 I; S. 53
[147] Ein Giordano Bruno zugeschriebenes italienisches Sprichwort.
[148] Hoffmann 1997; S. 177ff
[149] Einstein 1916; S. 36
[150] Einstein 1916; S. 36
[151] vgl. Goenner 1997; S. 38f
[152] Born 1969; S. 219
[153] Born 1969; S. 218
[154] vgl. Einstein 1916; S. 81f und S. 36ff
[155] vgl. Michelson / Morley 1887
[156] vgl. Born 1969; S. 219
[157] vgl. Soldner, Voigt, Gerber, Hasenöhrl, Palagyi, Lorentz, Poincare...
[158] Fritsch 1990; S. 223
[159] vgl. Capelle 1968
[160] Einstein zit. nach: Grehn / Krause 1998; S. 345 (Persiflage; Einstein spricht von *Licht*.)
[161] Mainzer 1995; S. 46
[162] Goethe 1981; S. 20 (*Faust I*, Nacht, Z.362f)
[163] vgl. Kraus in: Israel 1931; S. 88f
[164] vgl. Stegmüller 1987; S. 91
[165] vgl. Galeczki / Marquardt 1997; S. 21ff
[166] vgl. Brandes 2001; S. 48ff
[167] vgl. Born 1969; S. 193
[168] Russell 1988; S. 26
[169] Russell 1988; S. 45
[170] Einstein in: Lorentz/Einstein/Minkowski 1974; S. 30
[171] Russell 1988; S. 13
[172] vgl. Russell 1988
[173] vgl. Aristoteles 1995; Buch IV [Bekker 208a ff]
[174] Einstein 1916; S. 6
[175] vgl. Newton 1988^1; S. 54
[176] vgl. Newton 1988^1; S. 49f / E. Mach 1988 und Drieschner 2002; S. 51f
[177] vgl. etwa: Leibniz 1966 II
[178] vgl. Mohrmann 2017
[179] vgl. Grehn / Krause 1998; S. 332ff
[180] vgl. Leibniz 1966 II *(Monadologie)*
[181] vgl. Cassirer 2001
[182] vgl. Sexl / Schmidt 1991; S. 110ff
[183] Selleri in: Selleri / Brandes /... 1998; S. 43f
[184] vgl. Goenner 2004; S. 46f
[185] vgl. Schwinger 2000; S. 27f
[186] Feynman 2004; S. 118ff
[187] vgl. Grehn / Krause 1998; S. 351 und Goenner 2004; S. 46
[188] vgl. Selleri / Brandes / ... 1998; S. 47ff
[189] Einstein in: Lorentz/Einstein/Minkowski 1974; S. 36
[190] vgl. Einstein in: Lorentz/Einstein/Minkowski 1974; S. 30f und S. 36f
[191] vgl. Theimer 2005
[192] Feynman 2004; S. 141
[193] vgl. Goenner 2004; S. 37f
[194] vgl. Goenner 2004; S. 34ff und Sexl / Schmidt 1991; S. 97ff
[195] Goenner 2004; S. 37
[196] vgl. etwa: Einstein in: Lorentz/Einstein/Minkowski 1974

[197] Einstein in: Lorentz/Einstein/Minkowski 1974; S. 26
[198] Einstein in: Lorentz/Einstein/Minkowski 1974; S. 27f
[199] Einstein in: Schilpp 1979; S. 20
[200] vgl. Newton 1988^{II}
[201] Grehn / Krause 1998; S. 562
[202] vgl. Goenner 1997; S. 81
[203] vgl. Hartmann 1950
[204] vgl. Goenner 1997; S. 43
[205] Newton 1988^{II}; S. 43
[206] Newton 1988^{II}; S. 44 und S. 46
[207] Schwinger 2000; S. 18 / vgl. Einstein 1922; S. 28f
[208] Born 1969; S. 65
[209] Born 1969; S. 65
[210] vgl. Born 1969; S. 199f
[211] vgl. Einstein in: Lorentz/Einstein/Minkowski 1974
[212] vgl. Xenophanes in: Capelle 1968
[213] Einstein 1922; S. 6
[214] vgl. Gödel in: Schilpp 1979 und Sexl / Schmidt 1991; S. 186
[215] vgl. Kant 1993 oder Kant 1998
[216] Einstein 1922; S. 34f
[217] Einstein / Infeld 2007; S. 204
[218] Leibniz 1966 I; S. 53f
[219] von Ditfurth 1986; S. 35
[220] Einstein in: Lorentz/Einstein/Minkowski 1974; S. 28
[221] vgl. Hartmann 1950
[222] vgl. etwa: Cassirer 2001
[223] Wittgenstein 1970; S. 62